· 华为云原生技术丛书 ·

Istio
权威指南 上
云原生服务网格Istio原理与实践

张超盟 徐中虎 张伟 冷雪 编著

U0218028

电子工业出版社
Publishing House of Electronics Industry
北京·BEIJING

内 容 简 介

本书是《Istio 权威指南》的上册，重点讲解 Istio 的原理与实践，分为原理篇与实践篇。

原理篇介绍 Istio 的相关概念、主要架构和工作原理。其中，第 1 章通过讲解 Istio 与微服务、服务网格、Kubernetes 这几个云原生关键技术的联系，帮助读者立体地理解 Istio 的概念。第 2 章概述 Istio 的工作机制、服务模型、总体架构和主要组件。第 3、4、5 章通过较大篇幅讲解 Istio 提供的流量治理、可观测性和策略控制、服务安全这三大核心特性，包括其各自解决的问题、实现原理、配置模型、配置定义和典型应用，可以满足大多数读者在工作中的具体需求。第 6 章重点讲解自动注入和流量拦截的透明代理原理。第 7 章讲解 Istio 正在快速发展的多基础设施流量管理，包括对各种多集群模型、容器、虚拟机的统一管理等。

实践篇通过贯穿全书的一个天气预报应用来实践 Istio 的非侵入能力。其中，第 8 章讲解如何从零开始搭建环境。第 9 章通过 Istio 的非侵入方式生成指标、拓扑、调用链和访问日志等。第 10 章讲解多种灰度发布方式，带读者了解 Istio 灵活的发布策略。第 11 章讲解负载均衡、会话保持、故障注入、超时、重试、HTTP 重定向、HTTP 重写、熔断与连接池、熔断异常点检测、限流等流量策略的实践。第 12 章讲解两种认证策略及其与授权的配合，以及 Istio 倡导的零信任网络的关键技术。第 13 章讲解入口网关和出口网关的流量管理，展示服务网格对东西向流量和南北向流量的管理。第 14 章则是对多集群和虚拟机环境下流量治理的实践。

本书适合入门级读者从零开始了解 Istio 的概念、原理和用法，也适合有一定基础的读者深入理解 Istio 的设计理念。

图书在版编目（CIP）数据

Istio 权威指南. 上，云原生服务网格 Istio 原理与实践 / 张超盟等编著. —北京：电子工业出版社，2023.5
（华为云原生技术丛书）

ISBN 978-7-121-44808-9

Ⅰ. ①I… Ⅱ. ①张… Ⅲ. ①互联网络—网络服务器—指南 Ⅳ. ①TP368.5-62

中国国家版本馆 CIP 数据核字（2023）第 001250 号

责任编辑：张国霞
印　　刷：三河市良远印务有限公司
装　　订：三河市良远印务有限公司
出版发行：电子工业出版社
　　　　　北京市海淀区万寿路 173 信箱　　邮编 100036
开　　本：787×980　1/16　印张：32　字数：820 千字
版　　次：2023 年 5 月第 1 版
印　　次：2023 年 5 月 第 2 次印刷
印　　数：3001~5000 册　　定价：138.00 元

凡所购买电子工业出版社图书有缺损问题，请向购买书店调换。若书店售缺，请与本社发行部联系，联系及邮购电话：（010）88254888，88258888。

质量投诉请发邮件至 zlts@phei.com.cn，盗版侵权举报请发邮件至 dbqq@phei.com.cn。

本书咨询联系方式：（010）51260888-819，faq@phei.com.cn。

推荐序一

随着企业数字化转型的全面深入，企业在生产、运营、创新方面都对基础设施提出了全新要求。为了保障业务的极致性能，资源需要被随时随地按需获取；为了实现对成本的精细化运营，需要实现对资源的细粒度管理；新兴的智能业务则要求基础设施能提供海量的多样化算力。为了支撑企业的数智升级，企业的基础设施需要不断进化、创新。如今，企业逐步进入深度云化时代，由关注资源上云转向关注云上业务创新，同时需要通过安全、运维、IT 治理、成本等精益运营手段来深度用云、高效管云。云原生解决了企业以高效协同模式创新的本质问题，让企业的软件架构可以去模块化、标准化部署，极大提高了企业应用生产力。

从技术发展的角度来看，我们可以把云原生理解为云计算的重心从"资源"逐渐转向"应用"的必然结果。以资源为中心的上一代云计算技术专注于物理设备如何虚拟化、池化、多租化，典型代表是计算、网络、存储三大基础设施的云化。以应用为中心的云原生技术则专注于应用如何更好地适应云环境。相对于传统应用通过迁移改造"上云"，云原生的目标是通过一系列的技术支撑，使用户在云环境下快速开发和运行、管理云原生应用，并更好地利用云资源和云技术。

服务网格是 CNCF（Cloud-Native Computing Foundation，云原生计算基金会）定义的云原生技术栈中的关键技术之一，和容器、微服务、不可变基础设施、声明式 API 等技术一起，帮助用户在动态环境下以弹性和分布式的方式构建并运行可扩展的应用。服务网格在云原生技术栈中，向上连接用户应用，向下连接多种计算资源，发挥着关键作用。

◎ 向下，服务网格与底层资源、运行环境结合，构建了一个理解应用需求、对应用更友好的基础设施，而不只是提供一堆机器和资源。服务网格帮助用户打造"以应用为中心"的云原生基础设施，让基础设施能感知应用且更好地服务于应用，对应用进行细粒度管理，更有效地发挥资源的效能。服务网格向应用提供的这层基础设施也经常被称为"应用网络"。用户开发的应用程序像使用传统的网络协议栈一样使用服务网格提供的应用层协议。就像 TCP/IP 负责将字节码可靠地在网络节点间传递，服务网格负责将用户的应用层信息可靠地在服务间传递，并对服务间的访问进行管理。在实践中，包括华为云在内的越来越多的云厂商将七层应用流量管理能力和底层网络融合，在提供传统的底层连通性能力的同时，基于服务的语义模型，提供了应用层丰富的流量、安全和可观测性管理能力。

◎ 向上，服务网格以非侵入的方式提供面向应用的韧性、安全、动态路由、调用链、拓扑等应用管理和运维能力。这些能力在传统应用开发模式下，需要在开发阶段由开发人员开发并持续维护。而在云原生开发模式下，基于服务网格的非侵入性特点，这些能力被从业务中解耦，无须由开发人员开发，由运维人员配置即可。这些能力包括：灵活的灰度分流；超时、重试、限流、熔断等；动态地对服务访问进行重写、重定向、头域修改、故障注入；自动收集应用访问的指标、访问日志、调用链等可观测性数据，进行故障定界、定位和洞察；自动提供完整的面向应用的零信任安全，比如自动进行服务身份认证、通道加密和细粒度授权管理。使用这些能力时，无须改动用户的代码，也无须使用基于特定语言的开发框架。

作为服务网格技术中最具影响力的项目，Istio 的平台化设计和良好扩展性使得其从诞生之初就获得了技术圈和产业界的极大关注。基于用户应用 Istio 时遇到的问题，Istio 的版本在稳定迭代，功能在日益完善，易用性和运维能力在逐步增强，在大规模生产环境下的应用也越来越多。特别是，Istio 于 2022 年 9 月被正式批准加入 CNCF，作为在生产环境下使用最多的服务网格项目，Istio 在加速成熟。

华为云在 2018 年率先发布全球首个 Istio 商用服务：ASM（Application Service Mesh，应用服务网格）。ASM 是一个拥有高性能、高可靠性和易用性的全托管服务网格。作为分布式云场景中面向应用的网络基础，ASM 对多云、混合云环境下的容器、虚拟机、Serverless、传统微服务、Proxyless 服务提供了应用健康、韧性、弹性、安全性等统一的全方位管理。

作为最早一批投身云原生技术的厂商，华为云是 CNCF 在亚洲唯一的初创成员，社区代码贡献和 Maintainer 席位数均持续位居亚洲第一。华为云云原生团队从 2018 年开始积极参与 Istio 社区的活动，参与 Istio 社区的版本特性设计与开发，基于用户的共性需求开发了大量大颗粒特性，社区贡献位居全球第三、中国第一。华为云云原生团队成员入选了每届 Istio 社区指导委员会，参与了 Istio 社区的重大技术决策，持续引领了 Istio 项目和服务网格技术的发展。

2021 年 4 月，华为云联合中国信通院正式发布云原生 2.0 白皮书，全面诠释了云原生 2.0 的核心理念，分享了云原生产业洞察，引领了云原生产业的繁荣。此外，华为云联合 CNCF、中国信通院及业界云原生技术精英们成立全球云原生交流平台——创原会，创原会当前已经在中国、东南亚、拉美、欧洲陆续成立分会，探索前沿云原生技术、共享产业落地实践经验，让云原生为数字经济发展和企业数字化转型贡献更多的价值。

《Istio 权威指南》来源于华为云云原生团队在云服务开发、客户解决方案构建、Istio 社区特性开发、生产环境运维等日常工作中的实践、思考和总结，旨在帮助技术圈的更多朋友由浅入深且系统地理解 Istio 的原理、实践、架构与源码。书中内容在描述 Istio 的功能和机制的同时，运用了大量的图表总结，并深入解析其中的概念和技术点，可以帮助读者从多个维度理解云原生、服务网格等相关技术，掌握基于 Istio 实现应用流量管理、零信任安全、应用可观测性等能力的相关实践。无论是初学者，还是对服务网格有一定了解的用户，都可以通过本书获取自己需要的信息。

华为云 CTO　张宇昕

推荐序二

我很高兴向大家介绍这本关于 Istio 服务网格技术的权威书籍。Istio 是一种创新性的平台，在云原生计算领域迅速赢得人们的广泛关注。企业在向微服务和容器化架构转型的过程中，对强大且可扩展的服务发现、流量管理及安全平台的需求变得比以往更加迫切。Istio 在 2022 年 9 月正式被 CNCF 接受为孵化项目，并成为一种领先的解决方案，为云原生应用提供了无缝连接、可观察性和控制等能力。

本书提供了全面且实用的 Istio 指南，涵盖了 Istio 的核心概念、特性和对 xDS 协议等主题的深入探讨，还包括对 Envoy 和 Istio 项目源码的深入解析，这对潜在贡献者非常有用。无论您是软件工程师、SRE 还是云原生开发人员，本书都将为您提供利用 Envoy 和 Istio 构建可扩展和安全的云原生应用所需的知识和技能。

我要祝贺作者们完成了杰出的工作，并感谢他们在云原生社区分享自己的专业知识。我相信本书将成为对 Envoy、Istio 及现代云原生应用开发感兴趣的人不可或缺的资源。

CNCF CTO　*Chris Aniszczyk*

（原文）

I am thrilled to introduce this definitive book on Istio service mesh technology, a revolutionary platform that has been rapidly gaining popularity in the world of cloud-native computing. As businesses shift towards microservices and containerized architectures, the need for a robust and scalable platform for service discovery, traffic management, and security has become more critical than ever before. Istio was officially accepted in the CNCF as an incubation project in September 2022 and has emerged as a leading solution that provides seamless connectivity, observability, and control for cloud native applications.

This book provides a comprehensive and practical guide to Istio, covering its core concepts, features and deep dives into topics like the xDS protocol. It also includes a deep dive source code analysis of the Envoy and Istio projects which can be very useful to potential contributors. Whether you are a software engineer, an SRE or a cloud native developer, this book will provide you with the knowledge and skills which are necessary to leverage the power of Envoy and Istio to build scalable and secure cloud native applications.

I would like to congratulate the authors for their outstanding work and thank them for sharing their expertise with the wider cloud native community. I am confident that this book will be an invaluable resource for anyone interested in both Envoy and Istio and their roles in modern cloud native development.

CNCF CTO *Chris Aniszczyk*

前　言

Istio 从 2017 年开源第 1 个版本到当前版本，已经走过了 5 年多的时间。在此期间，伴随着云原生技术在各个领域的飞速发展，服务网格的应用也越来越广泛和深入。作为服务网格领域最具影响力的项目，Istio 快速发展和成熟，获得越来越多的技术人员关注和应用。我们希望通过《Istio 权威指南》系统且深入地讲解 Istio，帮助相关技术人员了解和熟悉 Istio，满足其日常工作中的需求。《Istio 权威指南（上）：云原生服务网格 Istio 原理与实践》是《Istio 权威指南》的上册，重点讲解 Istio 的原理与实践；《Istio 权威指南（下）：云原生服务网格 Istio 架构与源码》是《Istio 权威指南》的下册，重点讲解 Istio 的架构与源码。

近年来，服务网格在各个行业中的生产落地越来越多。CNCF 在 2022 年上半年公布的服务网格调查报告显示，服务网格的生产使用率已达到 60%，有 19% 的公司计划在接下来的一年内使用服务网格。当然，服务网格作为云原生的重要技术之一，当前在 Gartner 的评定中仍处于技术发展的早期使用阶段，有很大的发展空间。

CNCF 这几年的年度调查显示，Istio 一直是生产环境下最受欢迎和使用最多的服务网格。其重要原因是，Istio 是功能非常全面、扩展性非常好、与云原生技术结合得非常紧密、非常适用于云原生场景的服务网格。像早期 Kubernetes 在编排领域的设计和定位一样，Istio 从 2017 年第 1 个版本开始规划项目的应用场景和架构时，就致力于构建一个云原生的基础设施平台，而不是解决某具体问题的简单工具。

作为基础设施平台，Istio 向应用开发人员和应用运维人员提供了非常大的透明度。Istio 自动在业务负载中注入服务网格数据面代理，自动拦截业务的访问流量，可方便地在多种环境下部署和应用，使得业务在使用 Istio 时无须做任何修改，甚至感知不到这个基础设施的存在。在实现上，Istio 提供了统一的配置模型和执行机制来保证策略的一致性，其控制面和数据面在架构上都提供了高度的可扩展性，支持用户基于实际需要进行扩展。

2022 年 9 月 28 日，Istio 项目被正式批准加入 CNCF。这必将推动 Istio 与 Envoy 项目的紧密协作，一起构建云原生应用流量管理的技术栈。正如 Kubernetes 已成为容器编排领域的行业标准，加入 CNCF 也将进一步促进 Istio 成为应用流量治理领域的事实标准。Istio 和 Kubernetes 的紧密配合，也将有助于拉通规划和开发更有价值的功能。根据 Istio 官方的统计，Istio 项目已有 8800 名个人贡献者，超过 260 个版本，并有来自 15 家公司的 85 名维护者，可见 Istio 在技术圈和产业圈都获得了极大的关注和认可。

本书作者所在的华为云作为云原生领域的早期实践者与社区领导者之一，在 Istio 项目发展初期就参与了社区工作，积极实践并推动项目的发展，贡献了大量大颗粒特性。本书作者之一徐中虎在 2020 年 Istio 社区进行的第一次治理委员会选举中作为亚洲唯一代表入选，参与 Istio 技术策略的制定和社区决策。

本书作者作为 Istio 早期的实践者，除了持续开发满足用户需求的服务网格产品并参与社区贡献，也积极促进服务网格等云原生技术在国内的推广，包括于 2019 年出版《云原生服务网格 Istio：原理、实践、架构与源码解析》一书，并通过 KubeCon、IstioCon、ServiceMeshCon 等云原生和服务网格相关的技术峰会，推广服务网格和 Istio 相关的架构、生产实践和配套解决方案等。

写作目的

《Istio 权威指南》作为"华为云原生技术丛书"的一员，面向云计算领域的从业者及感兴趣的技术人员，普及与推广 Istio。本书作者来自华为云云原生团队，本书基于作者在华为云及 Istio 社区的设计与开发实践，以及与服务网格强相关的 Kubernetes 容器、微服务和云原生领域的丰富经验，对 Istio 的原理、实践、架构与源码进行了系统化的深入剖析，由浅入深地讲解了 Istio 的概念、原理、架构、模型、用法、设计理念、典型实践和源码细节。

本书是《Istio 权威指南》的上册，适合入门级读者从零开始了解 Istio 的概念、原理和用法，也适合有一定基础的读者深入理解 Istio 的设计理念。

《Istio 权威指南》的组织架构

《Istio 权威指南》分为原理篇、实践篇、架构篇和源码篇，总计 26 章，其组织架构如下。

◎ 原理篇：讲解 Istio 的相关概念、主要架构和工作原理。其中，第 1 章通过讲解 Istio 与微服务、服务网格、Kubernetes 这几个云原生关键技术的联系，帮助读者立体地理解 Istio 的概念。第 2 章概述 Istio 的工作机制、服务模型、总体架构和主要组件。第 3、4、5 章通过较大篇幅讲解 Istio 提供的流量治理、可观测性和策略控制、服务安全这三大核心特性，包括其各自解决的问题、实现原理、配置模型、配置定义和典型应用，可以满足大多数读者在工作中的具体需求。第 6 章重点讲解自动注入和流量拦截的透明代理原理。第 7 章讲解 Istio 正在快速发展的多基础设施流量管理，包括对各种多集群模型、容器、虚拟机的统一管理等。

◎ 实践篇：通过贯穿全书的一个天气预报应用来实践 Istio 的非侵入能力。其中，第 8 章讲解如何从零开始搭建环境。第 9 章通过 Istio 的非侵入方式生成指标、拓扑、调用链和访问日志等。第 10 章讲解多种灰度发布方式，带读者了解 Istio 灵活的发布策略。第 11 章讲解负载均衡、会话保持、故障注入、超时、重试、HTTP 重定向、HTTP 重写、熔断与连接池、熔断异常点检测、限流等流量策略的实践。第 12 章讲解两种认证策略及其与授权的配合，以及 Istio 倡导的零信任网络的关键技术。第 13 章讲解入口网关和出口网关的流量管理，展示服务网格对东西向流量和南北向流量的管理。第 14 章则是对多集群和虚拟机环境下流量治理的实践。

◎ 架构篇：从架构的视角分别讲解 Istio 各组件的设计思想、数据模型和核心工作流程。在 Istio 1.16 中，Istiod 以原有的 Pilot 为基础框架构建了包含 Pilot、Citadel、Galley 等组件的统一控制面，第 15、16、17 章分别讲解以上三个组件各自的架构、模型和流程机制。第 18、19、20 章依次讲解服务网格数据面上 Pilot-agent、Envoy 和 Istio-proxy 的架构和流程，包括三者的结合关系，配合 Istio 控制面组件完成流量管理，特别是 Envoy 的架构、模型和关键流程。

◎ 源码篇：包括第 21 ~ 26 章，与架构篇的 6 章对应，分别讲解 Istio 管理面组件 Pilot、Citadel、Galley 与数据面 Pilot-agent、Envoy、Istio-proxy 的主要代码结构、代码流程和关键代码片段。本篇配合架构篇中每个组件的架构和机制，对 Istio 重要组件的实现进行了更详细的讲解和剖析，为读者深入研读 Istio 相关代码，以及在生产环境下进行相应代码的调试和修改提供指导。

学习建议

对于有不同需求的读者，我们建议这样使用本书。

◎ 对云原生技术感兴趣的所有读者，都可通过阅读《Istio 权威指南（上）：云原生服务网格 Istio 原理与实践》，了解服务网格和 Istio 的概念、技术背景、设计理念与功能原理，并全面掌握 Istio 流量治理、可观测性和安全等功能的使用方式。通过实践篇可以从零开始学习搭建 Istio 运行环境并完成多种场景的实践，逐渐熟悉 Istio 的功能、应用场景，以及需要解决的问题，并加深对 Istio 原理的理解。对于大多数架构师、开发者和其他从业人员，通过对原理篇和实践篇的学习，可以系统、全面地了解 Istio 的方方面面，满足日常工作需要。

◎ 对 Istio 架构和实现细节感兴趣的读者，可以阅读《Istio 权威指南（下）：云原生服务网格 Istio 架构与源码》，了解 Istio 的整体架构、各个组件的详细架构、设计理念和关键的机制流程。若对 Istio 源码感兴趣，并且在实际工作中需要调试或基于源码进行二次开发，那么还可以通过阅读源码篇，了解 Istio 各个项目的代码结构、详细流程、主要数据结构及关键代码片段。在学习源码的基础上，读者可以根据自己的兴趣或工作需求，深入了解某一关键机制的完整实现，并作为贡献者参与Istio 或 Envoy 项目的开发。

勘误和支持

您在阅读本书的过程中有任何问题或者建议时，都可以通过本书源码仓库提交 Issue或者 PR（源码仓库地址参见本书封底的读者服务），也可以关注华为云原生官方微信公众号并加入微信群与我们交流。我们十分感谢并重视您的反馈，会对您提出的问题、建议进行梳理与反馈，并在本书后续版本中及时做出勘误与更新。

本书还免费提供了 Istio 培训视频及 Istio 常见问题解答等资源，请通过本书封底的读者服务获取这些资源。

致谢

在本书的写作及成书过程中，本书作者团队得到了公司内外领导、同事及朋友的指导、鼓励和帮助。感谢华为云张平安、张宇昕、李帮清等业务主管对华为云原生技术丛书及本书写作的大力支持；感谢华为云容器团队张琦、王泽锋、张永明、吕赟等对本书的审阅与建议；感谢电子工业出版社博文视点张国霞编辑一丝不苟地制订出版计划及组织工作。感谢章鑫、徐飞等一起参与华为云原生技术丛书《云原生服务网格 Istio：原理、实践、架构与源码解析》的创作，你们为国内服务网格技术的推广做出了很大贡献，也为本书的出版打下了良好的基础。感谢四位作者的家人，特别是豆豆、小核桃、毛毛小朋友的支持，本书创作的大部分时间源自陪伴你们的时间；也感谢 CNCF 及 Istio、Kubernetes、Envoy 社区众多开源爱好者辛勤、无私的工作，期待和你们一起基于云原生技术为产业创造更大价值。谢谢大家！

华为云容器服务域总监　黄　毽

华为云应用服务网格架构师　张超盟

目　录

原　理　篇

实　践　篇

原 理 篇

　　自本篇起，Istio 的学习之旅就正式开始了。本篇将带领读者理解 Istio 的相关概念、主要架构和工作原理，并呈现 Istio 丰富的流量治理能力、可观测性、安全能力等，以及透明的服务网格代理机制、多容器集群和虚拟机服务治理方面的内容。通过对本篇的学习，读者可以全面理解 Istio 主要的原理、机制、模型和使用方式，满足工作中的大部分需求。

第 1 章 你好，Istio

本章将简要介绍 Istio 的一些背景知识，包括 Istio 是什么、能干什么，以及 Istio 项目的发展历史和趋势，并尝试梳理 Istio 与微服务、服务网格、Kubernetes 等云原生技术的关系。希望读者通过本章能对 Istio 有初步的认知，并带着问题和思考进行后续的学习。

1.1 Istio 是什么

Istio 是什么？我们试着用符合程序员思维习惯的迭代方式来说明。

◎ Istio 是一个用于服务治理的开放平台和基础设施。

◎ Istio 是一个服务网格形态的用于服务治理的开放平台和基础设施。

◎ Istio 是一个与 Kubernetes 紧密配合的、服务网格形态的，用于云原生场景中服务治理的开放平台和基础设施。

这里的关键字"治理"，不局限于早期"微服务治理"的范畴，表示对服务间访问的通用管理。根据 Istio 官方的介绍，如图 1-1 所示，服务治理主要包括流量管理（Traffic Management）、可观测性（Observability）和安全（Security）。

◎ 流量管理：Istio 通过集中配置的流量规则控制服务间的流量和 API 调用，以非侵入的方式在单集群、多集群或虚拟机上提供服务粒度的负载均衡、会话保持、熔断、故障注入、超时、重试、重定向、故障转移等能力，并方便用户实现基于请求或权重的灰度流量切分的控制。

◎ 可观测性：Istio 通过非侵入方式为服务网格中所有的服务间访问和通信都生成详细的可观测性数据，还提供了调用链、指标监控和访问日志收集和输出的能力。并且，配合可视化工具，可方便运维人员了解服务的运行状况，发现并解决问题，提供流量和服务性能的端到端视图。

◎ 安全：Istio 提供了身份标识、透明的认证机制、通道加密、服务访问授权等安全能力，增强了服务访问的安全性。在跨服务访问时基于认证的身份进行细粒度的授权控制，防止中间人攻击，使用户即使在不受信任的网络中也可以部署安全的应用程序。

Traffic Management
Deploy capabilities like inter-service routing, failure recovery and load balancing.

Observability
Provide an end-to-end view of traffic flow and service performance.

Security
Engage encryption, role-based access, and authentication across services.

图 1-1　服务治理的范畴

Istio 社区对 Istio 1.16 的最新总结如下：

Istio 使用强大的 Envoy 服务代理，构建可编程的服务感知网络，扩展和增强 Kubernetes，为 Kubernetes 和传统负载的复杂部署提供标准、统一的流量管理、可观测性和安全能力。

以上这段说明既描述了 Istio 向上面向应用的业务能力，又强调了其向下可编程基础设施的形态。

1.2　Istio 能做什么

下面通过一个天气预报应用展示 Istio 的服务访问形式(该天气预报应用会贯穿全书)，如图 1-2 所示，其中有两个服务：forecast 和 recommendation。forecast 由 Node.js 开发而成，recommendation 由 Java 开发而成。这两个服务之间通过最简单的服务名进行调用，在代码中只实现最简单的业务处理，不包含额外的服务访问管理逻辑，两个服务也都不感知 Istio 的存在。

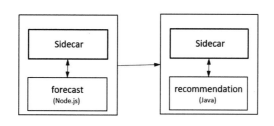

图 1-2　Istio 的服务访问形式

我们看看 Istio 在其中都做了什么。Istio 的 Sidecar 在 forecast 访问 recommendation 时，可以完成如下功能：

◎ 进行服务发现，获取 recommendation 实例列表，并根据负载均衡策略选择服务实例，发送请求。

◎ 隔离 recommendation 的故障实例，提高服务的韧性。

◎ 限制 recommendation 的最大连接数、最大请求数等进行服务保护。

◎ 执行对 recommendation 的访问超时，快速失败。

◎ 对 recommendation 或者服务某个接口的访问进行限流。

◎ 在访问 recommendation 失败时自动重试。

◎ 动态修改 recommendation 请求的头域信息。

◎ 在访问中注入故障，模拟 recommendation 失败。

◎ 将对 recommendation 的访问重定向。

◎ 对 recommendation 进行灰度发布，根据请求内容或权重比例切分流量。

◎ 对 forecast 和 recommendation 服务双方进行透明双向认证和通道加密。

◎ 对 recommendation 进行细粒度的访问授权。

◎ 自动记录服务访问日志，记录服务访问细节。

◎ 自动调用链埋点，构造分布式追踪。

◎ 生成服务访问指标，形成完整的应用访问拓扑。

◎ ……

所有这些功能，都不需要用户修改代码，用户只需在 Istio 的控制面做对应的配置即可，并且都可以动态生效。

以灰度发布为例，其核心工作是实现多个版本同时在线，并通过一定的流量策略将部分流量切分到灰度版本上。这在 Istio 中只需简单编写如下配置即可实现：

```
apiVersion: networking.istio.io/v1beta1
kind: VirtualService
metadata:
  name: recommendation
spec:
  hosts:
  - recommendation
  http:
  - match:
    - headers:
        cookie:
```

```
        exact: "group=dev"
    route:
    - destination:
        name: v2
  - route:
    - destination:
        name: v1
```

可以看到，Istio 采用了与 Kubernetes 类似的语法风格，即使使用者不了解语法细节，也很容易明白这段配置的功能大意：将 HTTP 头域 group 是 dev 的流量转发到 recommendation 的 v2 版本，让其他请求访问 recommendation 的 v1 版本。通过这种声明式的简单配置，就可以做到从 v1 版本中切分少部分流量到 v2 这个灰度版本。除了这种特定条件的匹配，还可以将一定比例的流量切分到 v2 版本。

对本节讲到的 Istio 提供的其他功能都能进行类似配置，不需要修改代码，也不需要额外的组件支持，还不需要其他前置操作和后置操作。

1.3 Istio 与服务治理

Istio 是一个用于服务治理的开放平台和基础设施，治理的是服务间的访问和调用，只要服务间有访问，就可以治理，无所谓服务是不是微服务，也无所谓其源代码是否基于微服务框架开发而成。当然，提起"服务治理"，我们最先想到的还是"微服务的服务治理"，下面就先从微服务说起。

1.3.1 关于微服务

Martin Fowler 对微服务的描述如下：

微服务是以一组小型服务来开发单个应用程序的方法，每个服务都运行在自己的进程中，服务间采用轻量级通信机制，通常用 HTTP 资源 API。这些服务围绕业务能力构建并可通过全自动部署机制独立部署，可用不同的语言开发，并使用不同的数据存储技术。

理解这段定义可以看出，微服务在本质上还是分而治之、化繁为简的哲学智慧在计算机领域的一个实践。如图 1-3 所示，微服务将复杂的单体应用分解成若干小的服务，服务间使用轻量级的协议进行通信。

这种方式带给我们诸多好处，如下所述。

5

◎ 从开发视角来看：每个微服务的功能更内聚，可以在微服务内设计和扩展功能，并且理论上可以采用不同的开发语言、开发框架及开发工具。

◎ 从运维视角来看：在微服务化后，每个微服务都在独立的进程里，可以自运维；更重要的是，微服务化是单一变更的基础，迭代速度更快，上线风险更小。

◎ 从组织视角来看：将团队按照微服务切分为小组，也有利于敏捷开发流程管理和人员组织管理。

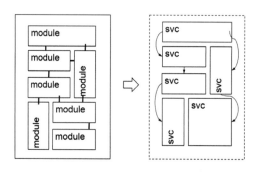

图 1-3　微服务化

但是微服务化在带来上面这些优势的同时，也给开发和运维带来不少挑战。因为微服务化仅仅是一种分而治之的方法，业务本身的规模和复杂度并没有因此变少，系统总体的复杂度反而提高了。如图 1-4 所示，原有的应用变成了分布式应用，网络可靠性、通信安全、网络时延、网络拓扑变化等都成了服务运维额外关注的内容。另外，微服务机制带来了大量其他的工作，比如原有的内部服务调用变成服务间调用，就需要引入服务发现和负载均衡等机制；而之前基于服务自身日志的调用栈就可完成的定位定界，现在必须引入更复杂的分布式调用链追踪才能实现。

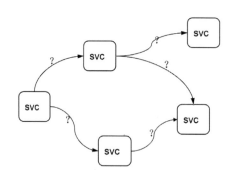

图 1-4　微服务化带来的分布式问题

这些新问题给业务开发者带来了额外的工作量，需要一个工具集来实现这类通用的功能，包括服务注册、服务发现、负载均衡、熔断和调用链追踪等，这些在广义上常被称为服务治理。该工具集本身并没有带来更多的业务收益，主要解决了微服务化本身的问题。

1.3.2　服务治理的形态

通常认为，服务治理的演变至少经过了以下三种形态。

第 1 种形态：治理逻辑和业务代码耦合

在微服务化的过程中，服务拆分后，基本的业务连通都成了问题。如图 1-5 所示，服务调用方的微服务怎么找到对端的服务实例，怎么选择一个对端实例发出请求，等等，都需要业务开发者写代码来实现。这种方式简单，对外部依赖少，但存在大量重复的代码。微服务越多，重复的代码越多，维护便越难。而且，业务代码和治理逻辑耦合导致维护困难，不管是对治理逻辑的全局升级，还是对局部业务的升级，都要修改同一段代码。

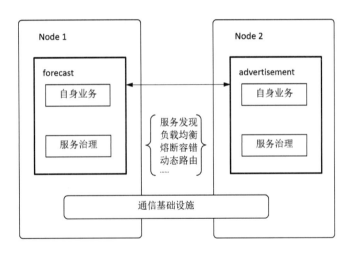

图 1-5　第 1 种形态：治理逻辑和业务代码耦合

第 2 种形态：治理逻辑和业务代码解耦

在解决第 1 种形态的问题时，我们很容易想到的方案，是把治理的公共逻辑抽象成一个公共库，让所有微服务都使用这个公共库；还可以把这些公共库构造成一个通用的开发框架 SDK，使用这种 SDK 开发的业务代码天然包括这些治理能力，这就是如图 1-6 所示的 SDK 模式。其非常典型的服务治理框架就是 Spring Cloud，这种形态的治理工具集在过去一段时间内应用广泛。

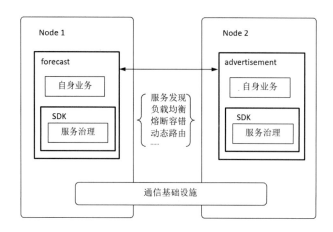

图 1-6　第 2 种形态：治理逻辑和业务代码解耦

　　SDK 模式虽然在代码上解耦了业务和治理逻辑，但业务代码和 SDK 还要在一起编译，业务代码和治理逻辑还在一个进程内。这就导致业务代码必须和 SDK 基于同一种语言，即语言绑定，例如 Spring Cloud 等大部分治理框架都基于 Java，因此也只适用于 Java 开发的服务。另外，SDK 自身升级会导致基于这个 SDK 开发的所有业务代码重新编译、测试和上线。这时，即使业务逻辑没有改变，也要求用户的每个服务都升级，导致额外的工作量增加和上线变更的业务风险，这对用户来说很不方便。此外，SDK 对开发人员来说有较高的学习门槛，虽然各种 SDK 都声称开箱即用，但如果只是因为需要治理逻辑，就让开发人员放弃自己熟悉的内容去学习一套新的语言和开发框架，大概率会让其难以承受。

第 3 种形态：治理逻辑和业务进程解耦

　　为了解决 SDK 模式耦合的问题，我们需要进一步解耦，把治理逻辑彻底从用户的业务进程中剥离出来，形成如图 1-7 所示的 Sidecar 模式。

　　显然，在这种形态下，用户的业务代码和治理逻辑都以独立的进程存在，两者的代码和运行都无耦合。该方式与开发语言无关，开发者可以自己选择开发语言和开发框架，对一个应用中的多个服务甚至可以使用不同的语言开发。另外，业务代码和治理逻辑的升级也相互独立，对治理逻辑的升级在理论上完全不影响业务代码，在业务没有变化时，无须重新编译和升级。在对已存在的系统进行服务治理时，只需将其部署在运行了这些应用代理的平台上，无须对原服务做任何修改。在对老系统进行微服务化改造时，采用这种方式可以渐进式改造，微服务化的和未微服务化的服务可以互相访问，并且应用统一的治理策略。

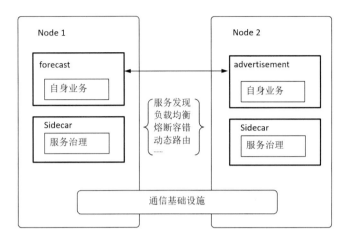

图 1-7 第 3 种形态：治理逻辑和业务进程解耦

这种形态其实就是本书要重点介绍的服务网格的形态，随着后面对原理、实践和架构等内容的了解，读者对其会有更深刻的认识。

比较以上三种服务治理形态，我们可以看到，随着治理逻辑和业务代码解耦得越来越彻底，服务治理逻辑持续下沉，对应用的侵入也逐渐减少，如表 1-1 所示。

表 1-1 三种服务治理形态的比较

形　　态	业务侵入		
	业务逻辑侵入	业务代码侵入	业务进程侵入
治理逻辑和业务代码耦合	Y	Y	Y
治理逻辑和业务代码解耦	N	N	Y
治理逻辑和业务进程解耦	N	N	N

1.3.3　Istio 不只解决微服务问题

微服务作为一种架构风格，更是一种敏捷的软件工程实践，说到底是一套方法论，与之对应的 Istio 等服务网格则是一种完整的实践。Istio 更是一款设计良好的具有较好集成及可扩展能力的可落地的服务治理平台和基础设施。

所以，微服务是一套理论，Istio 是一种实践。但是，Istio 是用来解决应用访问中各种实际问题的，并不只是微服务理论另一种形态的落地。在实际项目中用微服务的特性列表来硬套 Istio 的功能，或者用微服务的某些机制模型在 Istio 中找对应的机制，经常比较牵强，虽然二者在多数场景中看似有很多共同点。

　　从场景来看，Istio 管理的对象大部分是微服务化过的，但这不是必需的要求。对于一个或多个大的单体应用，只要存在服务间的访问要进行治理，就是可以使用 Istio。实际上，如果传统的非微服务化的业务在容器化后需要提供详细的治理、安全等能力，那么 Istio 已经被证明是非常合适的选项，用户不用因为服务治理而修改代码，只需将业务运行到这个平台上即可。

　　如果需要将业务微服务化，也可以渐进式地进行。如图 1-8 所示，Istio 接管了服务的流量后，对单体和微服务都可以按照统一的规则进行管理。在微服务化的过程中，可以对某个单体应用根据业务拆分情况优先微服务化，拆分成三个微服务：svc11、svc12 和 svc13。另一个单体应用 svc2 不用做任何变更，在服务网格中运行起来后，就可以和另外三个微服务一样被管理。在运行一段时间后，svc2 可以根据自身的业务需要再进行微服务化，从而尽量避免一次大的重构带来的工作量和业务迁移风险。

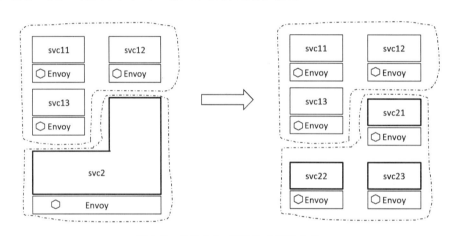

图 1-8　基于 Istio 的渐进式微服务化

　　从能力来看，Istio 对服务的治理不只包含微服务强调的负载均衡、熔断等微服务业务衍生的治理能力，还包含诸多其他能力，例如本书会重点讲到的服务安全中提供的基于多种身份的认证方式、访问通道加密和细粒度可扩展的服务访问授权，以及强大的应用访问拓扑、服务访问指标、分布式调用链、服务访问日志等可观测性能力。在 Istio 中提供的是用户管理和运维服务需要的各种能力，特别是云原生场景中复杂应用调用时需要的能力，尽管这些能力并不一定被包含在早期的微服务理论中。

　　所以，过多地谈论 Istio 和微服务的理论关系，倒不如多关注 Istio 和 Kubernetes 等云原生技术的结合、实践与应用。Kubernetes 和云原生实际上已经改变或者重新定义了软件开发、部署和运维的思想和实践。考虑到这些年微服务世界正在发生的变化，我们也慢慢习惯了让微服务回归本源，即用更加通用和松散的理论在新的形态下指导我们的实际工作，解决在实际工作中遇到的具体问题。

1.4 Istio 与服务网格

关于服务网格，业界比较认同的是 William Morgan 早期关于服务网格（Service Mesh）的一段定义，这里通过提取和解释该定义中的几个关键字来讲解服务网格的特点。

◎ 基础设施：服务网格是一种处理服务间通信的基础设施层。

◎ 云原生：服务网格尤其适用于在云原生场景中帮助应用程序在复杂的服务拓扑间可靠地传递请求。

◎ 网络代理：在实际应用中，服务网格一般通过一组轻量级网络代理执行治理逻辑。

◎ 对应用透明：虽然轻量级网络代理与应用程序被部署在一起，但应用感知不到代理的存在，仍通过原来的方式工作。

经典的服务网格示意图如图 1-9 所示，浅色块都表示应用程序，深色块表示服务网格的数据面代理。服务网格代理透明地拦截流量，解析流量内容，并根据配置的策略执行相应的治理规则。

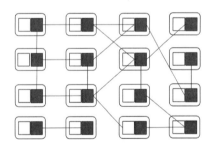

图 1-9 经典的服务网格示意图

1.4.1 云原生选择服务网格

在云原生时代，随着采用各种语言开发的服务量剧增，应用间的访问拓扑更加复杂，治理需求也越来越强烈。原来嵌入在应用中的治理功能，无论是从形态、动态性还是可扩展性来说，都不能满足需求，迫切需要一种具备云原生的动态、弹性特点的应用治理基础设施。

首先，Sidecar 与应用进程的解耦带来的应用完全无侵入、开发语言无关等特点解除了开发语言的约束，从而极大降低了应用开发者的开发成本。在云原生场景中业务越来越复杂，变化越来越快，让开发者能使用各种适合的开发语言和开发框架，更加专注于业务开发。

另外，作为透明代理，Sidecar 不影响用户原有的业务访问方式，应用还是按照原有的方式进行互相访问，不需要因为使用服务网格而改变原有的服务调用方式。每个应用程序的 Inbound 流量和 Outbound 流量都被 Sidecar 代理透明拦截，并在 Sidecar 上执行治理动作。应用完全感知不到这个透明代理的存在，也不需要关心是服务端有 Sidecar 还是客户端有 Sidecar，是成对启用 Sidecar 还是单独启用 Sidecar，更不需要关注这些代理的部署、升级等运维工作，这些工作完全由基础设施提供。

服务网格向上层应用提供的这种基础设施也经常被称为一种应用层网络，类比 TCP/IP 的传统网络，应用程序像使用传统的网络协议栈一样使用服务网格代理提供的应用层协议栈。TCP/IP 负责将字节码可靠地在网络节点间传递，Sidecar 则负责将请求可靠地在服务间传递，并在传递过程中根据策略对应用的流量进行管理。TCP/IP 面向的是底层的数据流，Sidecar 则解决了 HTTP、gRPC、HTTPS，包括标准的 MySQL、Redis 等多种高级协议通信中的问题，并对服务运行时进行高级控制，使服务可监控、可管理。

Sidecar 是服务网格动作的执行体，全局的管理规则和服务网格内的元数据维护通过一个统一的控制面实现，如图 1-10 所示，只有数据面的 Sidecar 和控制面有联系，应用感知不到数据面的 Sidecar，更不会和控制面有任何联系，用户的业务和控制面彻底解耦。

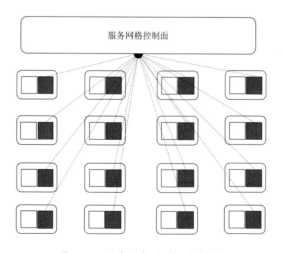

图 1-10　服务网格的统一控制面

当然，这种形态在服务的访问链路上多引入的两跳也是不容回避的问题。如图 1-11 所示，从 forecast 到 recommendation 的一个访问必须要经过 forecast 的 Sidecar 拦截 Outbound 流量，执行治理动作；再经过 recommendation 的 Sidecar 拦截 Inbound 流量，执行治理动作。这就引出两个问题：第 1 个问题，增加了两处延迟和可能的故障点；第 2 个问题，多出来的这两跳对于访问性能、整体可靠性及整个系统的复杂度都带来了新的挑战。

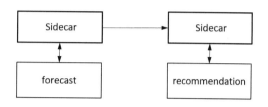

图 1-11　服务网格访问路径变长

其中，第 2 个问题本来就属于基础设施层面可维护性、可靠性的范畴，业界的几个产品都在用各自的方式解决该问题。关于第 1 个问题，服务网格提供商提供的方案一般是尽量保证服务网格代理的轻量、高性能，并降低时延影响，包括基于 eBPF 提升流量拦截的效率，通过代理和内核的结合、代理和网络协议栈的结合等方法不断优化服务网格代理的性能。考虑到大部分场景中后端应用程序一般比代理更重，所以叠加代理并不会明显影响应用的访问性能。

当然，服务网格代理本身会消耗额外的资源，这也是我们在实践中比较关心的问题。如果想使用服务网格，就需要考虑是否愿意花费额外的资源在这些基础设施上，来换取开发、运维的灵活性、业务的非侵入性和扩展性等。现在，计算资源越来越便宜，我们更多地通过服务网格将开发者从机械的基础设施就可以搞定的繁杂事务中解放出来，专注于更能发挥创造性才智和产生巨大商业价值的业务开发上。

如图 1-12 所示，服务网格正在越来越多地被定位成一个对上连接应用，对下连接多种基础设施的中间层应用网络。

◎ 从下层资源等基础设施看，服务网格可以通过非侵入的方式帮助下层基础设施感知上层应用，从而对应用进行细粒度的管理，更有效地发挥资源的效能，基于应用的需求也加速了多种下层基础设施的融合和协作。

◎ 从上层最终用户的应用看，当包含在应用层的通用逻辑下沉到基础设施时，和原有提供资源和应用运行平台的基础设施叠加在一起，才是一个懂应用的基础设施，对应用更友好，而不再只是一堆机器和资源。

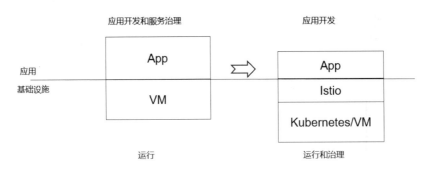

图 1-12 服务网格的定位

近年来，服务网格逐步在各个行业的生产中落地。华为、谷歌、亚马逊等云服务厂商已经将服务网格以云服务形态提供出来，并和底层的基础设施，以及对应的监控、安全等云服务结合，向租户提供完整的服务治理解决方案。这除了进一步减轻了业务开发人员和运维人员的工作量和学习成本，还使 Istio 的使用门槛进一步降低。

随着国内服务网格的生产和应用越来越多，信通院和华为等国内多个云厂商于 2021 年一起制定和发布了《服务网格技术能力要求》，定义了服务网格参考模型、增强级和先进级的能力分级，详细描述了服务网格控制面、数据面、安全、运维、性能等各种能力要求。

1.4.2 服务网格选择 Istio

在众多的服务网格项目和产品中，最引人注目的是后来居上的 Istio，它已经成为继 Kubernetes 之后的又一款重量级产品。在本书即将完成时，如图 1-13 所示，Istio 在 GitHub 上已经收获了超过 3.17 万个 Star，每个月都会有 30 个新的 committer 提交代码，这着实是个非常了不起的成绩。可以看到，Istio 从 2017 年 5 月发布第 1 个版本 0.1 开始到现在，一直被持续关注和看好，有 20 多家不同的公司在持续推动 Istio 社区的发展。

Istio 以平台的方式向服务提供一致的流量管理、可观测性、安全等能力，透明地在服务和网络之间插入一层服务管理的基础设施，建立一个可编程的、应用可感知的网络，运维人员通过统一的策略进行服务运维管理，开发人员无须关注解决分布式问题的复杂逻辑。

并且，Istio 将微服务的"解耦"思想践行得更彻底：微服务通过服务化实现业务间的解耦和不同功能开发团队间的依赖解耦，Istio 在此基础上可以将业务开发和服务运维解耦，将之前耦合在开发中的发布运维流程解耦给服务运维人员。在解耦的同时，Istio 平台化的基础设施形态也为解耦后大量的微服务提供了统一的管理，表现在：将服务网格统一的数据面代理注入业务访问链路上，将以不同语言开发的、不同集群的甚至不同基础设施的微服务集成到一个服务网格上；通过控制面的统一服务发现和集中的流量、安全配置，对服务网格内的服务进行一致的管理。

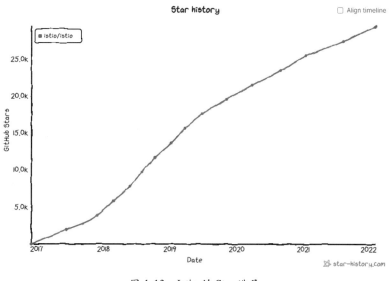

图 1-13　Istio 的 Star 进展

Istio 作为提供服务网格完整解决方案的开源平台，其全面的功能特性适用于各种不同规模的应用场景。在 Istio 0.1 发布时，Istio 官方的第 1 篇声明规划了 Istio 提供的重要能力，如下所述。

◎ 服务运行的可观测性：监控应用及网络相关数据，将相关指标与日志记录发送至任意收集、聚合与查询系统中以实现功能扩展，追踪分析性能热点并对分布式故障模式进行诊断。

◎ 弹性与效率：提供了统一的方法配置重试、负载均衡、流量控制和断路器等来解决网络可靠性低所造成的各类常见故障，更轻松地运维高弹性服务网格。

◎ 研发人员的生产力：确保研发人员专注于基于已选择的编程语言构建业务功能，不用在代码中处理分布式系统的问题，从而极大提升生产力。

◎ 策略驱动型运营：解耦开发和运维团队的工作，在无须更改代码的前提下提升安全性、监控能力、扩展性与服务拓扑水平。运营人员能够不依赖开发提供的能力精确控制生产流量。

◎ 默认安全：允许运营人员配置双向 TLS 认证并保护各服务之间的所有通信，并且开发人员和运维人员不用维护证书，以应对分布式计算中经常存在的大量网络安全问题。

◎ 增量适用：考虑到在网络内运行的各服务的透明性，允许团队按照自己的节奏和需求逐步使用各项功能，例如，先观察服务运行情况再进行服务治理等。

Istio 的良好设计还体现在用户的配置、使用上，通过声明式 API 描述服务网格的流量规则，可简化运维人员的配置。虽然之后会看到因为配置对象本身足够复杂，Istio 的某些 API 也比较复杂，但是其总体的系统化 API 设计和声明式描述方式对管理员是比较友好的。其设计特点如下。

◎ 面向服务提供者的配置：虽然在服务网格中大部分流量规则作用于服务的消费者，但是配置的目标对象都是服务提供者，这样也便于理解和管理服务网格的规则。

◎ 以 Host 为核心的配置：服务网格的管理对象是一个个可以被访问的服务，在多个流量规则上都以 Host 作为关键属性展开配置，第 3 章会对此有个总结和对比。

◎ 配置对象解耦：避免复杂冗余的大配置规则，不同的规则聚焦于不同的配置对象。比如 VirtualService 和 DestinationRule 解耦了服务访问路由和路由的后端行为，Gateway 和 VirtualService 解耦了访问入口和具体路由。当然，在 API 的发展中也出现过类似认证策略 AuthenticationPolicy 拆分为 PeerAuthentication 和 RequestAuthentication，授权策略 AuthorizationPolicy 替代 ClusterRbacConfig、ServiceRole 和 ServiceRoleBinding 的变化，第 5 章会详细介绍其配置模型设计。

◎ 除支持声明式的配置外，也可以显式指定模型依赖的基础设施。比如我们在 3.4 节会了解到，服务网格入口流量 Gateway 的配置可以关联 Gateway 的负载。

在服务网格数据面上，Istio 配套的数据面 Envoy 已经是当前服务网格数据面的标准实现，其控制面的 xDS 协议已经成为服务网格数据面的事实标准协议。Envoy 于 2017 年 9 月加入 CNCF，成为第 2 个服务网格项目，并于 2018 年 11 月从 CNCF 毕业，这标志着其趋于成熟。Envoy 满足服务网格对透明代理的轻量、高性能要求，提供 L3/L4 过滤器、HTTP L7 过滤器，支持 HTTP、gRPC、TCP、TLS、MySQL、Redis、MongoDB 等多种协议。实际上不只是作为服务网格的数据面，作为独立的七层网关代理，Envoy 在很多项目中也获得了广泛的应用。

在架构实现上，Istio 控制面和数据面都提供了极强的扩展能力。数据面 Envoy 通过过滤器机制提供了灵活的扩展性。用户可以扩展实现自己应用的协议，也可以扩展现有的七层和四层的流量处理能力。服务网格控制面可以对接各种服务发现平台，支持多种形态的部署，除了 Kubernetes 容器，它还可以方便地管理虚拟机等多种基础设施，管理多云、混合云、多集群，适配多种网络方案。

另外，Istio 从自身架构的设计到与周边生态的结合，都有着比较严密的论证，包括和

Kubernetes 在云原生场景中的责任分工和配合。将 Kubernetes 作为管理容器的编排系统，Istio 管理容器平台上运行的服务之间交互时的监控、安全和流量管理。Isito 与其他云原生项目和技术无缝结合和扩展，比如 Prometheus、Jaeger、Zipkin、Kiali、OpenTelementry、OPA 等，一起构造完整的云原生应用流量、安全和可观测性管理解决方案。

Isitio 社区的定位与多个云厂商的规划也不谋而合。华为云已经在 2018 年 8 月率先发布基于 Isitio 构建的应用服务网格 ASM（Application Service Mesh）；Google 于 2019 年 9 月上线基于 Istio 的服务网格 Anthos Service Mesh。也有越来越多的云厂商已经选择将 Istio 作为其容器平台的一部分提供给用户，即提供一套开箱即用的容器应用运行治理的全栈服务。正因为看到了 Istio 在技术和产品上的巨大潜力，各大厂商在社区的投入也在不断加大。

另外，从 Istio 项目近几年的发展来看，社区项目的发展和生产中的大规模应用结合得越来越紧密，越来越多的特性来自生产中的问题，如下所述。

◎ 架构更易用、务实。如 1.5 版本废弃了 Mixer，并在 1.8 版本移除；控制面上多个组件合并为单体应用 Istiod；提供 CNI 插件替换原有的流量拦截模式。

◎ 自身运维能力提升。包括故障排查能力、控制面多版本、外部控制面等。

◎ 功能更完善，解决生产落地中碰到的实际问题。比如虚拟机方案的完善，有多种实用的多集群方案。

◎ API 标准化。包括 Istio 自身 API 和对接 Kubernetes 的标准 API。

◎ 版本发布稳定。保持了一个季度一个大版本的稳定节奏，不再出现早期 1.1 版本那样 9 个月一个版本的拖延。

Istio 在生产中的广泛应用也进而帮助服务网格形态在业界普及和推广，引领了云原生技术的发展。以编程方式管理服务也正成为 DevOps 的主要场景，包括用户将灰度发布、治理策略、动态头域修改嵌入到流水线中。

1.5 Istio 与 Kubernetes

Kubernetes 是云原生领域的核心技术，作为一款用于管理容器化工作负载和服务的可移植、可扩展的开源平台，拥有庞大、快速发展的生态系统。它面向基础设施，将计算、网络、存储等资源紧密整合，为容器提供最佳运行环境，并面向应用提供封装好的、易用的工作负载与服务编排接口，以及运维所需的资源规格、弹性、运行参数、调度等配置管理接口，是新一代的云原生基础设施平台。

如今，容器技术已经进入产业落地期，而 Kubernetes 作为容器平台的标准已经得到了广泛应用。Kubernetes 从 2014 年 6 月宣布开源，到 2015 年 7 月发布 1.0 这个正式版本并进入 CNCF 基金会，再到 2018 年 3 月从 CNCF 基金会正式毕业，已迅速成为容器编排领域的标准，是开源历史上发展最快的项目之一。

1.5.1　Istio，Kubernetes 的好帮手

Kubernetes 作为一个成熟和业界标准的容器平台和基础设施，在这些年获得了极其广泛的应用，满足了用户对云原生的各种需求。那为什么还需要引入 Istio 呢？本节将尝试从场景和架构两方面回答这个问题。

从场景来看，Kubernetes 除了已经提供了强大的应用负载的部署、升级、扩容等运行管理能力，也基于 Service 机制实现了基础的服务互访能力。从微服务的观点来看，Kubernetes 本身是支持微服务的架构：Kubernetes 的轻量的 Pod 天然就适合微服务的部署和管理。并且 Kubernetes 的 Service 机制也已经解决了微服务的互访互通问题，如图 1-14 所示，Kubernetes 提供了服务注册、服务发现和负载均衡机制，支持通过服务名访问到服务实例。Kubernetes 的 Readiness 健康检查在一定程度上也支持了异常微服务实例的故障隔离和恢复功能。

但 Kubernetes 提供的这种些能力大都停留在四层的互访上，只是提供了一种机制能保证服务间可以互相发现、互相访问。对于部分服务化要求不高的场景，平台提供的这种 Service 机制已经极大地减轻了用户的负担，用户只需专注每个微服务的业务开发即可。但对于服务化要求较高的用户，如果需要服务的熔断、限流、动态路由或者调用链埋点这些应用层的能力，则仍然不得不采用一些微服务框架来完成。这些微服务框架足够成熟和强大，但存在上节介绍过的一些侵入性、语言锁定的问题，在 Kubernetes 场景中，用户不得不基于这些微服务框架的服务注册、服务发现和负载均衡完成服务间的访问，即架空了 Kubernetes 的 Service 机制。

1.3.1 节推导过，解决这些侵入性问题最好的方式是采用服务网格。在 Kubernetes 平台上，最好的方式是基于 Kubernetes 的服务注册发现等机制提供一个 Kubernetes 原生的服务网格，最好能和 Kubernetes 紧密结合。在提供微服务部署运行、资源管理的同时，能提供微服务治理所需的可观测性、服务韧性、灵活分流、弹性、安全等能力，这正是 Istio 在做的事情。如图 1-14 所示，Istio 正是在 Kubernetes 之上叠加了一层面向应用、感知应用的服务管理平台和基础设施，提供了强大的可扩展的非侵入七层流量管理能力。

图 1-14 在 Kubernetes 上叠加 Istio 这个好帮手

从架构来看，Kubernetes 的 Service 基于每个节点的 Kube-proxy 从 Kube-apiserver 上获取 Service 和 Endpoints 的信息，并将对 Service 的请求经过负载均衡转发到对应的 Endpoints 上。但 Kubernetes 只提供了 4 层负载均衡能力，无法基于应用层的请求进行负载均衡，更不会提供应用层的流量管理。比如，经常有用户碰到部署在 Kubernetes 上的 gRPC 服务在服务间访问时总是长连接而不能基于请求进行负载均衡。Kubernetes 在服务运行管理上也只提供了基本的探针机制，并不提供服务访问指标和调用链。

Istio 在管理 Kubernetes 服务的流量时，复用了 Kubernetes 的 Service 定义，它的服务发现就是从 Kube-apiserver 中获取 Service 和 Endpoints，然后将其转换成 Istio 服务模型，但是其数据面组件不再是 Kube-proxy，而是在每个 Pod 里部署的 Sidecar，也可以将其看作每个服务实例的 Proxy。如图 1-15 所示，当发生服务间访问时，Istio 数据面透明地拦截 Pod 的 Inbound 流量和 Outbound 流量，接管服务间访问的流量。服务网格数据面代理识别和解析各种应用层协议，根据控制面上该服务对应协议的配置执行丰富的流量管理动作，包括 Kubernetes 上无法提供的面向请求的负载均衡、动态修改请求或应答内容、注入故障、服务熔断限流、认证授权、调用链埋点、访问日志等可观测性数据收集等。

在 Istio 中，除了基于 Sidecar 的服务网格代理透明代替了 Kubernetes 的 Kube-proxy 拦截和处理东西向流量，对于入口处的南北向流量，Istio 也基于 Envoy 构建了入口处的 Ingress-gateway，替代 Kubernetes 的 Ingress 或 Loadbalancer Service。因为在入口处提供了和服务网格内部一致的七层流量管理，所以对于入口服务配置的灰度流量切分、服务熔断、负载均衡等策略都可以在 Ingress-gateway 上执行，保证来自服务网格内部的流量和来自服务网格外部的流量对一个特定服务都呈现一致的行为。Istio 还提供了外部流量访问的 TLS 终结、入口统一认证等高级网关能力。

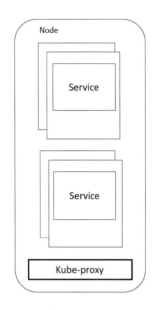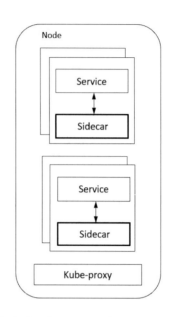

图 1-15 Istio 数据面代理提供更细粒度的更多流量治理能力

总之，Istio 和 Kubernetes 从设计理念、业务场景、使用体验到系统架构关系都非常紧密。在服务网格管理 Kubernetes 服务的场景中，甚至可以将 Istio 看作 Kubernetes 可插拔的增强扩展：启用它，则在 Kubernetes 上运行的服务具备七层流量管理能力，不启用它，则退化到 Kubernetes 的四层服务机制。基于这个观点回看图 1-12，Istio 和 Kubernetes 紧密结合，一起提供了一个面向应用的云原生基础设施，这个基础设施不只包括原有的负载部署升级、扩缩容等资源层面的能力，也包括应用的流量、安全、可观测性等能力。

1.5.2 Kubernetes，Istio 的好基座

Istio 最大化地利用了 Kubernetes 这个基础设施，与之叠加在一起形成了一个更强大的用于进行服务运行和治理的基础设施，并提供了更棒的用户体验。

1. 基于 Kubernetes Pod 的服务网格数据面管理

Istio 数据面 Sidecar 运行在 Kubernetes 的 Pod 里，作为一个代理和业务容器部署在一起。在服务网格的定义中要求应用程序在运行的时候感知不到 Sidecar 的存在，基于 Kubernetes 的一个 Pod 多个容器的优秀设计使得部署运维对用户透明，用户甚至感知不到部署 Sidecar 的过程。用户还是用原有的方式创建负载，通过 Istio 的自动注入机制，在业务 Pod 创建时，自动给指定的负载注入代理容器。基于这种机制，通过 Kubernetes 的滚动

升级可以对服务网格数据面版本进行升级。

2. 基于 Kubernetes 机制的透明流量拦截

服务网格数据面上的透明流量拦截也是数据面正常工作的重要部分。在 Kubernetes 平台上，Istio 的早期版本基于 init container 机制，在启动业务容器前执行 Iptables 规则，将业务容器的出入流量拦截到数据面代理上。Istio 的新版本基于 Kubernetes CNI 机制实现了一个 Istio CNI 插件，在 Pod 创建或销毁的时候执行服务网格拦截流量的规则，将业务流量转发到服务网格数据面代理。这两种机制都可以做到流量拦截对业务透明。

如果在其他环境下部署和使用代理，则不会有这样的便利。尽管 Istio 从 1.9 版本开始对虚拟机的支持已经比较完善，但是没有 Kubernetes 的支持，对服务网格数据面的部署和维护还是不太方便。

3. 基于 Kubernetes Service 的服务发现

服务网格的主要管理对象当然是服务，Istio 提供了独立于平台的服务发现 API，服务网格的数据面代理基于控制面的服务发现接口 EDS 动态地更新负载均衡池，实现服务网格的流量分发并执行对目标服务配置的各种流量策略。

在和 Kubernetes 结合的场景中，Istio 的服务发现机制完美地基于 Kubernetes 的域名访问机制构建而成，避免了再搭建一个独立的注册中心的麻烦，也避免了独立注册中心带来的服务发现数据不一致问题。在多个 Kubernetes 集群的场景中，服务网格控制面可以从多个 Kubernetes 集群提取服务发现数据，对多集群的服务网格进行全局的服务发现，并基于这个全局服务视图进行统一的流量管理。

当然，Istio 也可以与其他服务发现系统对接，支持基于自有的 API 对虚拟机、外部服务等进行服务注册，进而进行服务发现和服务流量的管理。

4. 基于 Kubernetes 的控制面组件管理

Istio 的控制面组件都是以容器形态部署在 Kubernetes 集群中的，不管是早期的多个控制面组件，还是在 Istio 1.5 后合并成一个 Istiod 控制面组件，都以 Kubernetes 负载形态部署。服务网格数据面对控制面组件的访问也基于 Kubernetes Service 机制，通过服务名访问。另外，控制面组件的安装、部署、升级还可以基于 Helm 模板或 Operator 来管理。这些 Kubernetes 原生或扩展的能力，大大方便了服务网格控制面组件自身的运维。服务网格控制面组件还可以部署在待管理的 Kubernetes 集群中，也可以部署在其他集群中，管理多个 Kubernetes 集群或者其他形态的非容器的服务网格数据面。

5. 基于 Kubernetes CRD 的流量规则

Istio 的所有流量规则和策略配置都是通过 Kubernetes CRD 实现的，采用了 Kubernetes 风格的声明式 API，方便管理员理解和配置，并且各种规则策略对应的数据也被存储在 Kube-apiserver 中，不需要另外一个单独的配置管理。所以，可以说 Istio 的 APIServer 就是 Kubernetes 的 APIServer，数据也自然被保存在 Kubernetes 对应的 Etcd 中。

6. 基于 Kubernetes 服务账户的身份机制

Istio 安全的基础是认证，而认证的基础是身份。Istio 可以采用各种平台的用户账户、自定义服务账户、服务名称等作为身份标识。在 Kubernetes 平台中，使用 Kubernetes 负载的服务账户 Service Account 方便地进行身份标识，进而基于身份进行认证和授权。

7. 基于 Kubernetes 能力的云原生应用

除了 Istio 自身机制和 Kubernetes 的这些结合，Istio 与 Kubernetes 在云原生场景中的结合更多，比较典型的如下。

◎ 基于服务访问的弹性扩缩容。用户通过 Istio 的非侵入性采集服务的访问指标，基于这些指标配置 Kubernetes 的 HPA 策略，基于服务访问情况进行服务实例的扩缩容控制。

◎ 容器服务灰度发布流程。在变更流水线上同时调用 Kubernetes 和 Istio 的 API 实现灰度发布的完整流程，一般是先调用 Kubernetes API 对已存在的服务创建一个新的负载并标识新的版本，再基于 Istio 的流量规则对创建的负载的实例分配流量，并可以一直灵活控制这个流量切分，直到流量都切换到一个最终选择的版本上，在灰度完成时可以选择下线服务原有版本的负载或者新版本的负载。

如图 1-16 所示，可以看到 Istio 非常巧妙地应用了 Kubernetes 这个好基座：基于 Kubernetes 的已有能力来构建服务网格的内外部能力；通过 Kubernetes 机制减少重复工作、避免数据不一致，同时降低了用户学习成本，保持了用户使用和 API 风格等的一致性。

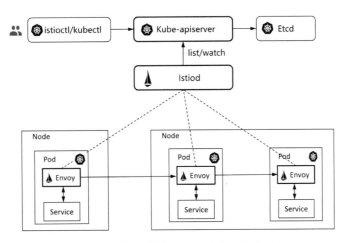

图 1-16　Istio 与 Kubernetes 架构的结合关系

作为云原生基础设施的核心技术栈，Kubernetes 和 Istio 在业务场景上会保持清晰的配合和分工。在技术实现和具体方案上，随着 Istio 支持的场景越来越多，这里讲到的两者机制上的结合关系还是主流的场景，但也会随着业务和技术发展发生变化。比如当需要管理非 Kubernetes 服务时，Istio 自己提供了基于 ServiceEntry 和 WorkloadEntry 的服务定义和服务注册发现机制，可以同时管理容器和虚拟机的服务实例。在多集群、多云混合云场景中，Istio 控制面也不一定部署在被管理的集群中，可以实现多种不同的更灵活的部署模式。

1.6　本章小结

本章介绍了 Istio 的相关概念、场景和机制，包括与微服务、Kubernetes 等的关系，如图 1-17 所示。

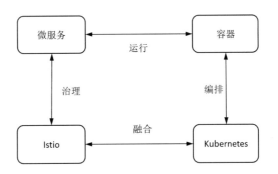

图 1-17　Istio 和微服务、Kubernetes 等的关系

Kubernetes 在容器编排领域早已成为无可争辩的事实标准；微服务和容器共同的轻量、敏捷、快速部署的特征，使得微服务运行于容器日益流行；随着 Istio 的成熟和服务网格技术的流行，使用 Istio 进行服务治理的实践也越来越多，正成为服务治理的趋势和标准；而 Istio 与 Kubernetes 在技术架构和应用场景上的天然融合，补齐了 Kubernetes 面向应用的治理能力，提供了端到端的服务运行治理平台。这使得 Istio、微服务、容器及 Kubernetes 这几个关键技术组合在一起，为云原生应用的开发、运行、治理等构造了一个完美闭环的技术栈。本书内容聚焦于其中的重要一环：基于 Istio 提供的应用层的流量治理能力。

第**2**章 | Istio 的架构概述

前面的内容作为背景分别讲解了 Istio 是什么、Istio 能做什么，等等。本章将在此基础上进行 Istio 的架构概述，包括 Istio 的工作机制、服务模型和主要组件，为学习流量治理、可观测性、安全等内容做必要的知识储备。

2.1 Istio 的架构及原理

如图 2-1 所示，Istio 在架构上分为控制面和数据面两部分，控制面只有一个单体应用 Istiod。在 Istio 1.6 中，上游为了简化控制面的部署和运维，将原来分离的 Istio 组件 Pilot、Citadel、Mixer、Galley、Sidercar-Injector 等组件合并为单体应用（Istiod），并且为了提升性能，又将 Mixer 彻底移除。数据面主要由伴随每个应用程序部署的代理 Envoy 组成，Envoy 根据控制面的配置执行流量管理操作。

在介绍组件的功能前，这里先通过一个动态场景来了解图 2-1 中对象的工作机制，即观察 frontend 对 forecast 进行一次访问时，在 Istio 内部都发生了什么，以及 Istio 的各个组件是怎样参与其中的，分别做了哪些事情。

图 2-1 上带圆圈的数字代表在数据面上执行的若干重要动作。虽然从时序上来讲，控制面的配置在前，数据面的执行在后，但为了便于理解，在下面介绍这些动作时以数据面上的数据流为入口，介绍数据面的功能，然后讲解涉及的控制面如何提供对应的支持，进而理解控制面上组件的对应功能。

①自动注入：指在创建应用程序时，自动注入 Sidecar 代理和 Init 容器。在 Kubernetes 场景中创建 Pod 时，Kube-apiserver 调用 Istio 的 Sidecar-injector 服务，自动修改应用程序的描述信息并注入 Sidecar 代理和 Init 容器。在真正运行 Pod 时，首先运行 Init 容器，设置流量拦截规则，然后同时运行应用容器和 Sidecar 容器。在用户无感知的情况下，Sidecar 容器中的 Envoy 程序伴随着应用程序运行，对进出应用程序的流量进行透明的管理。

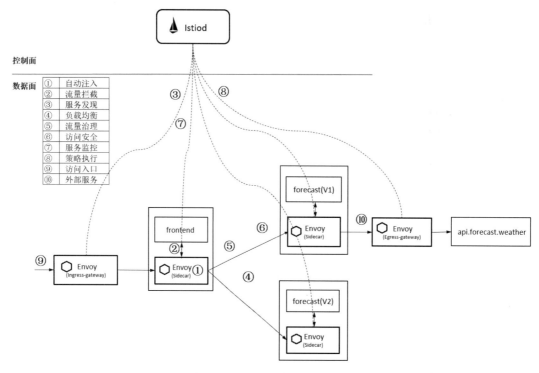

图 2-1　Istio 的工作机制和架构

②流量拦截：Istio 默认通过注入 Init 容器进行 Iptables 规则的设置，拦截进入容器的 Inbound 流量和从应用程序发出的 Outbound 流量。由于 Init 容器需要 NET_ADMIN 和 NET_RAW 权限执行网络设置，所以 Istio 还提供了 Istio CNI 插件，取代 Init 容器进行流量拦截规则的设置。Istio CNI 插件识别用户的应用程序 Pod 和需要流量重定向的 Sidecar，并在 Kubernetes Pod 生命周期的网络设置阶段进行设置，从而消除用户在启用 Istio 的集群中对 Pod 额外的权限要求。当有流量到来时，Sidecar 基于配置的 iptables 规则拦截业务容器的 Inbound 流量和 Outbound 流量。应用程序完全感知不到 Sidecar 的存在，仍然以原本的方式进行互相访问。在图 2-1 中，frontend 发送的流量会被 frontend 侧的 Sidecar 拦截，而当流量到达 forecast 时，Inbound 流量被 forecast 侧的 Sidecar 拦截。

③服务发现：服务发起方的 Envoy 调用 Istiod 的服务发现接口获取目标服务的实例列表。在图 2-1 中，frontend 侧的 Envoy 通过 Pilot 的服务发现接口得到 forecast 各个实例的地址，为负载均衡做准备。

④负载均衡：服务发起方的 Envoy 根据配置的负载均衡策略选择服务实例，并将请求分发到对应的目标服务实例上。在图 2-1 中，frontend 侧的 Envoy 从 Istiod 中获取 forecast

的负载均衡配置并执行负载均衡操作。

⑤流量治理：Envoy 从 Istiod 中获取配置的流量治理规则，在拦截到 Inbound 流量和 Outbound 流量时执行治理逻辑。在图 2-1 中，frontend 侧的 Envoy 从 Istiod 中获取流量治理规则，并根据灰度策略将不同特征的流量分发到 forecast 的 v1 或 v2 版本。当然，这只是 Istio 流量治理的一个简单场景，更丰富的流量治理能力请参照第 3 章。有些流量规则需要目标服务的代理配合执行，比如对 forecast 的限流、认证和授权等。

⑥访问安全：在服务间访问时，Envoy 可以进行双向认证和通道加密，并基于授权策略的配置对请求进行鉴权。在图 2-1 中默认启用服务间的双向认证，在 frontend 和 forecast 侧的 Envoy 上自动加载证书和密钥来实现双向认证。其中的证书和密钥的管理比较复杂，由 Citadel 和 Istio-Agent 协作完成。

⑦服务监控：在服务间通信时，通信双方的 Envoy 根据请求的信息进行监控指标的统计、访问日志的收集和分布式调用链的埋点等。Istio 通过标准的可观测性接口对接各种不同的可观测性后端，接收相关的可观测性数据。在图 2-1 中，frontend 对 forecast 的访问监控指标、访问日志和调用链都可以通过这种方式收集到对应的监控后端。

⑧策略执行：Envoy 原生支持访问限流。在如图 2-1 中，可以部署限流服务，通过限流规则控制 frontend 到 forecast 的访问速率。遗憾的是，由于种种原因，截至 Istio 1.16，Istio 暂时还没有标准的限流 API 帮助用户配置限流策略，在限流策略的配置方面，还只能通过 EnvoyFilter 开放 Envoy 的限流能力。

⑨访问入口：在服务网格的入口处有一个 Envoy 扮演入口网关 Ingress-gateway 的角色。在图 2-1 中，外部服务通过网关访问入口服务 frontend，对 frontend 的负载均衡和一些流量治理策略都在这个网关上执行。

⑩外部服务：与入口网关 Ingress-gateway 类似，出口网关 Egress-gateway 统一接收和管理服务网格访问外部的流量。在图 2-1 中，forecast 通过出口网关访问外部服务，还可以对外部访问的流量进行管理。

总结在以上过程中涉及的动作和动作主体，对其中的每个过程都抽象成一句话：服务调用双方的服务网格数据面代理 Envoy 拦截流量，并根据 Istiod 的相关配置执行相应的治理动作，这也是 Istio 的数据面和控制面的基本配合方式。

2.2　Istio 的服务模型

刚才在介绍服务发现、负载均衡、流量治理等过程时提到了 Istio 的服务、服务版本和服务实例等对象。这些对象构成了 Istio 的服务模型，这里先对服务模型做简要介绍。

Istio 支持将由服务、服务版本和服务实例构建而成的抽象模型映射到不同的平台，比如 Kubernetes 和虚拟机上。本节重点讲解基于 Kubernetes 的场景（基于虚拟机场景的模型类似，只是没有 Kubernetes 这样的编排平台来统一管理服务相关的信息，之后会做补充介绍）。在 Kubernetes 场景中，Istio 的服务模型基于 Kubernetes 的 Service、Endpoints 资源对象构建而成，并加上部分约束来满足 Istio 服务模型的要求。

Istio 官方对这部分约束的描述如下。如果从较早的版本就开始关注 Istio，那么会注意到这些约束在慢慢减少，即功能增强、约束减少，但保留了某些原理上的约束。

◎ 端口命名格式：对 Istio 的服务端口最好按规范命名，其规范格式是 <protocol>[-<suffix>]，其中<protocol>可以是 tcp、http、http2、https、grpc、tls、mongo、mysql、redis 等。Istio 根据端口名获取应用协议的类型，进而提供对应的流量治理能力。例如 "name: http2-forecast" 和 "name: http" 都是合法的端口名，但 "name: http2forecast" 是非法的端口名。如果对端口未命名或者没有按规范命名，则 Istio 默认会进行协议探测（protocol sniffer），目前支持探测 HTTP 和 HTTP/2，否则对流量按照纯 TCP 进行处理。除了端口名，在 Kubernetes 1.18 及之后的版本中可以通过 appProtocol 配置服务的应用协议。

◎ 服务关联：Pod 需要关联到服务，如果一个 Pod 属于多个 Kubernetes 服务，那么要求服务不能在同一个端口上使用不同的协议，比如 80 端口的一个端口名为 "http"，另外一个端口名为 "https"，那么服务端的 Envoy 监听器可能会有意想不到的冲突。

◎ 应用的 Deployment 使用 app 和 version 标签：建议 Kubernetes Deployment 显式地包含 app 和 version 标签。每个 Deployment 都需要有一个有业务意义的 app 标签和一个表示版本的 version 标签。基于 app 和 version 标签构建的可观测性元数据信息可以对可观测性进行各种维度的管理，version 标签还可用于灰度发布中对灰度版本的标识。

2.2.1　Istio 的服务

服务是服务网格 Istio 管理的主要资源对象。从逻辑层面看，服务是一个抽象概念，主要包含 HostName 和 Ports 等属性，并指定了服务的域名和端口列表。每个端口都包含端口名称、端口号和端口的协议。在 Istio 中对不同的协议都有不同的治理规则集合，可以参照 3.2.2 节的内容。这也是 Istio 关于端口命名约束的机制层面的原因。

从物理层面看，在最通用的 Kubernetes 容器场景中，Istio 服务的存在形式就是 Kubernetes 的 Service。Service 是 Kubernetes 的一个核心资源，提供了以域名或者虚拟 IP 地址访问后端 Pod 的方式。这在本质上也是一种服务发现，避免向用户暴露具体的 Pod 地址。特别是在 Kubernetes 中，Pod 作为调度和部署的最小单元，本来就是动态变化的，在节点删除、资源变化等情况下都可能被重新调度，Pod 的后端地址也会随之变化。

一个简单的 Kubenetes Service 示例如下，其中创建了一个名称为 forecast 的 Service，通过一个 forecast 的域名地址就可以访问这个 Service，流量最终被发送到携带 "app: forecast" 标签的 Pod。Kubernetes 自动创建了一个和 Service 同名的 Endpoints 对象，Kubernetes 控制器会持续监听 Service 所关联的 Pod，结果会被更新到 forecast 的 Endpoints 对象：

```
apiVersion: v1
kind: Service
metadata:
  name: forecast
spec:
  ports:
  - port: 3002
    targetPort: 3002
  selector:
    app: forecast
```

满足 Istio 规范约束的服务比较简单，和 Kubernetes 的差别就是在端口名称上指定协议类型。例如，在以下示例中指定了 forecast 的 3002 端口是 HTTP：

```
apiVersion: v1
kind: Service
metadata:
  name: forecast
spec:
  ports:
    - port: 3002
```

```
      targetPort: 3002
      name: http
  selector:
    app: forecast
```

Istio 依赖 Kubernetes 的 Service 定义，除了前面介绍的一些约束，在定位上还有些差别。在 Kubernetes 中，一般先通过 Deployment 创建工作负载，再通过创建 Service 关联这些工作负载，从而暴露工作负载的接口。因而看上去主体是工作负载，Service 只是一种访问方式，某些后台执行的工作负载若不需要被访问，就不用定义 Service。在 Istio 中，服务是管理对象，是 Istio 中的核心管理实体，提供了对外访问能力。

服务是服务网格的管理对象，Kubernetes 的负载、虚拟机上的进程等是服务的资源承载，但这些并不是服务网格的管理对象。服务网格管理的服务可以暂时没有实例，服务的实例数可以动态变化，服务的实例可以跨集群，可以部分实例是容器、部分实例是虚拟机，这些都不会影响服务网格对服务的管理。

2.2.2　Istio 的服务版本

在 Istio 的应用场景中，灰度发布是一个重要的场景，要求一个服务有多个不同版本的实现。而 Kubernetes 在语法上不支持在一个 Deployment 上定义多个版本，在 Istio 中，多个版本的定义是将一个服务关联到多个 Deployment，每个 Deployment 都对应服务的一个版本，如图 2-2 所示。

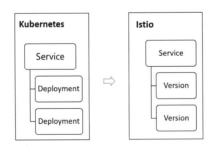

图 2-2　Istio 的服务版本

在下面的示例中，forecast-v1 和 forecast-v2 这两个 Deployment 分别对应服务的两个版本：

```
apiVersion: extensions/v1beta1
kind: Deployment
metadata:
```

```
    name: forecast-v1
    labels:
      app: forecast
      version: v1
spec:
  replicas: 3
  template:
    metadata:
      labels:
        app: forecast
        version: v1
      spec:
        containers:
        - name: forecast
          image: istioweather/forecast:v1
          ports:
          - containerPort: 3002
--------------------------------------------------------------------------
apiVersion: extensions/v1beta1
kind: Deployment
metadata:
  name: forecast-v2
  labels:
    app: forecast
    version: v2
spec:
  replicas: 2
  template:
    metadata:
      labels:
        app: forecast
        version: v2
      spec:
        containers:
        - name: forecast
          image: istioweather/forecast:v2
          ports:
          - containerPort: 3002
```

观察和比较这两个 Deployment 的描述文件，可以看到：①这两个 Deployment 具有相同的 "app: forecast" 标签，正是这个标签和 Service 的标签选择器一致，才保证了 Service 能关联到两个 Deployment 对应的 Pod。②这两个 Deployment 具有不同的镜像版本，因此各自创建的 Pod 不同。这两个 Deployment 的 version 标签也不同，分别为 v1 和 v2，表示这是 forecast 的不同版本。Istio 基于这个不同的版本标签用来定义不同的 Destination，进而执行不同的路由规则。

下面根据对 Service 和两个 Deployment 的如上定义分别创建 3 个 Pod 和两个 Pod，假设这 5 个 Pod 都运行在两个不同的 Node 上。在对 Service 进行访问时，根据配置的流量规则，可以将不同的流量转发到不同版本的 Pod 上，如图 2-3 所示。

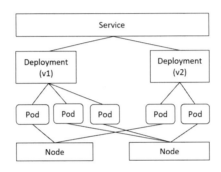

图 2-3　多版本的 Service

2.2.3　Istio 的服务实例

服务实例是真正处理服务请求的后端，就是监听在特定端口上的具有同样行为的对等后端。服务访问时，Envoy 代理根据负载均衡策略将流量转发到其中一个后端处理。Istio 的 ServiceInstance 主要包括 Endpoint、Service、服务端口等属性，Endpoint 是其中最主要的属性，表示这个实例对应的网络后端（ip:port），Service 表示这个服务实例归属的服务。

在 Kubernetes 场景中，Istio 的服务发现基于 Kubernetes 的服务发现构建，Istio 的 Service 对应 Kubernetes 的 Service，Istio 的服务实例对应 Kubernetes 的 Endpoints，如图 2-4 所示。

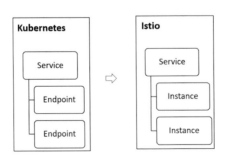

图 2-4　Istio 的服务实例

Kubernetes 提供了一个 Endpoints 对象，这个 Endpoints 对象的名称和 Service 的名称相同，它是一个<Pod IP>:<targetPort>列表，负责维护 Service 后端 Pod 的变化。如前面例子中介绍的，forecast 对应如下 Endpoints 对象，其中包含两个后端 Pod，后端地址分别是 172.16.0.16 和 172.16.0.19，当实例数量发生变化时，对应的 Subsets 列表中的后端数量会动态更新，同样，当某个 Pod 迁移时，Endpoints 对象中的后端 IP 地址也会更新。

```yaml
apiVersion: v1
kind: Endpoints
metadata:
  labels:
    app: forecast
  name: forecast
  namespace: weather
subsets:
- addresses:
  - ip: 172.16.0.16
    nodeName: 192.168.0.133
    targetRef:
      kind: Pod
      name: forecast-v1-68d56fdd85-4xkg2
      namespace: weather
  - ip: 172.16.0.19
    nodeName: 192.168.0.133
    targetRef:
      kind: Pod
      name: forecast-v1-68d56fdd85-xclvn
      namespace: weather
  ports:
  - name: http
    port: 3002
```

随着 Istio 对虚拟机等多种基础设施支持的加强，除了 Kubernetes Service 这种服务定义，Istio 对虚拟机和其他形态的服务和负载也提供了一套更通用的服务模型。不同于 Kubernetes 有一个编排平台来自动创建和维护服务、负载、实例这些资源对象实例，在虚拟机场景中，Istio 提供了 ServiceEntry、WorkloadEntry、WorkloadGroup 等对象描述这个模型。

在 Istio 中甚至可以无差别对待 ServiceEntry 和 Kubernetes 的服务。如图 2-5 所示，一个服务可以同时选择容器的服务实例和虚拟机的服务实例。但是在实现上，服务定义、服务实例注册等在虚拟机场景中需要手动或借助其他机制来实现。另外，不同于 Kubernetes

场景中服务实例的 Pod 的端口都是完全一致的，在虚拟机场景中可以给不同的实例配置不同的端口，这是因为虚拟机没有容器的网络命名空间机制，若将一个服务的多个实例部署在同一个节点上，那么会引起端口冲突，可参见 3.6 节的内容。

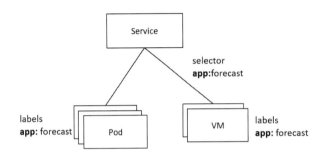

图 2-5　容器和虚拟机混合的服务实例模型

2.3　Istio 的主要组件

Istio 主要由控制面组件和数据面组件组成。Istio 1.16 默认安装的组件如下，本节将介绍其中每个组件的功能和机制。Istiod 现在是控制面唯一的单体应用，由原本独立的 Pilot、Citadel、Galley、Sidecar-injector 合并而成。

```
# kubectl get svc -nistio-system
istio-ingressgateway  LoadBalancer   10.247.211.93
100.93.5.159,172.16.0.37   8090:31604/TCP,8091:31605/TCP          4d21h
istio-egressgateway   ClusterIP     10.247.132.124   <none>
80/TCP,443/TCP,15443/TCP          11d
istiod              ClusterIP     10.247.180.108   <none>
15010/TCP,15012/TCP,443/TCP,15014/TCP   11d
```

2.3.1　控制面的组件

在 1.5 版本之前，Istio 一直使用微服务模式，在 Pilot、Galley、Citadel、Mixer 等组件之间具有明显的界限隔离。与单体模式相比，采用这种微服务的开发方式并没有明显的优势，反而增加了复杂性。因此，社区在单体应用 Istiod 的设计中提出了一系列的建议，从根本上降低了 Istio 对运维人员的经验要求，主要如下：

◎ 简化安装复杂度：组件之间的依赖关系将被封装和隐藏，通用的配置参数大大减少。

◎ 简化配置复杂度：Istiod 消除了很大一部分控制面组件编排的配置，提供了对系统配置和可操作性进行其他简化的机会。

◎ 简化控制面维护：运维人员和安装人员较少感知内部组件依赖项的变化，以及在实际生产系统中对其进行版本控制。

◎ 问题定位：更少的组件和更少的跨组件通信使控制面问题更容易被发现。

◎ 提高效率及响应能力：组件之间的通信不会产生网络开销，并且可以安全地共享缓存，启动时间大大减少。

出于工程因素，组件化仍然在 Istiod 内部维护，但最终用户看不到。伴随着 Istio 1.5 版本的发布，Istiod 逐渐被接受。下面介绍控制面功能时，还是按照各个组件的功能分开介绍，如图 2-6 所示。

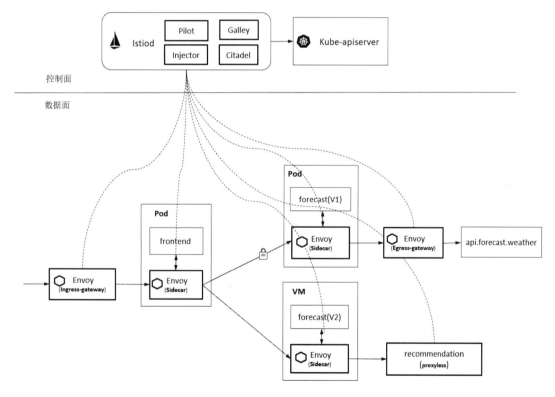

图 2-6　Istio 的组件架构

1. Pilot

Pilot 是 Istio 的控制中枢。如果把数据面的 Envoy 也看作一种 Agent，则 Pilot 类似传统 C/S 架构中的服务端 Master，下发指令控制客户端完成业务功能。在 Istio 中，Pilot 主要包含两部分工作：服务发现和配置管理。

如图 2-7 所示，Pilot 直接从运行平台提取数据并将其构造和转换成 Istio 的服务模型，而且无须为了迁移到 Istio 进行额外的服务注册。这种抽象模型解耦了 Pilot 和底层平台，屏蔽了不同平台的服务差异，可支持 Kubernetes、虚拟机等平台。另外，在非 Kubernetes 环境下，Pilot 支持以 MCP 从其他服务端获取配置。MCP 是一种基于 xDS 的协议，主要通过使用 MCP 抽象来规范配置处理，并且避免 Istio 维护各种各样的注册中心适配代码，以及 Istio 核心功能分裂。

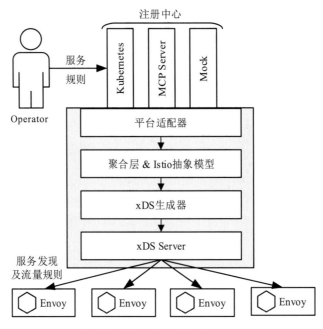

图 2-7　Pilot 的服务发现功能

除了服务发现，Pilot 更重要的一个功能是构造维护和向数据面下发规则，包括 VirtualService、DestinationRule、Gateway 等流量规则，也包括 RequestAuthentication、PeerAuthentication、AuthorizationPolicy 等安全规则。Pilot 负责将各种规则转换成 Envoy 可识别的格式，通过标准的 xDS 协议发送给 Envoy，指导 Envoy 完成工作。在通信上，Envoy 通过 gRPC 流式订阅 Pilot 的配置资源。即作为 xDS 服务器，Pilot 内部启动了一个 gRPC 服务，用来承载数据面 Sidecar 的连接并处理 xDS 的订阅请求。如图 2-8 所示，Pilot 将 VirtualService 表达的路由规则分发到 Envoy 上，Envoy 根据该路由规则进行流量转发。

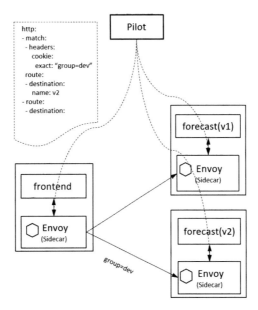

图 2-8　Pilot 的流量分发规则

2. Citadel

Citadel 是 Istio 的核心安全组件，提供了自动生成、分发、轮换与撤销密钥和证书的功能。Citadel 为工作负载提供了两种形式的证书：①默认双向 TLS 所使用的证书，无须用户指定，Citadel 将根据工作负载的身份自动为其签发；②用户指定的证书，主要用在服务网格入口网关上，用户为入口网关指定权威机构颁发的证书。如图 2-9 所示，控制面组件 Citadel 提供服务网格的证书管理功能，数据面服务代理基于证书和密钥提供透明的服务间安全访问功能，参见第 5 章。

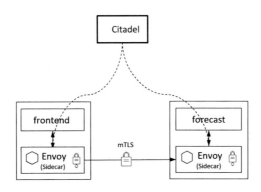

图 2-9　Citadel 提供网格的证书管理功能

3. Galley

Galley 是服务网格控制面负责配置管理的组件。首先作为 Webhook Server，在配置创建过程中验证配置信息的格式和内容的正确性，即作为 Kubernetes 的准入控制器，在 Istio API 对象创建阶段对其进行校验，拦截非法的配置。Galley 还负责监控（Watch）各种各样的 API 对象，包括 ServiceEntry、WorkloadEntry、Gateway、VirtualService 等，当资源对象发生变化时，通知 Pilot 根据最新的 API 对象生成 xDS 配置，并推送给相关的数据面 Sidecar。目前 API 对象源支持 Kubernetes、MCP、文件系统。

4. Sidecar-injector

Sidecar-injector 是负责自动注入的组件。Istio 只要开启了自动注入，在 Pod 创建时，Kubernetes 就会自动调用 Sidecar-injector 向 Pod 中注入 Sidecar 容器。

在 Kubernetes 环境下，根据自动注入配置模板，Kube-apiserver 在拦截到 Pod 创建的请求时，会调用 Sidecar-injector 生成 istio-init 和 istio-proxy 容器，并将其插入原 Pod 的定义中。这样，在创建的 Pod 中除了包括业务容器，还包括 Init 和 Sidecar 容器。容器注入过程对用户完全透明，用户使用原方式创建工作负载，参见 6.1 节。

2.3.2　数据面的组件

包括本书大部分内容在内，服务网格数据面组件一般特指数据面代理 Istio-proxy。但考虑到当前服务网格在大规模多种形态应用下的不同实践，数据面也会有多种不同形态，都接收来自控制面的配置，统一执行相应的动作。

1. Istio-proxy

在本书和大部分 Istio 的文档中，Envoy、Sidecar、Proxy、数据面代理等术语有时会混着使用，都表示 Istio 数据面的轻量代理。但关注 Pod 的详细信息，会发现这个容器的正式名字是 Istio-proxy，表示这不是通用的 Envoy，而是叠加了 Istio 的 Proxy 功能的一个扩展版本，典型的包括第 4 章要介绍的可观测性的元数据交换、指标生成等。

另外，在 Istio-proxy 容器中除了包括 Envoy，还包括一个 Pilot-agent 的守护进程。Pilot-agent 由原来独立的 Pilot-agent 及 Node-agent 合并而来，将 Envoy 的启动管理及 SDS 证书服务统一为单体，进一步简化了 Istio 在虚拟机及裸金属服务器上的安装及维护。

Envoy 是用 C++ 开发的非常有影响力的轻量级、高性能开源服务代理。作为服务网格的数据面，Envoy 提供了动态服务发现、负载均衡、TLS、HTTP/2 及 gRPC 代理、熔断器、健康检查、流量拆分、灰度发布、故障注入等功能，本篇描述的大部分治理能力最终都落实到 Envoy 的实现上。

在 Istio 中，规则的描述对象都是类似 forecast 的被访问者，但是真正的规则执行位置对于不同类型的动作可能不同。有些在被访问服务的 Sidecar 拦截到 Inbound 流量时执行，有些在访问者的 Sidecar 拦截到 Outbound 流量时执行，而且一般后者居多。当给 forecast 定义流量规则时，所有访问 forecast 的 Sidecar 都收到规则，并且执行相同的治理逻辑，从而对目标服务执行一致的治理动作。表 2-1 列出常用的网格功能和其执行位置。

表 2-1　常用的服务网格功能和其执行位置

服务网格功能	执行位置	
	服务发起方	服务提供方
路由管理	●	
负载均衡	●	
调用链分析	●	●
服务认证	●	●
可观测性数据	●	●
重试	●	
重写	●	
重定向	●	
授权		●
故障转移	●	
故障注入	●	

除了前面讲到的在每个 Pod 中都注入一个代理的模式，在服务网格实践中也可以采用节点上多个应用共用一个代理的模式，即节点上的 Sidecar 代理节点上所有应用的流量。如图 2-10 所示的节点共享代理的模型，相较每个应用独享一个代理的模型，可以大大减少代理的数量，进而减少总的代理资源开销。在华为云应用服务网格 ASM 产品中已经支持这种节点代理的形态，规则配置和对外能力与 Pod 模式没有任何差异，用户可以根据业务情况选择不同的模式。

Istio 在 2022 年 9 月推出了另一种共享代理的数据面模式 Ambient，在不使用传统 Sidecar 的情况下，保持零信任安全、流量管理和可观测性等核心功能。但相比 Sidecar 模式，其业务侵入性更低，升级管理更简单。

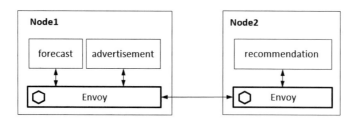

图 2-10　节点共享代理的模型

Ambient 代理模型如图 2-11 所示，包括两个组件：ztunnel 和 waypoint。 ztunnel 以 Daemonset 的方式部署在每个节点上，为服务网格中的应用提供 mTLS、可观测性、身份验证和四层授权等功能，但不进行任何七层协议相关的处理。waypoint 则专注完成七层治理的能力，包括 HTTP 的路由、负载均衡、熔断、重试等流量管理功能及丰富的七层授权。waypoint 通过单独的 Deployment 部署，可为其配置所需要的 CPU、内存，设置相关的弹性伸缩策略。waypoint 不再与应用耦合，可以提供更加灵活的扩展性，并在一定程度上提升资源的使用率。这种模式当前仍属于实验阶段，成为未来 Istio 数据面的另外一种选择。

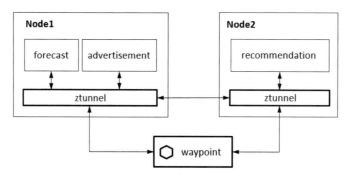

图 2-11　Ambient 代理模型

2. Proxyless

前面在讲解服务网格原理时提到，服务网格数据面代理的 Proxy 模式和业务解耦带来极大的运维和开发便利，但也带来一定的资源和性能开销。为了解决这个问题，在近些年的服务网格实践中也出现了 Proxyless 的数据面，即业务直接对接服务网格控制面，执行控制面配置的流量规则。其中，gRPC 在 2021 年首先支持 xDS，革命性地提出 Proxyless 的概念，其工作原理如图 2-12 所示。Proxyless 也是一把双刃剑，相比于 Sidecar 的形态，Proxyless 在数据传输上有更好的性能，但以 SDK 的方式集成到应用代码中，对应用本身有一定的侵入性。Proxyless 用户主要是之前的一些微服务、RPC 厂商，一般基于 xDS 协议，控制面一般会直接使用 Istio 的 API。这种 Proxyless 模式的探索作为 Proxy 模式的一种有益补充，也正在获得越来越多的关注。

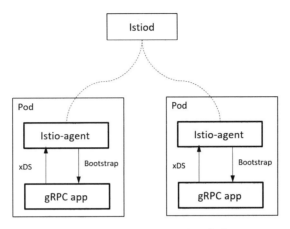

图 2-12   gRPC Proxyless 的工作原理

3. Ingress-gateway

Ingress-gateway 是部署在数据面接收服务网格入口流量的一个网关组件。虽然在通用的安装包中，这个网关组件和控制面组件都被部署在 istio-system 命名空间下，但在实际的生产应用中都建议将其独立部署、升级和运维。

从服务网格外部访问服务网格内部服务全部要通过这个入口网关。Ingress-gateway 一般是一个可以从外部访问的服务，比如 Kubernetes 的 Loadbalancer 类型的 Service。不同于其他服务组件只有一两个功能端口，Ingress-gateway 开放了一组端口，作为服务网格内部服务被服务网格外部访问的端口。外部端口是客户端从服务网格外部访问的端口，内部端口是 Gateway 进程真正在侦听并处理流量的端口。如图 2-13 所示，服务网格入口网关 Ingress-gateway 的负载和服务网格内部的 Sidecar 是同样的执行体，也和服务网格内部的其他 Sidecar 一样，从 Pilot 接收流量规则并执行。因为入口处的流量都通过这个网关服务，会有较大的并发并可能出现流量峰值，所以需要评估流量来规划网关资源规格和实例数。Istio 通过一个特有的资源对象 Gateway 来配置对外的协议、端口等，参见 3.4 节。

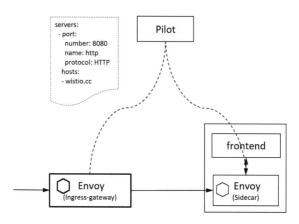

图 2-13　服务网格入口网关 Ingress-gateway

4. Egress-gateway

和 Ingress 网关对应，为了处理服务网格访问外部服务的流量，在 Istio 数据面中规划了一个 Egress-gateway 组件。如图 2-14 所示，一般通过配置将外部访问的出流量转发到这个对外网关上，再经由网关访问外部服务。可以在这个网关处对出流量进行统一的管理。比如服务网格内部的普通负载部署的节点都不具有连通外部网络的能力，只在 Egress-gateway 所在节点开放外部网络访问，可达到统一管控对外访问的目的。

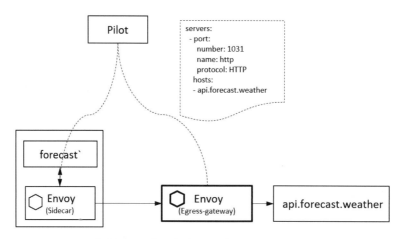

图 2-14　服务网格出口网关 Egress-gateway

2.3.3　其他组件

除了以上组件，如图 2-15 所示，在服务网格中一般还包括其他组件，包括越来越强大和主流的命令行工具 Istio-ctl，以及可选的可观测性相关的 Jaeger、Kiali、Prometheus、Grafana、ELK 等组件。可观测性组件通过标准的接口收集和管理服务网格自动生成的调用链、访问指标、访问日志、拓扑等。图 2-15 粗粒度地展示了这些组件和服务网格的结合关系，实质上，不同的组件完成不同的功能并收集不同的数据，对应的接口和结合方式也不同。

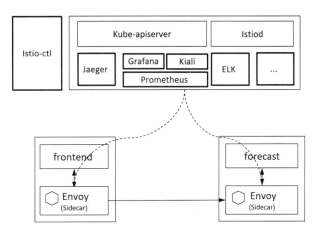

图 2-15　服务网格的其他组件

2.4　本章小结

本章介绍了 Istio 的整体架构和工作机制，以及其核心功能组件。通过对本章的学习，读者会对 Istio 总体的工作机制有全局、概要的理解，以便开始对原理篇后面的治理、可观测性和安全等服务网格能力的学习。如果想深入了解本章介绍的组件、机制和架构，则可以参照《Istio 权威指南（下）：云原生服务网格 Istio 架构与源码》的相应内容。

第3章 | 流量治理的原理

本章讲解 Istio 提供的流量治理相关内容，即 Istio 流量治理要解决的问题、实现原理、配置模型、配置定义和典型应用，包括负载均衡、服务熔断、故障注入、灰度发布、故障转移、入口流量和出口流量等流量管理能力的通用原理、模型，以及 Istio 基于服务网格形态实现的原理和机制；同时会详细解析如何通过 Istio 中的 VirtualService、DestinationRule、Gateway、ServiceEntry、WorkloadEntry、WorkloadGroup、Sidecar、EnvoyFilter、WasmPlugin 等重要的服务管理配置来实现流量治理能力。在内容安排上，每节在讲解治理能力前都会从一个最精简的入门示例入手，再详细解析配置模型和定义，并辅以典型的应用案例来呈现其使用方法和应用场景。

3.1 概念和原理

流量治理是一个宽泛的话题，例如：

◎ 动态修改服务间访问的负载均衡策略，轮询、随机或根据某个请求特征做会话保持；

◎ 当同一个服务有两个版本同时在线时，配置策略在两个版本上分配流量，并动态切分；

◎ 提高服务的韧性，例如限制并发连接数、限制请求数、隔离故障服务实例等，保证服务在过载、故障或遭受攻击时还能够提供基本的业务功能；

◎ 动态修改服务中的内容，或者模拟一个服务运行故障等。

在 Istio 中实现这些服务治理功能时无须修改任何应用的代码。相比于微服务的 SDK 方式，Istio 以一种更轻便、透明的方式向用户提供了这些功能。用户可以用喜欢的任意语言和框架开发自己的业务，专注于业务本身，完全不用在其中嵌入任何治理逻辑。只要应用运行在 Istio 的基础设施上，即可通过配置使用这些治理能力。

　　一句话总结 Istio 流量治理的目标：以基础设施的方式向用户提供各种非侵入的流量治理能力，用户只需关注自己的业务逻辑开发，无须关注通用的服务治理能力。

　　Istio 的流量治理流程如图 3-1 所示。

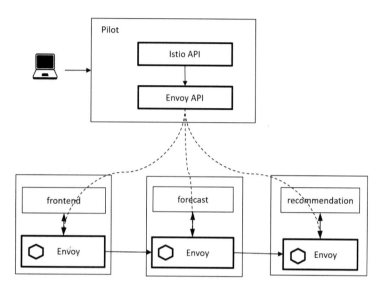

图 3-1　Istio 的流量治理流程

　　在控制面会经过如下流程：

　　（1）管理员通过命令行或者 API 创建流量规则；

　　（2）Istio 的控制面 Pilot 将流量规则转换为 Envoy 的标准格式；

　　（3）Pilot 通过 xDS 将规则下发给服务网格数据面 Envoy。

　　在数据面会经过如下流程：

　　（1）Envoy 拦截本地业务进程的 Inbound 流量和 Outbound 流量，并解析流量；

　　（2）在流量经过 Envoy 时执行接收到的对应的流量规则，对流量进行治理。读者可以参照表 2-1 了解流量规则描述的服务和执行流量规则的 Sidecar 间的关系。简单理解就是所有服务网格数据面都收到统一的流量规则，然后执行统一的动作。

　　本节先概要介绍 Istio 提供的主要流量治理功能，这是后面讲解治理原理的基础。Istio 提供的流量治理功能非常多，这里仅基于典型的业务场景列举一些常用的功能，读者可以根据后面介绍的详细功能了解更多的应用场景。

3.1.1　负载均衡

1. 负载均衡的概念

负载均衡从严格意义上讲不应该算治理能力，因为它只做了服务间互访的基础工作，在服务调用方使用一个服务名发起访问时能找到一个合适的后端，把流量分发过去。

如图 3-2 所示，传统的负载均衡器一般是在服务端提供的，例如在用浏览器或者手机访问一个 Web 网站时，一般在网站入口处有一个负载均衡器来做请求的汇聚和转发。服务的虚拟 IP 地址和后端实例一般是通过静态配置文件维护的，负载均衡器通过健康检查保证客户端的请求被路由到健康的后端实例上。

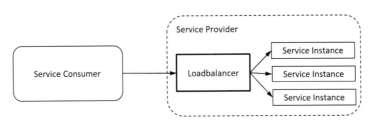

图 3-2　服务端的负载均衡器

2. 微服务的负载均衡

在服务化后，特别是在微服务场景中，一般采用客户端负载均衡，将负载均衡和服务发现配合使用。这时，每个服务都有多个对等的服务实例，服务发现负责从服务名中解析一组服务实例的列表，负载均衡负责从中选择一个实例。

如图 3-3 所示为服务发现和负载均衡的工作流程。不管是 SDK 的微服务架构，还是 Istio 这样的服务网格，或者是 Kubernetes 的 Service 机制，服务发现和负载均衡的工作流程都大致如下。

（1）服务注册：各服务将服务名和服务实例的对应信息注册到服务注册中心，区别在于传统的微服务框架是服务实例自己注册的，而 Kubernetes 和 Istio 是基于平台的信息自动注册的。

（2）服务发现：在客户端发起服务访问时，以同步或者异步的方式从服务注册中心获取服务对应的实例列表。

（3）负载均衡：根据配置的负载均衡策略从实例列表中选择一个服务实例，建立连接或发送请求。

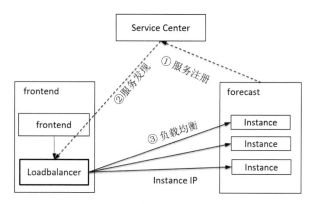

图 3-3　服务发现和负载均衡的工作流程

3. Istio 的负载均衡机制

在 Istio 中，数据面代理 Envoy 执行负载均衡策略，控制面 Istiod 负责维护服务发现数据。如图 3-4 所示为 Istio 的负载均衡机制，Istiod 将服务发现数据通过 Envoy 的 EDS 标准接口下发给 Envoy，Envoy 根据配置的负载均衡策略选择一个实例转发请求。Istio 支持轮询、随机和最小连接数等负载均衡算法。

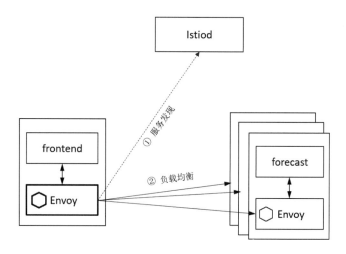

图 3-4　Istio 的负载均衡机制

4. Kubernetes 的负载均衡

在 Kubernetes 中支持 Service 的重要组件 Kube-proxy，实际上也是运行在工作节点的一个网络代理和客户端负载均衡器。它实现了 Service 模型，从 Kube-apiserver 获取服务发现数据，默认通过轮询的方式把 Service 的访问分发到后端实例 Pod，如图 3-5 所示。在负载均衡机制上和 Istio 较大的不同是，Kube-proxy 只能解析四层流量，因而也只能支持四层负载均衡。比如在服务间采用 gRPC 协议时，一个连接上的多个请求总是被分发到同一个后端，而不是用户期望的对每个请求都进行负载均衡。

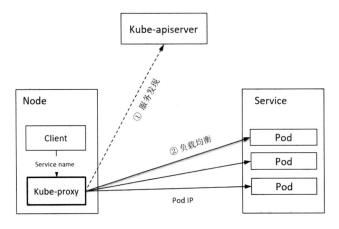

图 3-5　Kubernetes 的负载均衡机制

3.1.2　服务熔断

1. 服务熔断的概念

韧性是系统设计的一个非常核心的考虑因素。因为历史经验告诉我们，对于一个系统，我们所面临的不是是否失败，而是什么时候失败。不管我们在前期投入多少财力、精力和资源去加固系统，失败总是不可避免的。预防失败是一方面，更重要的是接受失败，在失败时保证业务影响小，特别是对核心业务影响小，并尽快从失败中恢复业务。

在微服务场景中，对系统的韧性要求体现得更加明显，局部访问经常影响整个系统，进而影响最终业务。如图 3-6 所示，4 个服务间有调用关系，如果后端服务 recommendation 由于各种原因不可用，则前端服务 forecast 和 frontend 都会受影响。在这个过程中，单个服务的故障蔓延到其他服务，影响整个系统的运行。为了解决该问题，我们需要让故障服务快速失败，让调用方服务 forecast 和 frontend 感知到依赖的服务 recommendation 出现问题，并立即进行故障处理。

Hystrix 官方曾经有这样一个推算：如果一个应用包含 30 个依赖的服务，每个服务都可以保证 99.99%可靠性地正常运行，则从整个应用角度看，可以得到 99.99^{30}=99.7%的正常运行时间，即有 0.3%的失败率，在 10 亿次请求中就会有 3 000 000 多次失败，每个月就会有 2 小时以上的宕机。可见，即使其他服务都是运行良好的，只要其中一个服务有 0.01%的故障几率，对整个系统都会产生严重的影响。

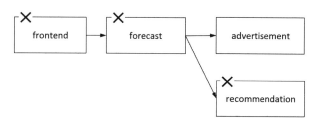

图 3-6　级联故障示例

熔断器是提高微服务韧性的非常典型的手段。熔断器在生活中一般指可以自动操作的电器开关，用来保护电路不会因为电流过载或者短路而受损，典型的动作是在检测到故障后马上中断电流。熔断器这个概念延伸到计算机世界中一般指故障检测和处理，防止因临时故障或意外而导致系统整体不可用。熔断器最典型的应用场景是防止网络和服务调用故障级联发生，限制故障的影响范围，防止故障蔓延导致系统整体性能下降或雪崩。

关于熔断的设计，Martin Fowler 有一个经典的文章，其中描述的熔断主要应用于微服务的分布式调用场景中：在远程调用时，请求在超时前一直挂起，会导致请求链路上的级联故障和资源耗尽；熔断器封装了被保护的逻辑，监控调用是否失败，当连续调用失败的数量超过阈值时，熔断器就会跳闸，在跳闸后的一定时间段内，所有调用远程服务的尝试都将立即返回失败；同时，熔断器设置了一个计时器，当计时到期时，允许有限数量的测试请求通过；如果这些请求成功，则熔断器恢复正常操作；如果这些请求失败，则维持断路状态。Martin 把这个简单的模型通过一个状态机来表达，如图 3-7 所示。

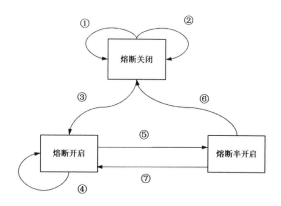

图 3-7　熔断器状态机

图 3-7 上的三个点表示熔断器的状态。

◎ 熔断关闭：熔断器处于关闭状态，服务可以访问。熔断器维护了访问失败的计数器，若服务访问失败，则加一。

◎ 熔断开启：熔断器处于开启状态，服务不可访问，若有服务访问，则立即出错。

◎ 熔断半开启：熔断器处于半开启状态，允许对服务尝试请求，若服务访问成功，则说明故障已经得到解决，否则说明故障依然存在。

图 3-7 上的几条边表示几种状态流转，如表 3-1 所示。

表 3-1　熔断器的状态流转

序　号	初始状态	条　件	迁移状态
1	熔断关闭	请求成功	熔断关闭
2	熔断关闭	请求失败，调用失败次数自加一后不超过阈值	熔断关闭
3	熔断关闭	请求失败，调用失败次数自加一后超过阈值	熔断开启
4	熔断开启	熔断器维护计时器，计时未到	熔断开启
5	熔断开启	熔断器维护计时器，计时到，表示已经持续了隔离时间	熔断半开启
6	熔断半开启	访问成功	熔断关闭
7	熔断半开启	访问快速失败	熔断开启

Martin 这个状态机成为后面很多系统实现的设计指导，包括最有名的 Hystrix，当然，Istio 的异常点检查也是按照类似语义工作的，后面会分别进行讲解。

2. 基于 Hystrix 的服务熔断

关于熔断，大家比较熟悉的一个落地产品就是 Hystrix。Hystrix 是 Netflix 提供的众多服务治理工具集中的一个，在形态上是一个 Java 库，在 2011 年出现，后来多在 Spring Cloud 中配合其他微服务治理工具集一起使用。

Hystrix 的主要功能包括：

◎ 阻断级联失败，防止雪崩；

◎ 提供延迟和失败保护；

◎ 快速失败并即时恢复；

◎ 对每个服务调用都进行隔离；

◎ 对每个服务都维护一个连接池，在连接池满时直接拒绝访问；

◎ 配置熔断阈值，对服务访问直接走失败处理（Fallback）逻辑，可以定义失败处理逻辑；

◎ 在熔断生效后，在设定的时间后探测是否恢复，若恢复则关闭熔断；

◎ 提供实时监控、告警和操作控制。

Hystrix 的熔断机制基本上与 Martin 描述的的熔断器的状态机一致。在实现上，如图 3-8 所示，Hystrix 将要保护的过程封装在一个 HystrixCommand 中，将熔断功能应用到调用的方法上，并监视对该方法的失败调用，当失败次数达到阈值时，后续调用自动失败并被转到一个 Fallback 方法上。在 HystrixCommand 中封装并保护的方法并不局限于一个对远端服务的请求，可以是任何需要保护的过程。每个 HystrixCommand 都可以被设置一个 Fallback 方法，用户可以写代码定义 Fallback 方法的处理逻辑。

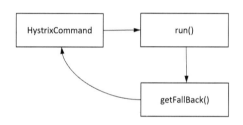

图 3-8　Hystrix 的熔断机制

在 Hystrix 的资源隔离方式中除了提供了熔断，还提供了对线程池的管理，减少和限制了单个服务故障对整个系统的影响，提高了整个系统的弹性。

在使用上，不管是直接使用 Netflix 的工具集还是使用 Spring Cloud 包装的框架，都建议在代码中写熔断处理逻辑，有针对性地进行处理，但对业务代码有侵入，这也是与 Istio 较大的区别。业界一直以 Hystrix 作为熔断的实现模板，尤其是基于 Spring Cloud。但遗憾的是，Hystrix 在 1.5.18 版本后就停止开发和进行代码合入，转为维护状态。

3. 基于 Istio 的服务熔断

云原生场景中的服务调用关系更加复杂，前文提到的若干问题也更加严峻，Istio 提供了一套非侵入的熔断能力来应对这种挑战。

与 Hystrix 类似，在 Istio 中也提供了连接池和故障实例隔离的能力，只是概念和术语稍有不同：前者在 Istio 的配置中叫作连接池管理，后者叫作异常点检查，分别对应 Envoy 的熔断和异常点检查。

Istio 在 0.8 版本之前使用 v1alpha1 接口，其中专门有个 CircuitBreaker 配置，包含对连接池和故障实例隔离的全部配置。在 Istio 1.1 以后的 v1alpha3 和当前的 v1beta1 接口中，CircuitBreaker 功能被拆分成连接池管理（ConnectionPoolSettings）和异常点检查（OutlierDetection）这两种配置，由用户选择搭配使用。

首先看看解决的问题。

（1）在 Istio 中通过限制某个客户端对目标服务的连接数、访问请求数等，避免对一个服务的过量访问，如果超过配置的阈值，则快速断路请求。还会限制重试次数，避免重试次数过多导致系统压力变大并加剧故障的传播；

（2）如果某个服务实例频繁超时或者出错，在考察的时间段内连续异常的次数超过阈值，则将该实例隔离，避免影响整个服务。

以上两个应用场景正好对应连接池管理和异常实例隔离功能。

Istio 的连接池管理机制为 TCP 提供了对最大连接数、连接超时时间等的管理方式，为 HTTP 提供了对最大请求数、最大等待请求数、最大重试次数、每次连接的最大请求数等的管理方式，控制客户端对目标服务的连接和访问，在超过配置时快速拒绝。

如图 3-9 所示，通过 Istio 的连接池管理可以控制 frontend 对目标服务 forecast 的访问请求：

（1）当 frontend 对 forecast 的请求不超过配置的最大连接数时，放行；

（2）当 frontend 对 forecast 的请求不超过配置的最大等待请求数时，进入连接池等待；

（3）当 frontend 对 forecast 的请求超过配置的最大等待请求数时，直接拒绝。

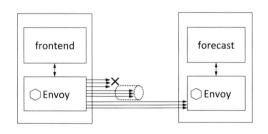

图 3-9　Istio 的连接池管理

Istio 提供的异常点检查机制动态地将异常实例从负载均衡池中移除，保证了服务的总体访问成功率。如图 3-10 所示，当连续的错误数超过配置的阈值时，后端实例会被移除。异常点检查在实现上对每个上游服务都进行跟踪，记录服务访问情况。

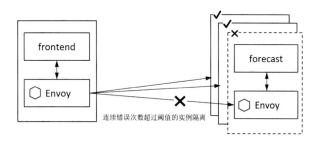

图 3-10　Istio 的异常点检查

另外，被移除的实例在一段时间之后，还会被加回来再次尝试访问，如果访问成功，则认为实例正常；如果访问不成功，则认为实例不正常，重新逐出，后面驱逐的时间等于一个基础时间乘以驱逐的次数。这样，如果一个实例经过以上过程的多次尝试访问还一直不可用，则下次会被隔离更久。可以看到，Istio 的这个流程也是基于 Martin 的熔断模型设计和实现的，不同之处在于这里没有熔断半开状态，熔断器要打开多长时间取决于失败的次数。

另外，在 Istio 中可以控制驱逐比例，即有多少比例的服务实例在不满足要求时被驱逐。当有太多实例被移除时，就会进入恐慌模式，这时会忽略负载均衡池上实例的健康标记，仍然会向所有实例发送请求，从而保证一个服务的整体可用性。

下面是 Istio 与 Hystrix 熔断的简单对比，如表 3-2 所示。可以看到与 Hystrix 相比，Istio 实现的熔断器其实是一个黑盒，和业务没有耦合，不涉及代码，对服务访问进行保护即可使用，配置比较简单、直接。

表 3-2　Istio 与 Hystrix 熔断的简单对比

比较的内容	Hystrix	Istio
管理方式	白盒	黑盒
熔断使用方法	可以实现精细的定制行为，例如写 FallBack 方法	简单配置即可
和业务代码结合	业务调用被包装在熔断保护的 HystrixCommand 内，对代码有侵入，要求是 Java 代码	非侵入，语言无关
功能对照	熔断	异常点检查
	隔离仓	连接池
熔断保护的内容	大部分是微服务间的服务请求保护，但也可以处理非访问故障场景	主要控制服务间的请求

熔断功能本来就是叠加上去的服务保护，并不能完全替代代码中的异常处理功能。业务代码本来也应该处理各种异常，如下所示：

```
public void callService(String serviceName) throws Exception {
try {
// 调用远端服务
RestTemplate restTemplate = new RestTemplate();
String result = restTemplate.getForObject(serviceName, String.class);
} catch (Exception e) {
// 处理异常
dealException(e)
}
}
```

Istio 的熔断能力是对业务透明的，不影响业务代码的写法。当 Hystrix 开发的服务运行在 Istio 环境下时，两种熔断机制叠加在一起。在故障场景中，如果 Hystrix 和 Istio 两种规则同时存在，则严格的规则先生效。当然，不推荐采用这种做法，在实际应用中建议业务代码处理好业务，把治理的事情交给 Istio 来做。

3.1.3　故障注入

1. 故障注入的概念

为了提高系统韧性，除了在运行时采用熔断机制，必要的故障模拟测试也被证明积极有效。但在实践中，故障处理对于开发人员和测试人员来说都特别费时费力：开发人员在开发代码时经常需要用 20% 的时间写 80% 的主要逻辑，然后留出 80% 的时间处理各种非正常场景；测试人员除了需要用 80% 的时间写 20% 的异常测试项，更要用超过 80% 的时间执行这些异常测试项，并构造各种故障场景，尤其是那种理论上才出现的故障，费时费力。

故障注入是一种评估系统可靠性的有效方法，最早在硬件场景中将电路板短路来观察对系统的影响，在软件场景中也是使用一种手段故意在待测试的系统中引入故障，测试系统的健壮性和应对故障的能力，例如异常处理、故障恢复等。只有当系统的所有服务都经过故障测试且具备容错能力时，整个应用才满足对韧性的要求。

2. 基于 Istio 的故障注入

故障注入从方法上来说有编译期故障注入和运行期故障注入，前者要通过修改代码来模拟故障，后者要求在运行阶段触发故障。在分布式系统中，比较常用的方法是在网络协议栈中注入对应协议的故障，干预服务间的调用，不用修改业务代码。Istio 的故障注入就是这样一种机制的实现，但不是在底层的网络层破坏数据包，而是在服务网格中对特定的应用层协议进行故障注入，虽然在网络访问阶段进行注入，但其作用于应用层。这样，基于 Istio 的故障注入即可模拟应用的故障场景了。如图 3-11 所示，可以对某种请求注入一个指定的 HTTP 状态码，这样对于客户端来说，就跟服务端发生异常一样。

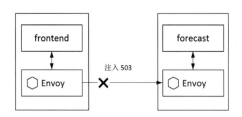

图 3-11　状态码故障注入

还可以通过如图 3-12 所示的延迟故障注入方式给特定的服务注入一个固定的延迟，这样客户端看到的就跟服务端真的响应慢一样，我们无须为了达到这种故障测试的效果在服务端的正式代码里增加一行 sleep(500)。

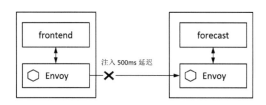

图 3-12　延迟故障注入

实际上，在 Istio 的故障注入中可以对发生故障的条件进行各种设置，例如只对某种特定请求注入故障，其他请求仍然正常等，详见 3.2.4 节对应的内容。

3.1.4　灰度发布

1. 灰度发布的概念

在新版本上线时，不管是从技术角度考虑产品的功能正确性、稳定性等因素，还是从商业角度考虑新版本的业务合理性，直接将老版本全部升级都是非常有风险的。所以一般的做法是，新老版本同时在线，新版本只切分少量流量出来，在确认新版本没有问题后，再逐步加大流量比例，这正是灰度发布要解决的问题。其核心是配置一定的流量策略，将用户在同一个访问入口的流量分配到不同的版本上。灰度发布有如下几种典型场景。

1）蓝绿发布

蓝绿发布如图 3-13 所示，让新版本部署在另一套独立的资源上，在新版本可用后将所有流量都从老版本切换到新版本。当新版本工作正常时，删除老版本；当新版本工作异常时，快速切换到老版本。因此蓝绿发布看上去更像一种热部署方式，在新老版本都可用时，升级切换和回退的速度都可以非常快。但快速切换的代价是要配置冗余的资源，即需要有两倍的资源，分别部署新老版本。另外，由于流量是全量切换的，如果新版本有问题，则所有用户都受影响。但与传统的直接替换升级可能导致用户的访问全部中断相比，采用这种方式的效果要好很多。

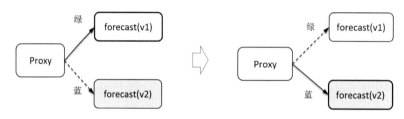

图 3-13　蓝绿发布

2）A/B 测试

A/B 测试如图 3-14 所示，其场景比较明确，同时在线上部署 A 和 B 两个对等的版本来接收流量，按一定的目标选取策略，将部分用户的流量分发给 A 版本，将另一部分流量分发给 B 版本。两部分用户同时使用 A 和 B 两个版本，并收集这两部分用户的使用反馈，对用户采样后做相关比较，通过分析数据来评估哪个版本更符合业务目标，并最终选择采用该版本。

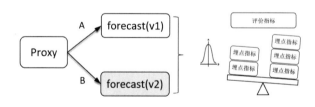

图 3-14　A/B 测试

对有一定用户规模的产品，我们在上线其新特性时比较谨慎，一般需要经过一轮 A/B 测试。在 A/B 测试里面比较重要的是对评价的规划：要规划什么样的用户访问，采集什么样的访问指标。指标的选取是与业务强相关的复杂过程，所以除了分发流量，一般都有一个支撑平台，实现业务指标埋点、收集和评价等功能。

3）金丝雀发布

金丝雀发布就比较直接，如图 3-15 所示，上线一个新版本，从老版本中切分一部分线上流量到新版本，判定新版本在生产环境下的实际表现，就像把一个金丝雀塞到瓦斯井里面一样，探测这个新版本在该环境下是否可用。在金丝雀发布过程中，需要先让一小部分用户尝试新版本，在观察和评估新版本没有问题后再增加切分的比例，直到全部流量切分到新版本，这是一个渐变、尝试的过程。

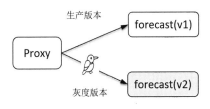

图 3-15　金丝雀发布

蓝绿发布、A/B 测试和金丝雀发布的区别比较细微，有时只有金丝雀才被称为灰度发布。这里不用纠结这些区别，只需关注其共同需求，即要支持对流量的切分，能否提供灵活的流量策略是判断基础设施灰度发布支持能力的重要指标。

2. 灰度发布方式

灰度发布在技术上的核心要求是提供一种机制来满足多个不同版本同时在线，并灵活配置规则给这些版本分配流量，在实践中可以采用以下几种方式。

1）基于负载均衡器的灰度发布

比较传统的灰度发布方式是在入口的负载均衡器上配置流量策略，要求负载均衡器必须支持相应的流量策略，并且这种方式只能对入口的服务做灰度发布，不支持对后端服务单独做灰度发布。如图 3-16 所示，可以在负载均衡器上配置流量规则对 frontend 进行灰度发布，但是无法执行对 forecast 的分流策略，因此无法对 forecast 做灰度发布。

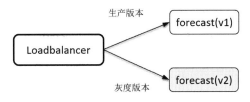

图 3-16　基于负载均衡器的灰度发布

2）基于 Kubernetes 的灰度发布

在 Kubernetes 环境下可以通过 Pod 的数量比例控制每个版本上的流量比例。如图 3-17 所示为基于 Kubernetes 的灰度发布，forecast 的两个版本 v1 和 v2 分别有三个和两个实例，当流量被均衡地分发到每个实例时，v1 版本可得到 60% 的流量，v2 版本可得到 40% 的流量，达到流量在两个版本间分配的效果。

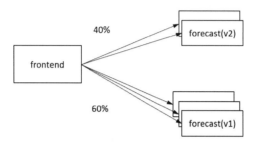

图 3-17　基于 Kubernetes 的灰度发布

这种方式通过给 v1 和 v2 版本设置对应比例的 Pod 数量，依靠 Kube-proxy 把流量均衡地分发到目标后端，来解决对一个服务的多个版本分配流量的问题。但其限制非常明显：①分配的流量比例必须等于 Pod 的数量比例，如图 3-17 所示，比如在需要支持 3:7 的流量比例时，至少要部署 3+7=10 个实例，但为了达到 3:97 的流量比例，创建 100 个实例显然不现实。②这里的切分只能处理四层连接，不能基于请求，更不能基于请求的内容分配流量，比如做不到让 Chrome 浏览器发来的请求和 IE 浏览器发来的请求分别访问不同的版本。

3）基于 Istio 的灰度发布

不同于前面介绍的熔断、故障注入、负载均衡等功能，Istio 本身并没有关于灰度发布的规则定义，灰度发布只是流量治理规则的一种典型应用。

基于 Istio 的灰度发布主要通过服务网格数据面代理解析应用协议，执行控制面配置的分流规则，在不同的版本间进行灵活的流量切分。如图 3-18 所示，对 recommendation 进行灰度发布，配置 20% 的流量到 v2 版本，保留 80% 的流量在 v1 版本。通过 Istio 控制面下发配置到数据面的各个 Envoy，调用 recommendation 的 frontend 和 forecast 都会执行同样的策略，对 recommendation 发起的请求会被各自的 Envoy 拦截并执行统一的分流策略。

在 Istio 中除了支持这种基于流量比例的策略，还支持基于请求内容的灰度策略。比如某个特性是专门为 Mac 操作系统开发的，则需要在该版本的流量策略中匹配请求方的操作系统。各种请求的头域等请求内容在 Istio 中都可以作为灰度发布的特征条件，如图 3-19 所示为根据头域 group 的不同取值将请求分发到不同的版本。

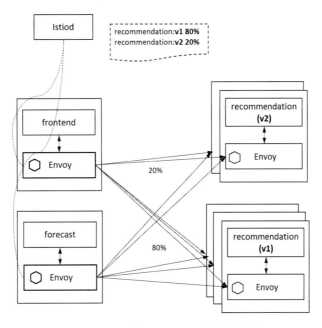

图 3-18 Istio 基于流量比例的灰度发布

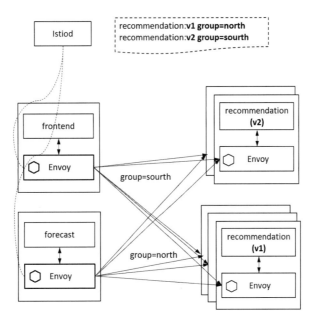

图 3-19 Istio 基于请求内容的灰度发布

3.1.5   故障转移

1. 故障转移的概念

故障转移（Failover）是系统韧性设计中的一个基础能力，一般表示在服务器、系统、硬件或网络发生故障不能服务时切换到备用的系统，自动无缝完成故障检测和切换，减少或消除对使用方或最终用户的影响，从而提高整个系统对外的可用性。如图 3-20 所示，当 Consumer 对 Primary 服务的访问出现故障时，自动切换到对 Secondary 的访问上。

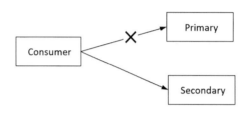

图 3-20   故障转移

在微服务间访问的韧性设计上，基于负载均衡机制，可以通过多个服务实例分担流量，通常通过可用域、节点的反亲和方式部署服务实例，基于多活的方式提高服务的总体可用性。在这种情况下，在所有的目标服务上都可以接收流量，当部分实例不可用时，其他实例仍可提供服务。只需配套一定的手段不将流量分发到故障实例即可，比如前面介绍的熔断中的异常点检查机制。

在微服务实践中也经常通过故障转移来提高服务的韧性。如图 3-21 所示，考虑到网络开销，部署在 region1/zone1 上的 frontend 大多数时候都只访问部署在同 Region 同 Zone 的 forecast 实例。但当 region1/zone1 的本地实例不可用时，流量会转移到其他位置的 forecast 实例。这个转移过程一般也是依据位置信息尽可能发给亲近的目标实例。比如优先发送给相同 Zone 的其他服务实例；当本 Zone 的实例不健康时，发送给本 Region 的其他 Zone 的实例；当本 Region 的实例都不健康时，再转移到其他 Region，至于转移到哪个 Region，可以根据运营商的规划转移到指定 Region 的实例，而不是任意其他 Region。如图 3-21 所示，当 region1 不可用时，因为 region2 和 region1 位置更近或者网络条件更好，所以优先转移到 region2 的服务实例，然后才是 region3 的服务实例。

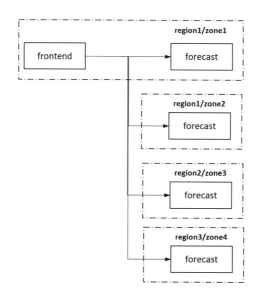

图 3-21 微服务中的故障转移

上述表示位置的标签一般是类似{region}/{zone}/{sub-zone}的层次结构，在实际部署时，厂商会自动创建。常见的三级位置标识如下。

◎ Region：代表一个较大的区域，比如华南、华东、华北等，考虑到地理和实际的资源需求，云厂商的 Region 会划分得更细些。在 Kubernetes 中使用"topology.kubernetes.io/region"标签标识 Region。

◎ Zone：是 Region 下的一个资源集合，大多数时候可以对应到一个逻辑数据中心，当实例跨 Zone 部署时，可以比较方便地提高可用性。在 Kubernetes 中使用"topology.kubernetes.io/zone"标签标识 Zone。

◎ Subzone：使用场景比以上两个要稍微少一些，可以用来对 Zone 进行更细的分割，比如可以对应机房的机架,实现更细的亲和性管理。Kubernetes 没有 Subzone 标签，在 Istio 中用"topology.istio.io/subzone"来定义 Subzone 的标签。

2. 基于 Istio 的故障转移

在 Istio 中可以以非侵入的方式实现以上故障转移过程，如图 3-22 所示，在控制面配置故障转移策略，服务网格数据面拦截到源服务对目标服务的请求时，在转发请求的过程中根据故障转移策略将流量转移到配置的服务实例。比如可以在配置 region1 的实例不可用时，优先将流量转移到 region2 的服务实例。

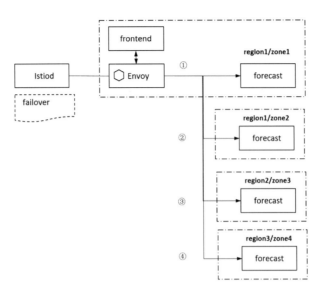

图 3-22　基于 Istio 的故障转移

还可以根据服务实例上的位置标签对服务实例分组进行优先级排序，标签匹配得越多，说明和源实例越亲和，优先级也相应越高，在故障转移过程中获取的流量就越多。比如将上面的 Region、Zone 和 Subzone 三级的结构设置为优先级标签时，三个全匹配的优先级最高，只有 Region 和 Zone 匹配的次之，以此类推，全部不匹配的优先级最低。

表 3-3 展示了上述 3 个优先级的实例分组时不同优先级分组上的流量分配情况。可以看到，优先级分组体现了故障转移模式中的主备角色分配。当高优先级的服务实例健康时，流量不会被转移到低优先级的实例上；当高优先级的实例分组全部不可用时，流量会被全部转移到低优先级的实例分组上；但当中间状态的高优先级的实例分组有一定比例的实例不健康时，会按照比例切分部分流量到低优先级的实例分组上。

但这个过程还是偏向高优先级的实例，根据默认的分配系数，当 72%的 P0 分组的实例健康时，其他 P1 分组和 P2 分组的实例就得不到流量；当 P0 分组原有一半的实例发生故障时，仍然可以获得大部分 70%的流量，而这时 P1 分组如果所有实例都健康，则得到剩下 30%的流量，P2 分组即使全部健康，也仍然得不到流量。

表 3-3　不同优先级实例的流量切换比例

P0 分组的健康实例比例	P1 分组的健康实例比例	P2 分组的健康实例比例	P0 分组的流量	P1 分组的流量	P2 分组的流量
100%	100%	100%	100%	0%	0%
72%	72%	100%	100%	0%	0%
71%	71%	100%	99%	1%	0%

续表

P0 分组的健康实例比例	P1 分组的健康实例比例	P2 分组的健康实例比例	P0 分组的流量	P1 分组的流量	P2 分组的流量
50%	50%	100%	70%	30%	0%
25%	100%	100%	35%	65%	0%
25%	25%	100%	35%	35%	30%
25%	25%	20%	36%	36%	28%

另外，在通常的故障转移过程中，需要通过心跳等机制对主备服务实例持续进行健康检查，当检查到主服务实例不健康时，触发转移流程，由备服务实例接管主服务实例的工作。在 Istio 中采用了一套更简单的被动健康机制，先观察服务实例上的被访问情况，再通过实际访问数据判定服务实例的健康状态，最后根据配置的策略进行故障转移。

3.1.6 入口流量

1. 入口流量的概念

从服务网格的定义和前面介绍的内容来看，服务网格主要管理内部服务间的东西向流量。而 Istio 作为一个完整的服务网格解决方案和服务管理平台，除了通过数据面 Sidecar 管理东西向流量，还通过内置的 Ingress-gateway 提供对入口的南北向流量的管理。本节将对这部分原理做概要解释，不同于前面各节专注于讲解一种流量或者服务治理能力，本节更强调入口这个特殊位置的一类能力。服务访问入口的原理和拓扑图如图 3-23 所示。

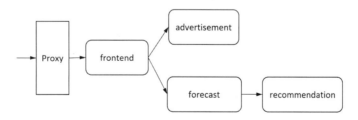

图 3-23　服务访问入口的原理和拓扑图

从网络或服务访问的视角来看，在集群入口一般需要提供入口网关将外部流量导入集群。比如 Kubernetes 本身提供了 LoadBalancer Service 基于端口映射的四层外部流量接入，以及 Ingress 基于路径映射的七层外部流量接入。

从应用或微服务的视角来看，一组服务组合在一起提供了一个独立完整的业务功能。为了使这个独立的业务功能可以被外界使用，一般都会通过一个网关提供服务开放机制，把微服务化后分散的功能以一个内聚的应用视图 API 提供出来，供最终的服务消费者使用；同时作为应用的单一入口点，接收外部的请求并将流量转发到后端的服务，提供入口的监控、限流、镜像、路由管理等能力。另外，网关内外一般属于不同的安全信任域，网关要对入口流量进行严格管理，包括代理内部服务做证书认证或 JWT 校验，并在入口做访问授权管理。

虽然都在入口处理南北向流量，但 Kubernetes 的 LoadBalancer Service 和 Ingress 一般只提供流量接入的能力，而应用网关在此基础上提供应用层的流量管理能力。

这里枚举的能力与服务网格提供的流量、安全可观测性完全一致，同时覆盖了传统 API 网关的大部分功能。关于服务网格和 API 网关技术的讨论一直很热烈，这里不做过多比较。从实践来看，两者在云原生场景中的配合与融合是必然趋势。特别是 Istio 这个应用层流量解决方案提供了统一的入口和内部流量管理，成为两者融合的一个标准实践。

下面结合几种不同的入口接入和流量管理形态，理解其联系与差异。

1. Kubernetes 的入口流量

在 Kubernetes 中可以将服务发布成 LoadBalancer 类型的 Service，通过一个外部端口就能访问到集群中的服务的指定端口，解决四层流量映射的问题。如图 3-24 所示，将外部的 8080 端口映射到内部 frontend 的 3001 端口上。这种方式直接、简单，在云平台上部署的服务一般都可以依赖云厂商提供的 LoadBalancer 来实现。

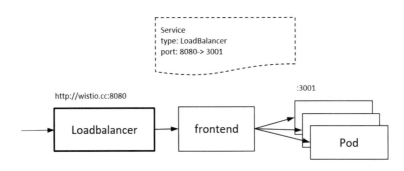

图 3-24　Kubernetes LoadBalancer 类型的 Service

Kubernetes 同时提供了 Ingress 解决七层流量接入的问题。Ingress 作为流量入口，根据七层协议中的路径将服务指向不同的后端服务，如图 3-25 所示，在 "wistio.cc" 这个域名下可以发布两个服务，forecast 被发布在 "wistio.cc/forecast" 上，advertisement 被发布在 "wistio.cc/advertisement" 上，复用同一个访问地址。

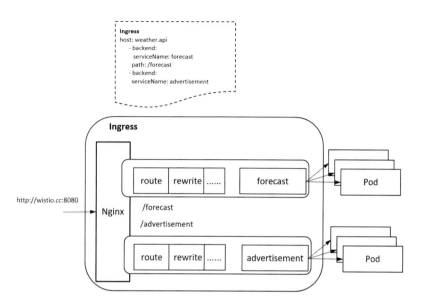

图 3-25　Kubernetes 的 Ingress 访问入口

其中，Ingress 是一套规则定义，将描述某个域名的特定路径的请求转发到集群指定的服务后端。Ingress Controller 作为 Kubernetes 的一个控制器，监听 Kube-apiserver 的 Ingress 对应的后端服务，实时获取后端 Service 和 Endpoints 等的变化，结合 Ingress 的配置规则动态更新网关的路由配置，典型的如基于 Nginx 的代理。

可以看到，Kubernetes 提供的这两种方式主要还是解决外部流量接入的问题，不涉及管理。

2. 传统微服务的入口流量

除了专门的 API Gateway，入口流量治理的经典实践是微服务的网关。在传统的微服务解决方案中一般都包含一个入口网关，比如 Netflix 的 Zuul 或 Spring Cloud Gateway。作为 Spring Cloud 微服务技术栈的重要组成部分，这种微服务网关基于 Spring Cloud 配套的注册中心做服务发现和负载均衡，解决外部流量接入的问题，并如图 3-26 所示，通过断言（Predicate）对匹配的请求执行对应的路由，通过过滤器（Filter）执行流量治理动作。过滤器作为治理能力的承载，除了可以配置 Hystrix 断路器等内置能力，也可以让开发者根据业务的入口流量需要自定义开发。就像用户扩展 Spring Cloud 的开发框架管理东西向流量一样，用户也可以自定义开发来管理入口的南北向流量。这种网关主要是配套微服务开发框架，作用在特定的微服务解决方案中，面向开发者作用于应用程序的网关。

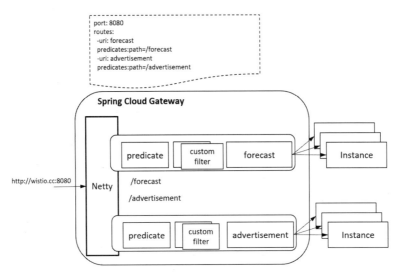

图 3-26　Spring Cloud Gateway

3. Istio 的入口流量

在 Istio 中，服务网格外部服务通过 Ingress-gateway 访问服务网格内部服务。如图 3-27 所示，Ingress-gateway 除了提供了类似 Ingress 的七层流量接入、入口处的 TLS 终结，还提供了更多的高级的流量治理功能，包括对匹配流量的重试、重定向、超时、头域操作等，还可以对目标服务进行熔断、限流、分流、镜像，并提供丰富的可观测性和认证授权等安全功能。作为入口代理，Ingress-gateway 一般被发布为 LoadBalancer 类型的 Service，接收外部访问，并在将请求转发到服务网格内部服务前执行相关治理功能。

Ingress-gateway 和服务网格内部的 Sidecar 一样，都基于 Envoy 实现，从 Istio 的控制面接收配置，执行配置的规则。服务网格入口的配置通过定义一个 Gateway 的资源对象描述，定义将一个外部访问映射到一组服务网格内部服务上。在 Istio 早期版本中使用前面介绍的 Kubernetes 的 Ingress 来描述服务访问入口，因为 Ingress 的七层功能限制，Istio 在 0.8 版本的 v1alpha3 流量规则中引入了 Gateway 资源对象。Gateway 只定义接入点，只做四层到六层的端口、TLS 配置等基本功能，VirtualService 则定义七层路由等丰富的内容。

在服务网格中除了网关和 Sidecar 都基于 Envoy 这个统一的数据面构建能力，在流量配置上也采用统一的 API。如图 3-28 所示，Istio 统一管理服务网格内外部的流量。forecast 既可以通过 Ingress-gateway 被外部访问，也可以被内部的 frontend 访问。在 forecast 上配置的各种流量策略，包括前面介绍的负载均衡、服务熔断、故障注入、灰度发布等，不管流量是来自服务网格外部还是服务网格内部，都会执行统一的策略，经过 Ingress-gateway

和 frontend 的 Sidecar 到 forecast 的流量会执行统一的动作。这时如果入口是另一种七层南北向代理或者负载均衡器入口，则可能会导致配置的流量规则只对内部流量生效，对外部流量不生效。

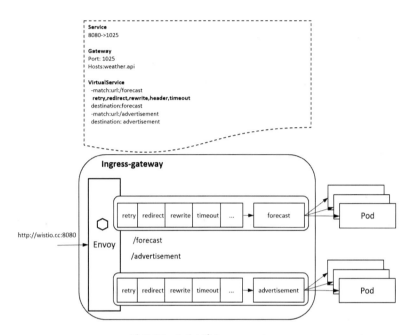

图 3-27　Istio 的 Ingress-gateway

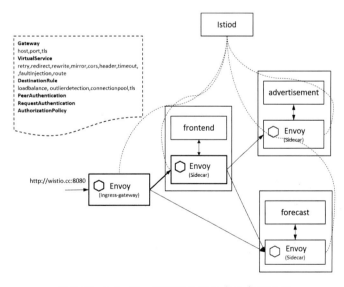

图 3-28　Istio 统一管理服务网格内外部的流量

比较前面三个原理图，可以看到其大致功能和机制类似，均提供了路由转发和基于转发路径上多种过滤器的流量管理能力。Envoy 因为其高性能、丰富的流量功能、基于 xDS 的高可配置性、高可扩展性等特点，作为网关，应用逐渐广泛，比如最新的基于 Kubernetes Gateway API 的开源的 API 网关 Envoy Gateway。而 Istio Ingress-gateway 和服务网格控制面无缝配合，与服务网格内部的 Sidecar 协同工作，可以为用户提供完整的应用流量管理方案。在生产中对入口处南北向流量管理的需求一般比内部东西向服务间的流量管理更普遍。一般推荐先选择一个云原生的入口网关管理南北向流量，在后续的业务发展和治理要求提高时，引入服务网格管理东西向流量，进而达到应用基础设施架构的统一和融合。

3.1.7　出口流量

1. 出口流量的概念

随着系统越来越复杂，在实现一个完整的业务功能时，全部依靠内部服务经常无法支撑，且不说当前云原生环境下的复杂应用，即使在多年前的传统企业软件开发环境下，自研的程序也需要搭配若干中间件才能完成该功能。

如图 3-29 所示，4 个服务组成一个应用，后端依赖一个数据库服务。这个数据库可以是用户部署的一个外部服务，也可以是一个 RDS 的云服务，其他类似的包括分布式缓存、消息等通用的中间件服务。这时除了内部服务的访问管理，还经常需要一种机制对这些外部服务进行管理，包括配置、接入和治理等。

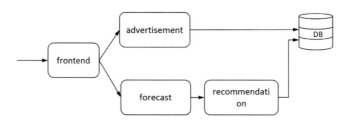

图 3-29　应用访问外部服务

对于这些外部服务的接入，专门有一种 Open Service Broker API 来实现第三方软件的服务化，这种 API 通过定义 Catalog、Provisioning、Updating、Binding、Unbinding 等标准接口接入服务，在与 Kubernetes 结合的场景中，使用 Service Catalog 的扩展机制可以方便地在集群中管理云服务商提供的第三方服务，如图 3-30 所示。

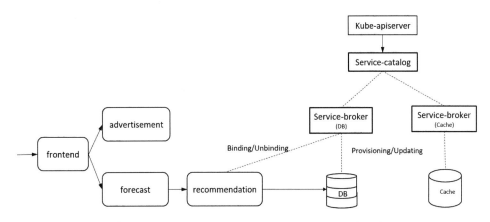

图 3-30 通过 Open Service Broker API 管理外部服务

除了接入，随着管理要求的提高，对这些服务的访问进行管理也成为一个普遍的问题。一般与内部服务间的访问相比，对外部服务的访问在大多数时候管理需求更强。比如对一个外部数据库的访问进行管理，可能比对两个内部服务间的访问进行管理影响更大。

当流量从一个内部的管理域流出到外部的管理域时，其安全、治理、监控的要求也会不同，需要在边界处进行特别的控制，比如控制允许哪些内部服务访问外部服务。采用传统方式时，一般在边界上部署的防火墙基于源 IP 地址进行访问控制，云原生场景中负载 IP 地址的动态变化导致基于 IP 地址的规则基本不能维护，即使配置 IP 段解决了 IP 地址变化的问题，又会出现不同的业务共享 IP 段导致控制粒度不足的问题。这时基于传统网络的访问控制就不能满足要求，比较好的办法是基于应用层进行控制，而服务网格正是这种应用层管理的理想方案。

2. Istio 的出口流量

在 Istio 中，只要外部服务通过一种机制注册到服务网格中，成为服务网格管理对象的一部分，即可像对服务网格内部的普通服务一样，对服务网格外部服务的访问进行管理，实现大多数服务网格治理能力，包括本章介绍到的流量能力，也包括后面两章要介绍的可观测性和安全能力。

如图 3-31 所示，forecast 对服务网格外部服务的出口流量，在经过 Envoy 时被拦截并执行配置的治理策略。在这种场景中，只有源服务在服务网格内部，目标服务并没有服务网格代理，所以双向认证、调用链埋点等依赖双端代理的能力对服务网格外部服务的访问不生效。对于有些没有外部治理需求的用户场景，也可以配置直接让服务网格内部服务访问服务网格外部服务，不用注册服务网格外部服务，不做治理。

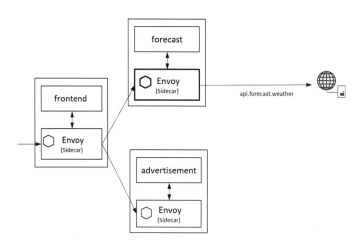

图 3-31　服务网格的出口流量治理

通常情况下，在访问服务网格外部服务时，通过服务网格内部服务的 Sidecar 即可执行治理功能，但有时需要有一个专门的出口网关对外部访问流量进行统一管理，比如比较常见的出于对安全或者网络规划的考虑，服务网格内部的节点并不能直接访问服务网格外部服务，所有外发流量都必须经过一组专用节点。类似提供了 Ingress-gateway 管理服务网格的入口流量，如图 3-32 所示，Istio 专门提供了 Egress-gateway 管理服务网格的出口流量。

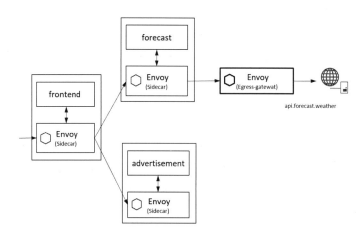

图 3-32　通过 Egress-gateway 管理服务网格的出口流量

通过这种方式可以方便地通过服务网格的授权策略控制对服务网格外部服务的访问，如图 3-33 所示，可以控制只有 forecast 访问服务网格外部服务，advertisement 对服务网格外部服务的访问会被拒绝。不管这两个服务的 IP 地址如何变化，授权规则都会保持不变。

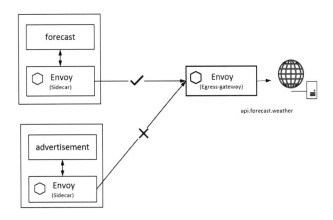

图 3-33　通过 Egress-gateway 控制对服务网格外部服务的访问

3.2　VirtualService（虚拟服务）

VirtualService 是 Istio 流量治理的一个核心配置，可以说是 Istio 流量治理中最重要、最复杂的规则。VirtualService 定义了对特定目标服务的一组流量规则。如其名称所示，VirtualService 在形式上表示一个虚拟服务，将满足条件的流量都转发到对应的服务后端，这个服务后端可以是一个服务或多个服务，也可以是在下节将介绍的 DestinationRule 中定义的服务的子集。

3.2.1　入门示例

在理解 VirtualService 的完整功能之前，先看如下简单示例：

```yaml
apiVersion: networking.istio.io/v1beta1
kind: VirtualService
metadata:
  name: forecast
spec:
  hosts:
  - forecast
  http:
  - match:
    - headers:
        location:
          exact: north
```

```
    route:
    - destination:
        host: forecast
        subset: v2
    - route:
    - destination:
        host: forecast
        subset: v1
```

Istio 的配置都是通过这种 CRD 方式表达的，与传统的键值对配置相比，语法描述性更强。因此，我们很容易理解以上规则的意思是，对于 forecast 的访问，如果在请求头域中 location 取值是 north，则将该请求转发到服务的 v2 版本，将其他请求都转发到服务的 v1 版本。

3.2.2　配置模型

VirtualService 是在 Istio v1alpha3 版本的 API 中引入的新路由定义。不同于 v1alpha1 版本中 RouteRule 使用一组零散的流量规则的组合，并通过优先级表达规则的覆盖关系，VirtualService 描述了一个具体的服务对象，在该服务对象内包含了对流量的各种处理，其主体是一个服务而不是一组规则，和用户实际的业务对象更接近，也更易于理解。

VirtualService 中值得关注的一些术语如下。

◎ Service：服务，在服务网格中注册的一个可以被访问的服务。参照 2.2.1 节 Istio 服务模型中的概念。

◎ Service Version：服务版本，即同一个服务不同特征的后端实例集合。通过 VirtualService 定义的规则，可以将不同的流量分发到一定特征的后端实例。参照 2.2.2 节 Istio 服务模型中的概念，在 Isito 中，服务版本一般通过 DestinationRule 的 Subset 来定义不同版本标签的服务分组。

◎ Source：发起调用的服务。

◎ Host：服务访问目标服务时使用的地址，是 Istio 的几个配置中非常重要的一个概念，后面会有多个地方用到，值得注意。

◎ Route：服务路由。对服务网格支持的各种协议定义流量匹配规则，将满足规则的流量分发到对应的后端服务或者服务版本等后端集合。

如图 3-34 所示，通过 VirtualService 的配置，应用在访问目标服务时，只需指定目标服务的入口地址，不需要额外指定其他目标资源的信息。在实际请求中到底将流量路由到哪种特征的后端上，由在 VirtualService 中配置的路由规则决定。规则的主体是 http、tcp 和 tls 这三种复合结构，分别对应 HTTPRoute、TCPRoute 和 TLSRoute，表示 Istio 支持的 HTTP、TCP 和 TLS 协议的流量规则。而非复合字段 hosts 和 gateways 是每种协议都要用到的公共字段，体现了 VirtualService 的设计思想。3.2.3 节会详细介绍其用法。

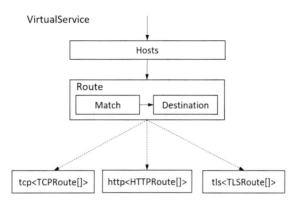

图 3-34　VirtualService 的配置模型

3.2.3　配置定义

（1）hosts：是一个重要的必选字段，表示流量发送的目标，是 VirtualService 中匹配访问地址的关键属性，可以是一个 DNS 名称或 IP 地址。DNS 名称可以使用通配符前缀，也可以只使用短域名，也就是说，若不用全限定域名 FQDN，则一般的运行平台都会把短域名解析成 FQDN。

对于 Kubernetes 平台来说，在 hosts 中一般都是 Service 的短域名。比如 forecast 这种短域名在 Kubernetes 平台上对应的完整域名是 "forecast.weather.svc.cluster.local"，其中 weather 是 forecast 部署的命名空间。而在 Istio 中，这种短域名的解析基于 VirtualService 这个规则所在的命名空间，例如在 3.2.1 节的示例中，hosts 的全域名是 "forecast.default.svc.cluster.local"，这与我们的一般理解不同。建议在规则中明确写完整域名，就像在写代码时建议明确对变量赋初始值，而不要依赖语言本身的默认值，这样不但代码可读，而且可以避免在某些情况下默认值与期望值不一致导致的潜在问题，这种问题一般不好定位。

> 注意：VirtualService 的 hosts 字段表示的短域名在被解析为完整的域名时，补齐的 Namespace 是 VirtualService 的 Namespace，而不是 Service 的 Namespace。

VirtualService 作为一个可以被访问的虚拟服务，不仅可以定义一个服务上的访问规则，也可以对应多个后端服务，入口 hosts 并不一定局限到一个服务，可以是多个服务的应用名，再根据路由规则转发到特定服务的后端实例。

hosts 一般建议用字母的域名而不是一个 IP 地址。IP 地址等多用在以 Gateway 方式发布服务的场景中，这时 hosts 匹配 Gateway 的外部访问地址，当没有做外部域名解析时，可以是外部的 IP 地址直接访问。

（2）gateways：表示应用这些流量规则的 Gateway，详见 3.4 节。VirtualService 描述的规则可以作用到服务网格内部的 Sidecar 和入口处的 Gateway，表示将 VirtualService 应用于服务网格内部的访问还是服务网格外部经过 Gateway 的访问。在配置上一般推荐 <gateway namespace>/<gateway name>这种完整格式，如果省略了命名空间，则默认匹配 VirtualService 所在的命名空间。其使用方式有点绕，需要注意以下场景。

◎ 场景 1：服务只是在服务网格内部访问，这是最主要的场景。gateways 字段可以省略，实际上在 VirtualService 的定义中无须出现这个字段。一切都很正常，定义的规则作用到服务网格内部的 Sidecar。

◎ 场景 2：服务只是在服务网格外部访问。其配置要关联的 Gateway，表示对应 Gateway 进来的流量执行在 VirtualService 上定义的流量规则。

◎ 场景 3：在服务网格内部和服务网格外部都需要访问。这里要给这个数组字段至少配置两个元素，一个是外部访问的 Gateway，另一个是"mesh"关键字。

注意：使用中的常见问题是，忘了配置"mesh"这个常量，而导致错误。我们很容易误认为场景 3 是场景 1 和场景 2 的叠加，只在内部访问的基础上添加一个可用于外部访问的 Gateway。

（3）http：是一种 HTTPRoute 类型的路由集合，用于处理 HTTP 的流量，是 Istio 中内容最丰富的一种流量规则。

（4）tls：是一种 TLSRoute 类型的路由集合，用于处理非终结的 TLS 和 HTTPS 的流量。

（5）tcp：是一种 TCPRoute 类型的路由集合，用于处理 TCP 的流量，应用于所有其他非 HTTP 和 TLS 端口的流量。如果在 VirtualService 中没有对 HTTPS 和 TLS 定义对应的 TLSRoute，则所有流量都会被当成 TCP 流量，按照 TCP 路由集合定义的规则来处理。

http、tls 和 tcp 这 3 个字段在定义上都是数组，可以定义多个元素；在使用上都是一个有序列表，在应用时请求匹配的第 1 个规则生效。

> 注意：VirtualService 中的路由规则是一个数组，在应用时，只要匹配的第 1
> 个规则生效就跳出，不会检查后面的路由规则。

（6）exportTo：控制 VirtualService 跨命名空间的可见性，可以控制在一个命名空间下定义的 VirtualService 是否可以被其他命名空间下的 Sidecar 和 Gateway 使用。如果未赋值，则默认全局可见。"."表示仅应用到当前命名空间，"*"表示应用到所有命名空间。

3.2.4　HTTPRoute（HTTP 路由）

HTTP 是当前最通用、内容最丰富的应用层协议，也是 Istio 上支持最完整的一种协议。在介绍服务网格的功能时，我们经常说到的七层流量，指的主要就是 HTTPRoute 管理的这部分流量。

VirtualService 中的 http 是一种 HTTPRoute 类型的路由集合，用于处理以下 HTTP 流量。

◎ 服务的端口协议是 HTTP、HTTP2、GRPC，即在服务的端口名中包含 http-、http2-、grpc-等。

◎ Gateway 的端口协议是 HTTP、HTTP2、GRPC，或者 Gateway 是终结 TLS，即若 Gateway 的外部是 HTTPS 但内部还是 HTTP，则也会应用 HTTP 的路由规则。

◎ ServiceEntry 的端口协议是 HTTP、HTTP2、GRPC。

本节看看如何描述 HTTPRoute 的流量路由规则，入门示例参见 3.2.1 节 VirtualService 的示例。

1.　规则定义

遵从前面 VirtualService 通用的 Route 模型：Match→Destination，HTTPRoute 规则的主要功能是，把满足 HTTPMatchRequest 条件的流量都路由到 HTTPRouteDestination 表示的后端。如图 3-35 所示，在这个过程中，对于 HTTP 请求，可以执行重定向（HTTPRedirect）、重写（HTTPRewrite）、重试（HTTPRetry）、流量镜像（Mirror）、故障注入（HTTPFaultInjection）、跨站（CorsPolicy）策略等，还可以根据头域的操作配置，动态修改 HTTP 头域的信息。另外，在 Istio 1.6 中加入了 Delegate，支持对 HTTP 的级联路由配置。这些以动态、非侵入方式管理流量的能力对用户来说非常灵活、方便。

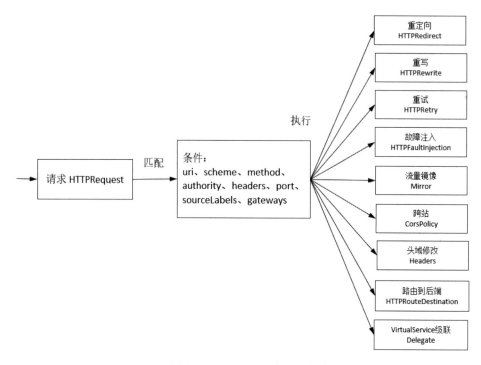

图 3-35   HTTPRoute 的配置模型

2. HTTPMatchRequest（HTTP 匹配规则）

HTTPRoute 的重要字段 match 是一个 HTTPMatchRequest 类型的数组，表示 HTTP 请求满足的条件，支持基于 HTTP 属性如 uri、scheme、method、authority、port 的条件匹配。URI 的完整格式：URI = scheme:[//authority]path [?query][#fragment]，如图 3-36 所示。

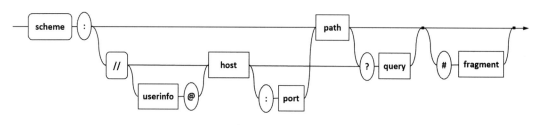

图 3-36   URI 的完整格式

Authority 的定义与 Host 的定义容易混淆，都是类似 "wistio.cc" 这样的服务主机名，两者的细微区别："authority = [userinfo@]host[:port]"。Authority 的标准定义如图 3-37 所示。

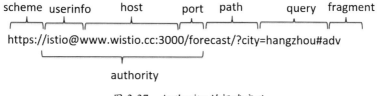

图 3-37　Authority 的标准定义

下面解析 Authority 的标准定义中的字段。

（1）uri、scheme、method、authority：这 4 个字段都是 StringMatch 类型，在匹配请求时都可以使用 exact、prefix 和 regex 三种模式进行匹配，分别表示完全匹配输入的字符串、前缀方式匹配和正则表达式匹配。通过 ignoreUriCase 还可以配置 URI 的匹配是否忽略大小写。

（2）headers：匹配请求中的头域，是 Map 类型。Map 的 Key 是字符串类型，Value 仍然是 StringMatch 类型。即对于每一个头域，都可以使用 exact、prefix 和 regex 三种模式进行匹配。如下所示为自定义 headers 中 source 的取值为 "north"，并且 uri 以 "/advertisement" 开头的请求：

```
- match:
  - headers:
      source:
        exact: north
    uri:
      prefix: "/advertisement/"
```

还支持通过 withoutHeaders 负向匹配请求头域，即当请求头域满足 withoutHeaders 中的头域条件时，认为没匹配到条件。

（3）port：表示请求的服务端口。大部分服务只开放了一个端口，这也是在微服务实践中推荐的做法，在这种场景中可以不用指定 port。

（4）sourceLabels 和 sourceNamespace：表示匹配请求来源的负载标签和命名空间。在 Kubernetes 平台上，sourceLabels 就是 Pod 上的标签。

如下表示请求来源是 frontend 的 v2 版本的负载：

```
match:
  - sourceLabels:
      app: frontend
      version: v2
```

注意：在 VirtualService 中，sourceLabels 和 sourceNamespace 匹配源负载的相关信息。当 VirtualService 的顶层的 gateway 字段关联了网关时，必须同时包含 mesh 关键字，表示匹配服务网格内部的流量，sourceLabels 和 sourceNamespace 才会生效。

（5）queryParams：表示匹配 URL 中的请求参数，是 Map 结构，可以匹配多个参数。如下配置表示匹配 "/advertisement? group=admin" 的请求：

```
match:
  - uri:
      prefix: /advertisement
  - queryParams:
      group:
        exact: admin
```

（6）gateways：表示规则应用的 Gateway 名称，语义同 VirtualService 顶层的 gateways 定义，表示这个路由上的网关匹配条件，会覆盖在 VirtualService 上配置的 gateways。

下面是一个复合的匹配条件。match 包含两个 HTTPMatchRequest 元素，其条件的语义是：headers 中 source 取值为 "north" 并且 uri 是以 "/advertisement" 开头的请求，或者 uri 是以 "/forecast" 开头的请求。

```
- match:
  - headers:
      source:
        exact: north
    uri:
      prefix: "/advertisement/"
  - uri:
      prefix: "/forecast/"
```

注意：在 VirtualService 中，match 字段都是数组类型。HTTPMatchRequest 的诸多属性如 uri、headers、method 等是 "与" 逻辑，而数组的几个元素间是 "或" 逻辑。

（7）name：除了以上功能字段，还可以通过 name 字段给匹配条件命名，匹配条件名和对应的路由名拼接，被记录在匹配的请求的访问日志中。

3. HTTPRouteDestination（HTTP 路由目标）

HTTPRoute 的 route 是 HTTPRouteDestination 类型的数组，表示满足条件的 HTTP 路

由目标。在 3.2.1 节 forecast 的例子中，在 http 规则上定义了两个 HTTPRoute 类型的元素，每个 HTTPRoute 都有一个 route 字段来表示两个请求路由，区别是第 1 个路由有 match 的匹配条件，第 2 个路由没有匹配条件，只有路由目标。这样匹配条件的流量走 v2 版本，剩下所有的流量都走 v1 版本，这也是在灰度发布实践中根据条件从原有流量中切一部分流量给灰度版本的惯用做法。

本节通过 HTTPRouteDestination 的定义了解怎样描述这个路由目标：

```
http:
- match:
  - headers:
      source:
        exact: north
  route:
  - destination:
      host: forecast
      subset: v2
- route:
  - destination:
      host: forecast
      subset: v1
```

在 HTTPRouteDestination 中主要有三个字段：destination（请求目标）、weight（权重）和 headers（HTTP 的头域操作）。其中，destination 是必选字段。

1）destination

核心字段 destination 表示请求的目标。在 VirtualService 上执行一组规则，最终的流量要被送到这个目标上。这个字段是 Destination 类型的结构，通过 host、subset 和 port 三个属性来描述。

host 是 Destination 的必选字段，表示路由的目标服务，是在 Istio 中注册的服务名，不但包括服务网格内部服务，也包括以 ServiceEntry 方式注册的服务网格外部服务。

在 Kubernetes 平台上如果用到短域名，Istio 就会根据规则的命名空间解析服务名，而不是根据 Service 的命名空间来解析。所以在使用上建议写全域名，这和 VirtualService 上的 hosts 用法类似。

还是以本节的入门示例来说明：如果在这个 VirtualService 上没有写 namespace，则后端地址会是 forecast.default.svc.cluster.local。建议通过如下方式写服务的全名，即不管规则在哪个命名空间下，后端地址总是明确的：

```
spec:
  hosts:
  - forecast
  http:
  - match:
    ......
    route:
    - destination:
        host: forecast.weather.svc.cluster.local
        subset: v2
  - route:
    - destination:
        host: forecast.weather.svc.cluster.local
        subset: v1
```

与 host 配合来表示流量路由后端的是另一个重要字段 subset，它表示在 host 上定义的一个子集。例如，在灰度发布中将不同的版本定义为不同的 subset，配置路由策略会将流量转发到这个版本的 subset。subset 将在后面要介绍的 DestinationRule 中定义。

2）weight

除了 destination，HTTPRouteDestination 上的另一个必选字段是 weight，表示流量分配比例，即一个路由按照权重在多个目标上分配流量。

下面的示例将从原有的 v1 版本中切分 20%的流量到 v2 版本，这也是灰度发布常用的一种流量策略，即不区分内容，根据权重从总流量中切出一部分流量给灰度版本：

```
spec:
  hosts:
  - forecast
  http:
  - route:
    - destination:
        host: forecast
        subset: v2
      weight: 20
    - destination:
        host: forecast
        subset: v1
      weight: 80
```

如果一个 route 只有一个 destination，那么可以不用配置 weight。如下所示为将全部流量都转到这一个 destination 上：

```
http:
- route:
  - destination:
      host: forecast
```

3）headers

在 Istio 1.0 中，HTTPRoute 和 TCPRoute 共用一个 Destination 的定义 DestinationWeight，其结构与 Istio 1.1 中的 RouteDestination 基本类似，包括 destination 和 weight 两个字段。但 HTTPRouteDestination 在普通的 RouteDestination 上多出来一个 HTTP 特有的字段 headers。

headers 字段提供了对 HTTP 头域的一种操作机制，可以修改一次 HTTP 请求中 Request 或者 Response 的值，包含 request 和 response 两个字段。

◎ request：表示在发送请求给目标地址时修改 Request 的 Header。
◎ response：表示在返回应答时修改 Response 的 Header。

对应的类型都是 HeaderOperations 类型，使用 set、add、remove 字段来定义对 Header 的操作。

◎ set：使用 map 上的 Key 和 Value 覆盖 Request 或者 Response 中对应的 Header。
◎ add：追加 map 上的 Key 和 Value 到原有 Header。
◎ remove：删除在列表中指定的 Header。

以上分别介绍了 HTTPMatchRequest 的定义和 HTTPRouteDestination 的定义，这也是 HTTPRoute 的主要功能。Istio 对于 HTTP 除了可以做流量的路由，还可以做适当的其他控制类操作影响原有流量，很多原来需要在代码里进行的 HTTP 操作，在使用 Istio 后通过配置即可达到同样的效果。

4. HTTPRedirect（HTTP 重定向）

我们通过 HTTPRedirect 可以发送一个 301 重定向的应答给服务调用方，简单来讲就是，从一个 URL 到另一个 URL 的永久重定向。如图 3-38 所示，客户端输入一个 URL，通过 HTTPRedirect 可以将其跳转到另一个 URL。比较常见的场景：有一个在线网站，网址更新后，通过这样的重定向，可以在客户端输入老地址时跳转到新地址。

图 3-38　HTTP 重定向

HTTPRedirect 包括两个重要的字段来表示重定向的目标。

◎ uri：替换 URL 中的 Path 部分。

◎ authority：替换 URL 中的 Authority 部分。

关于重定向有两点需要注意：①在语义上，重定向和一般的路由到一个特定的后端服务或子集 Subset 两个动作无法同时执行，因此，若配置了重定向，就不能配置目标路由了；②这里使用 HTTPRedirect 的 uri 的配置替换原请求中的完整 Path，而不是匹配条件上的 uri 部分。如下所示，对 forecast 所有前缀是 "/advertisement" 的请求都会被重定向到 new-forecast 的 "/recommendation/activity" 地址：

```
spec:
  hosts:
  - forecast
  http:
  - match:
    - uri:
        prefix: /advertisement
    redirect:
      uri: /recommendation/activity
      authority: new-forecast
```

还可以通过 port、scheme 配置重定向的端口或协议，在未配置时默认采用原请求的端口和协议。还可以通过 redirectCode 配置重定向的应答返回码，在不配置时默认是 301。

注意：在 VirtualService 的 HTTPRoute 上不能同时配置重定向 redirect 和目标路由 route。

5. HTTPRewrite（HTTP 重写）

如图 3-39 所示，我们通过 HTTP 重写，可以在将请求转发到目标服务前，修改 HTTP

请求中指定部分的内容。不同于重定向对用户可见，比如浏览器地址栏里的地址会变成重定向的地址，HTTP 重写对最终用户是不可见的，是在服务端执行的。

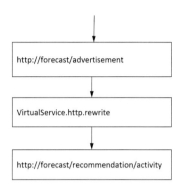

图 3-39 HTTP 重写

VirtualService 使用 HTTPRewrite 来描述 HTTP 重写的规则。和 HTTPRedirect 的配置类似，HTTPRewrite 也包括 uri 和 authority 这两个字段。

◎ uri：重写 URL 中的 Path。

◎ authority：重写头域中的 Authority。

稍有不同的是，HTTPRedirect 的 uri 只能替换全部 Path，HTTPRewrite 的 uri 是可以重写前缀的，即如果原来的匹配条件是前缀匹配，则重写时只修改匹配到的前缀。另外，HTTPRewrite 需要和 HTTP 目标路由 HTTPRouteDestination 配合使用，在请求发给路由的后端前重写 URI 和 authority 头域。如下所示，前缀匹配 "/advertisement" 的请求，其请求 uri 中的这部分前缀会被 "/recommendation/activity" 替换，并发送到 forecast 后端服务上：

```
spec:
  hosts:
  - forecast
  http:
  - match:
    - uri:
        prefix: /advertisement
    rewrite:
      uri: /recommendation/activity
    route:
    - destination:
        host: forecast
```

83

6. HTTPRetry（HTTP 重试）

如图 3-40 所示，HTTP 重试是解决很多请求异常的最直接、简单的办法。适当的重试可以方便并且有效地提高系统的总体服务质量，特别是对网络暂时故障、目标服务内部暂时异常等情况下进行重试，可以提高服务总体的访问成功率。在实际应用中，需要将重试结合业务的特点谨慎使用，比如对于目标服务过载、逻辑错误，重试不能帮助提高总体成功率，反而会对系统产生级联的更大压力，可能引起"重试风暴"。所以，在实际应用中需要根据系统运行环境及服务的自身特点，合理配置重试规则。

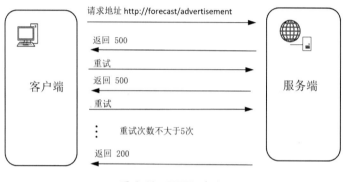

图 3-40　HTTP 重试

服务网格通过简单配置即可完成重试，无须所有服务调用方都自己发起重试。在VirtualService 中，通过 HTTPRetry 可以定义请求失败时的重试策略。HTTPRetry 包括重试次数、超时、重试条件等。

◎ attempts：必选字段，定义重试的次数。

◎ perTryTimeout：每次重试的超时时间，单位可以是毫秒、秒、分钟和小时，要求必须大于 1 毫秒。

◎ retryOn：进行重试的条件，可以是多个条件，以逗号分隔。

◎ retryRemoteLocalities：配置是否重试到其他区域的实例，避免在默认情况下重试到同区域的实例上，仍然可能再次失败。

其中，重试条件 retryOn 的取值包括以下几种。

◎ 5xx：在上游服务返回"5xx"应答码或者没有应答时执行重试，包括断开连接、连接重置或超时。

◎ gateway-error：类似"5xx"异常，只对"502""503""504"应答码执行重试。

◎ connect-failure：在连接上游服务失败时执行重试。这里的连接失败是四层连接的行为，不是七层请求的行为，因而包括连接超时，不包括请求超时。

◎ reset：在上游服务无响应时执行重试。

◎ retriable-4xx：在上游服务返回可重试的"4xx"应答码时执行重试。

◎ refused-stream：在上游服务使用"REFUSED_STREAM"错误码重置时执行重试。

◎ cancelled：在 gRPC 应答头域的状态码是"cancelled"时执行重试。

◎ deadline-exceeded：在 gRPC 应答头域的状态码是"deadline-exceeded"时执行重试。

◎ internal：在 gRPC 应答头域的状态码是"internal"时执行重试。

◎ resource-exhausted：在 gRPC 应答头域的状态码是"resource-exhausted"时执行重试。

◎ unavailable：在 gRPC 应答头域的状态码是"unavailable"时执行重试。

通过以上描述可以看到，这些重试条件有包含关系，比如"5xx"条件包括 connect-failure、refused-stream 等。

如下示例的 HTTPRetry 规则：当访问 forecast 收到"503"状态码或连接失败时执行重试，最多重试 5 次，每次重试的超时时间是 3 秒。注意，在 retryOn 里包含一个具体的 HTTP 状态码"503"，将会应用 retriable-status-code 的重试条件，当收到配置的状态码时进行重试。

```
spec:
  hosts:
  - forecast
  http:
  - route:
    - destination:
        host: forecast
    retries:
      attempts: 5
      perTryTimeout: 3s
      retryOn: 503,connect-failure
```

7. Mirror（HTTP 流量镜像）

HTTP 流量镜像指的是，在将流量转发到原目标地址的同时，将流量给另一个目标地址镜像一份。如图 3-41 所示，将生产系统中宝贵的实际流量镜像一份到另一个系统上，完全不会对生产系统产生影响。这里只镜像了一份流量，数据面代理只需关注原来转发的流量即可，不用等待镜像目标地址的返回。

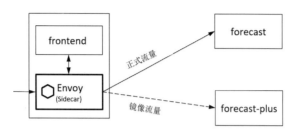

图 3-41　HTTP 流量镜像

使用 VirtualService 进行如下 Mirror 配置即可实现图 3-41 中的流量镜像效果，这里的流量镜像的目标通过 destination 结构描述，可以是 forecast 的一个版本或者服务网格的另一个服务，也可以是通过 ServiceEntry 定义的服务网格外部服务：

```
spec:
  hosts:
    - forecast
  http:
  - route:
    - destination:
        host: forecast
    mirror:
      host: forecast-plus
```

8. HTTPFaultInjection（HTTP 故障注入）

除了支持 Redirect、Rewrite、Retry 等 HTTP 请求的常用操作，在 HTTPRoute 上还支持通过 HTTPFaultInjection 配置故障注入。在特定的场景中，要构造一定的业务故障，基于 HTTP 这个通用的应用协议可以更贴近用户的应用场景。在实现上，HTTPFaultInjection 和 HTTPRedirect、HTTPRewrite、HTTPRetry 没有太多区别，都是修改 HTTP 请求或者应答的内容。

> 注意：在使用故障注入时不能同时启用超时和重试。

HTTPFaultInjection 通过 delay 或 abort 配置延迟或中止这两种故障，分别表示 Proxy 延迟转发 HTTP 请求和中止 HTTP 请求。

1）延迟故障注入

HTTPFaultInjection 中的延迟故障使用 HTTPFaultInjection.Delay 类型描述延迟故障，表示在发送请求前进行一段延迟，模拟网络、远端服务负载等各种原因导致的失败，通过如下两个字段描述。

◎ fixedDelay：一个必选字段，表示延迟时间，单位可以是毫秒、秒、分钟和小时，要求时间必须大于 1 毫秒。

◎ percentage：配置的延迟故障作用在多少比例的请求上，通过这种方式可以只让部分请求发生故障。

如下所示为让 forecast 的 v2 版本上 1.5%的请求产生 10 秒的延迟：

```
route:
- destination:
    host: forecast
    subset: v2
fault:
  delay:
    percentage:
      value: 1.5
    fixedDelay: 10s
```

2）中止故障注入

HTTPFaultInjection 使用 HTTPFaultInjection.Abort 描述中止故障，模拟服务端异常，给调用的客户端返回定义的错误状态码，主要有如下两个字段。

◎ httpStatus：是一个必选字段，表示中止的 HTTP 状态码。

◎ percentage：配置的中止故障作用在多少比例的请求上，用法同延迟故障。

如下所示为在刚才的例子中增加中止故障注入，让 forecast 的 v2 版本上 1.5%的请求返回"500"状态码：

```
route:
- destination:
    host: forecast
    subset: v2
fault:
  abort:
    percentage:
      value: 1.5
    httpStatus: 500
```

9. CorsPolicy（HTTP 跨域资源共享）

如图 3-42 所示，出于安全原因，浏览器会限制从脚本发起的跨域 HTTP 请求。通过跨域资源共享 CORS（Cross Origin Resource Sharing）机制，可允许 Web 应用服务器进行跨域访问控制，使跨域数据传输安全进行。在实现上通过在 HTTP 头域中追加一些额外的信息来通知浏览器准许以上访问。

在 VirtualService 中可以通过 CorsPolicy 对满足条件的请求配置跨域资源共享。

◎ allowOrigin：允许跨域资源共享的源的列表，在内容被序列化后，被添加到 Access-Control-Allow-Origin 的头域上。

◎ allowMethods：允许访问资源的 HTTP 方法列表，内容被序列化到 Access-Control-Allow-Methods 的头域上。

◎ allowHeaders：请求资源的 HTTP 头域列表，内容被序列化到 Access-Control-Allow-Headers 的头域上。

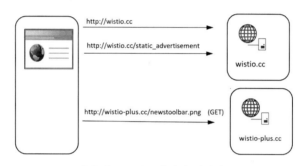

图 3-42　HTTP 跨域资源共享

◎ exposeHeaders：浏览器允许访问的 HTTP 头域的白名单，内容被序列化到 Access-Control-Expose-Headers 的头域上。

◎ maxAge：请求缓存的时长，被转化为 Access-Control-Max-Age 的头域。

◎ allowCredentials：是否允许服务调用方使用凭据发起实际请求，被转化为 Access-Control-Allow-Credentials 的头域。

我们给 forecast 配置 CorsPolicy，允许源自 wistio-plus.cc 的 GET 方法的请求的访问：

```
http:
- route:
  - destination:
      host: forecast
  corsPolicy:
    allowOrigin:
    - wistio-plus.cc
    allowMethods:
    - GET
    maxAge: "2d"
```

3.2.5 TLSRoute（TLS 路由）

在 VirtualService 中，tls 是一种 TLSRoute 类型的路由集合，用于处理非终结的 TLS 和 HTTPS 的流量，使用 SNI（Server Name Indication），即客户端在 TLS 握手阶段建立连接使用的服务 Host 名，做路由选择。TLSRoute 被应用于以下场景中：

◎ 服务的端口协议是 HTTPS 和 TLS，即在服务的端口名中包含 https-、tls-等。

◎ Gateway 的端口是非终结的 HTTPS 和 TLS。参照 3.4.3 节 Gateway 中 tls 字段配置的终结和非终结的 TLS 的使用方式。

◎ ServiceEntry 定义的服务端口是 HTTPS 和 TLS。

1. 入门示例

简单配置如下：

```
apiVersion: networking.istio.io/v1beta1
kind: VirtualService
metadata:
  name: total-weather-tls
  namespace: weather
spec:
  hosts:
  - "*.wistio.cc"
  gateways:
  - ingress-gateway
  tls:
  - match:
    - port: 443
      sniHosts:
      - frontend.wistio.cc
    route:
    - destination:
        host: frontend
  - match:
    - port: 443
      sniHosts:
      - recommendation.wistio.cc
    route:
    - destination:
        host: recommendation
```

在以上示例中，可以通过 HTTPS 从外面访问 weather 应用内部的两个 HTTPS 服务 frontend 和 recommendation，访问目标端口是 443 并且 SNI 是"frontend.wistio.cc"的请求会被转发到 frontend，而 SNI 是"recommendation.wistio.cc"的请求会被转发到 recommendation。

2. 规则定义

TLSRoute 的规则定义比 HTTPRoute 要简单很多，如图 3-43 所示，规则逻辑也是将满足一定条件的流量转发到对应的后端。在以上规则定义中，路由匹配条件是 TLSMatchAttributes，路由规则目标是 RouteDestination。

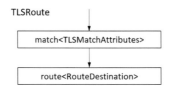

图 3-43　TLSRoute 的配置模型

3. TLSMatchAttributes（TLS 匹配规则）

在 TLSRoute 中，match 字段是一个 TLSMatchAttributes 类型的数组，表示 TLS 的匹配规则。下面主要从以下几方面描述一个 TLS 服务的请求特征。

◎ sniHosts：重要属性，必选字段，用来匹配 TLS 请求的 SNI。SNI 的值必须是 VirtualService 的 hosts 的子集。

◎ destinationSubnets：目标 IP 地址匹配的 IP 子网。

◎ port：访问的目标端口。

◎ sourceLabels 和 sourceNamespace：匹配来源负载的标签和命名空间。

◎ gateways：表示规则适用的 gateway 名称，覆盖 VirtualService 上的 gateways 定义。

可以看到，sniHosts 和 destinationSubnets 属性是 TLS 特有的，port、sourceLabels、sourceNamespace 和 gateways 属性同 HTTP 的条件定义，可参考 3.2.4 节 HTTPRoute 对应字段用法的详细说明。TLSMatchAttributes 的一般用法是匹配 port 和 sniHosts，配置如下：

```
tls:
- match:
  - port: 443
    sniHosts:
    - frontend.wistio.cc
```

4. RouteDestination（四层路由目标）

TLS 的路由目标通过 RouteDestination 来描述转发的目的地址，这是一个四层路由转发地址，包含两个必选属性 destination 和 weight。

◎ destination：表示满足条件的流量的目标。
◎ weight：表示切分的流量比例。

RouteDestination 上的这两个字段在使用上有较多注意点。用法和约束同 3.2.4 节中 HTTPRouteDestination 的对应字段，参见对应的描述和入门示例。

3.2.6 TCPRoute（TCP 路由）

所有不满足以上 HTTP 和 TLS 条件的流量都会应用本节要介绍的 TCPRoute 规则。

1. 入门示例

如下所示是一个简单的基于 TCPRoute 定义的 VirtualService，将来自 forecast 的 23002 端口的流量转发到 inner-forecast 的 3002 端口：

```
apiVersion: networking.istio.io/v1beta1
kind: VirtualService
metadata:
  name: forecast
  namespace: weather
spec:
  hosts:
  - forecast
  tcp:
  - match:
    - port: 23002
    route:
    - destination:
        host: inner-forecast
        port:
          number: 3002
```

2. 规则定义

与 HTTP 和 TLS 类似，如图 3-44 所示，TCPRoute 的规则描述的也是将满足一定条件的流量转发到对应的目标后端,其目标后端的定义和 TLS 相同,也是四层 RouteDestination。本节重点讲解 TCP 特有的四层匹配规则 L4MatchAttributes。

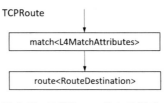

图 3-44　TCPRoute 的配置模型

3. L4MatchAttributes(四层匹配规则)

在 TCPRoute 中,match 字段也是一个数组,元素类型是 L4MatchAttributes,支持以下匹配属性。

◎ destinationSubnets:目标 IP 地址匹配的 IP 子网。
◎ port:访问的目标端口。
◎ sourceLabels 和 sourceNamespace:源工作负载的标签和命名空间。
◎ gateways:Gateway 的名称。

这几个参数和 TLSMatchAttributes 对应字段的意义相同,如下所示为基于端口和源工作负载标签描述 TCP 流量的典型示例:

```
tcp:
- match:
  - sourceLabels:
      group: beta
    port: 23003
```

3.2.7　三种协议的路由规则对比

VirtualService 在 http、tls 和 tcp 这三个字段上分别定义了应用于 HTTP、TLS 和 TCP 的路由规则。从规则构成上都是先定义一组匹配条件,然后对满足条件的流量执行对应的操作。因为协议的内容不同,路由规则匹配的条件不同,所以可执行的操作也不同。如表 3-4 所示对比了三种协议的路由规则,从各个维度来看,HTTPRoute 规则的内容最丰富,TCPRoute 规则的内容最少,这也符合协议分层的设计。

表 3-4　HTTP、TLS、TCP 的路由规则对比

比较的内容	HTTP	TLS	TCP
路由规则	HTTPRoute	TLSRoute	TCPRoute
流量匹配条件	HTTPMatchRequest	TLSMatchAttributes	L4MatchAttributes
条件属性	uri、scheme、method、authority、headers、queryParams、port、sourceLabels、sourceNamespace、gateways	sniHosts、destinationSubnets、port、sourceLabels、sourceNamespace、gateways	destinationSubnets、port、sourceLabels、sourceNamespace、gateways
流量操作	route、redirect、rewrite、retry、timeout、faultInjection、corsPolicy、mirror	route	route
目标路由定义	HTTPRouteDestination	RouteDestination	RouteDestination
目标路由属性	destination、weight、headers	destination、weight	destination、weight

3.2.8　典型应用

VirtualService 在以上三种协议，特别是 HTTP 中有丰富的应用场景，在介绍规则定义时都有简单介绍，这里不再赘述。下面结合几个典型的使用场景来了解 VirtualService 规则本身的一些综合用法。

1. 多服务组合路由定义

VirtualService 是一个广义的 Service，在如下配置中可以将一个 weather 应用的多个服务组装成一个大的虚拟服务。根据访问路径的不同，对 weather 服务的访问会被转发到不同的服务：

```
apiVersion: networking.istio.io/v1beta1
kind: VirtualService
metadata:
  name: weather
  namespace: weather
spec:
  hosts:
  - wistio.cc
  http:
  - match:
    - uri:
        prefix: /recommendation
    route:
```

```
      - destination:
          host: recommendation
  - match:
    - uri:
        prefix: /forecast
    route:
      - destination:
          host: forecast
  - match:
    - uri:
        prefix: /advertisement
    route:
      - destination:
          host: advertisement
```

如图 3-45 所示，假设 frontend 访问 wistio.cc 服务，则根据不同的路径，流量会被分发到不同的后端服务。这有点像早期 Web 项目中 web.xml 里面配置的服务访问路径，也和 Nginx 等七层代理的配置和用法类似。不同之处在于，在服务网格中除了可以配置映射，还可以给每个路由的独立服务都配置本节前面介绍的重试、超时、故障注入、动态修改头域等规则，做更多的流量干预。这种方式被更多地应用于入口服务的七层映射，对于服务网格内部服务间的访问，更常规的用法是直接用服务名访问，并且对每个服务都独立创建和维护 VirtualService。

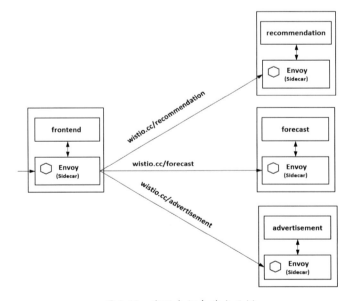

图 3-45　多服务组合路由示例

2. 路由规则的优先级

我们可以对一个 VirtualService 配置 N 个路由，不同于 v1alpha1 版本可对多个路由规则 RouteRule 设置优先级，v1alpha3 版本的 VirtualService 通过路由的顺序即可明确表达规则。例如，在下面的配置中，以"/weather/data/"开头的流量被转发到 v3 版本；以"/weather/"开头的其他流量被转发到 v2 版本；其他流量被转发到 v1 版本：

```
apiVersion: networking.istio.io/v1beta1
kind: VirtualService
metadata:
  name: forecast
  namespace: weather
spec:
  hosts:
  - forecast
  http:
  - match:
    - uri:
        prefix: "/weather/data/"
    route:
    - destination:
        name: forecast
        subset: v3
  - match:
    - uri:
        prefix: "/weather/"
    route:
    - destination:
        name: forecast
        subset: v2
  - route:
    - destination:
        name: forecast
        subset: v1
```

以上三条路由规则随便调整顺序，都会导致另一个规则在理论上不会有流量。例如，调整 v2 和 v3 的顺序，则匹配"/weather/"的所有流量都被路由到 v2 版本，在 v3 版本上永远不会有流量。在路由规则执行时，只要有一个匹配，规则执行就会跳出，类似代码中的 switch 分支，碰到一个匹配的 case 就 break，就不会再尝试下面的条件。这也是在设计流量规则时需要注意的。

3. 复杂条件路由

灰度发布等分流规则一般有两种用法：①基于请求的内容切分流量；②按比例切分流量。实际上，根据需要也可以结合使用这两种用法，如下所示是一个稍微综合的用法：

```yaml
apiVersion: networking.istio.io/v1beta1
kind: VirtualService
metadata:
  name: forecast
  namespace: weather
spec:
  hosts:
  - forecast
  http:
  - match:
    - headers:
        cookie:
          regex: "^(.*?;)?(local=north)(;.*)?"
      uri:
        prefix: "/weather"
    - uri:
        prefix: "/data"
    route:
    - destination:
        name: forecast
        subset: v2
      weight: 20
    - destination:
        name: forecast
        subset: v3
      weight: 80
  - route:
    - destination:
        name: forecast
        subset: v1
```

这里的 HTTP 路由包含两个 HTTPRoute 对象，只有第 1 个包含 match 条件，根据优先级路由列表的顺序优先级原则，满足第 1 个 route 中 match 条件的流量走第 1 个路由，剩下的所有流量都走第 2 个路由。

在第 1 个路由的 match 条件数组中包含两个 HTTPMatchRequest 条件：第 1 个条件检查请求的 uri 和 headers；第 2 个条件检查请求的 uri。根据请求的组合规则，第 1 个条件的两个属性之间是"与"逻辑，第 1 个条件和第 2 个条件之间是"或"逻辑。第 1 个 Route 包含两个路由目标，分别对应 20% 和 80% 的流量。所以，整个复杂条件表达的路由规则如图 3-46 所示。对于 forecast 的请求，当请求的 cookie 满足 "^(.*?;)?(local=north)(;.*)?" 表达式，并且 uri 匹配 "/weather"，或者请求的 uri 匹配 "/data" 时，流量走 v2 和 v3 版本，其中 v2 版本的流量占 20%，v3 版本占 80%；其他流量都走 forecast 的 v1 版本。

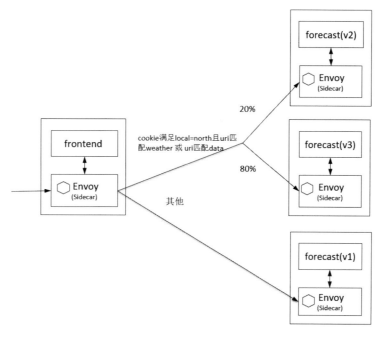

图 3-46　复杂条件路由

4. 特定版本间的访问规则

之前在介绍流量的匹配条件时提到一个通用字段 sourceLabels，该通用字段可以用于过滤访问来源。如下配置只对 frontend 的 v2 版本到 forecast 的 v1 版本的请求设置 20 秒的延迟：

```
apiVersion: networking.istio.io/v1beta1
kind: VirtualService
metadata:
  name: forecast
  namespace: weather
spec:
  hosts:
```

```
- forecast
http:
- match:
  - sourceLabels:
      app: frontend
      version: v2
  fault:
    delay:
      fixedDelay: 20s
  route:
  - destination:
      name: forecast
      subset: v1
```

其效果如图 3-47 所示。

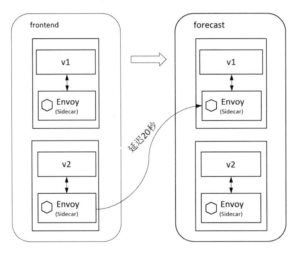

图 3-47 在特定版本间配置延迟

除此以外，实际应用根据 sourceNamespace 和 sourceLabels 可以做更多的事情，比如典型的多服务灰度发布。虽然微服务在理论上一直强调微服务粒度的单一变更，即每次只升级一个微服务，要求微服务的不同版本间向前兼容。类似本书中的大多数示例，都是对单个微服务配置灰度规则。但在实际应用中，在规划的版本中经常包含多个服务，同一个版本的服务接口间有依赖，即 forecast 新的 v2 版本只能调用 recommendation 的 v2 版本，调用到 v1 版本则可能接口不兼容。这就要求在做灰度发布时，forecast 和 recommendation 的版本要同时发布，且流量基于版本划分。如图 3-48 所示，基于 sourceLabels 的匹配条件，保证 recommendation 的版本跟随 forecast 的对应版本。

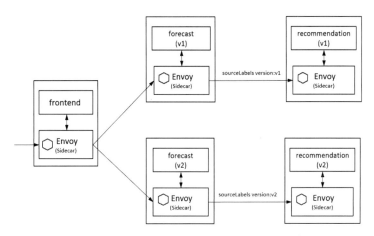

图 3-48   基于 sourceLabels 的版本间流量跟随

5. 级联 VirtualService 解耦复杂路由

前面多服务组合路由的示例通过一个大的 VirtualService 管理多个服务的路由，3.4 节还会介绍到，Gateway 和 VirtualService 在配合处理入口的七层流量时，入口路由映射都在 VirtualService 中定义。这种机制对于典型的简单应用没有问题，但在业务稍微复杂的场景中会存在明显的弊端。比如当一个应用系统有多个服务需要通过外部访问时，每个服务都有各自的流量规则，当把多个路由都定义在一个大的 VirtualService 上时，如图 3-49 所示，会出现 VirtualService 条件耦合的问题。

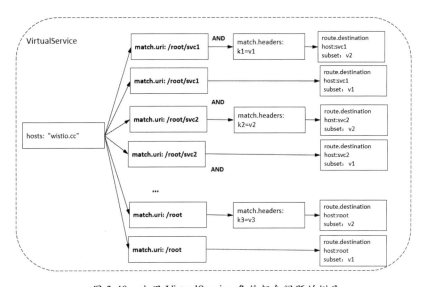

图 3-49   出现 VirtualService 条件耦合问题的例子

将多个服务的流量规则耦合到同一个文件上，经常会出现几百行的大文件，读取或维护规则都比较困难，修改任何一个服务的规则都要操作这个文件。比如修改一个服务的灰度流量规则，可能错误的修改到同一文件另一个服务的规则。而且，每个入口的 URI 的映射都不得不和其他服务自身的流量规则条件耦合在一起，规则配置极其复杂且难以维护。另外，耦合导致的数据冗余也非常明显，当一个服务有多个版本时，URI 需要和每个版本的 Match 条件与操作在一起。当修改一个 URI 的映射时，需要在涉及该服务的每个路由的 Match 条件上都修改一遍。

通过 delegate 定义的级联 VirtualService 可以解耦服务各自的流量规则定义。如图 3-50 所示，模板的 VirtualService 定义对外的路径映射，然后指向对应服务的 VirtualService，服务的 VirtualService 配置服务自身的流量规则。修改外部的路由映射时，只需修改外层的模板 VirtualService；而对于内部流量规则的变更，只要修改服务所对应的 VirtualService。对每个服务的流量规则都单独维护，在编辑时不会影响其他服务。这种方式简化了维护难度，同时避免了耦合导致的规则冗余且难维护的问题。

注意：从语义上可以看到包含 delegate 的 HTTPRoute，将流量分发到下级 VirtualService 处理，因此在该 HTTPRoute 中不能再包含 route 和 redirect 来配置路由和重定向。

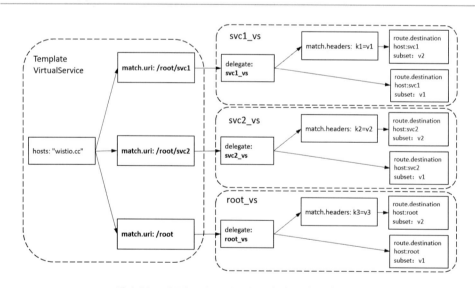

图 3-50　用 VirutalService 级联机制解耦复杂条件

以上只是典型的应用，掌握了规则的定义和语法，便可以自由配置需要的业务功能，非常方便和灵活。

3.3 DestinationRule（目标规则）

在讲解 VirtualService 时，我们注意到，在路由的目标对象 Destination 中大多包含表示服务子集的 subset 字段，这个字段就是通过 DestinationRule 定义的。本节讲解 DestinationRule 的用法，不仅包括如何定义 subset，还包括在 DestinationRule 上提供的丰富的流量策略。

3.3.1 入门示例

下面同样以一个简单的入门示例来直观认识 DestinationRule，其中定义了 forecast 的两个版本子集 v1 和 v2，并对 v2 配置了轮询的负载均衡策略。这也是 DestinationRule 的典型用法，还可以通过 subsets 定义服务子集，并对服务或 subsets 灵活地配置流量策略。本节后面的内容会详细展开这部分的用法：

```
apiVersion: networking.istio.io/v1beta1
kind: DestinationRule
metadata:
  name: forecast
  namespace: weather
spec:
  host: forecast
  subsets:
  - name: v2
    labels:
      version: v2
    trafficPolicy:
      loadBalancer:
        simple: ROUND_ROBIN
  - name: v1
    labels:
      version: v1
```

3.3.2 配置模型

DestinationRule 经常和 VirtualService 结合使用，VirtualService 用到的 subset 在 DestinationRule 上也有定义。同时，在 VirtualService 上定义了一些规则，在 DestinationRule

上也定义了一些规则。初学者会困惑：在 DestinationRule 和 VirtualService 上都定义了流量相关的规则，为什么有些定义在 VirtualService 上，有些定义在 DestinationRule 上呢？

为了更好地理解两者的定位、区别和配合关系，我们观察下面一段 RESTful 服务端代码，在前面的 Resource 部分将 "/forecast" 的 POST 请求路由到一个 addForecast 的后端方法上，将 "/forecast/hangzhou" 的 GET 请求路由到一个 getForecast 的天气检索后端方法上：

```
/**
一段 RESTful 服务端代码，模拟对一个天气预报系统的天气记录的维护
**/
@Path("/forecast")
public class ForecastResource {

// 录入一条天气记录
    @POST
    @Consumes({ MediaType.APPLICATION_JSON})
    public Response addForecast(
      Forecast forecast) {
        forecastRepository.addForecast(new Forecast(forecast.getId(),
          forecast.getCity(), forecast.getTemperature(),
          forecast.getWeather()));
        return Response.status(Response.Status.CREATED.
getStatusCode()).build();
    }

// 根据城市检索天气
    @GET
    @Path("/{city}")
    @Produces({ MediaType.APPLICATION_JSON})
      public forecast getForecast(@PathParam("city") String city) {
        return forecastRepository.getForecast(city);
    }
}
```

VirtualService 也是一个虚拟 Service，描述的是满足什么条件的流量被哪个后端或者哪种特征的后端处理。以上 RESTful 服务，每个路由规则都对应其 Resource 中的资源匹配表达式。只是在 VirtualService 中，这个匹配条件不仅仅是路径方法的匹配条件，还是更开放的多协议的匹配条件。

而 DestinationRule 描述的是这个请求到达某个后端服务后怎么处理，即所谓目标的规则，类似以上 RESTful 服务端代码中 addForecast() 和 getForecast() 方法内的处理逻辑。

理解了这两个对象的定位，就不难理解其规则上的设计原理，从而理解负载均衡和熔断等策略为什么被定义在 DestinationRule 而不是 VirtualService 上。DestinationRule 定义了满足路由规则的流量到达后端的访问策略。在 Istio 中可以基于 DestinationRule 配置目标服务的负载均衡策略、连接池大小、异常实例驱除规则等功能。在前面的 RESTful 服务端代码中，服务端的处理逻辑是由服务开发者提供的，类似地，在 DestinationRule 中，这些服务管理策略一般也是由服务所有者维护和管理的。

如图 3-51 所示，上面说到的几个配置在 DestinationRule 中都不仅仅是对一个后端服务的配置，还可以对每个子集甚至每个端口进行配置。这也不难理解：在计算机世界里，服务是一个到处被使用的术语，其本源定义应该是监听在某个特定端口上对外提供功能的可以被访问的一个应用。DestinationRule 配置策略可控制到端口粒度。

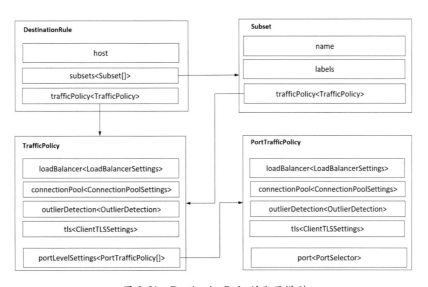

图 3-51　DestinationRule 的配置模型

3.3.3　配置定义

DestinationRule 上的重要属性如下。

（1）host：一个必选字段，表示规则的适用对象，取值是在服务注册中心中注册的服务名，可以是服务网格内部服务，也可以是以 ServiceEnrty 方式注册的服务网格外部服务。如果这个服务名在服务注册中心不存在，则相应的规则无效。如果 host 取短域名，则会根据规则所在的命名空间被解析，方式同 3.2.3 节 VirtualService 的解析规则。

（2）trafficPolicy：是规则内容的定义，包括 LoadBalancerSettings（负载均衡设置）、ConnectionPoolSettings（连接池设置）、OutlierDetection（异常点检查）等，是本节的重点内容。

（3）subsets：定义一个服务的子集，经常用来定义一个服务版本，比如 VirtualService 中的结合用法。

（4）exportTo：用于控制 DestinationRule 跨命名空间的可见性，这样即可控制在一个命名空间下定义的资源对象是否可以被其他命名空间下的 Sidecar 执行。如果未赋值，则默认全局可见。"."表示仅应用到当前命名空间，"*"表示应用到所有命名空间。

1. TrafficPolicy（流量策略）

从图 3-52 中 TrafficPolicy 的配置模型可以看出，整个 DestinationRule 上的主要数据结构集中在 TrafficPolicy 方面。

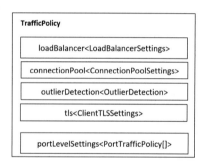

图 3-52　TrafficPolicy 的配置模型

TrafficPolicy 包含以下 4 个重要配置，后面将依次介绍。

◎ loadBalancer：LoadBalancerSettings 类型，描述服务的负载均衡算法。
◎ connectionPool：ConnectionPoolSettings 类型，描述服务的连接池配置。
◎ outlierDetection：OutlierDetection 类型，描述服务的异常点检查。
◎ tls：ClientTLSSettings 类型，描述服务的 TLS 连接设置。

此外，TrafficPolicy 还包含一个 PortTrafficPolicy 类型的 portLevelSettings，表示对每个端口的流量策略。

2. LoadBalancerSettings（负载均衡设置）

Istio 支持以下多种负载均衡。

1）simple（标准负载均衡）

simple 字段定义了如下几种可选的负载均衡算法。

◎ ROUND_ROBIN：轮询算法，如果未指定，则默认采用这种算法。
◎ LEAST_CONN：最少连接算法，其算法实现是从两个随机选择的服务后端选择一个活动请求数较少的后端实例。
◎ RANDOM：从可用的健康实例中随机选择一个。
◎ PASSTHROUGH：直接转发到客户端连接的目标地址，即没有做负载均衡。

比如只要进行如下配置，即可给一个服务设置随机的负载均衡策略：

```
trafficPolicy:
  loadBalancer:
    simple: ROUND_ROBIN
```

2）consistentHash（一致性哈希）

consistentHash 是一种高级的负载均衡，基于 HTTP 头域、Cookie 等取值来计算哈希。负载均衡器会把哈希一致的请求转发到相同的后端实例，从而实现会话保持。下面通过几个字段描述一致性哈希。

◎ httpHeaderName：基于 HTTP Header 计算哈希。
◎ httpCookie：基于 HTTP Cookie 计算哈希。
◎ httpQueryParameterName：基于 HTTP 请求的参数计算哈希。
◎ useSourceIp：基于源 IP 地址计算哈希，可以应用于 HTTP、TCP。
◎ minimumRingSize：配置哈希环的最小虚拟节点数，节点数越多，负载均衡越精细。如果后端实例数少于哈希环上的虚拟节点数，则每个后端实例都会有一个虚拟节点。

通过如下配置，可以在 cookie: location 上进行一致性哈希的会话保持：

```
trafficPolicy:
  loadBalancer:
    consistentHash:
      httpCookie:
        name: location
        ttl: 0s
```

3）localityLbSetting（位置负载均衡）

除了前面的负载均衡，在 Istio 中还提供了基于位置的负载均衡 localityLbSetting，根据源服务和目标服务实例的位置关系向不同的目标实例分配流量。在 Istio 中支持通过如下三种机制控制不同位置上的流量，在使用时，三者任选其一即可。

（1）distribute（流量分配）

通过 distribute 可以定义不同区域位置的负载均衡权重，在不同的目标位置上分配流量。distribute 主要通过如下两个字段描述规则。

◎ from：配置源服务的位置。

◎ to：配置目标服务的位置，以及在每个位置上分配的流量比重，权重和为 100。

如下配置表示，来自 north/zone1 的流量，有 80% 被分发到 zone1，另外 20% 被分发到同 Region 的另一个区域 zone2。

```
trafficPolicy:
  loadBalancer:
    localityLbSetting:
      enabled: true
      distribute:
        - from: north/zone1/*
          to:
            north/zone1/*: 80
            north/zone2/*: 20
```

（2）failover（故障转移）

除了可以实现访问的亲和性，我们还可以通过 failover 配置不同位置的实例间的故障转移。比如当本区域的服务实例不健康时，将流量切换到配置的另一个区域的后端实例上。故障转移主要控制 Region 等上层位置间的切换，因为一般 Region 内的 zone 和 subzone 的实例间默认可以切换流量。这里的转移逻辑也是通过两个位置字段描述规则。

◎ from：定义源 Region。

◎ to：表示当源 Region 的实例不健康时要切换流量的目标 Region。

如下表示当 north 的实例不可用时将流量切换到 south 的实例上。在使用上，failover 需要基于后面要介绍的 OutlierDetection 检测不健康的实例，因此也要启用 OutlierDetection 策略：

```
trafficPolicy:
  loadBalancer:
    localityLbSetting:
      failover:
        - from: north
          to: south
```

（3）failoverPriority（优先级故障转移）

failoverPriority 可以定义故障转移处理好的优先级，从而支持在发生故障时在不同的后端实例组重新分配流量。根据配置的标签顺序列表，匹配得越多，优先级越高，获取的流量就越多。比如在以下配置中，与 Region、zone 和 subzone 标签都匹配的优先级最高，只匹配 region 和 zone 的优先级次之，只匹配 region 的优先级再次之，连 region 也不匹配的优先级最低。因为要配合做实例健康检查，所以 failoverPriority 也要与 OutlierDetection 配合使用。服务实例在创建时一般会基于节点上的位置标签生成对应的标签。

```
trafficPolicy:
  loadBalancer:
    localityLbSetting:
      failoverPriority:
        - topology.kubernetes.io/region
        - topology.kubernetes.io/zone
        - topology.istio.io/subzone
```

位置的负载均衡策略也可以通过 Meshconfig 进行全局配置，但是这里通过 DestinationRule 的 localityLbSetting 对特定服务的配置会覆盖全局配置。

3. ConnectionPoolSettings（连接池设置）

通过 ConnectionPoolSettings 可以配置阈值，防止一个服务的失败级联影响到整个应用。如图 3-53 所示，ConnectionPoolSettings 在协议上分为 TCP 流量和 HTTP 流量，可对四层连接、七层请求进行限制。若实际的连接和请求超过配置的阈值，则断开连接，保护上游的服务。

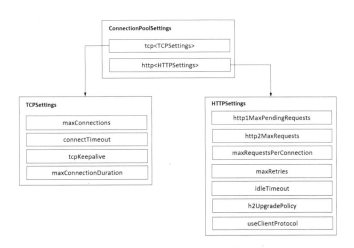

图 3-53　ConnectionPoolSettings 的配置模型

1）TCPSettings（TCP 连接池配置）

TCPSettings 可以配置如下三个属性。

◎ maxConnections：表示为上游服务的所有实例建立的最大连接数，默认值是 2^{32}-1。属于 TCP 层的配置。对于 HTTP，只用于 HTTP/1.1，因为 HTTP/2 对每个主机都使用单个连接。

◎ connectTimeout：TCP 连接超时，表示主机网络连接超时。在设置时必须大于 1 毫秒，默认值是 10 秒。

◎ tcpKeepalive：设置 TCP keepalives。定期给对端发送一个 keepalive 的探测包，判断连接是否可用。这种 0 长度的数据包对用户的程序没有影响。它包括三个字段：①probes，表示有多少次探测没有应答即可断定连接断开，默认使用操作系统的配置，在 Linux 中是 9；②time，表示在发送探测前连接空闲了多长时间，也默认使用操作系统的配置，在 Linux 中默认值是两小时；③interval，探测间隔，默认使用操作系统的配置，在 Linux 中是 75 秒。

◎ maxConnectionDuration：连接的最长持续时间，是在 Istio 1.16 中新增的字段，描述连接建立以来的时间段，当达到这个时间段时，连接将被关闭。要求配置大于 1 毫秒。

如下所示为服务配置了 TCPSettings，最大连接数是 80，连接超时时限是 25 毫秒，并且配置了 TCP 的 Keepalive 探测策略：

```
trafficPolicy:
  connectionPool:
    tcp:
      maxConnections: 80
      connectTimeout: 25ms
      tcpKeepalive:
        probes: 5
        time: 3600s
        interval: 60s
```

2）HTTPSettings（HTTP 连接池配置）

对于七层协议，可以通过对应的 HTTPSettings 对连接池进行更细致的配置。

◎ http1MaxPendingRequests：最大等待 HTTP 请求数，默认值是 2^{32}-1。适用于 HTTP/1.1 的服务，因为 HTTP/2 协议的请求在到来时会立即复用连接，不会在连接池等待。

◎ http2MaxRequests：最大请求数，表示服务网格代理向上游服务发起的最大并发请求数，默认值是 2^{32}-1。适用于 HTTP/2 的服务，因为 HTTP/1.1 使用最大连接数 maxConnections 即可。

◎ maxRequestsPerConnection：每个连接的最大请求数，适用于 HTTP/1.1 和 HTTP/2。如果没有设置，则默认值是 0，表示没有限制。设置为 1 时，表示每个连接只处理一个请求，也就是禁用了 Keep-alive。最大取值是 2^{29}。

◎ maxRetries：允许的最大重试次数，默认值是 2^{32}-1，表示服务可以执行的最大重试次数。

◎ idleTimeout：上游连接的空闲超时时间。若在这个时间内没有活动的请求，则关闭连接，可应用于 HTTP/1.1 和 HTTP/2，默认值是 1 小时。

◎ h2UpgradePolicy：配置访问某个服务时，将 HTTP/1.1 升级到 HTTP/2。在 Istiod 下发到 Envoy 的配置中，目标 cluster 包含对 HTTP/2 的支持，但如果目标服务没有部署 Sidecar 并且不支持 HTTP/2，则会报错。h2UpgradePolicy 可以在服务网格中全局配置，DestinationRule 中的配置会覆盖全局配置。

HTTPSettings 一般和对应的 TCPSettings 配合使用，如下配置就是在刚才的 TCPSettings 基础上增加对 HTTPSettings 的控制，为服务配置最大 80 个连接，只允许最多 800 个并发请求，每个连接的请求数都不超过 10 个，连接超时时限是 25 毫秒：

```
trafficPolicy:
  connectionPool:
    tcp:
      maxConnections: 80
      connectTimeout: 25ms
    http:
      http2MaxRequests: 800
      maxRequestsPerConnection: 10
```

3）Istio 连接池配置总结

表 3-5 对比了 Istio 和 Envoy 的连接池配置，可以看到两者的属性划分维度不太一样：在 Istio 中根据协议划分为 TCP 和 HTTP；在 Envoy 中根据属性的业务划分为不同的分组，一部分属于 circuit_breakers 分组，另一部分属于 cluster 分组。另外，Istio 在属性名上区分标识了 HTTP/1.1 和 HTTP/2 的配置。

表 3-5　Istio 和 Envoy 的连接池配置对比

Istio 配置			Envoy 配置		
Istio 参数	参数分类	默认值	Envoy 参数	参数分类	默认值
maxConnections	TCPSettings.	2^{32}-1	max_connections	cluster.circuit_breakers.thresholds	1024
http1MaxPendingRequests	HTTPSettings	2^{32}-1	max_pending_requests	cluster.circuit_breakers.thresholds	1024
http2MaxRequests	HTTPSettings	2^{32}-1	max_requests	cluster.circuit_breakers.thresholds	1024
maxRetries	HTTPSettings	2^{32}-1	max_retries	cluster.circuit_breakers.thresholds	3
connectTimeout	TCPSettings	10 秒	connect_timeout	cluster	5 秒
maxRequestsPerConnection	HTTPSettings	0	max_requests_per_connection	cluster	0

4. OutlierDetection（异常点检查）

异常点检查就是定期考察被访问的服务实例的工作情况，如果连续出现访问异常，则将服务实例标记为异常并进行隔离，在一段时间内不为其分配流量。过一段时间后，被隔离的服务实例会再次被解除隔离，尝试处理请求，若还不正常，则被隔离更长的时间。在模型上，Istio 的异常点检查符合在 3.1.2 节介绍的一般意义的熔断模型。

我们也可以将异常点检查理解成健康检查，但是与传统的健康检查方式有所不同。传统的健康检查定期探测目标服务实例，根据应答来判断服务实例的健康状态，例如 Kubernetes 上的 Readiness 或者一般负载均衡器上的健康检查等；Istio 异常实例检测中的健康检查指通过对实际的访问情况进行统计来找出不健康的实例。所以后者是被动型的健康检查，前者是主动型的健康检查。

DestinationRule 通过在 OutlierDetection 中配置如下参数来控制检查驱逐的逻辑。

对于错误数的阈值参数，在 Istio 1.11 之前的版本中只需配置表示实例被驱逐前的连续错误次数，从 1.11 版本开始细分了如下多个阈值参数。

◎ consecutive5xxErrors：连续 5xx 错误数，默认值是 5。表示检查周期内连续错误的次数，若连续错误的次数超过该阈值，则将被隔离。对于 HTTP，关注 "5xx" 返回码；对于 TCP，连接超时、连接失败等会被视作 "5xx" 错误，即 TCP、Redis 等协议的错误也会被映射到 HTTP 的 "5xx" 错误。

◎ consecutiveGatewayErrors：检查周期内的连续网关错误数，默认不启用。对于 HTTP 的访问，网关错误包括 "502" "503" "504" 响应码。对于 TCP，网关错误包括连接错误、连接超时等。

　　注意：OutlierDetection 的网关错误 consecutiveGatewayErrors 被包含在 consecutive5xxErrors 中，当两个一起使用时，如果 consecutiveGatewayErrors 大于或等于 consecutive5xxErrors，则 consecutive5xxErrors 总是先被满足，consecutiveGatewayErrors 不会生效。

◎ splitExternalLocalOriginErrors：是否区分本地故障和外部故障，默认不区分。将其设置为 true 时，表示在进行异常点检查时会考察本地错误。外部错误是流量到达上游服务后，服务端对于特定的业务请求返回的错误，比如典型的"500"错误，能得到这些错误，就说明服务网格数据面代理已经成功连接和处理流量；而本地错误特指服务网格数据面代理连接上游服务失败，比如连接超时、TCP 重置等。服务网格代理在处理 HTTP 流量时，除了可以返回超时、重置等连接相关的本地错误，也可以通过解析 HTTP 应答返回业务自身的错误；但是在处理 TCP 流量时，只能返回本地错误，因为服务网格代理不能解析 TCP 上的业务，不能返回 HTTP 携带的业务错误。

◎ consecutiveLocalOriginFailures：检查周期内的连续本地错误数，默认是 5。需要先设置在 splitExternalLocalOriginErrors 为 true 时生效。默认 splitExternalLocalOriginErrors 不启用时，OutlierDetection 不区分外部错误和本地错误，在同一个桶上计数和决策隔离动作。如果一个 HTTP 请求有 4 次服务连接超时失败，第 5 次连接成功，但是对这个请求业务代码返回了"500"错误，则对于异常点检查就是 5 次连续错误。而如果启用了 splitExternalLocalOriginErrors，则前 4 次错误作为本地错误，第 5 次错误作为外部错误会被分开计数，前者单独匹配 consecutiveLocalOriginFailures 这个阈值，这样可以忽略业务自身的错误。

　　注意：DestinationRule 配置 OutlierDetection 时，通过启用 splitExternalLocalOriginErrors，可以区分外部错误和本地错误，并通过 consecutiveLocalOriginFailures 设置阈值，只关注本地错误，从而忽略业务自身的错误。

除了这几个"连续错误数"的阈值，OutlierDetection 还包括如下通用配置，控制检查和隔离的动作。

◎ interval：驱逐的时间间隔，默认值是 10 秒，要求大于 1 毫秒，单位可以是小时、分钟、毫秒。

◎ baseEjectionTime：基础驱逐时间。一个实例被驱逐的时间等于这个基础驱逐时间与被驱逐次数的乘积。这样一个一直被判定为异常的实例，被驱逐的时间会越来越长。默认是 30 秒，要求大于 1 毫秒，单位可以是小时、分钟、毫秒。

◎ maxEjectionPercent：指负载均衡池中可以被驱逐的故障实例的最大比例，默认是10%，设置这个值是为了避免太多的服务实例被驱逐，导致服务的整体能力下降。

◎ minHealthPercent：最小健康实例比例，当负载均衡池中的健康实例比例大于这个比例时，OutlierDetection 功能可用；当可用实例比例小于这个比例时，OutlierDetection 功能将被禁用，所有服务实例不管被认定为健康还是不健康，都可以接收请求。通过这种机制，可以保护不会因为判定不健康的实例过多而隔离过多，从而导致系统整体的可服务性下降，但也可以把该参数设置为 0% 来禁用这个保护功能。

如下所示为，检查 4 分钟内服务实例的访问异常情况，连续出现 5 次"5xx"访问异常的实例将被隔离 10 分钟，被隔离的实例不超过 30%，在第 1 次隔离期满后，异常实例将重新接收流量，如果仍然不能正常工作，则会被重新隔离，第 2 次将被隔离 20 分钟，以此类推：

```
trafficPolicy:
  outlierDetection:
    consecutive5xxErrors: 5
    interval: 4m
    baseEjectionTime: 10m
    maxEjectionPercent: 30
```

5. ClientTLSSettings（客户端 TLS）

在 DestinationRule 的 TrafficPolicy 中包含一个重要的结构 ClientTLSSettings，用来配置连接上游服务的 TLS 相关配置。在 Istio 1.6 之前的版本中，这个结构被命名为 TLSSettings，在 Istio 1.6 之后的版本中，这个结构被命名为 ClientTLSSettings，更明确的描述是对客户端的 TLS 配置。

通过如下配置可对 advertisement 的访问使用双向 TLS 认证：

```
spec:
  host: advertisement
  trafficPolicy:
    tls:
      mode: ISTIO_MUTUAL
```

其中，tls 字段为 ClientTLSSettings 类型的配置，主要包括如下信息。

（1）认证模式 mode：最重要的一个必选字段，用来表示是否使用 TLS，以及使用哪种模式。在 Istio 中支持以下 4 种模式。

◎ DISABLE：对指定服务的连接不使用 TLS。

◎ SIMPLE：发起与服务端的 TLS 连接，只认证服务端。

◎ MUTUAL：使用双向认证对服务端发起 TLS 连接，除了需要客户端认证服务端，服务端也需要认证客户端。

◎ ISTIO_MUTUAL：使用双向认证对服务端发起安全连接，证书由 Istio 自动生成，不需要配置。

（2）认证配置信息，包括认证用的证书、私钥、名字标识等。

◎ clientCertificate：客户端证书路径。为 MUTUAL 模式时必须指定，为 ISTIO_MUTUAL 模式时无须指定。

◎ privateKey：客户端私钥路径。为 MUTUAL 模式时必须指定，为 ISTIO_MUTUAL 模式时无须指定。

◎ caCertificates：验证服务端证书的 CA 文件路径，若未指定，则忽略校验服务端证书。为 ISTIO_MUTUAL 模式时无须指定。

◎ subjectAltNames：一个名字列表，用于验证服务端证书中的标识，即服务端证书中的标识必须匹配列表中的一个取值。为 ISTIO_MUTUAL 模式时无须指定。

◎ sni：在 TLS 握手阶段提供给服务端的 SNI 字符串。为 ISTIO_MUTUAL 模式时无须指定。

以上信息除了可以配置证书、密钥等文件的路径，在容器场景中还可以将这些文件直接存储在一个 Kubernetes Secret 中，在 ClientTLSSettings 中只需通过 credentialName 配置这个 Secret 名即可。和以上三个文件的相关配置对应，Secret 包含如下键值对。配置 ClientTLSSettings 时对文件和 Secret 方式任选其一即可。

```
key: <privateKey>
cert: <clientCert>
cacert: <CACertificate>
```

clientCertificate、privateKey、caCertificates、subjectAltNames、sni 字段都是用于双向认证的配置，当模式是 ISTIO_MUTUAL 时，Istio 的证书管理功能会自动生成这些内容，不用手动配置；当模式是 MUTVAL 时，需要手动配置：

```
spec:
  host: advertisement
  trafficPolicy:
    tls:
      mode: MUTUAL
      clientCertificate: /etc/certs/clientcert.pem
```

```
        privateKey: /etc/certs/private_key.pem
        caCertificates: /etc/certs/cacerts.pem
```

第 5 章的安全原理部分，会介绍 Istio 通过认证策略控制目标服务使用哪种安全的方式被访问。在配置认证策略后，服务端将使用对应的认证方式校验客户端的访问，同时要求服务的调用方实现一定的认证机制完成认证。Istio 支持通过 PeerAuthentication 和 RequestAuthentication 分别配置端到端的来源认证和基于令牌的请求认证。相应地，在客户端也有两种不同的使用方式。如果服务端要求采用 JWT 的请求认证，则在客户端应用的访问请求中需要带上 JWT 信息，这只能由应用自己解决，Istio 并不能代替应用自动完成；如果服务端要求采用 mTLS 认证，则可以基于 DestinationRule 方式进行配置，并设置模式为 ISTIO_MUTUL。

本节只配置了客户端访问目标服务时的认证方式，要结合服务端的安全配置才能正常工作。即服务端应用本身是 TLS，或者通过 Istio 启用了认证策略，同时在 DestinationRule 中配置了对应的模式和参数。

> 注意：使用 DestinationRule 配置客户端基于 ISTIO_MUTUL 模式访问特定服务时，要求服务端通过 PeerAuthentication 启用了双向认证，并且要求源服务和目标服务都有 Sidecar，不然会导致访问不通。

6. PortTrafficPolicy（端口流量策略）

PortTrafficPolicy 指将前面讲到的 4 种流量策略应用到每个服务端口上，一个关键的字段就是 port，表示流量策略要应用的服务端口。关于 PortTrafficPolicy，只要了解定义在端口上的流量策略会覆盖全局的流量策略即可。

如下所示为 forecast 配置了最大连接数 80，但是为 3002 端口单独配置了最大连接数 100：

```
apiVersion: networking.istio.io/v1beta1
kind: DestinationRule
metadata:
  name: forecast
  namespace: weather
spec:
  host: forecast
  trafficPolicy:
    connectionPool:
      tcp:
        maxConnections: 80
```

```
portLevelSettings:
- port:
    number: 3002
  connectionPool:
    tcp:
      maxConnections: 100
```

7. Subset（服务子集）

Subset 的一个重要用法是定义服务的子集，包含若干后端服务实例。例如，通过 Subset 定义一个版本，在 VirtualService 上可以给版本配置流量规则，将满足条件的流量路由到这个 Subset 的后端实例上。要在 VirtualService 中完成这种流量规则，就必须先通过 DestinationRule 对 Subset 进行定义。

Subset 包含以下三个重要属性。

◎ name：Subset 的名称，为必选字段。通过 VirtualService 引用的就是这个名称。

◎ labels：Subset 上的标签，通过一组标签定义了属于这个 Subset 的服务实例。比如最常用的标识服务版本的 version 标签。

◎ trafficPolicy：被应用到这个 Subset 上的流量策略。

前面讲的若干种流量策略都可以在 Subset 上定义并应用到这些服务实例上。如下所示为给一个通过 Subset 定义的特定版本配置最大连接数：

```
apiVersion: networking.istio.io/v1beta1
kind: DestinationRule
metadata:
  name: forecast
  namespace: weather
spec:
  host: forecast
  subsets:
  - name: v2
    labels:
      version: v2
    trafficPolicy:
      connectionPool:
        tcp:
          maxConnections: 80
```

将上面的例子稍微修改一下：给 forecast 全局配置最大连接数 100，给它的 v2 版本配置最大连接数 80。那么，forecast 在 v2 版本上的最大连接数是多少呢？有了前面 PortTrafficPolicy 的覆盖原则，不难理解，根据本地覆盖全局的原则，v2 版本的 Subset 上的配置生效：

```
spec:
  host: forecast
  trafficPolicy:
    connectionPool:
      tcp:
        maxConnections: 100
  subsets:
  - name: v2
    labels:
      version: v2
    trafficPolicy:
      connectionPool:
        tcp:
          maxConnections: 80
```

当然，这里只定义了 PortTrafficPolicy，只有真正定义了流量规则且有流量到这个 Subset 上，流量策略才会生效。比如在上面这个示例中，如果在 VirtualService 中并没有给 v2 版本定义流量规则，则在 DestinationRule 上给 v2 版本配置的最大连接数 80 不会生效，起作用的仍然是在 forecast 上配置的最大连接数 100，这在实践中很容易弄混。

3.3.4　典型应用

DestinationRule 的典型应用如下。

1.　定义 Subset

使用 DestinationRule 定义 Subset 是比较常见的用法。如下所示为给 forecast 定义了两个 Subset：

```
apiVersion: networking.istio.io/v1beta1
kind: DestinationRule
metadata:
  name: forecast
  namespace: weather
spec:
  host: forecast
  subsets:
```

```
    - name: v2
      labels:
        version: v2
    - name: v1
      labels:
        version: v1
```

通过 DestinationRule 定义 Subset，即可配合 VirtualService 配置路由规则，可以将流量路由到不同的实例分组。如图 3-54 所示，这个过程对服务访问方透明，服务访问方仍然通过域名进行访问。

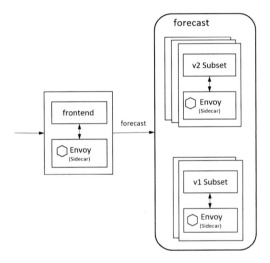

图 3-54　通过 DestinationRule 定义 Subset

2. 服务熔断

尽管 Istio 在功能上有 OutlierDetection 和 ConnectionPoolSettings，但在使用中作为提高服务韧性的熔断机制，大多根据场景结合使用，如下所示为给 forecast 配置了一个完整的熔断：

```
apiVersion: networking.istio.io/v1beta1
kind: DestinationRule
metadata:
  name: forecast
  namespace: weather
spec:
  host: forecast
  trafficPolicy:
```

```
connectionPool:
  tcp:
    maxConnections: 80
    connectTimeout: 25ms
  http:
    http2MaxRequests: 800
    maxRequestsPerConnection: 10
outlierDetection:
  consecutive5xxErrors: 5
  interval: 4m
  baseEjectionTime: 10m
  maxEjectionPercent: 30
```

假设 forecast 有 10 个实例，则以上配置的效果是：给 forecast 配置最多 80 个连接，最大请求数为 800，每个连接的请求数都不超过 10 个，连接超时是 25 毫秒；另外，在 4 分钟内若有某个 forecast 实例连续出现 5 次访问异常，比如返回"5xx 错误"，则该 forecast 实例将被隔离 10 分钟，被隔离的实例总数不超过 3 个。在第 1 次隔离期满后，异常实例将重新接收流量，如果异常实例工作仍不正常，则被重新隔离，第 2 次将被隔离 20 分钟，以此类推。

3. 负载均衡配置

我们可以为服务及其某个端口，或者某个 Subset 配置负载均衡策略。如下所示为给 forecast 的 v1 和 v2 版本分别配置随机和轮询的负载均衡策略：

```
apiVersion: networking.istio.io/v1beta1
kind: DestinationRule
metadata:
  name: forecast
  namespace: weather
spec:
  host: forecast
  subsets:
  - name: v2
    labels:
      version: v2
    trafficPolicy:
      loadBalancer:
        simple: ROUND_ROBIN
  - name: v1
    labels:
```

```
    version: v1
  trafficPolicy:
    loadBalancer:
      simple: RANDOM
```

如图 3-55 所示，这个策略通过 Istiod 下发到各个 Envoy，frontend 的 Envoy 在代理访问 forecast 时，对不同的版本执行不同的负载均衡策略：对 v1 版本随机选择实例发起访问；对 v2 版本按照轮询方式选择实例发起访问。

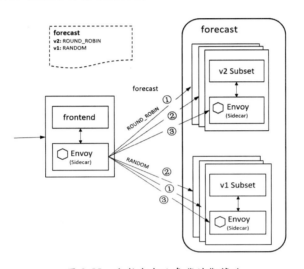

图 3-55　分版本定义负载均衡策略

4.　TLS 认证配置

我们可以通过 DestinationRule 为一个服务的调用启用双向认证，当然，前提是服务本身已经通过认证策略开启了对应的认证方式。以下配置可以使对 forecast 的访问使用双向 TLS，只需将模式配置为 ISTIO_MUTUAL，无须配置证书和密钥等：

```
apiVersion: networking.istio.io/v1beta1
kind: DestinationRule
metadata:
  name: forecast_istiomtls
  namespace: weather
spec:
  host: forecast
  trafficPolicy:
    tls:
      mode: ISTIO_MUTUAL
```

如图 3-56 所示，frontend 对 forecast 的访问会自动启用双向认证，无须修改 forecast 和 frontend 的代码，也无须管理密钥证书。因此在 Istio 中使用双向 TLS 认证时首推 ISTIO_MUTUAL 模式，证书的生成、加载、在通信中的使用，对应用都是透明的，这也是 Istio 这个基础设施在安全层面提供给服务开发者的巨大便利。

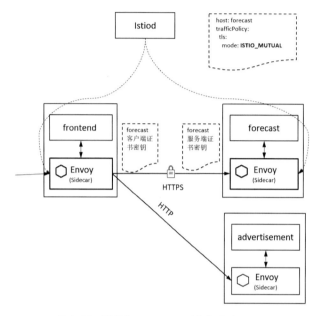

图 3-56　ISTIO_MUTUAL 模式的透明认证

3.4　Gateway（服务网关）

3.1.6 节介绍了服务网格提供的入口流量管理机制，本节会详细讲解其配置和原理。Istio 的 Ingress-gateway 在服务网格边缘接收外部访问，并将流量转发到服务网格内部服务，将服务网格内部服务发布成外部可访问的服务。我们在术语上将服务网格入口网关组件和网关配置都称为 Gateway，这经常引起混淆，本节的 Gateway 特指配置网关处流量的 Gateway 规则，配置外部访问的端口、协议及与服务网格内部服务的映射关系。

3.4.1　入门示例

首先通过一个入门示例认识 Gateway，这里经过外部 HTTP 端口 8080 访问服务网格内部服务：

```
apiVersion: networking.istio.io/v1beta1
kind: Gateway
metadata:
  name: istio-gateway
  namespace: istio-system
spec:
  selector:
    istio: ingress-gateway
  servers:
  - port:
      number: 8080
      name: http
      protocol: HTTP
    hosts:
    - wistio.cc
```

另外，配合 Gateway 入口的流量规则，在 VirtualService 上需要配置关联，包括在 hosts 上匹配 Gateway 上请求的主机名，并通过 gateways 字段关联定义的 Gateway 对象。3.2.1 节的 VirtualService 示例配置被更新如下：

```
apiVersion: networking.istio.io/v1beta1
kind: VirtualService
metadata:
  name: frontend
  namespace: weather
spec:
  hosts:
  - frontend
  - wistio.cc
  gateways:
  - istio-system/istio-gateway
  - mesh
  http:
  - match:
    - headers:
        location:
          exact: north
    route:
    - destination:
        host: frontend
        subset: v2
  - route:
    - destination:
```

```
host: frontend
subset: v1
```

3.4.2　配置模型

如图 3-57 所示，Gateway 的配置由两大部分组成：①在网关上开放的后端服务列表 servers，表示一个网关上可以开放的多个服务的访问，每个服务都包括访问域名和端口等信息；②selector，通过标签选择器选择运行网关的负载。

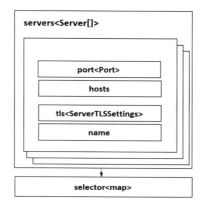

图 3-57　Gateway 的配置模型

通过配置模型可以看到，虽然 Istio 提供了强大的七层流量处理能力，但网关后端的服务定义主要是域名端口等下层协议信息，并没有提供类似 Kubernetes 的 Ingress 的路由映射。这是因为在 Istio 网关配置中通过 Gateway 和 VirtualService 配合来管理服务网格的入口流量。Istio 在 v1alpha1 中采用的是 Kubernetes 的 Ingress 对象同时描述服务入口和对后端服务的路由。Istio 从 v1alpha3 开始引入 Gateway 对象描述服务的外部访问，而服务路由都在 VirtualService 中定义，从而解耦服务的外部入口和服务路由。这样前者描述服务从外面怎样访问，后者定义匹配到的服务网格内部服务怎样流转。在一个 VirtualService 上定义的路由既可以对接 Gateway 应用到外部的访问，也可以作为内部路由规则应用到服务网格内部服务间的调用。在 3.4.1 节入门示例中配套的 VirtualService 规则统一管理网格内部流量和网格外部流量。

3.4.3　配置定义

下面详细讲解 Gateway 两部分的定义。

1. servers（后端服务）

servers 是一个必选字段，表示开放的服务列表，是 Gateway 的关键内容信息。servers 是一个数组，表示可以配置多个后端服务，每个元素都是 Server 类型。Server 在结构上定义了服务的访问入口，可通过 port、hosts 等信息描述。

（1）port：必选字段，是网关监听的端口，包括端口号、协议和端口名信息：

```
port:
  name: http-f9f2d6f1
  number: 1025
  protocol: http
```

Gateway 在这里配置了端口后，会在 Gateway 的 Envoy 上添加一个名称类似 "0.0.0.0_1025" 的本地监听器，通过 Netstat 也可以观察到 Gateway 所在负载上增加了对这个端口的侦听。网关通过这个监听器接收外部访问的流量，并根据配置的流量规则向服务网格内部转发。

（2）hosts：必选字段，为 Gateway 发布的服务地址，是一个 FQDN 域名，可以支持左侧通配符来进行模糊匹配。该字段常用于 HTTP 服务，也可以是 TLS 协议匹配 SNI。Istio 从 1.1 版本开始，支持在这个字段中加入命名空间条件来匹配特定命名空间下的 VirtualService。如果设置了命名空间，则会匹配该命名空间下的 VirtualService，如果未设置命名空间，则会尝试匹配所有命名空间。

绑定到一个 Gateway 上的 VirtualService 必须匹配这里的 hosts 条件，支持精确匹配和模糊匹配。这里以本节的入门示例 Gateway 和 VirtualService 为例进行说明，假设通过 VirtualService 上的 gateways 字段已经建立了绑定，则示例中的 Gateway 在 istio-system 下，VirtualService 在 weather 下。我们通过比较如表 3-6 所示的 Gateway 和 VirtualService Hosts 的匹配示例来理解规则。

表 3-6　Gateway 和 VirtualService Hosts 的匹配示例

Gateway Hosts 表达式	VirtualService Hosts	是否匹配
*	wistio.cc	√
wistio.cc	wistio.cc	√
alphawistio.cc	wistio.cc	×
*.wistio.cc	wistio.cc	×
*.cc	wistio.cc	√
weather/*	wistio.cc	√

Gateway Hosts 表达式	VirtualService Hosts	是否匹配
weather/wistio.cc	wistio.cc	√
alphaweather/*	wistio.cc	×
alphaweather/wistio.cc	wistio.cc	×
wistio.cc	wistio.cc:3000	×
*	wistio.cc:3000	√

在 Gateway 和 VirtualService 关联时，要注意 exportTo 的配置，只有 VirtualService 的 exporTo 包含 Gateway 的命名空间，对应的配置才会生效。

我们一般基于 port 和 hosts 字段来发布一个服务网格内部服务供外面访问，如下所示为发布一个 HTTP 服务：

```
servers:
- port:
    number: 8080
    name: http
    protocol: HTTP
  hosts:
  - wistio.cc
```

当使用网关在入口处代替服务进行安全认证时，就需要下面的 TLS 相关配置。

（3）tls：服务的 TLS 配置。在 Gateways 的 Server 上专门有个 ServerTLSSettings 类型的 tls 字段来描述 TLS 配置。和 DestinationRule 上的 ClientTLSSettings 类似，这个 TLS 配置上的信息比较多。外部端口使用的 TLS 模式可以选择以下 5 种模式中的一种。

◎ PASSTHROUGH：直通 TLS 协议。网关代理会按照 TLS 协议处理经过的服务双方的 TLS 流量，包括提取客户端发送的 SNI，基于在 VirtualService 中定义的 TLSRoute 分发流量，详见 3.2.5 节。

◎ SIMPLE：标准单向认证。需要配置网关上的服务端证书，详见 5.1.1 节。

◎ MUTUAL：标准双向认证。需要配置网关上的服务端证书，同时向网关提供客户端证书，网关使用配置的 CA 校验客户端身份，详见 5.1.1 节。

◎ AUTO_PASSTHROUGH：类似 PASSTHROUGH，表示直通的 TLS，不同之处在于，SNI 在这种模式下会编码目标服务的相关信息，代理根据这些信息将流量转发到服务对应的后端。在 Istio 中通过创建这种模式的网关连通两个非扁平网络的集群，详见 7.3.2 节。

◎ ISTIO_MUTUAL：Istio 控制面生成基于网关负载身份的证书的相关配置，无须配置 MUTUAL 模式下的证书、私钥、CA 等。典型应用如服务网格内部服务在通过 Egress-gateway 访问服务网格外部服务时，可以基于这种模式管理服务和网关间的双向认证。

对于以上 TLS 模式，需要配置下面对应的证书、私钥、CA 等，才能实现对应的 TLS 协议。不同的模式需要配置的信息稍有不同。

◎ serverCertificate：服务端证书的路径。当模式是 SIMPLE 和 MUTUAL 时必须指定，配置在单向和双向认证场景中用到的服务端证书。

◎ privateKey：服务端私钥的路径。当模式是 SIMPLE 和 MUTUAL 时必须指定，配置在单向和双向认证场景中用到的服务端私钥。

◎ caCertificates：CA 证书路径。当模式是 MUTUAL 时指定，在双向认证场景中配置在网关上验证客户端的证书。

◎ credentialName：在 Kubernetes 环境下基于 Secret 存储以上认证资源。Gateway 使用 credentialName 从远端的凭据存储中获取证书和密钥，而不是使用加载的文件。格式：key: <privateKey> , cert: <serverCert>, cacert: <CACertificate>。

◎ subjectAltNames：SAN 列表。SubjectAltName 允许一个证书指定多个域名，在网关上验证客户端提供的证书中的标识。

◎ minProtocolVersion：TLS 协议的最小版本。

◎ maxProtocolVersion：TLS 协议的最大版本。

◎ cipherSuites：指定的加密套件，默认使用 Envoy 支持的加密套件。

另外，通过 httpsRedirect 可以配置是否要做 HTTP 重定向，在这个布尔属性启用时，负载均衡器会给所有 HTTP 连接都发送一个 301 的重定向，要求客户端使用 HTTPS。

在 3.4.4 节的典型应用中将分几种情况介绍 Gateway 上 TLS 的用法和场景。

2. selector（负载选择器）

selector 用来选择 Gateway 作用的负载，这是一个必选字段，通过这个标签来找到执行 Gateway 规则的 Envoy。

Istio 默认会在所有命名空间下搜索 selector 匹配的负载，不过在生产环境下推荐将 Gateway 的资源配置和运行 Gateway 的负载部署在同一命名空间下。可以通过 Istiod 环境变量 PILOT_SCOPE_GATEWAY_TO_NAMESPACE 限制必须这么做。

Istio 的社区版本一般都会把 Gateway 规则和 Gateway 负载都创建在 istio-system 下。

如图 3-58 所示，整个服务网格部署一个集中式的 Gateway 负载，管理整个服务网格多个命名空间的服务的入口访问。在每个命名空间中创建的 VirtualService 控制服务的对外访问路由，Gateway 定义端口、TLS 等配置。

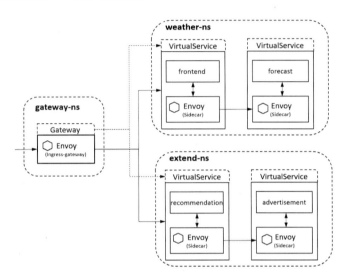

图 3-58　集中式管理网关

随着服务网格的管理需求越来越细，在某些应用场景中，需要在业务命名空间下各自部署 Gateway 负载，分开管理服务网格的入口流量。如图 3-59 所示，这时网关在不同的命名空间下分开部署，从而提供更好的隔离性和性能。

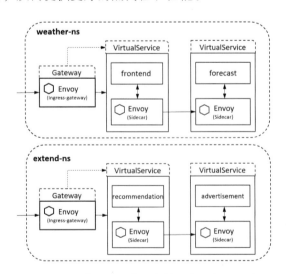

图 3-59　在不同的命名空间下分开部署网关

对于以上几种情况，当 Gateway 和关联业务的 VirtualService 不在同一个命名空间时，在 VirtualService 中引用的 Gateway 要通过如下方式带上命名空间：

```
apiVersion: networking.istio.io/v1beta1
kind: VirtualService
metadata:
  name: frontend
  namespace: weather
spec:
  hosts:
  - wistio.cc
  gateways:
  - istio-system/istio-gateway
```

3.4.4　典型应用

下面讲解 Gateway 的典型应用。

1. 入口网关 HTTP

3.4.1 节的入门示例介绍了将一个服务网格内部的 HTTP 服务通过网关发布的典型场景。如图 3-60 所示，服务网格外部服务通过域名"http://wistio.cc"访问到应用的入口服务 frontend。VirtualService 本身定义了 frontend 从内部和外部访问同样的路由规则，即根据内容的不同，将请求路由到 v2 版本或 v1 版本。入口网关的协议是 HTTP。

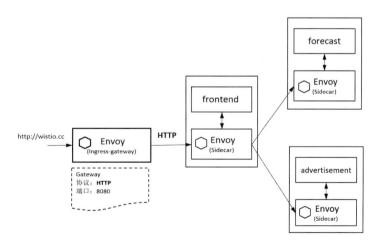

图 3-60　将服务网格内部的 HTTP 服务发布为 HTTP 外部访问

2. 入口网关 TLS 直通

在实际应用中更多地是配置 HTTPS 等安全的外部访问。例如在这个场景中，将服务网格内部的 HTTPS 服务通过 HTTPS 协议发布。这样在浏览器输入 "https://wistio.cc" 即可访问到这个服务，如图 3-61 所示。

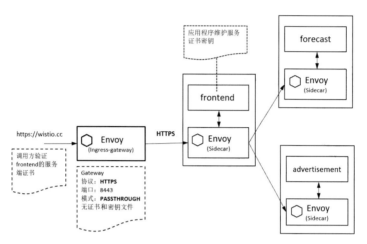

图 3-61　将服务网格内部的 HTTPS 服务发布为 HTTPS 外部访问

如下所示是这种场景的 Gateway 配置：协议为 HTTPS，TLS 模式为 PASSTHROUGH，表示 Gateway 只透传应用程序提供的 HTTPS 内容。frontend 自身是 HTTPS 类型的服务，TLS 需要的服务端证书、密钥等都是由 frontend 自己维护的。对 frontend 做路由管理时，在 VirtualService 中需要配置 TLSRoute 规则，可以根据 SNI 匹配将流量路由到不同的后端服务：

```
spec:
  selector:
    istio: ingress-gateway
  servers:
  - port:
      number: 8443
      name: https
      protocol: HTTPS
    hosts:
    - wistio.cc
    tls:
      mode: PASSTHROUGH
```

在这种模式下，Gateway 通过 TLS 透传的方式将一个内部的 HTTPS 服务发布出去。

对于自身的服务已经是 HTTPS 的应用，Istio 支持通过这种方式把服务发布成外部可访问，但更推荐的是下面的做法，即网关做 TLS 终结，将服务网格内部一个 HTTP 的服务通过 Gateway 发布为 HTTPS 外部访问。

3. 入口网关 TLS 终结

1）入口单向 TLS 认证

与入口网关 TLS 直通场景类似，这里要求服务网格外部通过 HTTPS 访问入口服务，区别是服务自身是 HTTP，在发布时通过 Gateway 提供 HTTPS 的对外访问能力。如图 3-62 所示，在 Ingress-gateway 上进行 TLS 终结，外部通过 HTTPS 访问，frontend 仍然采用 HTTP。

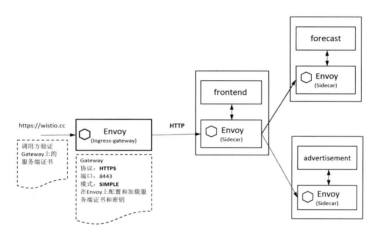

图 3-62　将服务网格内部的 HTTP 服务发布为 HTTPS 外部访问

这时的 Gateway 配置如下，与前一种场景不同，这里的 TLS 模式是 SIMPLE，表示 Gateway 提供标准的单向 TLS 认证。需要通过 serverCertificate 和 privateKey 提供服务端证书和密钥，除了指定文件路径，也可以直接使用 credentialName 配置认证的 Secret。

```
spec:
  selector:
    istio: ingress-gateway
  servers:
  - port:
      number: 8443
      name: https
      protocol: HTTPS
    hosts:
    - wistio.cc
```

```
tls:
  mode: SIMPLE
  serverCertificate: /etc/istio/gateway-weather-certs/server.pem
  privateKey: /etc/istio/gateway-weather-certs/privatekey.pem
```

TLS 终结时，Ingress-gateway 一方面作为服务提供者的入口代理，将 frontend 以 HTTPS 方式发布出去；另一方面作为服务消费者的代理，以 HTTP 方式向后端服务 frontend 发起请求，对于 frontend 上的路由仍然可以使用 HTTP 的路由规则。

这种方式既可以提供第 1 种入口网关 HTTP 场景中的发布灵活性，又可以满足第 2 种入口网关 TLS 直通场景中的入口安全访问要求。在 Gateway 服务发布时提供了安全的能力，对服务自身的代码、部署及服务网格内部的路由规则的兼容都没有影响，是推荐的一种做法。

2）入口双向 TLS 认证

对于大多数场景，使用上面的方式将入口的 HTTP 服务发布成标准的 HTTPS 服务就能满足需要。在某些场景中，比如调用入口服务的是另一个服务，在服务端需要对客户端进行身份校验，这就需要用到 TLS 的双向认证，如图 3-63 所示。

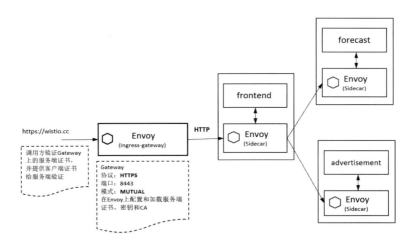

图 3-63　将服务网格内部的 HTTP 服务发布为双向 HTTPS 外部访问

这种方式的主要流程和前面的单向认证类似，服务网格外部的 HTTPS 请求在 Gateway 处终结，区别在于 Gateway 上的模式被设定为 MUTUAL，表示双向认证。同时，除了要配置通过 serverCertificate 和 privateKey 提供服务端证书和密钥，还要提供 caCertificates 来验证客户端的证书，从而实现和调用方的双向认证。除了指定文件路径，所有这些证书、密钥和 CA 等都可以通过 credentialName 对应的 Secret 来配置：

```
spec:
  selector:
    istio: ingress-gateway
  servers:
  - port:
      number: 8443
      name: https
      protocol: HTTPS
    hosts:
    - wistio.cc
    tls:
      mode: MUTUAL
      serverCertificate: /etc/istio/gateway-weather-certs/server.pem
      privateKey: /etc/istio/gateway-weather-certs/privatekey.pem
      caCertificates: /etc/istio/gateway-weather-certs/ca-chain.cert.pem
```

4. 入口网关 TLS 终结和内部 TLS 透明

基于入口网关 TLS 终结和内部 TLS 透明，将 HTTP 服务通过 Gateway 发布为 HTTPS 服务，同时在服务网格内部使用透明的双向认证。如图 3-64 所示，不用修改代码，HTTP 服务在服务网格内部和服务网格外部都是以 HTTPS 方式互访的。

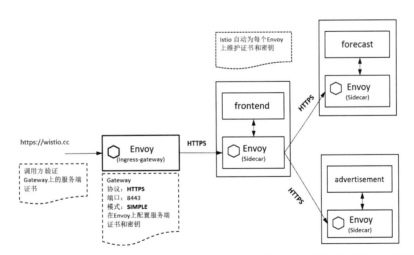

图 3-64　将服务网格内部的 HTTP 服务发布为 HTTPS 外部访问和 HTTPS 内部访问

这里的 Gateway 的配置和场景 3 中的入口网关 TLS 终结完全相同，同时透明地给服务网格内部服务启用了双向 TLS，并且自动维护证书和密钥。总的工作机制如下：

◎ frontend 是 HTTP，不涉及认证，无须配置证书和密钥；

◎ Ingress-gateway 作为 frontend 的入口代理，对外提供 HTTPS 访问，代理 frontend 和外部客户端进行认证及 TLS 终结，将 HTTP 流量发送给服务网格内部。服务网格外部访问到的是在 Gateway 上发布的 HTTPS 服务，使用在 Gateway 上配置的服务端证书和密钥；

◎ 网关作为服务网格外部服务访问 frontend 的客户端代理，对 frontend 发起另一个 HTTPS 请求，使用的是服务网格控制面统一分发和维护的客户端证书和密钥，与 frontend 进行透明的双向 TLS 认证和通信。

> 注意：基于网关 TLS 终结和内部 TLS 透明，在入口的 Envoy 上有两套证书密钥，一套是 Gateway 对外发布 HTTPS 服务使用的服务端证书和密钥，另一套是 Istio 提供的服务网格内部双向 TLS 认证的客户端证书和密钥，两者没有任何关系。

下面通过表 3-7 比较 Gateway 上的服务发布方式。

表 3-7 Gateway 上的服务发布方式比较

场　　景	Gateway 认证模式	服务端认证作用位置	服务端的认证文件	Istio 的角色	使用场景
将服务网格内部的 HTTP 服务发布为 HTTP 外部访问	不涉及	不涉及	不涉及	通过 Gateway 发布入口处的 HTTP 服务	服务自身是 HTTP 服务，对外部访问的安全性要求不高
将服务网格内部的 HTTPS 服务发布为 HTTPS 外部访问	PASSTHROUGH	在业务容器上	服务端证书、密钥	Istio 只是将内部入口处的 HTTPS 服务通过 Gateway 开放出去。HTTPS 由业务程序维护	服务自身是 HTTPS 服务，要发布为对外访问
将服务网格内部的 HTTP 服务发布为 HTTPS 外部访问	SIMPLE	在 Gateway 上	服务端证书、密钥	Istio 在 Gateway 上为入口的访问建立 HTTPS 的安全通道。HTTPS 在 Gateway 处终结，内部访问仍是 HTTP	入口是 HTTP 服务，对外访问的安全性要求高，需要对外提供 HTTPS 访问
将服务网格内部的 HTTP 服务发布为双向 HTTPS 外部访问	MUTUAL	在 Gateway 上	服务端证书、密钥、CA	Istio 在 Gateway 上为入口的访问建立双向 HTTPS 认证的安全通道。HTTPS 在 Gateway 处终结，内部访问仍是 HTTP	入口是 HTTP 服务，对外访问的安全性要求高，并且访问的客户端可以提供认证
将服务网格内部的 HTTP 服务发布为 HTTPS 外部访问和 HTTPS 内部访问	SIMPLE	在 Gateway 上	服务端证书、密钥	Istio 在 Gateway 上为入口的访问建立 HTTPS 的安全通道。HTTPS 在 Gateway 处终结，服务网格内部的 HTTPS 通道由 Istio 维护，对用户业务透明	入口是 HTTP 服务，对外访问的安全性要求高，服务网格内部服务间的安全性要求较高

5. 出口网关 HTTP

如图 3-65 所示，在实际应用中除了可以通过 Ingress-gateway 管理服务网格的入口流量，还可以通过 Egress-gateway 管理服务网格的出口流量。与 Ingress-gateway 一般被发布为 LoadBalancer 服务且被服务网格外部客户端连接不同，Egress-gateway 一般被服务网格内部服务调用，使用通用的 ClusterIp 的内部访问即可。如下示例和前面的 Ingress-gateway 类似，定义了通过网关本地端口 1031 转发外部流量，并在 Egress-gateway 服务上定义了 Gateway 的外部访问端口：

```
apiVersion: v1
kind: Service
metadata:
  name: istio-egressgateway
  namespace: istio-system
spec:
  clusterIP: 10.xx.xx.10
  ports:
  - name: http
    port: 80
    protocol: TCP
    targetPort: 1031
  selector:
    app: istio-egressgateway
    istio: egressgateway
  sessionAffinity: None
  type: ClusterIP
status:
  loadBalancer: {}
```

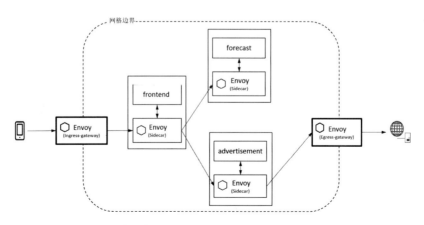

图 3-65　服务网格边界的 Ingress-gateway 和 Egress-gateway

Ingress 和 Egress 两个网关配置的语法和格式类似，都是通过本节介绍的 Gateway 对象，结合 VirtualService 管理服务网格边界的流量。

如下创建一个 Gateway 对象，配置对服务网格外部服务 api.forecast.weather 的访问。可以看到，网关在端口 1031 上接收流量，采用 HTTP：

```
apiVersion: networking.istio.io/v1beta1
kind: Gateway
metadata:
  name: egressgateway-http
  namespace: istio-system
spec:
  selector:
    istio: egressgateway
  servers:
  - hosts:
    - api.forecast.weather
    port:
      name: http
      number: 1031
      protocol: HTTP
```

最重要的是以如下方式配置 VirtualService，将向外部发送的流量都转发到 Egress-gateway 网关，并且将网关上的流量都转发到 ServiceEntry（详见 3.5 节）注册的目标服务：

```
apiVersion: networking.istio.io/v1beta1
kind: VirtualService
metadata:
  name: egress-weatherdb
  namespace: weather
spec:
  gateways:
  - istio-system/egressgateway-http
  - mesh
  hosts:
  - api.forecast.weather
  http:
  - match:
    - gateways:
      - mesh
      port: 9999   # Service Entry 的服务端口
```

```
  route:
  - destination:
      host: istio-egressgateway.istio-system.svc.cluster.local
      port:
        number: 80  # Egress Gateway 的服务端口
- match:
  - gateways:
    - istio-system/egressgateway-http
    port: 1031  # Egress Gateway 的目标端口
  route:
  - destination:
      host: api.forecast.weather
      port:
        number: 9999 # Service Entry 的服务端口
```

在 VirtualService 上定义了以下两个路由。

◎ 管理服务网格内部流量的路由：这个路由的 gateways 是 mesh 关键字，表示来自服务网格内部的流量，这类流量在访问 api.forecast.weather 这个外部地址时将被转发到 Egress-gateway。

◎ 管理服务网格对外流量的路由：这个路由匹配的 gateways 是 egressgateway-http，表示匹配来自 Egress-gateway 的流量将被路由到服务网格外部服务 api.forecast.weather。

6.　出口网关 TLS 发起

在上一个 Egress 应用的基础上，当要提供安全的外部访问时，需要对外部的访问进行身份认证和通道加密。在常规方式下，当 forecast 要安全访问外部接口 api.forecast.weather 时，需要在 forecast 代码中完成相关认证。在服务网格场景中，Egress-gateway 代理服务网格内部服务发起外部访问，可以代替服务网格内部服务进行 TLS 发起（TLS Origination），即边界上的代理将内部的非加密流量转换为认证的加密流量访问服务网格外部服务。

如图 3-66 所示，可以看到这个过程和 Ingress-gateway 使用的 TLS 终结（TLS Termination）过程相反。

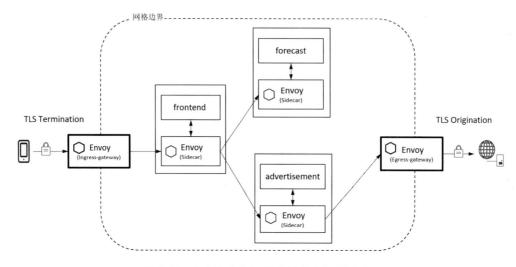

图 3-66　安全边界上的 TLS 终结和 TLS 发起

表 3-8 对 TLS 终结和 TLS 发起进行了对比。

表 3-8　TLS 终结和 TLS 发起的对比

TLS 功能	TLS 终结	TLS 发起
用途	将来自源服务的TLS的加密流量透明转化为非加密流量向下传递	将来自源服务的非加密流量透明转化为 TLS 的加密流量向下传递
作用位置	安全域的入口	安全域的出口
服务网格组件	Ingress-gateway	Egress-gateway
源服务	服务网格外部服务，比如浏览器	服务网格内部服务
目标服务	服务网格内部服务	服务网格外部服务，比如外部中间件云服务或 SaaS 服务
工作机制	以非侵入方式代理服务网格内部服务，与服务网格外部服务进行认证和通道加密，保证服务网格内部服务的边界安全	

　　注意：Ingress 网关和 Egress 网关都以非侵入方式代理服务网格内部服务与服务网格外部服务进行认证和通道加密，区别在于前者基于 TLS 终结方式，后者基于 TLS 发起方式。

　　在配置上只要通过 DestinationRule 对特定的服务网格外部服务配置 TLS 方式访问即可，可以是 SIMPLE 模式只认证服务端，也可以是 MUTUL 模式的双向认证，后者需要配置客户端证书和私钥等。这样服务通过 Egress-gateway 对外部进行访问就会使用对应的

TLS 模式：

```
apiVersion: networking.istio.io/v1beta1
kind: DestinationRule
metadata:
  name: originate-tls-dr
spec:
  host: api.forecast.weather
  trafficPolicy:
    portLevelSettings:
    - port:
        number: 9999
      tls:
        mode: MUTUAL
        credentialName: tls-credential
        sni: api.forecast.weather
```

服务网格内部服务对 Egress-gateway 的访问属于服务网格内部流量，也可以启用 TLS 协议。和其他内部流量的安全访问类似，使用服务网格统一生成的证书、密钥进行透明的 TLS 访问，只需更新 Gateway 的配置为 ISTIO_MUTUAL 模式即可。

```
apiVersion: networking.istio.io/v1beta1
kind: Gateway
metadata:
  name: egressgateway-https
spec:
  selector:
    istio: egressgateway
  servers:
  - hosts:
    - api.forecast.weather
    port:
      number: 1032
      name: https-tls-origination
      protocol: HTTPS
    tls:
      mode: ISTIO_MUTUAL
```

这样如图 3-67 所示，Egress-gateway 内外两段连接都是 TLS，实现服务网格内部服务间的透明 TLS 和出口网关的 TLS 发起。

◎ Egress-gateway 基于 VirtualService 配置的路由，接收 forecast 的访问，并根据 Gateway 的 TLS 配置，基于 ISTIO_MUTUAL 模式进行透明双向认证。无须维护

与 forecast 通信的证书、密钥。

◎ Egress-gateway 完成和 forecast 的 TLS 交互，得到 HTTP 流量。

◎ Egress-gateway 发起另一个 TLS 访问，访问服务网格外部服务 api.forecast.weather，使用 Gateway 上配置服务网格外部服务的证书和密钥与服务网格外部服务进行认证。

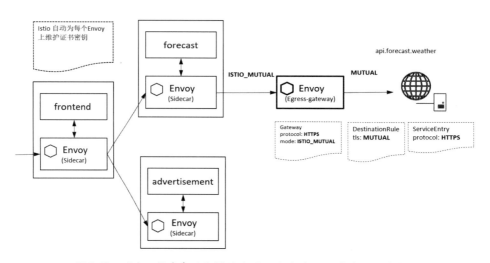

图 3-67　服务网格内部服务间的透明 TLS 和出口网关的 TLS 发起

在这个场景中，服务网格内部服务 forecast 借助 Egress-gateway 完成了对服务网格外部服务的安全访问，但是 forecast 自身无须实现对服务网格外部服务的认证相关功能，却可以实现全链路上的两段 TLS。

3.5　ServiceEntry（服务条目）

在第 2 章介绍架构和服务模型时提到，在 Istio 中管理的大部分服务都是自动注册的 Kubernetes 服务。但在实际应用中经常还有其他类型的服务并不能自动注册，这就需要一种服务注册机制。在 Istio 中提供了 ServiceEntry 对象进行服务注册，以这种方式注册的服务和 Kubernetes 服务一样被服务网格管理，可以对其配置各种流量规则。

早期的 ServiceEntry 主要用于服务网格外部服务注册，比如注册外部的 SaaS API 或中间件云服务等。当前 ServiceEntry 的应用范围更加广泛，包括一些非容器的内部服务，比如比较典型的虚拟机类型的服务，配合要在 3.6 节和 3.7 节介绍的 WorkloadEntry 和 WorkloadGroup 可以实现完整的服务定义和服务实例注册功能。

3.5.1　入门示例

下面通过一个入门示例了解 ServiceEntry 的基本用法，在该示例中通过 ServiceEntry 包装了一个对 api.forecast.weather 的服务网格外部服务的访问。通过如下配置即可把这个服务网格外部服务注册到服务网格中，并管理其访问流量：

```
apiVersion: networking.istio.io/v1beta1
kind: ServiceEntry
metadata:
  name: weather-external
spec:
  hosts:
  - api.forecast.weather
  ports:
  - number: 80
    name: http
    protocol: HTTP
  resolution: DNS
  location: MESH_EXTERNAL
```

3.5.2　配置模型

如图 3-68 所示，ServiceEntry 的配置模型主要由以下两部分组成。

◎ 服务自身定义：定义服务的访问信息，主要包括服务域名 hosts 和端口 ports 等，表示服务的访问入口；还包括服务位置（location）和解析方式（resolution）。服务自身的定义类似 Kubernetes 上 Service 的功能和定义。

◎ 服务实例关联：通过 workloadSelector 关联到服务对应的实例。类似 Kubernetes 中 Service 的后端实例选择机制。

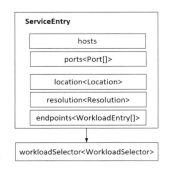

图 3-68　ServiceEntry 的配置模型

3.5.3　配置定义

1. hosts（服务域名）

在服务发现模型中，最重要的自然是服务名和服务访问地址。Istio 在通过 ServiceEntry 定义服务时，通过 hosts 来表示这个访问入口。在使用上有以下几点需要说明。

◎ 对于 HTTP 流量，hosts 匹配 HTTP 头域的 Host 或 Authority。

◎ 对于 HTTPS 或 TLS 流量，hosts 匹配 SNI。

◎ 对于其他协议的流量，不匹配 hosts，而是使用下面的 addresses 和 port 字段。

◎ 当 resolution 被设置为 DNS 类型并且没有指定 endpoints 时，这个字段用作后端的域名来解析后端地址。

在 Istio 的流量规则被应用时，VirtualService 和 DestinationRule 也会匹配这个 hosts，来决定生效的流量规则。

2. address（虚拟 IP 地址）

address 表示与服务关联的虚拟 IP 地址，可以是 CIDR 这种前缀表达式：

```
spec:
  hosts:
  - recommendation # not used
  addresses:
  - 192.168.99.99 # VIPs
```

对于 TCP 服务，当设置了 address 字段时，在 Enovy 上会创建对应地址的监听器，并将流量转发到定义的后端服务。如果 addresses 为空，则只能根据目标端口来识别，在这种情况下，这个端口不能被服务网格的其他服务使用，即服务网格数据面只是作为一个 TCP 代理，把某个特定端口的流量转发到配置的目标后端。

如下两个 ServiceEntry 定义了两个相同端口的服务网格外部服务，对应两个外部域名。两个 ServiceEntry 都没有配置 address，在 Envoy 生成的配置中会对每个 ServiceEntry 都生成一个 cluster，分别是："outbound|8099|| api.forecast.weather" 和 "outbound|8099||api.forecast2.weather"。但是只会生成一个监听器 lister：0.0.0.0_8099，只会关联到先创建的 ServiceEntry，即 outbound|8099|| api.forecast.weather，也就是说，Sidecar 在服务网格范围内只能通过这个端口向一个目标后端转发流量。

```
spec:
   hosts:
   - api.forecast.weather
   ports:
   - number: 8099
      name: tcp
      protocol: TCP
   resolution: DNS
   location: MESH_EXTERNAL
```

```
spec:
   hosts:
   - api.forecast2.weather
   ports:
   - number: 8099
      name: tcp
      protocol: TCP
   resolution: DNS
   location: MESH_EXTERNAL
```

但是对 HTTP 的 ServiceEntry，情况会有很大的不同。若将以上 ServiceEntry 协议改为 HTTP，则在 Envoy 上也会生成两个 cluster，同时会生成一个 0.0.0.0_8099 的监听器；在七层流量管理器上关联了一个 8099 的路由 router；在 router 中对两个服务域名分别生成两个不同的虚拟主机：api.forecast.weather:8099 和 api.forecast2.weather:8099，根据请求头域的不同，Host 或 Authority 会将流量分发到不同的后端服务。

```
spec:
   hosts:
   - api.forecast.weather
   ports:
   - number: 8099
      name: http
      protocol: HTTP
   resolution: DNS
   location: MESH_EXTERNAL
```

```
spec:
   hosts:
   - api.forecast2.weather
   ports:
   - number: 8099
      name: http
      protocol: HTTP
   resolution: DNS
   location: MESH_EXTERNAL
```

3. ports（服务端口）

ports 是服务定义的必选字段。ServiceEntry 支持多端口形式，每个端口都可以配置服务的端口号（number）、协议（protocol）、端口名（name）和目标端口（targetPort）。

如下示例中的 ports 配置，表示定义了一个 HTTP 服务端口是 8099。服务网格数据面 Envoy 会根据这个端口的配置生成监听器，将这个端口上的流量通过七层过滤器再关联特定的路由配置，转发到 ServiceEntry 定义的后端服务：

```
ports:
- number: 8099
  name: http
  protocol: HTTP
```

4.　location（服务位置）

location 用于设置服务是在服务网格内部还是在服务网格外部，相应地包含以下两种模式。

◎ MESH_EXTERNAL：表示注册为服务网格外部服务，比如通过 API 访问的服务网格外部服务。示例中的 api.forecast.weather 就是这样一个服务网格外部服务。

◎ MESH_INTERNAL：表示服务网格内部服务，比如虚拟机等服务可以通过这种方式注册和管理，和被服务网格管理的 Kubernetes 服务具有相同的能力。

对于虚拟机等 MESH_INTERNAL 类型的服务网格内部服务，一般在源服务实例和目标服务实例上都会安装服务网格代理，因此具有完整的服务网格能力；但是对于 MESH_EXTERNAL 类型的服务网格外部服务，服务端不会安装服务网格代理，只有通过 Sidecar 或 Egress-gateway 的服务网格出流量可以被服务网格管理。流量规则被定义在目标服务上，但是大部分执行在客户端，所以服务网格对 MESH_EXTERNAL 类型的服务网格外部服务仍然可以应用丰富的管理手段，只有少量的 mTLS 等依赖服务端 Sidecar 的功能不适用。

5.　resolution（服务解析方式）

resolution 表示服务网格代理在转发流量前，通过哪种方式解析得到服务实例。如图 3-69 所示，服务还是根据原有的方式去发出请求，首先在集群中将域名解析到一个服务的 IP 地址上，类似 Kubernetes 中的 Cluster IP；服务访问 Cluster IP 的出流量随后被服务网格代理拦截；服务网格代理最后根据配置获取服务实例列表，并选择一个目标服务实例发出请求。这里的 resolution 配置的解析方式影响的只是图上服务网格代理解析服务实例的流程，对前面的应用解析没有影响。

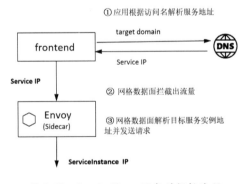

图 3-69　ServiceEntry 服务的解析流程

ServiceEntry 主要支持如下几种解析方式。

1）STATIC（静态解析）

表示服务网格代理决定接收流量的服务实例。一般在服务网格中注册的服务都使用 STATIC 方式，类似 Kubernetes 里普通 ClusterIP 的 Service。在如下示例中，当服务网格内部服务访问 ServiceEntry 定义的 recommendation 时，服务网格会做服务发现并得到 10.118.12.12 和 10.118.12.13 两个实例地址，在两个实例上做负载均衡。实际上 Envoy 会为这种 STATIC 解析方式的 ServiceEntry 创建一个 EDS 类型的 cluster。

```
spec:
  hosts:
  - recommendation # not used
  addresses:
  - 192.168.99.99 # VIPs
  ports:
  - number: 8099
    name: tcp
    protocol: TCP
  location: MESH_INTERNAL
  resolution: STATIC
  endpoints:
  - address: 10.118.12.12
  - address: 10.118.12.13
```

注意：ServicEntry 中的 STATIC 解析方式和 Envoy 服务发现中的 STATIC 解析方式略有不同，前者指服务网格代理基于 EDS 进行服务发现，后者指服务的后端地址在 Envoy 中已被静态配置。

2）DNS（域名解析）

表示用查询环境下的 DNS 进行解析。如果没有设置 endpoints，代理就会使用在 hosts 中指定的域名进行 DNS 解析，要求在 hosts 中未使用通配符；如果设置了 endpoints，则使用 endpoints 中的 DNS 地址解析出目标 IP 地址。示例如下。

◎ 不配置后端：比如在本节入门示例中使用域名 api.forecast.weather 配置 hosts，定义了一个服务网格外部服务，当服务网格的服务通过域名访问这个服务网格外部服务时，服务网格会查询 DNS，返回这个域名对应的 IP 地址并进行访问，这也是 ServiceEntry 定义服务网格外部服务的常见做法。

◎ 配置后端：更一般的做法是按照如下方式定义一个服务网格外部服务，包含多个实例，每个实例都通过域名表达。这样当应用通过服务网格访问 api.forecast.weather 服务时，服务网格会把流量分发到两个后端 weatherdb1.com 和 weatherdb2.com，对这两个后端的访问会基于 DNS 进行解析。

其实观察 ServiceEntry 在 Envoy 中生成的配置会发现，二者都是在 Envoy 上生成了 STRICT_DNS 类型的 Cluster。区别在于，前者只有一个后端实例，实例地址就是这个服务域名的地址 api.forecast.weather；后者的实例地址是配置的两个地址 weatherdb1.com 和 weatherdb2.com。

```
spec:
  hosts:
  - api.forecast.weather
  ports:
  - number: 8099
    name: http
    protocol: HTTP
  resolution: DNS
  location: MESH_EXTERNAL
  endpoints:
  - address: weatherdb1.com
  - address: weatherdb2.com
```

在配置这种解析策略时，代理的 DNS 解析是异步的，不会阻塞服务请求。另外，DNS 解析的每个 IP 地址都会作为目标实例地址，当一个域名解析出多个 IP 地址时，会在这几个 IP 地址上都分配流量。

3）DNS_ROUND_ROBIN（轮转域名解析）

和 DNS 解析类似，不同之处在于，DNS_ROUND_ROBIN 仅在建立新连接时使用返回的第 1 个 IP 地址。观察 Envoy 的配置会发现，在该类型的 ServiceEntry 上生成了一个 Logical DNS 的 Cluster。

4）NONE：（无须解析）

代理直接转发流量到请求的 IP 地址，在这种方式下连通的已经是一个具体的可访问地址了，不需要再进行解析。比如典型的微服务框架的服务发现和内部负载均衡已经选到一个服务端的实例地址；或者在流量到达服务网格代理前已经通过 iptables 或 eBPF 转到了明确的后端地址。ServiceEntry 的 NONE 模式类似于 Kubernetes 的 Headless Service 的处理模式。

6. endpoints（后端实例）

表示 ServiceEntry 关联的服务实例，在 Istio 1.6 之前的版本中是如下 Endpoints 类型的结构嵌套在 ServiceEntry 中，在 Istio 1.6 中通过一个独立的资源对象 WorkloadEntry 定义后端服务实例。关于 WorkloadEntry，请参照 3.6 节的详细介绍。当在 ServiceEntry 的 endpoints 中配置后端时，一般只配置 IP 地址等基础信息。

```
endpoints:
- address: 10.118.12.12
- address: 10.118.12.13
```

7. workloadSelector（负载选择器）

除了基于 endpoints 配置后端实例，更推荐的做法是基于 workloadSelector 关联服务实例。通过 workloadSelector 可以动态选择 ServiceEntry 的服务后端进行服务注册，既可以选择 Kubernetes 的 Pod，也可以选择 WorkloadEntry 描述的服务实例。如图 3-70 所示，一个 ServiceEntry 描述的服务可以同时选择这两种类型的实例，这样即可在不改变客户端调用方式的前提下在虚拟机和 Kubernetes 间进行服务实例的迁移。

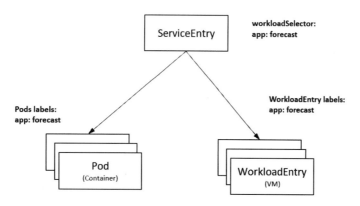

图 3-70　ServiceEntry 基于标签的负载选择

对于一个 ServiceEntry，可通过 endpoints 或 workloadSelector 方式任选其一配置服务实例。

8. subjectAltNames（主题备用名，SAN）

表示这个服务负载的主题备用名即 SAN 列表。在 Istio 安全相关配置的多个地方被用到。当被配置时，代理将验证服务证书的主题备用名是否匹配。

9. exportTo（导出）

控制 ServiceEntry 的可见性，控制在一个命名空间下定义的资源对象是否可以被其他命名空间下的 Sidecar、Gateway 和 VirtualService 使用。

3.5.4　典型应用

1. 服务网格外部服务注册

ServiceEntry 的解析方式 resolution 很灵活，再加上 location 表示的服务网格内部服务和服务网格外部服务的组合，经常让初学者困惑。下面结合典型的外部访问示例来解析其用法。

（1）解析方式：DNS。这是 ServiceEntry 早期的基本用法，在服务网格中注册一个外部服务，配置 DNS 解析到服务地址。如图 3-71 所示，当 frontend 访问外部目标服务 api.forecast.weather 时，根据配置的解析方式 DNS，Sidecar 会执行 DNS 的域名解析，解析到 139.xx.xx.29，并发起访问。

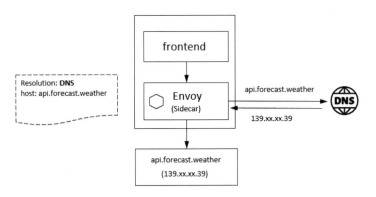

图 3-71　解析方式：DNS

```
spec:
  hosts:
  - api.forecast.weather
  ports:
  - number: 9999
    name: http
    protocol: HTTP
  resolution: DNS
  location: MESH_EXTERNAL
```

（2）解析方式：NONE。设置为 NONE 方式时，Sidecar 不执行解析，采用直通的方式访问。以这种方式访问会存在潜在的安全隐患。如图 3-72 所示，frontend 访问服务网格外部服务，在请求头域 Host 上设置正确的目标服务域名 api.forecast.weather，但连接的可以不是这个域名对应的地址 139.xx.xx.39，而是另一个地址 139.xx.xx.29。这样即使请求匹配了 Sidecar 的对外访问检查，仍然可能访问到一个不安全或者不允许的外部地址。

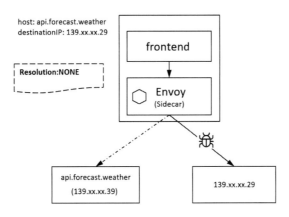

图 3-72　解析方式：NONE

（3）解析方式：STATIC。如图 3-73 所示，通过如下方式配置 STATIC 的解析时，使用 Istio 的 EDS 机制进行服务发现，将对目标地址 api.forecast.weather 的访问分发到配置的后端 139.xx.xx.39。在实际应用中，这种解析方式被更多地用于后面要介绍的服务网格内部服务定义，比如虚拟机类型的服务在服务网格中的管理。

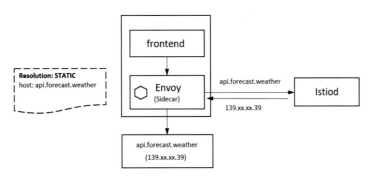

图 3-73　解析方式：STATIC

```
spec:
  addresses:
  - 192.168.99.99
  endpoints:
```

```
- address: 139.xx.xx.39
hosts:
- api.forecast.weather
location: MESH_EXTERNAL
ports:
- name: http
  number: 9999
  protocol: http
resolution: STATIC
```

2. 服务网格内部服务注册

除了在服务网格中注册一个可以管理的外部服务，当前的另一类广泛应用是使用 ServiceEntry 注册各种服务网格内部服务。如下配置可以在服务网格内部注册一个虚拟机类型的服务：

◎ 将 locattion 设置为 MESH_INTERNAL，表示内部类型；
◎ 将 resolution 设置为 STATIC，表示使用静态服务发现方式；
◎ 标签选择器 app 选择 WorkloadEntry 定义的负载 forecast。

这种模式的使用方式、工作机制都和 Kubernetes 服务在 Istio 中的基本相同，也是服务网格管理内部服务的典型方式：

```
spec:
  hosts:
  - forecast
  location: MESH_INTERNAL
  ports:
  - number: 8080
    name: http
    protocol: HTTP
    targetPort: 8090
  resolution: STATIC
  workloadSelector:
    labels:
      app: forecast
```

关于本应用的完整示例和模型，请参照 3.6.4 节 WorkloadEntry 的第 1 个示例。

3. 治理 ServiceEntry 注册的服务

通过 ServiceEntry 注册到服务网格的服务，可以像其他服务网格内部服务一样使用本章前面介绍的 VirtualService 和 DestinationRule 定义服务的流量路由、访问策略。比如通过如下 VirtualService 可以对 3.5.1 节示例中的服务网格外部服务访问 api.forecast.weather 配置 2 秒的访问超时，这样服务网格内部服务在访问这个服务网格外部服务时，在源服务的 Sidecar 上会执行对应的超时规则，代理应用程序在超过 2 秒后自动取消请求。对于服务网格内部服务，也可以使用类似的方式进行管理，和对 Kubernetes 服务配置流量规则没有区别。

```
spec:
  hosts:
    - api.forecast.weather
  http:
  - timeout: 2s
    route:
      - destination:
          host: api.forecast.weather
```

4. 用 Egress 访问 ServiceEntry 服务

可以看到，不管配置哪种解析方式，最终都是访问服务网格外部服务的应用的 Sidecar 拦截了对外流量，执行 ServiceEntry 中 resolution 配置的服务发现，并执行配置的流量规则。在生产环境下更多地是使用出口网关 Egress-gateway 来统一管理对外的流量，即通过 ServiceEntry 注册服务网格外部服务，再配置出口网关对服务网格外部服务进行访问。如 3.4.4 节的典型应用所示，出口网关可以参照应用 5 通过 HTTP 发起外部访问，也可以参照应用 6 通过 TLS 协议访问。

3.6　WorkloadEntry（工作负载）

Istio 1.6 引入了 WorkloadEntry，配合对 ServiceEntry 定义的服务进行服务实例注册，典型的应用是虚拟机的服务实例。

3.6.1　入门示例

如下定义了 forecast 的一个实例，实例地址是 192.168.1.3，版本是 v1：

```
apiVersion: networking.istio.io/v1beta1
kind: WorkloadEntry
metadata:
```

```
  name: forecast
  namespace: weather
spec:
  address: 192.168.1.3
  labels:
    app: forecast
    version: v1
```

3.6.2 配置模型

WorkloadEntry 描述了一个服务实例，配置模型只包括一层定义。如图 3-74 所示，主要包括服务实例的地址、端口和服务实例上的标签等。

图 3-74 WorkloadEntry 的配置模型

关于 WorkloadEntry，更重要的是与 ServiceEntry 关联的模型。如图 3-75 所示，通过 ServiceEntry 上的标签选择器，选择 WorkloadEntry 服务实例。这里的 ServiceEntry 服务一般是 MESH_INTERNAL 类型的服务网格内部服务。

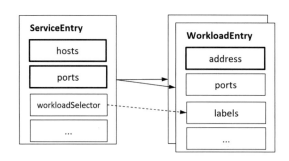

图 3-75 WorkloadEntry 与 ServiceEntry 的关联模型

3.6.3 配置定义

和典型的服务发现模型中服务实例的定义类似，WorkloadEntry 的结构比较简单，主要字段如下。

（1）address：服务实例的地址，即一个网络可访问的地址，大多数时候是实例的 IP 地址，也可以通过域名表达。当 ServiceEntry 的解析类型是 DNS 时，在 ServiceEntry 里定义的 endpoints 和本节 WorkloadEntry 表示的实例地址都可以通过域名表达。

（2）ports：服务实例的端口。在大多数时候，服务服务和服务实例的端口都是在 ServiceEntry 的端口中统一定义的，类似 Kubernetes 的 Service 中的端口定义。服务实例的访问端口就是 ServiceEntry 上的 targetPort，无须再单独定义。如果 ServiceEntry 的端口按照如下定义，则当服务通过 8090 端口访问时，会访问服务实例的 8080 端口。如果不配置 targetPort，则服务实例会使用服务的 8090 端口，示例如下。注意：WorkloadEntry 提供了自定义本实例的端口的能力，可以对 ServiceEntry 中特定名称的端口定义服务实例的端口，这样可以实现一个服务的端口，在不同的实例上对应不同的访问端口，参照本节后面的端口示例。

```
ports:
- number: 8090
  name: http
  protocol: HTTP
  targetPort: 8080
```

（3）labels：服务实例标签。可以根据业务的需要对服务实例定义标签，机制和用法与 Kubernetes Pod 上的标签类似。比如比较典型的 app 标签表示这个实例的应用，version 标签表示这个服务实例的版本：

```
labels:
  app: forecast
  version: v1
```

（4）network：定义服务实例的网络，所有配置相同网络的服务实例都可被认为在同一个扁平网络内，可以相互直接访问。当服务实例的网络不同时，表示不能直接访问，一般要依赖 Istio 的 Gateway 转发流量。参见 7.3.2 节的相关内容。

（5）locality：表示服务网格实例的位置，一般和故障域映射，在服务网格访问中能根据位置标识进行亲和性访问。参见 3.3.3 节 localityLbSetting 相关的内容。

（6）weight：实例流量权重，控制在实例上接收的流量比例。

（7）serviceAccount：服务实例的服务账户，服务账户要求被定义在 WorkloadEntry 与 ServiceEntry 相同的命名空间下。

3.6.4 典型应用

1. ServiceEntry 服务实例注册

本典型应用承接 3.5.4 节 ServiceEntry 服务网格内部服务注册的典型应用，通过 WorkloadEntry 定义其关联的服务实例。一个服务可以有多个实例，所以一个 ServiceEntry 也可以选择多个 WorkloadEntry。每个实例还可以使用标签标识实例的版本。如图 3-76 所示，3 个 WorkloadEntry 定义了 forecast 的 3 个服务实例，其中前两个实例的 version 标签标识为 v1，后一个实例的 version 标签标识为 v2，且都通过 app 标签与 ServiceEntry 关联，从而描述出 forecast 有两个版本和 3 个实例。

```
# workloadEntry1
apiVersion: networking.istio.io/v1beta1
kind: WorkloadEntry
metadata:
  name: forecast
  namespace: weather
spec:
  address: 192.168.1.3
  labels:
    app: forecast
    version: v1
----------------------
# workloadEntry2
spec:
  address: 192.168.1.4
  labels:
    app: forecast
version: v1
----------------------
# workloadEntry3
spec:
  address: 192.168.1.5
  labels:
    app: forecast
    version: v2
```

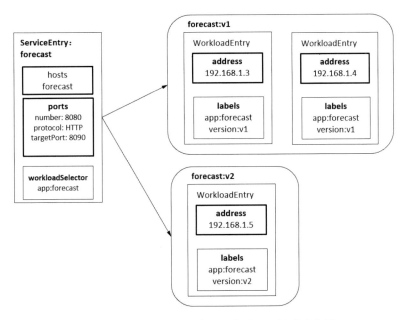

图 3-76 WorkloadEntry 和 ServiceEntry 的关联示例

2. 同一服务的不同实例使用不同的端口

如上一个应用所示，在大多数实践中，服务和实例的端口在 ServiceEntry 中统一定义，在 WorkloadEntry 中无须定义端口。在某些情况下可以通过如下方式给 WorkloadEntry 描述的不同实例配置不同的实例端口，如下两个实例分别在 8091 和 8092 上接收流量。这种方式被应用于传统的微服务场景中，一个服务的多个实例被部署在同一个虚拟机上，对每个实例都配置不同的端口，避免端口冲突。

```
# workloadEntry1
spec:
  address: 192.168.1.3
  labels:
    app: forecast
    version: v1
  ports:
http: 8091

-----------------------
# workloadEntry2
spec:
  address: 192.168.1.4
```

```
    labels:
      app: forecast
      version: v1
    ports:
      http: 8092
```

3.7　WorkloadGroup（工作负载组）

除了支持通过 WorkloadEntry 创建服务实例，Istio 从 1.8 版本开始引入 WorkloadGroup 资源，支持虚拟机服务自动注册。

3.7.1　入门示例

WorkloadGroup 的入门示例如下，可以看出其风格和结构与 Kubernetes 的 Deployment 非常类似。

```
apiVersion: networking.istio.io/v1alpha3
kind: WorkloadGroup
metadata:
  name: forecast
  namespace: weather
spec:
  metadata:
    labels:
      app: forecast
  template:
    ports:
      http: 8080
    serviceAccount: default
  probe:
    httpGet:
     path: /healz
     port: 8081
```

3.7.2　配置模型

WorkloadGroup 的配置模型如图 3-77 所示，可以从中看出 WorkloadGroup 和 WorkloadEntry 的关联关系。其中，WorkloadGroup 描述了一个负载的模板，这个模板可以动态生成 WorkloadEntry 的服务实例，类似在 Kubernetes 中可以根据 Deployment 中的模板生成 Pod 实例。

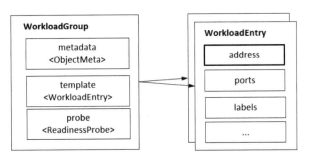

图 3-77　WorkloadGroup 的配置模型

如图 3-78 所示，WorkloadGroup 并不涉及服务访问的 Host 等信息，服务相关的定义还需要基于 ServiceEntry 定义。WorkloadGroup、WorkloadEntry 与 ServiceEntry 的定位和关联类似 Kubernetes 中 Deployment、Pod 与 Service 的关系。

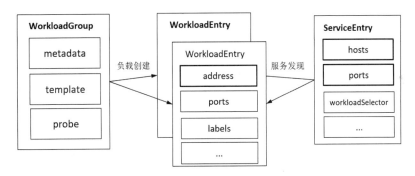

图 3-78　WorkloadGroup、WorkloadEntry 与 ServiceEntry 的关联模型

3.7.3　配置定义

（1）metadata（元数据）：用来定义在 WorkloadEntry 上生成的元数据信息，主要包括标签和注解等信息，比 Kubernetes 的 metadata 信息要少一些：

```
metadata:
  labels:
    app: forecast
    version: v1
```

（2）template（负载模板）：是 WorkloadEntry 结构，根据这个模板生成对应的

WorkloadEntry 实例。注意，在 WorkloadGroup 的 WorkloadEntry 类型的 template 属性中只配置负载通用的信息，无须配置实例地址（address）和实例标签（labels）等服务实例的自身信息。

（3）probe（探活配置）：和 Kubernetes 健康探活类似的配置和机制，只有探活通过的实例才被注册到服务端。WorkloadGroup 支持配置 HTTP、TCP 和 EXEC 三种方式的探活，HTTP 方式的探活示例如下：

```
probe:
  httpGet:
    path: /healz
    port: 8081
```

3.7.4　典型应用

WorkloadGroup 主要用于虚拟机服务的自动注册。如图 3-79 所示，在每个虚拟机节点上部署的服务网格数据面都连接控制面 Istiod，控制面会根据配置的 WorkloadGroup 动态创建 WorkloadEntry。

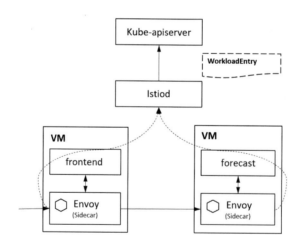

图 3-79　基于 WorkloadGroup 模板动态创建服务实例

对应的 WorkloadGroup 和生成的 WorkloadEntry 分别如下所示：

```
apiVersion: networking.istio.io/v1alpha3
kind: WorkloadGroup
metadata:
  name: forecast
```

```
      namespace: weather
    spec:
      metadata:
        labels:
          app: forecast
          version: v1
      template:
        ports:
          http: 8090

    apiVersion: networking.istio.io/v1beta1
    kind: WorkloadEntry
    metadata:
      name: forecast-6-6-8-8
      namespace: weather
    spec:
      labels:
        app: forecast
        version: v1
      ports:
        http: 8090
      address: 6.6.8.8
```

3.8　Sidecar（服务网格代理）

从服务网格原理我们了解到，在每个工作负载的实例上都会透明地注入一个服务网格代理。这个代理拦截负载的出入流量，并根据配置完成相应的流量管理，包括流量、安全、可观测性等功能。在 Istio 1.1 中，为了更细致地控制代理的这种行为，引入了和服务网格数据面 Sidecar 同名的 Sidecar 资源，控制负载上的出流量和入流量，控制负载可以访问的目标服务。

3.8.1　入门示例

通过如下配置可以控制 weather 命名空间下的 Sidecar 只可以访问 istio-system 和 news 两个命名空间下的服务：

```
apiVersion: networking.istio.io/v1beta1
kind: Sidecar
metadata:
```

```
   name: default
   namespace: weather
 spec:
  egress:
  - hosts:
    - "istio-system/*"
    - "news/*"
```

3.8.2　配置模型

Sidecar 的配置设计主要由两大部分组成：规则主体和 workloadSelector 负载选择器，如图 3-80 所示。前者通过 ingress 和 egress 分别描述 Sidecar 上入流量和出流量的规则；负载选择器描述 Sidecar 规则在哪些负载上生效。

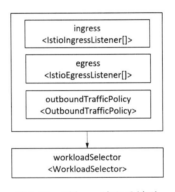

图 3-80　Sidecar 的配置模型

3.8.3　配置定义

1. workloadSelector（负载选择器）

基于 workloadSelector，Sidecar 的配置可以应用到命名空间下的一个或者多个负载上，如果未配置 workloadSelector，则应用到整个命名空间。在每个命名空间都只能定义一个没有 workloadSelector 的 Sidecar，表示对命名空间的全局生效。也可以在根命名空间创建 Sidecar，从而应用到服务网格的所有负载，对这种全局配置当然不需要配置选择器。

若一个负载既被有 workloadSelector 的 Sidecar 选中，也被没有 workloadSelector 的 Sidecar 选中，则优先应用前者。

　　如果在一个命名空间下存在多个没有 workloadSelector 的 Sidecar，则会出现生效规则不明确的问题。同样，如果在一个命名空间下有多个 workloadSelector 的 Sidecar 选中同样的负载，则也会出现问题。因此建议用户在配置时做好规划。

　　如下所示为 weather 命名空间下的 app 标签匹配 forecast 的工作负载标签：

```
spec:
  workloadSelector:
    labels:
      app: forecast
```

2. egress（出流量控制）

　　egress 是 IstioEgressListener 类型的结构，用来配置 Sidecar 对服务网格内部其他服务的访问。如果没有配置，则只要命名空间可见，命名空间下的服务都可被访问。

　　IstioEgressListener 通过如下几个字段来描述规则。

◎ port：监听器关联的端口，被设定后会作为主机的默认目标端口。

◎ bind：监听器绑定的地址。

◎ captureMode：配置如何捕获监听器的流量，可以有 DEFAULT、IPTABLES、NONE 三种模式。DEFAULT 表示使用环境默认的捕获规则；IPTABLES 指定基于 iptables 的流量拦截；NONE 表示没有流量拦截。

◎ hosts：是一个必选字段，表示监听器对应的服务地址，为 "namespace/dnsName" 格式。dnsName 需要为 FQDN 格式，可以对 namespace、dnsName 使用通配符。下面基于 Sidecar egress hosts 的典型表达式理解其用法，如表 3-9 所示。

表 3-9　Sidecar egress hosts 的典型表达式

hosts 表达式	含　义
weather/*	允许目标是 weather 命名空间的服务的出流量
*/forecast	允许目标是所有命名空间的 forecast 的出流量
./forecast	允许目标是 Sidecar 当前命名空间的 forecast 的出流量
/	允许目标是所有命名空间的服务的出流量
~/*	禁止目标是所有服务的出流量

　　如下所示，对于 istio-system 命名空间下的所有出流量，Sidecar 都会进行转发；对于 weather 命名空间下的服务，Sidecar 只转发目标是 3002 端口的流量：

```
spec:
  egress:
  - hosts:
    - "istio-system/*"
  - hosts:
    - "weather/*"
    port:
      number: 3002
      protocol: HTTP
      name: http
```

3. ingress（入流量控制）

ingress 是 IstioIngressListener 类型的结构，配置 Sidecar 对应工作负载的入流量控制。IstioIngressListener 字段和 IstioEgressListener 字段有点像，但语义不同。

◎ port：必选字段，为与监听器关联的端口。

◎ bind：与监听器绑定的地址。

◎ captureMode：配置如何捕获监听器的流量，该模式的取值同 IstioEgressListener 上的对应字段。

◎ defaultEndpoint：必选字段，为流量转发的目标地址，一般是 127.0.0.1:PORT 或 0.0.0.0:PORT。当入流量到达定义的 bind 地址的 port 端口时，会被转发到负载的 defaultEndpoint 地址。

如下所示为在 weather 命名空间下匹配 forecast 负载的 Sidecar 规则，允许其接收来自 3002 端口的 HTTP 流量，并且将请求转发到 127.0.0.1:3012：

```
spec:
  workloadSelector:
    labels:
      app: forecast
  ingress:
  - port:
      number: 3002
      protocol: HTTP
    defaultEndpoint: 127.0.0.1:3012
    captureMode: NONE
```

4. outboundTrafficPolicy（出流量策略）

outboundTrafficPolicy 设置数据面代理处理对服务网格外部服务访问的策略，支持以下两种出流量的访问配置。

◎ ALLOW_ANY：如果配置为 ALLOW_ANY，则允许访问所有外部流量，Sidecar
在拦截到这个出流量后，会直接透传。

◎ REGISTRY_ONLY：将其设置为 REGISTRY_ONLY 模式时，Sidecar 会拦截所有出
流量，只允许服务网格内部服务被访问。对于服务网格外部服务，需要使用
ServiceEntry 注册才可以被访问。

在 Istio 1.1 之前的版本中为了安全，会严格管理外部访问，默认是 REGISTRY_ONLY
模式，但是出现过用户在启用服务网格前可以访问服务网格外部服务，启用服务网格后突
然流量不通的问题。所以 Istio 从 1.1 版本开始，将出流量策略的默认值修改为
ALLOW_ANY，即不对外部访问进行任何控制，方便用户快速使用服务网格的基础能力。
但这种方式存在一定的安全隐患，即只要网络畅通，服务网格内部服务即可访问服务网格
外部服务。在生产环境下建议使用 ServiceEntry 显式注册服务网格外部服务，并使用
REGISTRY_ONLY 的出流量策略。

3.8.4 典型应用

1. Sidecar 生效覆盖

实践中常用的方式是服务网格全局定义一个统一的 Sidecar 规则，然后给特定的命名
空间或者服务定义特有的规则：

```
apiVersion: networking.istio.io/v1beta1
kind: Sidecar
metadata:
  name: default
  namespace: istio-system
spec:
  egress:
    - hosts:
      - ./*
```

以上作用于整个服务网格的 Sidecar 限制了服务网格里的服务只能访问本命名空间的
服务。但是以下作用于 weather 命名空间的 Sidecar 会覆盖全局配置，使得 weather 命名空
间的服务可以访问 weather-plugin 命名空间的服务：

```
metadata:
  name: weather-to-plugin
```

```
    namespace: weather
  spec:
    egress:
      - hosts:
          - weather-plugin/*
```

而以下 Sidecar 通过负载选择器只对选中的特定负载生效，并覆盖以上命名空间级别的规则，使 weather 命名空间下的 forcast 负载只能访问 weather-api 下的 forcast-api 服务：

```
metadata:
  name: forcast-to-api
  namespace: weather
spec:
  workloadSelector:
    labels:
      app: forcast
  egress:
    - hosts:
        - weather-api/forcast-api
```

2. 大规模服务网格 Sidecar 的应用

Sidecar 的精细配置，除了以上应用，还可以控制服务网格规则的下发，进而优化服务网格性能和资源。Istio 的默认情况是，服务网格内部的所有数据面代理都通过 xDS 从控制面获得全量配置，这种方式在大规模服务网格场景中几乎不可用，因为全量配置会引起数据面代理的内存暴涨。在 Sidecar 机制下只维护少量依赖服务的配置，可以大大减少无用的内存消耗。

华为应用服务网格 ASM 中的 Mantis 组件可以自动学习服务间的调用关系，根据服务访问按需加载配置信息，可有效节省数据面的内存开销、控制面组件 Istiod 的资源开销及数据面和控制面间的网络带宽开销。Mantis 在保持服务网格功能完整性的同时，也具有轻量非侵入的特性，无须用户做任何适配修改。

Mantis 的架构及工作流程如图 3-81 所示，其默认所有初始流量都经由 Mantis-Centralgateway 发往目标服务，Mantis-lazyxds Controller 根据 Mantis-Centralgateway 上报的访问记录学习服务间的调用关系，在控制面将目标服务更新到源服务的 Sidecar 中，以使后续流量由源服务直达目标服务。

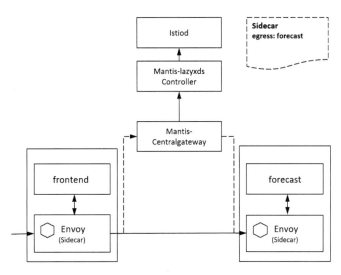

图 3-81　Mantis 的架构及工作流程

3.9　EnvoyFilter（Envoy 过滤器）

本章前面介绍的所有规则都是基于 Istio 流量规则的配置模型设计并实现的面向服务网格的配置，本节将要介绍的 EnvoyFilter 属于另一种规则，可以直接配置 Envoy，旨在处理以上规则不支持的其他场景。

我们在实际应用中经常发现服务网格数据面的某些能力未包含在 Istio 的 API 中，或配置不能满足要求，比如限流、元数据交换等扩展的过滤器，这时都需要有一种通道能方便地下发这些配置到数据面。

EnvoyFilter 提供的是一条泛化地配置 Envoy 的通道，允许用户从控制面把一段配置塞到 Envoy 中。配置可以是对现有某个配置对象的修改，也可以添加一个特定的 Filter、Cluster 等配置对象。VirtualService 和 DestinationRule 等这些 Istio 的内置规则，由 Istio 负责规则解析并生成对应 Envoy 的配置再下发，其规则语义、合法性校验等都比较完整。EnvoyFilter 的机制完全不同，其下发的是 Envoy 自身的一个配置数据块，通道只是下发，并不解析内容。所以 EnvoyFilter 配置的内容的合法性需要由管理员保证，比如字段兼容性、配置正确性、多个 EnvoyFilter 作用到一个目标负载上的生效先后顺序等。

EnvoyFilter 提供了一种直接修改服务网格数据面的机制，就像名称描述的一样，可以直接操作 Envoy 上的过滤器，所以 EnvoyFilter 中的配置对象是 Envoy 的结构。

3.9.1　入门示例

首先看一个简单的示例,该示例可以动态修改 HTTP 连接上的配置属性,比如可以修改调用链的采样率,其规则比前面的 Istio 规则要复杂,可读性也不太好:本节后面会详细介绍其用法。

```
apiVersion: networking.istio.io/v1alpha3
kind: EnvoyFilter
metadata:
  name: simple-envoyfilter
spec:
  configPatches:
  - applyTo: NETWORK_FILTER
    match:
      context: ANY
      listener:
        filterChain:
          filter:
            name: envoy.filters.network.http_connection_manager
    patch:
      operation: MERGE
      value:
        typed_config:
          "@type": "type.googleapis.com/envoy.extensions.filters.network.
http_connection_manager.v3.HttpConnectionManager"
            tracing:
              random_sampling:
                value: 90
```

3.9.2　配置模型

因为 Envoy 支持的配置很多,所以对应的 EnvoyFilter 内容也很多。这里有必要从顶层关注其配置模型。如图 3-82 所示,EnvoyFilter 总体描述了 Envoy 配置上的 Patch 操作,即在 Envoy 现有配置的哪个位置修改什么样的数据。

主体部分 configPatches 是一个 EnvoyConfigObjectPatch 的集合,包含 3 个核心对象:match、applyTo 和 patch,这三个对象的配合关系:在满足 match 条件的 applyTo 对象上进行 patch 定义的操作。

workloadSelector 描述这些操作在哪些负载上生效,和前面介绍的 Sidecar 等资源上的负载选择器类似，可以配置只在一组标签选择的数据面代理上生效，也可以配置在某个命名空间下生效，或者通过配置给根命名空间以在服务网格全局生效。

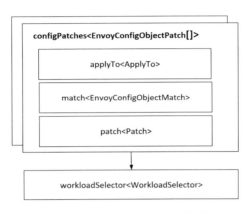

图 3-82　EnvoyFilter 的配置模型

3.9.3　配置定义

1. applyTo（应用对象）

applyTo 表示 EnvoyFilter 定义的修改被应用到 Enovy 的具体配置对象，比如我们熟知的 xDS 涉及的几个关键配置对象 LDS、RDS、CDS 等。applyTo 除了可以指定这几个顶层配置对象，还可以精确到其中几个配置对象内部的重要结构。比如对于常用的 LDS，EnvoyFilter 除了可以修改监听器 Listener，还可以修改监听器内部的过滤器链、再下层的过滤器链上的四层过滤器集和 HTTP 连接管理器的 HTTP 过滤器集；在 RDS 中除了可以修改路由配置对象，还可以修改下一层虚拟主机和再下一层虚拟主机上的一个 HTTP 路由对象等。

applyTo 支持以下取值，表示对 Envoy 对应对象的修改。

◎ LISTENER：修改被应用到 Envoy 监听器的 listener 对象。

◎ FILTER_CHAIN：修改被应用到 Envoy 的过滤器链 filter_chains。

◎ NETWORK_FILTER：修改被应用到 filter_chain 的一个网络过滤器链 filters，修改或增加新的过滤器。其应用非常广泛，比如插入自定义的四层处理。

◎ HTTP_FILTER：修改被应用到 HTTP 链接管理器的 HTTP 过滤器链 http_filters，修改或增加一个新的过滤器。通过该这种方式，可以实现大多数七层能力的扩展，比如限流、指标监控等。

◎ ROUTE_CONFIGURATION：修改被应用到 HTTP 连接管理器的路由配置 route_config。

◎ VIRTUAL_HOST：修改被应用到路由配置 route_config 的虚拟主机 virtual_hosts。

◎ HTTP_ROUTE：修改被应用到路由配置 route_config 的虚拟主机 virtual_hosts 的 HTTP 路由配置 route 对象。

◎ CLUSTER：修改被应用到一个服务集群 cluster。

◎ EXTENSION_CONFIG：修改被应用到 ECDS，当前实际应用较少。

◎ BOOTSTRAP：修改被应用到 Envoy 的 bootstrap 配置，一般应用较少。

一般在服务网格中会管理多个服务，相应地，Envoy 中各种类型的配置对象也会有多个。在进行修改操作时，必须要配套 match 条件，表示从 Envoy 配置中选择满足条件的对象进行修改。比如最常用的 HTTP_FILTER 一般先通过如下 match 条件选择 envoy.filters.network.http_connection_manager 这个网络过滤器，然后选择一个子过滤器来表示目标 HTTP 过滤器的修改位置：

```
configPatches:
 - applyTo: HTTP_FILTER
   match:
     context: SIDECAR_OUTBOUND
     listener:
       filterChain:
         filter:
           name: envoy.http_connection_manager
           subFilter:
             name: envoy.router
```

这里不再一一列举其他类型的 applyTo，在后面介绍 match 和 patch 时，会看到其配合方式。

2. match（匹配条件）

match 是 EnvoyFilter 上最重要也最复杂的 EnvoyConfigObjectMatch 结构，用于描述具体的匹配条件，即在 Envoy 大块的配置结构中精确找到操作位置进行修改。若想熟练使用这个 match 条件，则需要对 Envoy 的配置结构有个大致的了解，可以在注入了 Envoy 的实例上访问本地接口 http://127.0.0.1:15000/config_dump，来获取本地环境下 Envoy 的详细配置。Envoy 的配置细节较多，为了避免内容太发散，本节只会对涉及的配置进行简要说明，以帮助读者理解 EnvoyFilter 这部分配置的用法。

EnvoyConfigObjectMatch 的配置模型如图 3-83 所示。

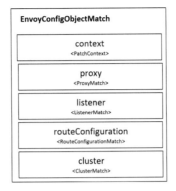

图 3-83 EnvoyConfigObjectMatch 的配置模型

下面对其进行详细讲解。

1）context（上下文）

context 表示配置生成的上下文，服务网格控制面根据这个配置决定对应的 Envoy 配置是生效在出流量、入流量还是网关上，可以设置如下 4 种模式。

◎ ANY：作用于所有 Sidecar 和 Gateway 的 listener、route 和 cluster 上。
◎ SIDECAR_INBOUND：只作用于 Sidecar 入流量的 listener、route 和 cluster 上。
◎ SIDECAR_OUTBOUND：只作用于 Sidecar 出流量的 listener、route 和 cluster 上。
◎ GATEWAY：只作用于 Gateway 的 listener、route 和 cluster 上。

如下是 Istio 内置的用于生成 stats 的 EnovoyFilter 的上下文配置，通过指定 context 是 Inbound 和 Outbound，表示对入流量和出流量应用对应的操作：

```
spec:
  configPatches:
    - applyTo: HTTP_FILTER
      match:
        context: SIDECAR_OUTBOUND
        listener:
......
    - applyTo: HTTP_FILTER
      match:
        context: SIDECAR_INBOUND
        listener:
......
```

观察 Envoy 上生效后的配置，会有以下发现。

◎ context 是 SIDECAR_OUTBOUND 的配置，作用于 virtualInbound 监听器上，其中 traffic_direction 的标识为 INBOUND。在入流量的 HTTP 连接管理器的 HTTP 过滤器链上插入了一个 stats 的过滤器。流量在进入 Envoy 时会应用这个过滤器，代理目标服务在服务端做相应的处理。

◎ context 是 SIDECAR_OUTBOUND 的配置，其作用范围要大得多，在 Envoy 中对每个可访问的目标服务都有一个监听器，这些监听器的 traffic_direction 都是 OUTBOUND。在所有 HTTP 连接管理器的 HTTP 过滤器链上都插入了这个 stats 过滤器，当流量从这个 Envoy 访问目标服务时，Envoy 会执行在过滤器中定义的操作。

2）proxy（代理匹配条件）

proxy 是 ProxyMatch 类型，表示匹配对应的代理，可以通过 proxyVersion 匹配代理的版本，还可以通过 metadata 匹配代理上的元数据。

3）listener（监听器匹配）

监听器、路由和后端集群是 Envoy 中核心的三个配置对象，在对应的 EnvoyFilter 中通过 listener、routeConfiguration、cluster 三个属性分别描述三个对象的匹配条件。在应用中，这三个条件只能配置一种，表示匹配一个特定的对象。

listener 是 ListenerMatch 类型的结构，要了解该结构的用法，需要先大致了解 Envoy 中监听器的配置定义的大致结构。一个出流量的 HTTP 监听器经过裁剪只保留主体的配置如下：在 9090 端口上监听流量，在过滤器链上包含过滤器集合，在其中一个重要的过滤器 http_connection_manager 下又包含多个 HTTP 过滤器依次处理 HTTP 流量。

```json
{
  "name": "0.0.0.0_9090",
  "active_state": {
   "listener": {
    "@type": "type.googleapis.com/envoy.config.listener.v3.Listener",
    "name": "0.0.0.0_9090",
    "address": {
     "socket_address": {
      "address": "0.0.0.0",
      "port_value": 9090
     }
    },
```

```
    "filter_chains": [
      {
        "filter_chain_match": {},
        "filters": [
          {
            "name": "envoy.filters.network.http_connection_manager",
            "typed_config": {
              "@type": "type.googleapis.com/envoy.extensions.filters.network.
http_connection_manager.v3.HttpConnectionManager",
              "rds": {
                "route_config_name": "9090"
              },
              "http_filters": [
                ……
                {
                  "name": "envoy.filters.http.fault"
                },
                {
                  "name": "envoy.filters.http.router"
                }
              ]
            }
          }
        ]
      }
    ],
    "traffic_direction": "OUTBOUND"
  }
}
}
```

监听器匹配条件 ListenerMatch 支持其中主要字段的匹配，从而支持 EnovyFilter 对监听器的修改，包括如下内容。

（1）name：根据名称匹配一个特定的监听器。Envoyfilter 一般都作用于有一定特征的监听器，只在少量场景中才根据 name 匹配。

（2）portNumber：匹配监听器接收或发送流量的端口，如下所示。但更多的是不指定端口，配置给所有监听器。

```
spec:
  configPatches:
    - applyTo: HTTP_FILTER
```

```
    match:
      context: SIDECAR_OUTBOUND
      listener:
        portNumber: 8090  # 匹配监听器的端口
```

（3）filterChain：匹配监听器上的一个特定的过滤器链，是很常见的一种用法。可以通过 name、transportProtocol、applicationProtocols、sni 等字段过滤一个过滤器链，更多的是通过过滤器条件 filter 匹配一个具体的过滤器。如下示例是一个生成 tcp 指标的 Envoyfilter，它匹配 filterchain 上的 tcp_proxy 过滤器，在前面插入一个 stats 过滤器：

```
spec:
  configPatches:
   - applyTo: NETWORK_FILTER
     match:
       context: SIDECAR_OUTBOUND
       listener:
         filterChain:
           filter: # 匹配特定的过滤器
           name: envoy.tcp_proxy
```

监听器的匹配条件，除了可以匹配 filter，还可以通过 subfilter 匹配过滤器上的子过滤器，这种方式经常用于七层的过滤器匹配。比如前面看到的 Envoy 监听器配置，http_connection_manager 作为一个网络过滤器，其下级还包含多个 http_filter 子过滤器。通过如下条件可以匹配 router 这个子过滤器：

```
spec:
  configPatches:
   - applyTo: HTTP_FILTER
     match:
       context: SIDECAR_OUTBOUND
       listener:
         filterChain:
           filter:
             name: envoy.http_connection_manager
             subFilter:        # 匹配特定的子过滤器，比如 HTTP 的过滤器
             name: envoy.router
```

4）routeConfigurationMatch（路由匹配）

路由配置用于在 Envoy 中定义七层流量路由。在了解路由匹配前，同样需要先简单了解 Envoy 路由配置的结构。如下是一个简化过的路由配置的主体结构：

```json
{
  "route_config": {
    "@type": "type.googleapis.com/envoy.config.route.v3.RouteConfiguration",
    "name": "3002",
    "virtual_hosts": [
      {
        "name": "forecast.weather.svc.cluster.local:3002",
        "domains": [
          "forecast.weather.svc.cluster.local",
          "forecast.weather.svc.cluster.local:3002"
        ],
        "routes": [
          {
            "match": {
              "prefix": "/"
            },
            "route": {
              "cluster": "outbound|3002|v1|forecast.weather.svc.cluster.local"
            }
          }
        ]
      }
    ]
  }
}
```

路由匹配条件 routeConfiguration 是 RouteConfiguration 类型的结构，用于对以上路由结构进行匹配，进而进行修改。Envoy 将结构中的重要字段都作为匹配条件，包括 name（路由名）、portNumber（端口号）、portName（端口名）等，应用最广泛的是基于 RouteConfigurationMatch 的子结构 VirtualHostMatch 配置路由中的虚拟主机 vhost。如下所示可以根据 vhost 的名称 name 匹配一个 virtual_host：

```yaml
spec:
  configPatches:
  - applyTo: VIRTUAL_HOST
    match:
      context: GATEWAY
      routeConfiguration:
        vhost:
          name: '*:8090'      # 基于名称匹配一个 virtual_host
          route:
            action: ANY
```

也可以根据 vhost 的路由匹配条件 RouteMatch 匹配一个路由。基于 Istio 的配置，在 Envoy 中大部分动态生成的 route 并没有名称，所以路由名匹配一般更多地应用于有一些特征的 route，比如 block_all、allow_any 等。比如，默认在大部分 route 下都有一个 allow_any 的路由，把流量分发到 PassthroughCluster 的后端。EnvoyFilter 可以通过如下方式匹配 allow_any 路由，并对其进行修改：

```
spec:
  configPatches:
  - applyTo: HTTP_ROUTE
    match:
      context: SIDECAR_OUTBOUND
      routeConfiguration:
        vhost:
          name: "allow_any"
          route:
            name: "allow_any"      # 匹配特定的路由
```

5）clustere（后端服务匹配）

在 Envoy 的术语中，cluster 表示 Envoy 中后端实例的集合，基本对应 Istio 上的一个服务或服务的子集。在 cluster 上可以定义服务发现、负载均衡、连接参数和断路器等。一个典型的 cluster 主体结构如下：

```
{
  "cluster": {
    "@type": "type.googleapis.com/envoy.config.cluster.v3.Cluster",
    "name": "outbound|3002|v2|forecast.weather.svc.cluster.local",
    "type": "EDS",
    "eds_cluster_config": {
      "service_name": "outbound|3002|v2|forecast.weather.svc.cluster.local"
    },
    "connect_timeout": "10s",
    "circuit_breakers": {
      "thresholds": [
        {
          "max_connections": 2048,
          "max_requests": 4294967295,
          "max_retries": 4294967295
        }
      ]
    }
}
```

```
    }
  }
```

EnvoyFilter 的匹配条件 cluster 是 ClusterMatch 类型的结构，可以通过 portNumber 定义匹配的 cluster 端口，通过 service 和 subset 分别定义匹配的目标服务或服务的一个特定子集，也可以通过 name 字段匹配后端 cluster 的名称。如下示例匹配 forecast 的后端：

```
spec:
  configPatches:
  - applyTo: CLUSTER
    match:
      cluster:
        name: outbound|3002||forecast.weather.svc.cluster.local
```

3. patch（操作描述）

在确定修改位置后，最主要的当然是实施修改。如图 3-84 所示是 EnvoyFilter 的 patch 的配置模型，通过 patch 的 operation 和 value 分别展示了修改的方式和内容。

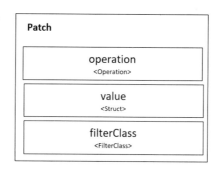

图 3-84　patch 的配置模型

1）operation（操作类型）

operation 描述的操作类型包括 ADD、REMOVE、INSERT_BEFORE、INSERT_AFTER、INSERT_FIRST、MERGE 和 REPLACE 等，应用于不同的修改场景。下面结合前面介绍的 applyTo 和 match 详细讲解不同操作类型的用法。

（1）ADD（添加）：在 Envoy 现有的列表类型的配置中添加一个配置元素。列表类型包括 listener（监听器）、cluster（服务集群）、virtual_host（虚拟主机）、filter（网络过滤器）、http_filter（HTTP 过滤器），但不能是 ROUTE_CONFIGURATION（路由配置）或 HTTP_ROUTE（HTTP 路由对象）。通过如下 EnvoyFilter 配置，可以在 Envoy 的 cluster

集合中动态添加一个后端 cluster：

```
spec:
 configPatches:
  - applyTo: CLUSTER
    match:
      context: SIDECAR_OUTBOUND
    patch:
      operation: ADD     # 动态添加一个 cluster
      value:
        name: new_cluster
        typed_config:
......
```

（2）REMOVE（移除）：从已有的一个列表的配置中删除一个选定的元素，列表类型和 ADD 操作类似。REMOVE 操作是 ADD 操作的逆操作，不需要指定 value。比如通过如下方式可以删除一个后端 cluster：

```
spec:
 configPatches:
  - applyTo: CLUSTER
    match:
      cluster:
        name: outbound|8090|v6|forecast.weather.svc.cluster.local
    patch:
      operation: REMOVE
```

（3）INSERT_BEFORE（在前方插入）：在一个包含命名对象的列表中执行插入操作，主要应用于过滤器和路由这种需要考虑顺序的对象，比如 route 对象。条件越严格的路由条件应该越靠前，宽松条件在前会导致后面的条件被短路。比如在 Envoy 的 HTTP 过滤器链路上默认依次包括 cors、fault 和 router 等过滤器，可以通过如下方式插入一个自定义的 http-filter1 的七层过滤器：

```
spec:
  configPatches:
    - applyTo: HTTP_FILTER
      match:
        context: SIDECAR_OUTBOUND
        listener:
          filterChain:
            filter:
              name: envoy.filters.network.http_connection_manager
```

```
        subFilter:
          name: envoy.filters.http.router
    patch:
      operation: INSERT_BEFORE  # 在定位到的子过滤器的前方插入
      value:
        name: http-filter1
......
```

如果这时在同样的 match 条件下再执行一次前方插入操作，则表示在同一个匹配位置的过滤器的前面再插入一个过滤器 http-filter2 来处理流量：

```
spec:
  configPatches:
    - applyTo: HTTP_FILTER
      match:
......
      patch:
        operation: INSERT_BEFORE
        value:
          name: http-filter2
......
```

从 Envoy 生效的配置可以看到，EnvoyFilter 更新的 HTTP 过滤器的配置如下，在 router 过滤器前依次插入了这两个七层过滤器：

```
{
  "http_filters": [
    {
      "name": "envoy.filters.http.cors",
      ......
    },
    {
      "name": "envoy.filters.http.fault",
      ......
    },
    {
      "name": " http-filter1",
      ......
},
    {
      "name": " http-filter2",
      ......
    },
```

```
  {
    "name": "envoy.filters.http.router",
    ......
  }
 ]
}
```

（4）INSERT_AFTER（在后方插入）：作用对象和 INSERT_BEFORE 类似，把 EnvoyFilter 描述的对象插入一个命名对象的列表中。这种方式会把对象插入匹配过滤器的后面，如果没有匹配到对应的对象，就会插入列表的最后面。

（5）INSERT_FIRST（在列表的最前方插入）：作用对象和 INSERT_BEFORE、INSERT_AFTER 类似，都用于把 EnvoyFilter 配置的对象插入一个命名对象的列表中，和前两者的不同之处在于，INSERT_FIRST 用于把对象插入列表的最前端。

（6）MERGE（配置合并）：将在 EnvoyFilter 中配置的内容和原有 Envoy 中对应部分的当前内容进行合并。在操作上就是把 EnvoyFilter 配置结构的新属性设置到原有的配置结构的对应属性上。

其规则如图 3-85 所示，分以下三种情况。

◎ 在 EnvoyFilter 中存在但在 Enovy 中不存在的属性，通过 MERGE 操作，在 Envoy 中会增加该属性。

◎ 在 EnvoyFilter 和 Enovy 中都存在的属性，通过 MERGE 操作，Envoy 中的属性会被 EnvoyFilter 的对应属性覆盖。

◎ 在 EnvoyFilter 中不存在但在 Enovy 中存在的属性，通过 MERGE 操作，Envoy 中的属性不会被修改。

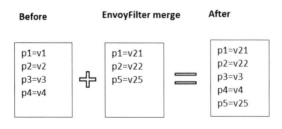

图 3-85　EnvoyFilter 的 MERGE 操作

（7）REPLACE（替换）：使用在 EnvoyFilter 中配置的新内容替换匹配的结构。如图 3-86 所示，不同于前面介绍的 MERGE 操作，REPLACE 操作用于替换整个内容。

REPLACE 操作只能应用于四层过滤器 NETWORK_FILTER 和七层过滤器 HTTP_FILTER，如果没有匹配的目标替换对象，则不会发生 REPLACE 操作。

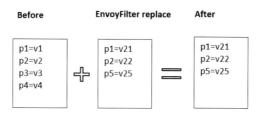

图 3-86　EnvoyFilter 的 REPLACE 操作

在 patch 结构中除了包括描述操作动作的谓词，还包括两个属性配置操作的内容：values 和 filterClass。

2）value（修改内容）

value 是一个结构化的描述，对不同的操作对象有不同的定义。如下示例在七层流量过滤器链路上插入了一个 Lua 过滤器，内容如下：

```
patch:
  operation: INSERT_BEFORE
  value:
   name: envoy.lua
   typed_config:
    '@type': type.googleapis.com/envoy.extensions.filters.http.lua.v3.Lua
    inlineCode: |
      function per_request(request_handle)
        ……
      end
```

3）filterClass（过滤器类别）

filterClass 是一个附加属性，可以配合 ADD 操作确定插入的位置。

◎ AUTHN：在 Istio 的认证过滤器后面插入过滤器。
◎ AUTHZ：在 Istio 的授权过滤器后面插入过滤器。
◎ STATS：在 Istio 的 stats 过滤器的前面插入过滤器。

3.9.4　典型应用

EnvoyFilter 的用法非常灵活，正如本节开头介绍的所有其他 Istio 标准规则不能支持的场景，基本上都可以通过 EnvoyFilter 来配置。另外，通过前面介绍的配置可以看到，多种配置的组合也很多。因此这里只补充 Istio 基于 EnvoyFilter 内置的几个功能的典型用法，帮助读者理解 EnvoyFilter 的使用方式。

1. 插入自定义的过滤器

Envoy 基于过滤器机制提供了丰富的流量处理能力，用户可以根据业务需求在链路上加入处理逻辑。Istio 项目基于 Envoy 的过滤器扩展机制实现了某些内置能力，这些在数据面上的扩展大多在 Istio-proxy 中维护。比较典型的如四层和七层的指标，配合 EnvoyFilter 可以在 Envoy 的 TCP 和 HTTP 的处理链路上插入对应的过滤器。插入七层 stats 过滤器的 EnvoyFilter 如下：

```
apiVersion: networking.istio.io/v1alpha3
kind: EnvoyFilter
metadata:
  name: stats-filter-http
spec:
  configPatches:
    - applyTo: HTTP_FILTER
      match:
        context: SIDECAR_OUTBOUND
        listener:
          filterChain:
            filter:
              name: envoy.http_connection_manager
              subFilter:
                name: envoy.router
      patch:
        operation: INSERT_BEFORE
        value:
          name: istio.stats
          typed_config:
            '@type': type.googleapis.com/udpa.type.v1.TypedStruct
            type_url: type.googleapis.com/envoy.extensions.filters.
http.wasm.v3.Wasm
            value:
              config:
                configuration: |
                  {
                    "stat_prefix": "istio",
                    "metrics": [
```

```
                          {
                    "name": "requests_total",
                    "dimensions": {
                      "request_host": "request.host"
                      ……
                    }
                  }
                ]
              }
      root_id: stats_outbound
      vm_config:
        code:
          local:
            inline_string: envoy.wasm.stats
        runtime: envoy.wasm.runtime.null
        vm_id: stats_outbound
```

可以看到，HTTP_FILTER 表示把配置的修改应用到 HTTP 连接管理器的 HTTP 过滤器链 http_filters 上，match 条件表示定位到 HTTP 子过滤器 envoy.router 上，执行 INSERT_BEFORE 操作。这样如图 3-87 所示，在 Envoy 原有的七层处理链路上会插入 stats 过滤器。

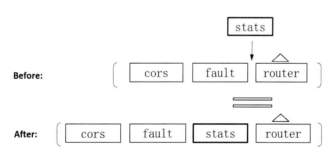

图 3-87　通过 EnvoyFilter 插入 stats 过滤器

在 Istio 基于数据面监控的方案中，配合 stats 过滤器一般还有一个元数据交换过滤器实现两端指标的元数据交换。通过如下 EnvoyFilter 配置可以插入这个过滤器：

```
spec:
  configPatches:
    - applyTo: HTTP_FILTER
      match:
        context: SIDECAR_OUTBOUND
        listener:
          filterChain:
```

```
        filter:
          name: envoy.filters.network.http_connection_manager
  patch:
    operation: INSERT_BEFORE
    value:
      name: istio.metadata_exchange
      typed_config:
        '@type': type.googleapis.com/udpa.type.v1.TypedStruct
        ……
```

元数据交换过滤器因为要处理七层流量，因此也要指定作用到 HTTP_FILTER 过滤器上，但并不像前面两个 EnvoyFilter 同时指定了一个匹配的 HTTP 子过滤器 envoy.router，即在 match 条件中不指定具体的插入位置，观察生效的 Envoy 配置，会看到如图 3-88 所示，在 HTTP 链的最前端插入了这个新的过滤器。

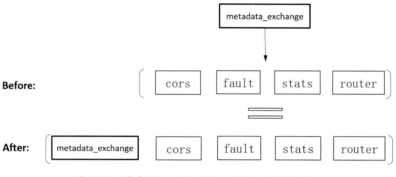

图 3-88　通过 EnvoyFilter 插入元数据交换过滤器

注意：EnvoyFilter 的 INSERT_BEFORE 操作在匹配到目标过滤器或子过滤器时，会把修改插入顺序列表中对应过滤器的前面。如果没有匹配到过滤器，就会插入列表的前面。

类似地，可以通过如下方式在 TCP 过滤器链路上插入用于统计 TCP 流量指标的过滤器：

```
spec:
  configPatches:
  - applyTo: NETWORK_FILTER
    match:
      context: SIDECAR_OUTBOUND
      listener:
        filterChain:
```

```
      filter:
        name: envoy.tcp_proxy
    patch:
      operation: INSERT_BEFORE
      value:
        name: istio.stats
......
```

这里介绍了 Istio 通过 EnvoyFilter 配置修改和扩展 Envoy 的能力，这里只展示其机制，对数据面过滤器的内容将在 4.1.2 节介绍。

2. 动态添加服务后端

通过 EnvoyFilter 可以动态添加各种配置对象，比较典型的应用是动态添加一个服务后端，即 Envoy 中的 cluster。Istio 的限流主要基于 Envoy 对应的限流能力开放。其中，Envoy 的全局限流依赖一个限流后端，一般会通过如下方式添加这个限流后端：

```
spec:
  configPatches:
    - applyTo: CLUSTER
      match:
        context: SIDECAR_OUTBOUND
      patch:
        operation: ADD
        value:
          name: ratelimit_cluster
          type: STRICT_DNS
          load_assignment:
            cluster_name: ratelimit_cluster
            endpoints:
              - lb_endpoints:
                  - endpoint:
                      address:
                        socket_address:
                          address: ratelimit.default.svc.cluster.local
                          port_value: 8088
```

可以看到该配置被应用到 CLUSTER 对象上，执行 ADD 操作，配置效果如图 3-89 所示。在 Envoy 的 cluster 集合中会动态加入这个限流后端，再配置限流规则，即可将限流请求发送到这个后端服务。完整的全局限流的规则配置请参照 4.5 节对应的内容。

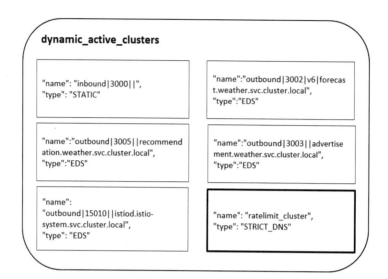

图 3-89　通过 EnvoyFilter 动态添加一个服务后端

3. 动态修改对象的属性

对于 Envoy 中的可配置属性，只有部分可基于 Istio 的规则配置，大量细节属性的动态修改可以基于 EnvoyFilter 实现。如下通过 EnvoyFilter 的 MERGE 操作修改 HttpConnectionManager 的属性，启用源 IP 地址保持功能，将源 IP 地址附加到 HTTP 的 x-forwarded-for 头域中，服务端可以从这个头域中获取源 IP 地址。

```
spec:
  configPatches:
  - applyTo: NETWORK_FILTER
    match:
      context: SIDECAR_OUTBOUND
      listener:
        filterChain:
          filter:
            name: "envoy.filters.network.http_connection_manager"
    patch:
      operation: MERGE    # 修改 http_connection_manager 上的属性
      value:
        typed_config:
          "@type": "type.googleapis.com/envoy.extensions.filters.network.
http_connection_manager.v3.HttpConnectionManager"
          use_remote_address: true
          xff_num_trusted_hops: 3
```

生效后的 Envoy 配置中的 use_remote_address 从原有配置 false 更新为 true，并增加了 xff_num_trusted_hops 属性设置。如图 3-90 所示只合并了在 EnvoyFilter 中配置的属性，在这个合并过程中，HttpConnectionManager 的 http_filters、tracing、request_timeout 等属性全都不受影响。

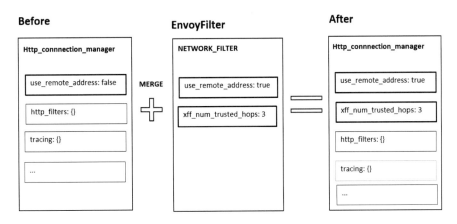

图 3-90　通过 EnovyFilter 动态修改对象的属性

3.10　WasmPlugin（Wasm 插件）

Istio 1.12 提供了基于 WasmPlugin 的一套简化使用 WebAssembly 扩展的机制。此前，如果要使用 WebAssembly 扩展，那么必须通过上节介绍的 EnvoyFilter 向 Envoy 监听器中插入一个 Wasm 过滤器，其配置既包含 Wasm 字节码的获取方式，也包含 Wasm 虚拟机的配置，还有 Wasm 扩展本身的一些配置，对普通用户来说还有不小的学习成本。

WasmPlugin，通过 CRD 的形式声明 Wasm 的用法，大大简化用户的使用门槛。Istio WasmPlugin 同时支持 OCI 镜像格式，使得 Wasm 二进制的分发更加云原生化。

3.10.1　入门示例

WasmPlugin 的用法非常简单，如下所示为一个作用在特定 forecast 负载上的 WasmPlugin，通过该配置可以加载 Wasm，这里的 Wasm 以本地文件形式保存，在加载时被插入授权过滤器之前：

```
apiVersion: extensions.istio.io/v1alpha1
kind: WasmPlugin
```

```
metadata:
  name: authn-wasm
  namespace: weather
spec:
  selector:
    matchLabels:
      app: forecast
  url: file:///var/filters/myauthn.wasm
  sha256: 2df0c8a82b0420cf25f7fd5d482b232464bc88f486ca3b8c83dd5cc22d2f6220
  phase: AUTHN
```

3.10.2　配置模型

WasmPlugin 的配置模型如图 3-91 所示，与大多数 API 一样，首先有一个 workloadSelector，定义配置作用在哪些工作负载上。另外必须定义 Wasm 二进制的获取方式，以及 Wasm 过滤器的插入位置。最后提供了两个可选配置：Wasm 过滤器的配置和 Wasm 虚拟机的配置，进一步提高扩展能力。

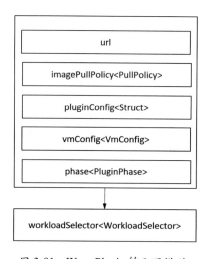

图 3-91　WasmPlugin 的配置模型

3.10.3　配置定义

WasmPlugin 本身很简单，但是提供的扩展能力非常强大，下面对其 API 进行解释。

（1）selector：负载选择器。选择特定的工作负载，加载 Wasm 虚拟机执行 Wasm 扩展过滤器。如果未指定 selector，那么此配置作用在 WasmPlugin 所在命名空间的所有工作负载实例上。如果 WasmPlugin 在根命名空间，则作用于服务网格全局的所有负载上。

（2）url：Wasm 二进制或者 Wasm 镜像的地址。如果没有指定 scheme，则默认是 oci 镜像。另外，还支持本地文件目录，这就要求 Wasm 本身在 Sidecar 容器中，这种形式一般不适用于自定义 Wasm 过滤器。HTTP 及 HTTPS 是另外两种 Wasm 二进制的远程获取方式。

（3）sha256：用于校验 Wasm 二进制或者 OCI 镜像的哈希值。

（4）imagePullPolicy：Wasm 镜像的拉取策略，与 Pod 镜像的拉取策略相同，有 Always 和 IfNotPresent 两种模式。

（5）imagePullSecret：Wasm 获取镜像所用的凭证，这里是 Kubernetes Secret 的名称。

（6）pluginConfig：WasmPlugin 的配置，配置格式由用户所编写的 Wasm 扩展程序定义，不同的程序可以定义不同的参数。

（7）pluginName：Wasm 插件在 Envoy 配置中的名称，过去也叫 rootID。

（8）phase：WasmPlugin 插入的位置，目前有四种选项，基本满足使用需求。

◎　UNSPECIFIED_PHASE：默认插入过滤器链的倒数第二个位置，仅在 Router 之前。
◎　AUTHN：插在认证过滤器之前。
◎　AUTHZ：插在授权过滤器之前，认证过滤器之后。
◎　STATS：插在 stats 过滤器之前，授权过滤器之后。

（9）priority：表示此 WasmPlugin 的优先级，决定了相同 phase 的不同 Wasm 过滤器插入的先后顺序，高优先级的最终被插在低优先级的过滤器之前。

（10）vmConfig：wasm 虚拟机的配置，目前只支持一些环境变量注入。

3.10.4　典型应用

Wasm 是 Istio 和 Envoy 动态扩展的一种能力，相对于 Lua 过滤器，Wasm 过滤器的功能更加丰富，扩展能力更强。Wasm 扩展可根据一些关键的请求事件触发，执行一些网络调用、统计、日志记录等丰富的操作。

目前 Wasm 的用法比较灵活，在 Istio 上游内置的使用场景中（包括应用指标的采集）由 istio.stats 和 istio.metadata_exchange 两个过滤器协作完成，两者由 Istio 社区在 Istio-proxy

中开发，直接编译为 Envoy 二进制形式。目前 Wasm 还有如下使用场景。

（1）对接私有的授权系统：因为各种原因，Envoy 原生的 External Auth 并不满足用户的使用场景，不能直接对接用户已有的授权系统，需要增加一层服务进行转换，当然这也增加了授权链路的延迟。

（2）限流：当前 Envoy 提供的限流能力虽然比较强大，但主要提供了一些 API，在使用上对用户并不友好，而且全局限流对每个请求都调用一次限流服务，性能损耗较大。因此，一些高级用户需要扩展开发限流过滤器，以提高易用性和时延。

（3）应用层协议解析：目前 Envoy 主要提供一些主流协议的流量治理能力，而用户实际所用的协议千差万别，甚至对很多自定义的协议，原生的 Envoy 并不支持，如果用户需要对这类协议进行治理，那么目前也可以通过 Wasm 扩展机制进行。

3.11　本章小结

Istio 的治理能力大部分是通过本章介绍的流量规则来配置和管理的。流量规则虽然经历了从 v1alpha1 版本到 v1alpha3 版本的重构，但理解起来还是有点复杂，细节也很多。这里提取和总结一些要点，并将其放在表 3-10 中帮助读者理解，可以将其认为是 Istio 规则体系设计上的几个一般性原则。

表 3-10　Istio 流量规则的要点总结

规　　则	说　　明	规则适用场合
规则覆盖	下级覆盖上级原则	（1）HTTPMatchRequest、TLSMatchAttributes、L4MatchAttributes 中对 gateways 的配置，都覆盖 VirtualService 上的 gateways 配置； （2）DestinationRule 端口和 Subset 中的负载均衡、连接池、异常点检查规则配置，都覆盖 DestinationRule 上全局的对应配置
组合条件	提供了属性间的"与"逻辑、元素间的"或"逻辑，实现了丰富的条件表达能力	在 VirtualService 的 HTTPMatchRequest、TLSMatchAttributes 和 L4MatchAttributes 的条件定义中，各自属性间是"与"逻辑，元素间是"或"逻辑
hosts 规则	匹配访问来源的地址；hosts 名是一个 FQDN 域名，支持精确匹配和模糊匹配	（1）VirtualService 上的 hosts 字段：描述 VirtualService 定义的服务，匹配流量的目标地址。 （2）TLSMatchAttributes 上 sniHosts 字段：TLSRoute 匹配条件，匹配 TLS 请求的 SNI。 （3）Gateway 的 Server 上的 hosts 字段：Gateway 后端服务的主机名，匹配服务的外部访问地址。 （4）ServiceEntry 上的 hosts：ServiceEntry 的主机名，匹配服务地址

规　　则	说　　明	规则适用场合
hosts 服务名	Istio 服务发现的服务名；在 Kubernetes 平台上如果用了短域名，Istio 就会根据规则的命名空间来解析服务名	（1）VirtualService 上的 hosts 字段：描述 VirtualService 定义的服务，匹配流量的目标地址。 （2）VirtualService 的 Destination 上的 host 字段：描述一个目标后端的服务名。 （3）DestinationRule 上的 host 字段：描述目标规则适用的服务名

另外，在 Istio 上定义的资源对象最终转化为对服务网格数据面 Envoy 的配置，大部分配置的原理和用法在本节都有详细介绍，这些规则对服务网格数据面 Envoy 的效果如表 3-11 所示。

表 3-11　Istio 和 Envoy 的配置对照

Istio（和 Kubernetes）资源对象	服务网格数据面的配置效果	涉及 Envoy 配置对象
VirtualService	VirtualService 的 TLSRoute 和 TCPRoute 配置影响 Envoy 监听器 Listeners；HTTPRoute 影响 Envoy 路由配置 Routes	Listener 和 Route
DestinationRule	客户端代理上对目标服务的七层、四层连接和 TLS 的配置	Cluster 和 Endpoints
Gateway	作用于 Ingress 和 Egress 网关的 Envoy 监听器（Listener）上	Listener
ServiceEntry	客户端代理可以访问的 Cluster 和 Endpoint	Cluster 和 Endpoints
EnvoyFilter	直接操作 Envoy 的所有配置对象	所有对象
Sidecar	控制客户端和服务端代理的配置可见性	所有对象
Kubernetes Services	为服务的端口和协议创建监听器，在路由（Route）上添加 virtualhost；对每个服务和服务子集都创建 Cluster	Listener、Route 和 Cluster
Kubernetes Endpoints	后端实例 Endpoints	Endpoints

本章用了较大的篇幅详细介绍 Istio 提供的流量治理能力，以及剖析这些能力的原理，包括在 Istio 和其他技术中的不同实现；并着重介绍这些能力在 Istio 中的配置模型和配置定义。本章每个小节中少量的配置片段只简要展示了每种能力的典型应用，在实践篇中会有完整的可操作的流量治理实践，有兴趣的读者可以直接跳到对应的章节进行实践。也可以按顺序进入第 4 章，了解 Istio 提供的另一个强大的功能——可扩展的可观测性和策略控制，了解如何基于 Istio 在不修改代码的前提下收集服务的可观测性数据，并控制服务间的访问。

第4章 可观测性和策略控制的原理

本章讲解 Istio 提供的可观测性和策略控制的原理，包括 Istio 中可观测性和策略控制要解决的问题和使用方式。本章涉及的内容在过去的几个大版本中都发生了较大的变化，扩展能力从服务端 Mixer 下沉到服务网格数据面。从 Istio 1.5 开始，Mixer 不再被推荐使用，在 Istio 1.8 中已被完全移除。本章重点讲解新架构下基于数据面的扩展能力的实现，包括访问指标（Metric）、调用链（Tracing）、访问日志（Accesslog）和限流（Ratelimit）等常用的可观测性与策略控制的原理。为了让读者更好地理解架构演进，在每一小节的原理部分都会重点介绍数据面的扩展架构，同时简要对照基于控制面的实现。

4.1 概念和原理

可观测性是服务日常运维的关键能力，特别是在云原生场景中服务间的调用比较复杂时，能帮助运维人员方便地洞察服务的运行状态：①基于应用拓扑了解服务间的依赖关系、服务间的总体访问状况；②基于调用链分析每次疑似有问题的调用链路上服务间的延迟、错误和调用细节；③基于访问日志了解每次访问的细节信息；④基于服务访问指标统计和分析各种维度的服务访问情况。

4.1.1 可观测性的概念

说到服务运维管理，不管是传统的微服务还是当前基于服务网格的服务访问，我们关注比较多的是流量治理。但是用户在实际场景中，在配置治理规则前最先做的，往往是基于可观测性观察自身服务的运行情况，然后配置治理规则去干预，接着基于可观测性数据观察干预的效果，并一直迭代这个观察-干预-观察-干预的过程。这其实也很好理解：若把我们管理的应用抽象成一个系统，那么进行治理看上去就是我们对系统进行了写操作，而可观测性是进行了读操作。在实践中，更多的时候，我们都是先进行充分的读操作，然后才谨慎地进行写操作。即在运维系统时，我们先通过观察定位并发现问题，然后才基于发现的问题解决问题。

1. 可观测性数据的采集

可观测性管理方案包括可观测性数据的采集、存储和检索。后两者一般由监控服务端统一提供，主要解决性能和规模等问题，根据数据特征选择适合的存储方式，并基于数据的分区、老化等机制保证数据存储规模和查询效率来满足要求。但是可观测性数据的采集方案差异一般较大，因为监控数据的生成方和业务联系紧密，根据不同的数据类型、应用场景、运行环境和监控对象，经常有不同的采集方式。

一般细粒度的数据经常需要在业务中输出，比如访问日志、业务间的调用链或应用访问指标等。为了管理不同的数据对象，会有不同的监控数据源，并有不同格式的监控数据。在业务代码中经常混杂一大堆机械、重复的数据采集代码，用于生成数据并且连接对应的APM 服务端上报，如图 4-1 所示。不论是使用一个特定的 APM 服务的收集 SDK，还是使用通用的 RESTful、gRPC 协议，数据采集代码经常是一个大杂烩，对业务代码侵入严重。

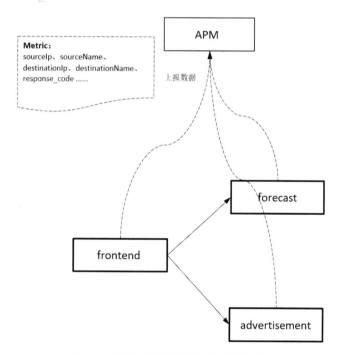

图 4-1　传统的可观测性数据采集机制

在业务代码中只写一遍数据生成和上报逻辑还好应对，但在实际开发中我们几乎都遇到过以下更麻烦的场景。

◎ 场景 1：APM 采集协议发生变化，例如 APM 服务端做了更新，并将原来的 RESTful 协议改为 gRPC 协议。

◎ 场景 2：APM 的上报字段被修改，例如需要添加、删除或者修改某些上报字段。

在这些场景中，业务自身没有发生变化，却不得不跟着修改。比如，如果用户要求增加一个监控属性信息，则需要在 APM 服务端修改和添加字段，同时整个项目上报数据的所有服务都要机械式更新，不管修改的是硬编码的代码，还是灵活的配置，业务代码都得跟着做大量修改，这带来额外的工作量和升级变更风险。

2. Istio 可观测性数据的采集

在服务网格架构下，数据面 Sidecar 代理应用完成各种通用的非业务功能，包括可观测性数据的采集，对应的可观测性数据采集机制如图 4-2 所示。

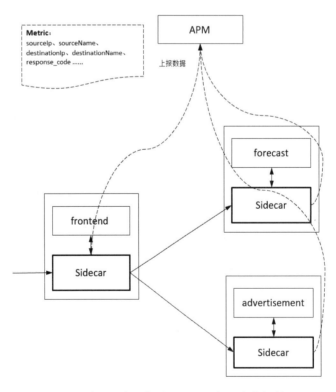

图 4-2 基于服务网格的可观测性数据采集机制

可以看到，服务网格数据面拦截流量，识别协议中的访问细节，代理业务生成各种可观测性数据，比如生成请求的访问日志、调用链、访问指标等，并上报给配置的监控后端。这在前面的两种场景中都不用修改业务代码，只需调整服务网格配置即可，这也是服务网格非侵入特征在可观测性方面的重要体现。这种方式解耦了业务开发者的工作，在业务代码中几乎完全不用考虑监控的事情。

除了大多数服务网格通用的非侵入特征，Istio 良好的架构设计非常强调功能的可扩展性。用户可以扩展定义不同的监控数据和监控采集方式，可以动态定义监控数据的格式、对接的后端服务等信息。Istio 的早期版本提供了基于服务端组件 Mixer 的扩展机制，通过开发 Mixer 的 Adapter，可以灵活定义处理的数据格式和后端服务。Istio 1.5 之后的版本将这部分扩展能力在数据面进行了实现。

1）基于控制面——Istio 的早期版本

Istio 的早期版本基于 Mixer 的扩展机制，可以在服务端动态定义可观测性的格式和处理方式。如图 4-3 所示，控制面 Mixer 向数据面提供统一的平台级门面，并对接不同的后端监控服务。基于 Mixer 的扩展机制，服务运维人员在 Mixer 这个控制点进行统一管理。

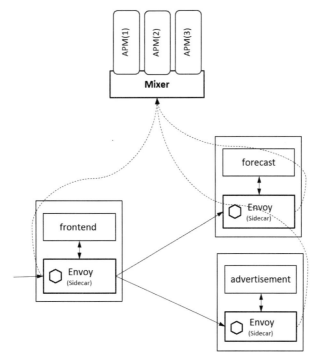

图 4-3　Istio 基于 Mixer 的可观测性数据采集机制

每个后端都有不同的接口和操作，所以 Mixer 需要自定义代码进行处理，这就是 Mixer 的 Adapter 机制（见图 4-4）。Istio 基于 Mixer Adapter 的可观测性和策略控制机制如下。

（1）Envoy 生成数据并将数据上报给 Mixer，例如 Envoy 生成一条服务 A 访问服务 B 的数据，包括时间、服务 A 的 IP 地址、服务 B 的 IP 地址等。

（2）Mixer 调用对应的服务后端处理收到的数据，例如 Mixer 调用一个 APM 的 Adapter，通过这个 Adapter 将数据上报给 APM 后端。

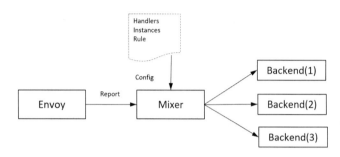

图 4-4　Istio 基于 Mixer Adapter 的可观测性和策略控制机制

每个经过 Envoy 的请求都会调用 Mixer 上报数据，Mixer 将上报的这些数据作为策略和可观测性报告的一部分发送出来，并转换为对后端服务的调用。Mixer 的 Adapter 是一个处理数据的二进制加一个 Protobuf 格式配置的定义。Adapter 提供通用的接口供 Mixer 调用，封装了对数据的处理逻辑和对后端服务的调用接口。除了 Prometherus、Fluentd 等多种开源的 Adapter，还有多个云厂商也提供了各自的 Adapter，把自己的监控服务集成到 Istio 中。

但是这种高扩展设计在 Istio 早期几个版本的应用过程中也出现不少问题，如下所述。

◎ 增加了管理的复杂度，运维人员需要管理 Mixer 这个复杂组件。在使用进程外的 Adapter 时，还要额外管理多个后端 Adapter。

◎ Mixer 虽然在设计上对各种后端都做了极大的抽象，但在实际使用时对各种后端都需要分别定义，并且配置 Adapter、配置请求数据和后端数据的映射等。

◎ 虽然 Mixer 持续做了不少类似缓存、批量处理等的优化，但在每个 Sidecar 和 Mixer 之间必须要维护连接，这在较大规模场景中带来了更高的 CPU 和内存消耗，也比较明显地增加了端到端的延迟。理论上，这种架构要求将所有数据面流量都发到中心侧的服务，导致总体的资源消耗增加。在 Mixer 早期版本中提供的认证和授权功能在 Istio 1.5 之前就迁移到 Envoy 中内置了，在 Istio 1.5 之后的版本中，可观测性、限流等更多功能逐步被下放到服务网格数据面。

2）基于数据面——Istio 1.5 之后的版本

在 Istio 1.5 之后的版本中，在原有 Mixer 中实现的可观测性和策略控制的扩展都直接通过服务网格数据面 Envoy 自身的扩展机制实现，具体是基于服务网格数据面构建若干可观测性和控制的能力，直接对接指标、日志、调用链和控制的后端，从而省去对一个中心侧服务的调用。

为了在架构描述上做区分，一般基于 Mixer 的扩展机制被称为 Telemetry V1，基于数据面的扩展机制被称为 Telemetry V2。

图 4-5 描述了可观测性和策略控制基于数据面的扩展机制。从扩展的执行位置来看，这些基于数据面的功能扩展，有些是 Istio 基于 Envoy 的过滤器扩展机制实现了新的过滤器，并插到 Envoy 的过滤器链上，有些则是 Envoy 原生能力的配置和开放。比如后面会介绍到的指标数据 stats 和用于元数据交换的 metadata_exchange 均是在 Istio-proxy 中扩展的新过滤器，这些新过滤器被添加到 Envoy 的 TCP 或 HTTP 过滤器链上，并根据配置在处理流量的适当阶段实现服务网格的指标数据的生成和元数据交换；而像访问日志、调用链、限流等 Envoy 本身作为流量代理内置的功能，Istio 提供了统一配置方式，方便在全服务网格范围内统一管理。

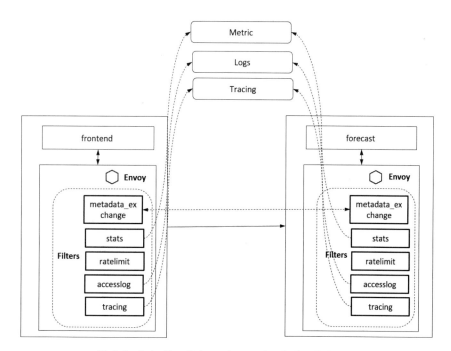

图 4-5 Istio 基于数据面的可观测性和策略控制机制

从原理来看,不同于 Telemetry V1 基于控制面统一的 Adapter 框架构建能力,Telemetry V2 这种基于数据面扩展的方式,并没有一个统一的框架和机制来配置和编程,更多的是 Envoy 自身风格的扩展和能力开放。所以,在后面分章节详细介绍原理时,我们通过对比会看到,Telemetry V1 都是基于基本固定的流程模式,只有后端和接口的定义各不相同,而 Telemetry V2 每种可观测性的原理差别较大,包括数据的定义和采集的配置等;可观测性常用的指标、调用链、访问日志等均不相同:指标是基于 Prometheus 从数据面 Exporter 上拉数据;调用链是 Envoy 埋点后直接上报到配置的调用链后端;访问日志既可被输出到标准输出文件,也可被通过一个 gRPC 标准接口上报。

Telemetry V2 的各种可观测性数据或者控制的输入数据,没有一个类似 Telemetry V1 的 Instance 结构,通用的描述访问指标的标签、访问日志的字段、调用链的扩展字段的配置各不相同。用户在使用这些功能时,没有 Telemetry V1 那种统一的配置模型,而是各有不同的配置,甚至 Istio 中的很多配置都直接通过 EnvoyFilter 配置 Envoy 的对应能力。

4.1.2　访问指标（Metrics）

1. 访问指标的概念

指标是可观测性中最常用、直观的度量功能,基于统计视图描述对象在各个维度的特征。在微服务场景中,除了各种资源和系统类的运行指标,服务访问的响应时间、流量、错误率等指标能简洁而全面地描述服务的运行情况、健康状态等,这些是管理员进行应用运维最关注的信息。对这些访问指标配置各种阈值告警,是管理员日常运维的最主要手段。

如图 4-6 所示是通过 Prometheus 采集到的访问指标,可以基于各种维度进行检索,构造趋势图、柱状图,通过多个视角统计分析服务的运行状况。

如图 4-7 所示,运维管理员可以基于服务间的访问指标生成微服务的应用访问拓扑,直观地观察服务间的依赖,了解服务间的吞吐、延时等信息,甚至可以观察服务跨集群访问、版本粒度、实例粒度的流量情况。在拓扑图上还可以直观观测到第 3 章配置的各种流量治理的效果:故障注入规则生效后服务的访问异常;会话保持规则生效后流量是否分发到一个特定实例上;服务熔断生效后故障实例的自动隔离与自动恢复;灰度策略生效后不同版本间的流量比例等。

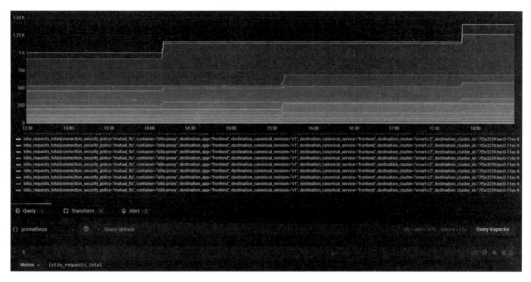

图 4-6 通过 Prometheus 采集到的访问指标

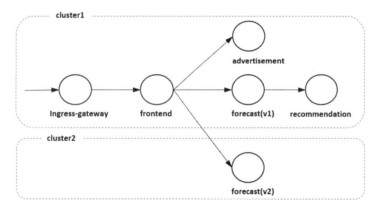

图 4-7 基于访问指标构建应用访问拓扑

2. Istio 的访问指标

服务网格的非侵入采集方式使得业务开发人员无须关注这些指标的生成，运维人员通过配置可以方便地配置哪些指标要采集，满足哪些条件的请求会被采集，还可以灵活定义指标上的标签。

在表 4-1 中列举了 Istio 常用的指标，从中可以看到除了 TCP 四层的基础指标，更多的是提供了对于 HTTP、HTTP/2 和 gRPC 等七层协议的指标。这也是 Istio 提供的丰富的七层能力的一部分。

表 4-1 Istio 的常用指标

指　　标	协　议	Telemetry V2 指标名	Telemetry V1Instance 名	指标类型	指标含义
请求数	HTTP	istio_requests_total	requestcount	Counter	请求数。可以基于此统计服务单位时间内处理的请求数，表示目标服务的吞吐量；也可以统计错误的请求数，得到错误率等指标
请求延时	HTTP	istio_request_duration_milliseconds	requestduration	Histogram	服务响应延时。衡量服务性能的重要指标，体现服务的响应效率
请求的大小	HTTP	istio_request_bytes	requestsize	Histogram	HTTP 请求体的大小
应答的大小	HTTP	istio_response_bytes	responsesize	Histogram	HTTP 应答体的大小
gRPC 的请求数	gRPC	istio_request_messages_total		Counter	统计 gRPC 客户端发送的请求数
gRPC 的应答数	gRPC	istio_response_messages_total		Counter	统计 gRPC 服务端发送的应答数
TCP 发送的字节数	TCP	istio_tcp_sent_bytes_total	tcpbytesent	Counter	TCP 连接上行流量字节数的计数
TCP 接收的字节数	TCP	istio_tcp_received_bytes_total	tcpbytereceived	Counter	TCP 连接下行流量字节数的计数
TCP 打开的连接数	TCP	istio_tcp_connections_opened_total	tcpconnectionsopened	Counter	打开的 TCP 连接数
TCP 关闭连接数	TCP	istio_tcp_connections_closed_total	tcpconnectionsopened	Counter	关闭的 TCP 连接数

可以看到，大部分指标都是以_total 为后缀的 Counter 类型，作为只增不减的计数器，用于记录次数。这些类型的指标在时序保存后可以计算对应的速率，比如基于请求数可以计算 QPS，考察服务或者服务版本的流量和负荷情况；还可以根据业务需要，通过 Prometheus 内置的聚合函数做更高阶的统计。

另一大部分指标是 Histogram 类型，基于设置的分组区间统计。这种分组统计的方式弥补了传统的只采集均值的弊端。以列表中第 2 个指标请求延时为例，即使平均延时满足业务场景的要求，但如果有部分延时太长，则也会影响最终用户的体验。使用基于区间的统计，我们可以知道每个区间内的请求数，从而更全面地对服务响应进行描述。在服务网格中一般都是考察 TP95 或者 TP99 来评价服务的请求延时，这也是衡量服务管理最直观的指标，延时过大或者不正常变大都是需要管理员重点关注的问题。

前面介绍到，Istio 生成的指标标签可以灵活配置，如表 4-2 所示，基于这些标签可以标识和描述指标，并通过标签进行不同维度的聚合，比如常用的服务粒度、版本粒度、实例粒度的服务请求延时、QPS 等。

表 4-2　Istio 的指标标签

指标标签	意　义
Reporter	表示上报者的角色，如果来自目标服务代理，则将其设置为 destination；如果来自源服务代理或者网关，则将其设置为 source
Source Workload	源服务负载的名称
Source Workload Namespace	源服务负载的命名空间
Source Principal	源服务主体的身份，在启用了双向认证时使用
Source App	源服务 App 的标签
Source Version	源服务版本
Destination Workload	目标服务负载的名称
Destination Workload Namespace	目标服务负载的命名空间
Destination Principal	目标服务主体的身份，在启用了双向认证时使用
Destination App	目标服务 App 的标签
Destination Version	目标服务的版本
Destination Service	目标服务访问 Host 的信息
Destination Service Name	目标服务的名称
Destination Service Namespace	目标服务的命名空间
Request Protocol	请求协议
Response Code	响应码
Connection Security Policy	认证策略
Response Flags	应答标记，参见 4.4.2 节
Destination Cluster	目标服务所在的集群
Source Cluster	源服务所在的集群

这些标签有些来源于访问本身，比如请求协议 Request Protocol、响应码 Response Code 等，更多的是请求涉及的源服务或目标服务的相关信息，比如源负载和目标负载的 App 标签、命名空间等，在后期的运维中基于这些标签信息进行各种维度的管理。标签都相同的指标会形成一个条目，若其中有任意标签不同，就会生成另一个指标条目。服务端可以

根据标签的取值进行不同的聚合，得到不同的运维视图。

Istio 中指标采集的原理和配置可参照 4.2 节的详细介绍。

4.1.3　调用链

1. 调用链的概念

调用链被广泛应用于分布式系统服务间调用的问题定位和定界，特别是在有大量的服务调用、跨进程、跨服务器或跨多个物理机房的大规模复杂场景中。无论是服务自身还是网络环境的问题所导致的在调用链路上出现的失败，其定位过程比在单进程环境下基于日志的异常栈找出某个方法的异常要困难得多。如图 4-8 所示，调用链提供的链路追踪可以观察到每个阶段的调用关系，以及每个阶段的耗时和调用的详细情况。

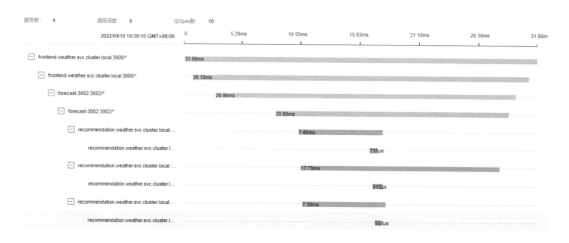

图 4-8　调用链提供的链路追踪

调用链系统有很多实现，满足 Opentracing 语义标准的就有 Jaeger、LightStep、SkyWalking、inspectIT、stagemonitor、Datadog、Wavefront 等。之后会介绍这些调用链，一些重要厂商的调用链在 Istio 中都得到了支持。

一个完整的调用链跟踪系统包括调用链埋点、收集、存储和检索，在 Istio 中主要负责调用链埋点和数据上报。

从格式上看，调用链是一个比访问指标和日志更复杂的数据模型。调用链模型包含以下两个核心对象。

◎ Trace：一次完整的分布式调用跟踪链路。

◎ Span：跨服务的一次调用。

调用链模型通过如下 ID 关联各个对象。

◎ TraceId：Trace 的 ID，在第 1 个 Span 生成时生成 TraceId，然后一直向后传递。通过这个 ID 关联多个请求的 Span。

◎ SpanId：Span 记录一个请求中的一段调用，在 Span 创建时分配 ID。

◎ ParentSpanId：父 SpanId，为本级调用 Span 的前一个阶段，可将其理解成链表的直接前驱。

图 4-9 示意了 4 个微服务间的调用链简化模型。当用户发起一个请求时，该请求先到达 frontend，再由 frontend 发送到 forecast 和 advertisement。advertisement 直接应答，forecast 在调用后端 recommendation 交互之后向 frontend 应答，frontend 进而返回最终的应答。frontend 的下游如 Ingress-gateway 在调用 frontend 时会生成一个 Trace 和这个阶段的 Span，在其后的每个服务间调用时，服务网格代理都进行调用链埋点并生成 Span，即在这些调用过程中添加 TraceId、SpanId 跟踪标识和时间戳。在每个阶段调用生成的 Span 至少包含当前 SpanId 和父 SpanId。一个 Trace 表示一次调用，这次调用中的所有 Span 都属于这个 Trace，共用同一个 TraceId。

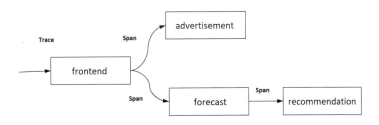

图 4-9　4 个微服务间的调用链简化模型

2. Istio 的调用链

调用链技术本身出现得比服务网格要早，在云原生时代，服务网格赋予调用链新的生命力。从场景来看，调用链和服务网格都是解决大规模复杂场景中服务间调用管理问题的重要手段。服务网格要对服务进行治理，都离不开调用链，调用链是服务网格可观测性的关键手段。从机制上看，早期的调用链大多数通过提供埋点的 SDK 让用户选择在自己的代码中集成，在服务网格结合场景中由服务网格数据面完成调用链复杂的埋点逻辑，其用法更简单、透明，只要通过适当的配置，就可以生成需要的调用链数据，并对服务间的调用进行管理。

在 Istio 中，服务网格数据面拦截应用的请求，并代替应用业务进行调用链埋点。在应对每个请求时都生成调用链的数据结构 Span，包括为每次调用都生成的 TraceId、SpanId、一些重要的时间信息，以及其他调用链相关的请求和应答的重要信息。

Istio 对入流量和出流量的调用链埋点逻辑并不相同。

◎ 入流量：Sidecar 解析入流量，如果在请求头域中没有任何跟踪相关的信息，则会先创建一个 Trace 和根 Span，TraceId 即根 SpanId；然后将请求传递给应用程序；如果在请求中包含 Trace 相关的信息，则 Sidecar 从中提取 Trace 的上下文信息并发送给应用程序。

◎ 出流量：Sidecar 解析出流量，如果在请求头域中没有任何跟踪相关的信息，则会创建根 Span，并将该根 Span 相关的上下文信息放在请求头中传递给下一个调用的服务；当存在 Trace 信息时，代理会从请求头域中提取 Span 相关的信息，并基于这个 Span 创建子 Span，并将新的 Span 信息加在请求头域中向下传递。

图 4-10 提取了图 4-9 所示的 4 个微服务基于 Istio 的调用链埋点的关键数据，包括每个阶段的详细埋点数据，通过该图可以看到，TraceId 和 SpanId 串联了整个调用链的每个阶段，这个埋点逻辑和传统的调用链埋点 SDK 或者传统微服务框架里嵌入的调用链埋点库的逻辑类似，都源自同一个调用链模型。

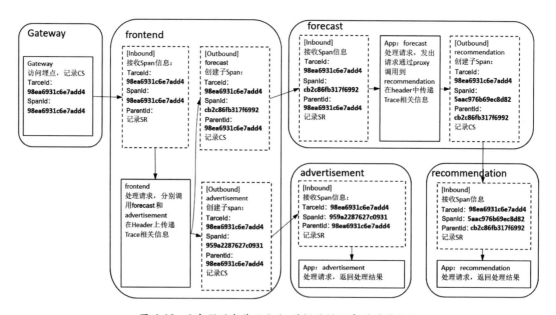

图 4-10　4 个微服务基于 Istio 的调用链埋点的关键数据

　　在这个过程中，虽然 Sidecar 按照以上规则执行了埋点动作，但要把整个调用过程中的 Trace 和上一步的 Span 信息向下传递，把调用链路关联起来，就要求应用程序能分发和传递这些携带调用链信息的固定头域。即应用程序虽然无须埋点，无须生成这些 Trace 和 Span，但需要传递这些信息。这也是服务网格的可观测性并非完全非侵入的一个体现。如图 4-11 所示，在 Istio 1.0 关于应用非侵入性的声明中提到，用户在使用 Istio 时完全不需要修改任何代码，而如图 4-12 所示，在 Istio 1.1 关于应用非侵入性的声明中修改了这个说法，因为 Istio 的调用链原理决定了应用需要做少量修改才能实现完整的功能。

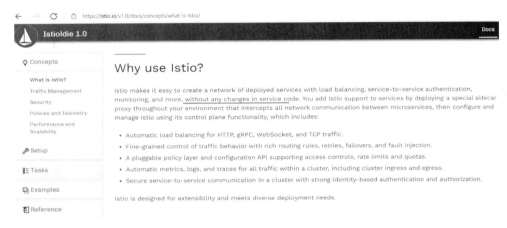

图 4-11　Istio 1.0 关于应用非侵入性的声明

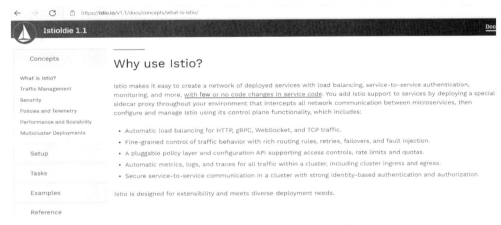

图 4-12　Istio 1.1 关于应用非侵入性的声明

4.1.4　访问日志

1. 访问日志的概念

访问日志记录了服务间每一次访问的详细信息，除了提供了服务间访问的基础审计能力，还可帮助运维人员进行故障定位和问题排查。访问日志记录了每次访问的时间、请求、应答、耗时、源服务和目标服务等信息，可以帮助用户基于日志的内容分析访问中的问题。如图 4-13 所示，通过访问日志检索，运维人员一般会基于响应码过滤错误的请求，或者基于请求延时过滤慢的访问记录。对单个疑似日志可以查看详情，了解源服务、目标服务、访问过程等详细信息，进行故障排查。比如，是否慢的请求的应答体都比较大，来自某个特定服务的服务接口总出错，或者来自某个特定源服务的访问不正常。

图 4-13　访问日志检索

2. Istio 的访问日志

和其他日志一样，早期的访问日志一般由应用程序输出，即要求用户在业务代码中记录每次访问。虽然计算机语言一般都有专门的日志工具，包括可以用类似 Java 里的 AOP 这种应用切面来生成日志，但这种侵入式的日志输出增加了开发人员除业务开发外的通用负担，同时，运维人员要对日志格式或者上报机制进行修改，也比较困难。基于服务网格的非侵入性特点，开发人员无须修改业务代码，服务网格数据面在拦截到流量并解析到访问信息后，可以非常方便地输出业务访问日志。

以下是从 forecast 服务网格代理上收集到的入流量和出流量的真实日志,表示 frontend 访问 forecast,forecast 再访问 advertisement 的两段请求。访问日志的输出,都可以由服务网格数据面自动生成和收集,日志格式可以动态定义:

```
[2022-12-09T07:03:09.119Z] "GET /forecast HTTP/1.1" 200 - via_upstream - "-" 0 379 9 8 "-"
"Mozilla/5.0 (Windows NT 10.0; Win64; x64) AppleWebKit/537.36 (KHTML, like Gecko)
Chrome/102.0.0.0 Safari/537.36" "2f61af4b-c1fe-44ba-9b23-78dcad660226" "forecast:3002"
"10.0.0.54:3002" inbound|3002|| 127.0.0.6:54869 10.0.0.54:3002 10.0.0.55:45236
outbound_.3002.v1_.forecast.weather.svc.cluster.local default

[2022-12-09T07:03:09.124Z] "GET /advertisement HTTP/1.1" 200 - via_upstream - "-" 0 48 1 1
"-" "Apache-CXF/3.1.14" "2f61af4b-c1fe-44ba-9b23-78dcad660226" "advertisement:3003"
"10.0.0.53:3003" outbound|3003|v1|advertisement.weather.svc.cluster.local 10.0.0.54:34916
10.247.241.112:3003 10.0.0.54:52948 - -
```

表 4-3 解析了这两段日志的内容,通过它可以简要了解 Istio 访问日志的结构,其中包括丰富的时间信息、地址信息和请求应答信息等。相同的请求标识 2f61af4b-c1fe-44ba-9b23-78dcad660226 也说明了两段日志来自同一个请求。

表 4-3　Istio 访问日志的结构示例

日志字段名	字段说明	Inbound 日志示例	Outbound 日志示例
[%START_TIME%]	开始时间	[2022-12--09T07:03:09.119Z]	[2022-12--09T07:03:09.124Z]
%REQ(:METHOD)% %REQ(X-ENVOY-ORIGINAL-PATH ?:PATH)% %PROTOCOL%	从 Request 头域提取的 METHOD、PATH 等信息,并拼接访问协议	GET /forecast HTTP/1.1	GET /advertisement HTTP/1.1
RESPONSE_CODE	HTTP 响应码	200	200
RESPONSE_FLAGS	响应标记	-	-
RESPONSE_CODE_DETAILS	响应码详情	via_upstream	via_upstream
CONNECTION_TERMINATI ON_DETAILS	连接终止详情	-	-
UPSTREAM_TRANSPORT_F AILURE_REASON	上游传输失败的原因	-	-
BYTES_RECEIVED	应答体的大小	0	0
BYTES_SENT	发送体的大小	379	48
DURATION	表示处理一个请求的时间	9	1

续表

日志字段名	字段说明	Inbound 日志示例	Outbound 日志示例
RESP(X-ENVOY-UPSTREAM-SERVICE-TIME)	从 Response 中提取的 X-ENVOY-UPSTREAM-SERVICE-TIME，语义见 4.4 节	8	1
REQ(X-FORWARDED-FOR)	从请求中提取的 X-FORWARDED-FOR 头域，记录请求端的真实 IP 地址	-	-
REQ(USER-AGENT)	从请求头域中提取的 USER-AGENT	Mozilla/5.0 (Windows NT 10.0; Win64; x64) AppleWebKit/537.36 (KHTML, like Gecko) Chrome/ 102.0.0.0 Safari/537.36	Apache-CXF/3.1.14
REQ(X-REQUEST-ID)	从请求中提取的 X-REQUEST-ID 头域，用于唯一标识一个请求	2f61af4b-c1fe-44ba-9b23-78dcad660 226	2f61af4b-c1fe-44ba-9b23-78d cad660226
REQ(:AUTHORITY)	从 Request 中提取的 AUTHORITY	forecast:3002	advertisement:3003
UPSTREAM_HOST	上游主机	10.0.0.54:3002	10.0.0.53:3003
UPSTREAM_CLUSTER	上游服务名	inbound|3002||	outbound|3003|v1|advertiseme nt.weather.svc.cluster.local
UPSTREAM_LOCAL_ADDRESS	上游连接的本地地址	127.0.0.6:54869	10.0.0.54:34916
DOWNSTREAM_LOCAL_ADDRESS	下游连接的本地地址	10.0.0.54:3002	10.247.241.112:3003
DOWNSTREAM_REMOTE_ADDRESS	下游连接的远端地址，通过这个地址连接代理	10.0.0.55:45236	10.0.0.54:52948
REQUESTED_SERVER_NAME	连接的 SNI	outbound_.3002_.v1_.forecast.weathe r.svc.cluster.local	-
ROUTE_NAME	路由名	default	-

Istio 的访问日志在 4.4 节对应的配置部分会有详细介绍，到时再拿出这个实际的访问日志解析其含义和用法。

4.1.5 限流

1. 限流的概念

限流是保障服务韧性的重要手段，特别是对于一些关键的服务，经常需要综合多种因素进行容量规划，在出现流量高峰且超过规划的限流阈值时拒绝服务请求，防止系统过载，保障服务总体的可用性。

典型的应用级别的限流，要求用户将特定限流服务的客户端 SDK 嵌入业务代码中，对服务间的访问流量进行控制。服务网格具有非侵入的特性，对识别到的流量都可以透明地进行限流，应用无须在自身的接口上进行特殊限流处理。另外，对于各种不同类型的流量，服务网格都可以根据其特征进行各种粒度的限流，比如既可以限制四层的连接数，也可以限制七层的请求数；既可以限制某个 RESTful 接口的请求，也可以限制某种特定头域的请求，从而帮助用户构建细粒度的有多种流量特征的限流能力。

2. Istio 中的限流

业界应用的限流算法和模型有很多，这里简要介绍 Istio 中的几种限流模型。

1）滑动窗口限流模型

这里首先讲解 Mixer 早期基于 Redis 实现的固定窗口（FIXED_WINDOW）和滑动窗口（ROLLING_WINDOW）这两种限流算法。

固定窗口比较简单，就是在配置的时间内计数，如果达到配置的上限，就拒绝后面的请求。这种算法有一个非常明显的问题，就是限制不均匀。如图 4-14 所示，假如限流 1 秒内最多有 1000 个请求，如果在前 100ms 内有超过 1000 个请求，则在后面的 900ms 内所有请求都会被拒绝。

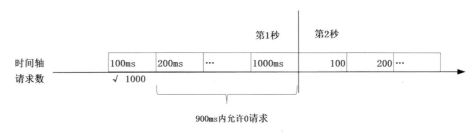

图 4-14　固定窗口限流不均匀

另外，更致命的是固定窗口的两倍配速问题。其限流算法要求仍然是每秒 1000 个请求，如图 4-15 所示，如果在第 1 秒的前 900ms 内没有请求，但是在最后 100ms 内有 1000 个请求，紧接着在第 2 秒的前 100ms 内有 1000 个请求，则根据固定窗口的限流算法，这种请求是满足限流规则的。但很明显，如果考察中间的 200ms，则总共有 2000 个请求，这超过了每秒 1000 个请求的限流目标，这个瞬时大流量可能会对后端服务造成超过预期的过载压力。

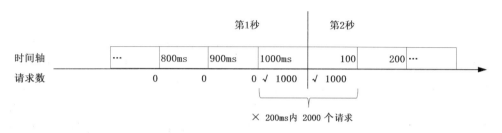

图 4-15　固定窗口的两倍配速问题

采用滑动窗口的算法则可以避免这个问题，思路也比较简单：把原来大的固定考察时段划分成小的桶，对每个桶都独立计数，将总的考察时段作为一个可以滑动的窗口，如图 4-16 所示。在采用了滑动窗口后，在以上固定窗口的示例中，相邻 200ms 的 2000 个请求的问题就不会发生了。当限流规则是每秒限流 1000 个请求时，后面的请求因不满足规则而被拒绝。可以配置每个桶的长度，长度越小，控制就越平滑，限流就越精确。但记录的数据越多，对限流后端资源的要求就越高。

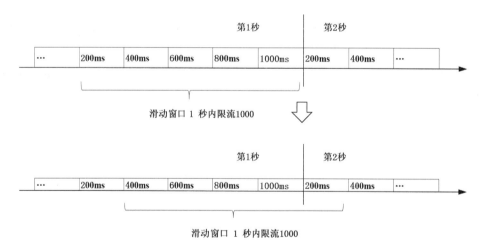

图 4-16　滑动窗口的限流算法

2）令牌桶的限流模型

令牌桶被应用于 Istio 数据面的本地限流中，通过控制令牌桶内令牌的总数和令牌注入的速率来控制服务的流量，其限流算法如图 4-17 所示。通过这种方式可以将所有请求都比较均匀地分到一个时间段内，并且可以接收一定范围内的突发流量。

（1）初始时，在令牌桶内有一定数量的令牌。

（2）当有匹配限流规则的请求到来时，执行限流检查，每个请求都消费一个令牌。当请求过于频繁时，桶里的令牌被消费完，后面的请求拿不到令牌，请求失败。

（3）桶中每隔固定的间隔就会填充一定量的令牌。在这个填充过程中，如果请求较少，令牌消费较慢，导致桶中令牌满，即令牌总数超过配置的令牌总数，则会丢弃后面填充的令牌。

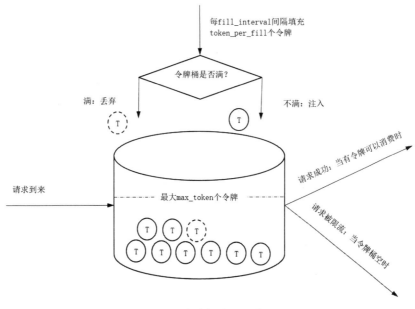

图 4-17　令牌桶的限流算法

4.2　Istio 访问指标采集

4.1 节介绍了 Istio 可观测性和策略控制相关的概念和模型，本章后面会分小节介绍每种可观测性对象和限流的原理和用法，在可观测性方面重点关注服务网格侧的采集。

4.2.1 指标采集的原理

无论是 Istio 1.5 之前版本的基于 Mixer 的指标采集方式，还是之后版本的基于数据面的指标采集方式，接口和后端大多基于 Prometheus。

Prometheus 应该是当前应用最广的开源的监控和告警平台。Prometheus 强大的多维度数据模型、高效的数据采集能力、灵活的查询语法，以及可扩展性、方便集成的特点，尤其是与云原生生态结合的特点，使其得到越来越广泛的应用。Prometheus 于 2016 年加入 CNCF，并于 2018 年成为第 2 个从 CNCF 毕业的项目。

图 4-18 展示了 Prometheus 的工作原理。它可以抓取数据并存储，提供 PromQL 语法进行查询，或者对接 Grafana、Kiali 等 Dashboard 进行显示，还可以根据配置的规则进行告警。

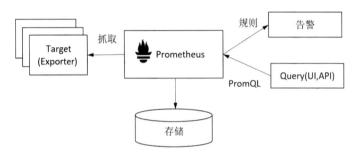

图 4-18　Prometheus 的工作原理

这里重点关注 Prometheus 工作流程中的数据采集部分。不同于常见的数据生成方主动向后端上报数据的 Push 方式，Prometheus 在设计上基于 Pull 方式向目标 Exporter 发送 HTTP 请求获取数据。我们一般可以使用 Prometheus 提供的各种语言的 SDK 在业务代码中添加指标的生成逻辑，并通过 HTTP 发布满足格式的指标接口。我们也可以提供 Prometheus Exporter 的代理，和应用一起部署，收集应用的指标并将其转换成 Prometheus 的格式发布出来。

Prometheus 社区提供了丰富的 Exporter 实现，包括 Redis、MySQL、TSDB、Elasticsearch、Kafka 等数据库、消息中间件，以及硬件、存储、HTTP 服务器、日志监控系统等。

Istio 非侵入指标的生成也主要基于 Prometheus 的 Exporter。Telemetry V1 的 Prometheus Adapter 在服务端将整个集群的指标开放到一个 Exporter 上；Telemetry V2 基于数据面的采集，则在每个数据面代理上都开放了标准的 Exporter 来发布当前代理上的指标数据。

如图 4-19 所示，在 Istio 中通过适配器 Adapter 收集服务生成的访问指标供 Prometheus 采集，这个 Adapter 就是 Prometheus Exporter 的一个实现。

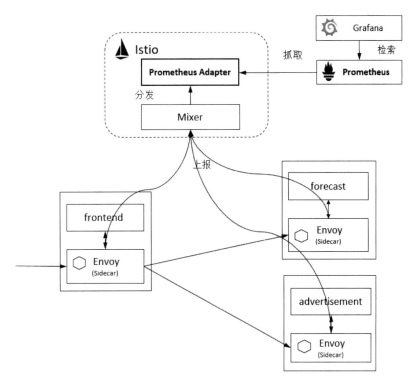

图 4-19　访问指标基于 Mixer Adapter 的工作机制

其完整流程如下。

（1）Envoy 通过 Report 标准接口将代理上的服务访问数据上报给控制面 Mixer。

（2）Mixer 根据配置将请求分发给 Prometheus Adapter。

（3）Prometheus Adapter 通过 HTTP 接口发布访问指标数据。

（4）Prometheus 从服务端 Adapter 的 Exporter 接口上拉取、存储访问指标数据，提供 Query 接口进行检索。

（5）Dashboard 如 Grafana 通过 Prometheus 的检索 API 访问访问指标数据。

可以看到，作为中介的 Prometheus Adapter 收集数据面的访问数据，生成访问指标，并通过标准的 Exporter 接口提供数据。

在当前的 Telemetry V2 中去掉了服务端的 Mixer 组件，改为直接从数据面代理上发布数据，其架构如图 4-20 所示。

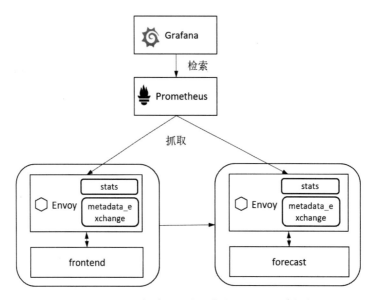

图 4-20 访问指标基于服务网格数据面的工作机制

其主要流程如下。

（1）Envoy 代理拦截到服务间的访问，生成本代理上的访问指标。

（2）Envoy 通过 metadata_exchange 交换源负载或目标负载的元数据信息，形成完整的访问指标数据。

（3）Envoy 通过 Prometheus Exporter 接口发布本代理上的访问指标数据。

（4）Prometheus 服务从每个服务网格数据面代理的 Exporter 接口上拉取、存储访问指标数据，提供 Query 接口进行检索。

（5）Dashboard 如 Grafana 通过 Prometheus 的检索 API 访问访问指标数据。

可以看到，这种方式省去了 Mixer 和 Mixer Adapter 组件，也省去了 Envoy 向 Mixer 的上报流程，改为直接从数据面代理上抓取。另外，在基于 Mixer 的机制下，所有指标数据都被收集在服务端一个的 Exporter 上，Prometheus 只需连接服务端即可；而在基于数据面的机制下，Prometheus 需要抓取每个数据面的 Exporter 上的数据。

4.2.2　指标采集的配置

在 Telemetry V1 基于 Mixer 的 Adapter 配置模型中，访问指标配置了三个重要对象：①Handler，配置 Prometheus 的处理逻辑；②Instance，定义 Metrics 的结构；③Rule，关联 Handler 和 Instance 这两个对象。其中 Handler 的 metricsExpirationPolicy 值得关注，它用来配置指标的老化策略，可以定义老化周期及老化检查间隔等，Telemetry V2 基于数据面的采集方式当前还不支持这种老化能力。

Telemetry V2 无须 Mixer 组件，因此也无须创建 Mixer 相关的以上三个重要对象，而是直接向数据面下发配置，一般通过配置 Istio 的 Operator 参数或者通过 Envoy Filter 对象向 Envoy 下发配置。Telemetry V2 主要包括以下几部分。

1. 访问指标的启用

在 IstioOperator 资源中通过如下方式启用 Telemetry V2：

```
spec:
  addonComponents:
    prometheus:
      enabled: true
  values:
    telemetry:
      v2:
        enabled: true
```

2. 访问指标的定义

类似 Telemetry V1 的 Instance 定义，指标最关键的部分是根据运维需求定义生成指标的格式。如下配置可以用来修改标准指标的定义，删除指标的某些字段，也可以重新定义指标的字段和对应的取值方式。可以配置的内容如下。

◎ name：表示要配置修改的指标，只对指定的指标应用以下配置。如果没有指定，则适用于所有指标。

◎ dimensions：一个键值对的列表，键和值分别是指标的属性和取值。类似 Telemetry V1 中的 Instance 定义各字段的取值。

◎ tagsToRemove：一个字符串数组，定义了要从指标中删除的属性集合，移除了业务中不关心的指标的字段，特别是那些后期不用的高基数的字段，可以极大减少记录数和聚合开销。

以上配置可以对 Inbound、Outbound 和 Gateway 的 Sidecar 分别应用不同的配置。

注意：在当前 Telemetry V2 基于数据面的指标生成和采集架构下，没有指标老化机制，通过 tagsToRemove 删除不必要指标属性可以减少指标记录数，进而显著减少数据面代理的内存开销。

下面以最常用的 requests_total 为例讲解配置方式。比如配置增加 request_host、request_method、request_url、source_pod、destination_pod 等指标属性，并且去除了原有指标中的 response_flags 属性。在以上配置的属性中，source_pod、destination_pod 分别从源服务实例和目标服务实例的元数据中获取，其他属性从请求中获取。关于指标中元数据信息的构造，可参照 4.6 节的介绍。

通过 IstioOperator 描述 Sidecar 出流量 outboundSidecar 上的 HTTP 请求统计如下，inboundSidecar 和 gateway 的定义类似。同样，可以配置 HTTP 的其他指标和 TCP 的指标，这里省略配置详情。在多数应用场景中，下面的配置会省略 name 字段，表示对多个指标配置统一的属性：

```yaml
telemetry:
  enabled: true
  v2:
    enabled: true
    prometheus:
      configOverride:
        outboundSidecar:
          http:
            metrics:
              - name: requests_total
                dimensions:
                  destination_cluster: upstream_peer.cluster_id
                  destination_mesh: upstream_peer.mesh_id
                  destination_pod: upstream_peer.name
                  destination_port: string(upstream.port)
                  request_host: request.host
                  request_method: request.method
                  source_cluster: 'node.metadata['CLUSTER_ID']'
                  source_mesh: 'node.metadata['MESH_ID']'
                  source_pod: 'node.metadata['NAME']'
                tags_to_remove:
                  - response_flags
```

以上 IstioOperator 配置会自动生成对应的 EnvoyFilter 向数据面下发配置，在 Istio 中也可以直接定义 Envoy Filter 插入一个 HTTP 过滤器 istio.stats。根据 3.9 节对 EnvoyFilter 的介绍，理解以下配置会比较容易，该 Filter 会统计 HTTP 的请求，并按照配置生成对应的指标字段。

```
spec:
  configPatches:
  - applyTo: HTTP_FILTER
    match:
      context: SIDECAR_OUTBOUND
      listener:
        filterChain:
          filter:
            name: envoy.http_connection_manager
            subFilter:
              name: envoy.router
    patch:
      operation: INSERT_BEFORE
      value:
        name: istio.stats
        typed_config:
          '@type': type.googleapis.com/udpa.type.v1.TypedStruct
          type_url: type.googleapis.com/envoy.extensions.filters.
http.wasm.v3.Wasm
          value:
            config:
              configuration:
                '@type': type.googleapis.com/google.protobuf.StringValue
                value: |                  {"metrics":[{"dimensions":{"destination_
cluster":"upstream_peer.cluster_id","destination_mesh":"upstream_peer.mesh_id","
destination_pod":"upstream_peer.name","destination_port":"string(destination.por
t)","request_host":"request.host","request_method":"request.method","source_clus
ter":"node.metadata['CLUSTER_ID']","source_mesh":"node.metadata['MESH_ID']","sou
rce_pod":"node.metadata['NAME']"},"tags_to_remove":["response_flags"]}]}
              root_id: stats_outbound
              vm_config:
                code:
                  local:
                    inline_string: envoy.wasm.stats
                runtime: envoy.wasm.runtime.null
                vm_id: stats_outbound
  - applyTo: HTTP_FILTER
    match:
```

```
          context: SIDECAR_INBOUND
……
  - applyTo: HTTP_FILTER
    match:
      context: GATEWAY
……
```

另外，在给以上指标属性赋值时，除了直接使用内置的属性，还可以通过如下方式使用 AttributeGeneration 生成的属性。比如在应用运维实践中，常需要基于分组的响应码进行统计和管理，因此可以在指标上报时生成新的分组属性，避免服务端后面流程的处理，从而提供更高的性能：

```
{
  "attributes": [
    {
      "output_attribute": "response_class",
      "match": [
        {
          "value": "2xx",
          "condition": "response.code >= 200 && response.code <= 299"
        },
        {
          "value": "3xx",
          "condition": "response.code >= 300 && response.code <= 399"
        },
        {
          "value": "4xx",
          "condition": "response.code >= 400 && response.code <= 499"
        },
        {
          "value": "503",
          "condition": "response.code == 503"
        },
        {
          "value": "5xx",
          "condition": "response.code >= 500 && response.code <= 599"
        }
      ]
    }
  ]
}
```

3. 访问指标的输出

完成了前面的配置后，还需要定义提取和输出指标的哪些属性。这部分功能类似 Telemetry V1 中 Prometheus 的 Handler 中 Metrics 部分的定义。当这些自定义的指标属性不在以下默认列表 DefaultStatTags 中时，需要将其添加到 extraStatTags 中，相应的属性就会被输出，进而被 Prometheus 采集到 Istio 的相关访问指标中。DefaultStatTags 包括：

```
reporter, source_namespace, source_workload, source_workload_namespace,
source_principal, source_app, source_version, source_cluster,
destination_namespace, destination_workload, destination_workload_namespace,
destination_principal, destination_app, destination_version, destination_service,
destination_service_name, destination_service_namespace, destination_port,
destination_cluster, request_protocol, request_operation, request_host,
response_flags, grpc_response_status, connection_security_policy,
source_canonical_service, destination_canonical_service,
source_canonical_revision, destination_canonical_revision
```

可以通过 Deployment 加注解的方式描述单个负载上的指标属性：

```
apiVersion: apps/v1
kind: Deployment
spec:
  template:
    metadata:
      annotations:
        sidecar.istio.io/extraStatTags: request_method, source_pod,
source_mesh, destination_pod, destination_mesh
```

也可以通过在 meshConfig 中配置服务网格全局的 extraStatTags 来定义要提取的指标属性：

```
meshConfig:
  defaultConfig:
    extraStatTags:
      - request_method
      - source_pod
      - source_mesh
      - destination_pod
      - destination_mesh
```

为了对数据面的 Exporter 指标进行采集，这里相应地对 Prometheus 进行如下采集配置。默认在路径 "/stats/Prometheus" 上抓取访问指标，每个 Envoy 都在该路径上发布本代理的指标数据，默认端口是 15090：

```
- job_name: 'istio-mesh'
  metrics_path: /stats/prometheus
  kubernetes_sd_configs:
  - role: pod
  relabel_configs:
  - source_labels: [__meta_kubernetes_pod_container_port_name]
    action: keep
    regex: http-envoy-prom
  metric_relabel_configs:
  - source_labels: [__name__]
    action: keep
    regex: istio.*
```

　　只要通过以上配置，我们不用修改任何代码，就可以通过服务网格生成各种应用访问指标，并通过 Prometheus 统一收集，进而对服务的访问吞吐量、延时、上行流量、下行流量等进行管理。我们还可以基于指标的属性，按服务、服务版本、服务实例进行聚合，满足应用运维的不同需求。最终输出的 istio_requests_total 的访问指标如下，其中增加了新定义的字段 request_method、source_pod、source_mesh、destination_pod、destination_mesh，并去除了默认的 response_flags。基于该指标可以构建各种统计视图，也可以形成如图 4-7 所示的应用拓扑。

```
istio_requests_total{response_code="200",
reporter="destination",
source_workload="frontend",
source_workload_namespace="weather",
source_principal="spiffe://cluster.local/ns/weather/sa/frontend",
source_app="frontend",
source_version="v1",
source_cluster="weather-cluster",
destination_workload="forecast",
destination_workload_namespace="weather",
destination_principal="spiffe://cluster.local/ns/weather/sa/forecast",
destination_app="forecast",
destination_version="v1",
destination_service="forecast.weather.svc.cluster.local",
destination_service_name="forecast",
destination_service_namespace="weather",
destination_port="3002",
destination_cluster="weather-cluster",
request_protocol="http",
request_host="forecast:3002",
```

```
grpc_response_status="",
connection_security_policy="mutual_tls",
source_canonical_service="frontend",
destination_canonical_service="forecast",
source_canonical_revision="v1",
destination_canonical_revision="v1",
request_method="GET",
source_pod="frontend-65b4767b66-sjf9t",
source_mesh="weather-mesh",
destination_pod="forecast-bcdd5647b-6mmgq",
destination_mesh="weather-mesh"} 36
```

通过以上方式，我们可以对常用的指标进行配置以满足使用需求。当有新的指标不在内置指标列表中时，还可以通过如下 MetricDefinition 定义新的访问指标：

```
{
  "debug": "false",
  "stat_prefix": "istio",
  "definitions": [
    {
      "name": "my_metric",
      "type": "COUNTER",
      "value": "1"
    }
  ]
}
```

4. Telemetry API

Istio 在 1.12 版本之后提出了 Telemetry API，希望以一种标准 API 描述服务网格的可观测性配置，简化可观测性配置，逐步替换服务网格的全局配置或者 Envoyfilter。

如图 4-21 所示的配置模型和第 3 章 EnvoyFilter 等几个 API 类似，通过配置负载选择器定义配置作用的范围，支持通过根命名空间配置给全局；通过配置命名空间定义给特定的命名空间；通过标签选择器定义给特定的负载。在大多数时候，我们都会配置服务网格全局应用统一的策略。

可以看到，Telemetry API 支持配置三种主要的可观测性数据：指标、调用链和访问日志，每种都是独立的配置。

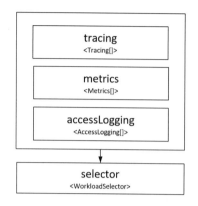

图 4-21　Telemetry API 的配置模型

metrics 主要支持通过 tagOverride 控制在访问指标中定义的属性，还支持通过 disable 字段禁止某个指标的上报。本节介绍的访问指标的配置基于 Telemetry API 的描述如下：

```
spec:
 metrics:
   - providers:
      - name: prometheus
     overrides:
      - match:
         metric: REQUEST_COUNT
        tagOverrides:
        response_flags:
          operation: REMOVE
        request_method:
          value: request.method
        request_host:
          value: request.host
```

4.3　Istio 调用链采集

4.1.3 节介绍了调用链的概念和 Istio 调用链埋点的机制，本节将介绍 Istio 调用链采集的原理和配置。

4.3.1　调用链采集的原理

Istio 的早期版本虽然也支持基于数据面直接向调用链后端上报，但为了给上报的调用链数据提供更丰富的信息，并且提供更强大的调用链管理功能，经常基于 Mixer 来采集调用链数据。Zipkin Adapter 是在 Istio 1.1 中内置的一个 Adapter，支持从 Mixer 对接 Zipkin 接口的调用链后端。

如图 4-22 所示，数据面在服务访问时统一向 Mixer 上报数据，Mixer 基于配置生成调用链的 Span 结构上报给 Zipkin 后端。

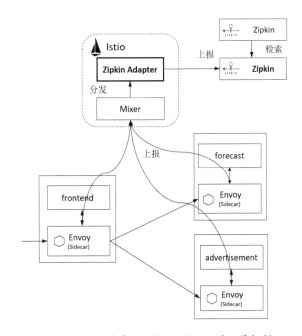

图 4-22　调用链基于 Mixer Adapter 的工作机制

其大致工作流程如下。

（1）服务网格数据面拦截流量，生成调用链数据，并上报给服务端的 Mixer。

（2）Mixer 分发调用数据给 Zipkin Adapter。

（3）Adapter 写数据到调用链的后端服务 Zipkin 或 Jaeger 等。

（4）调用链的后端服务把调用链数据写入对应的存储，比如 Elasticsearch 或 Cassandra。

（5）通过 Query 接口检索存储的调用链数据。

在 Mixer 下线后，在 Telemetry V2 中推荐的调用链采集方式是基于服务网格控制面下发的配置，数据面 Envoy 直接将生成的调用链数据向后端服务上报。这种方式下的服务网格调用链的数据格式不在 Mixer 这种服务端定义和生成，而在数据面生成完整的结构，直接上报给调用链后端，不同的调用链后端对应的调用链格式和上报的方式各不相同。

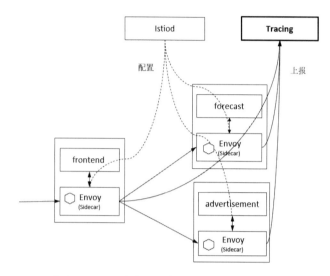

图 4-23 　 调用链基于服务网格数据面的工作机制

如图 4-23 所示，基于数据面的调用链采集流程一般如下。

（1）服务网格数据面拦截流量，并根据配置代替应用生成对应格式的调用链埋点数据。

（2）将数据面埋点数据上报给配置的调用链接收后端。

（3）调用链后端把调用链数据写到对应的存储中，比如 Elasticsearch 或 Cassandra。

（4）通过 Query 接口检索存储的调用链数据。

4.3.2　调用链采集的配置

1. 调用链采集配置

当基于 Mixer 机制，采用 Zipkin Adapter 统一收集调用链时，需要根据 Adapter 配置模型中的 Handler、Instance 和 Rule 这三个对象配置调用链的数据格式、上报的后端、采样率等。

在 Telemetry V2 架构下通过全局配置 Tracing 来配置调用链。两个通用配置的定义如下。

◎　sampling：定义服务网格的调用链采样率，默认是 1.0，即 1%的采样率。

◎　tlsSettings：对调用链后端的 TLS 配置，类型是 ClientTLSSettings，参照 3.3.2 节。

　　另外，Zipkin、Lightstep、Datadog、Stackdriver、OpenCensusAgent 等不同的调用链后端，根据各自的配置细节定义了不同的结构。考虑到一个服务网格一般只会连接一个调用链后端，所以这几个结构是任选其一的配置。比如典型的 Zipkin 只需配置上报地址 address 即可。

　　以下示例在 Istio 的全局配置中配置了 Zipkin 的调用链：

```
spec:
  meshConfig:
    enableTracing: true
    defaultConfig:
      tracing:
        tlsSettings:
          caCertificates: "/var/run/secrets/cloud/ca.crt"
          mode: SIMPLE
        zipkin:
          address: cloud-receiver.com:32677
        sampling: 2.0
        max_path_tag_length: 256
        custom_tags:
          cluster_id:
            environment:
              defaultValue: unknown
              name: ISTIO_META_CLUSTER_ID
```

　　这时 Envoy 会生成如下 tracing 配置，表示会将埋点信息上报给一个 Zipkin 的 Cluster。这里配置的 Zipkin 的上报地址会自动在 Envoy 中创建 Cluster，即实际地址是 cloud-receiver.com:32677，使用/var/run/sccrcts/cloud/ca.crt 校验服务端的证书。这里的后端可以是一个 Zipkin 的后端，也可以是 Jaeger 这种兼容 Zipkin 的后端，或者自研的兼容 Zipkin 的后端：

```
"tracing": {
  "http": {
    "name": "envoy.zipkin",
    "typed_config": {
      "@type": "type.googleapis.com/envoy.config.trace.v2.ZipkinConfig",
      "collector_cluster": "zipkin",
      "collector_endpoint": "/api/v2/spans",
      "trace_id_128bit": true,
      "shared_span_context": false,
      "collector_endpoint_version": "HTTP_JSON"
    }
```

```
        }
    }

{
    "cluster": {
        "@type": "type.googleapis.com/envoy.api.v2.Cluster",
        "name": "zipkin",
        "type": "STRICT_DNS",
        "transport_socket": {
            "name": "tls",
            "typed_config": {
                "common_tls_context": {
                    "validation_context": {
                        "trusted_ca": {
                            "filename": "/var/run/secrets/cloud/ca.crt"
                        }
                    }
                }
            }
        },
        "load_assignment": {
            "cluster_name": "zipkin",
            "endpoints": [
                {
                    "lb_endpoints": [
                        {
                            "endpoint": {
                                "address": {
                                    "socket_address": {
                                        "address": "cloud-receiver.com",
                                        "port_value": 32677
                                    }
                                }
                            }
                        }
                    ]
                }
            ]
        }
    }
}
```

在实际使用中，除了通过 Istio 进行配置，也可以直接给 Envoy 配置调用链。Envoy

支持这些调用链后端：Datadog tracer、LightStep tracer、OpenCensus tracer、Trace Service、SkyWalking tracer、AWS X-Ray Tracer Configuration、Zipkin tracer。

比较前面 Istio 的配置，可以看到 Envoy 支持的调用链后端要稍多于 Istio。比如对于同样厂商的调用链，Istio 支持 Stackdriver，不支持 AWS 的 x-ray，但 Envoy 支持 x-ray 和 Stackdriver 的调用链。因此 AWS 的 appMesh 这种非 Istio 的服务网格基于 Envoy 构建数据面，通过自己的 API 来配置 Envoy 调用链埋点和后端对接方式。

Envoy 对各种不同的调用链后端的配置各不相同。比如 x-ray 类型的调用链配置通过 daemon_endpoint 配置 x-ray 数据面 Daemon 的地址，容器场景中的这个 Daemon 一般以 Sidecar 的方式存在，可以不配置地址，默认会发送到 127.0.0.1:2000 这个本地端口。而其他几种调用链如 Datadog、Zipkin 等都需要配置一个远端的调用链 Collector 的地址。细节差异较大，这里不一一展开。

2. 调用链字段的扩展

在运维工作中，除了需要基于约定的保留字段构造调用链的结构信息和关联关系，更需要一些业务字段来承载应用运维的重要信息，因此调用链要支持生成各种扩展的业务字段并向后端系统上报。类似访问指标的属性配置，在调用链场景中，可以通过 custom_tags 在 Span 中扩展自定义的字段。扩展字段可以通过以下三种方式进行赋值。

◎ 常量：通过配置在 Span 中刷新一个常量。比如我们在对接一个逻辑多租的调用链后端时，经常需要通过一些环境标识来区分数据来源。这些标识在同一个环境下一般是全局唯一的，比如服务网格标识等就是一个常量参数。基于这个参数，在调用链检索中就可以区分来自不同服务网格的调用链数据。

◎ 环境变量：这是最常见的用法，从数据面提取环境变量的值附加在 Span 中。这种机制提供了极大的灵活性，可帮助获取和上报用户关注的业务信息。

◎ 请求头域：从 HTTP 头域中提取对应的信息附加在 Span 中。在 HTTP 中，应用经常会将一些重要的信息放在 HTTP 头域中，用户可以选择将其中一些重要的头域信息作为调用链的重要业务字段上报给调用链后端。

比如在下面的例子中，需要在 Span 中增加 cluster_id、group、workload、mesh_id 等字段，其中 cluster_id 可以从 ISTIO_META_CLUSTER_ID 环境变量中提取，如果没有提取到，对环境变量就可以赋默认值 "unknown"；另外，可以从 HTTP 请求中提取 group 头域赋值给调用链的 group 字段；还可以根据需要在 Span 中加一个固定的 mesh_id 常量：

```
meshConfig:
  enableTracing: true
  defaultConfig:
    tracing:
      sampling: 3
      custom_tags:
        cluster_id:
          environment:
            defaultValue: unknown
            name: ISTIO_META_CLUSTER_ID
        group:
          header:
            defaultValue: unknown
            name: group
        workload:
          environment:
            defaultValue: unknown
            name: ISTIO_META_WORKLOAD_NAME
        mesh_id:
          literal:
            value: weather
```

也可以通过 Deployment 的注解对特定的负载定义调用链的配置信息：

```
apiVersion: apps/v1
kind: Deployment
metadata:
  name: frontend
spec:
  template:
    metadata:
      proxy.istio.io/config: |
        tracing:
          sampling: 100.0
          custom_tags:
            cluster_id:
              environment:
                defaultValue: unknown
                name: ISTIO_META_CLUSTER_ID
            group:
              header:
                defaultValue: unknown
                name: group
```

```
        mesh_id:
          literal:
            value: weather
```

3. Telemetry API

在 Istio 1.12 之后的版本中，可以通过 Telemetry API 中的 tracing 配置调用链的采集，既可以配置采用率、调用链采集器，也可以向生成的 Span 中添加自定义的字段，还支持常量、环境变量或者请求头域。本节示例中的调用链采集基于 Telemetry API 可以配置如下：

```
spec:
  tracing:
    - providers:
      - name: zipkin
      randomSamplingPercentage: 10
      customTags:
        mesh_id:
          literal:
            value: weather
        cluster_id:
          environment:
            defaultValue: unknown
            name: ISTIO_META_CLUSTER_ID
        group:
          header:
            defaultValue: unknown
            name: group
```

除了以上配置，开发人员在用户业务中也需要配合做少量工作。根据 4.1.3 节的说明，尽管通过本节的配置，数据面可以代理应用程序进行调用链埋点生成 Span，但仍然需要应用程序将一些调用链保留在头域并带在请求中发送和接收，这部分实现根据语言的特点有不同的通用实现。常用的头域如下。

◎ x-request-id：唯一标识请求，在访问日志和调用链中都会用到。对于外部的请求，Envoy 会生成一个 x-request-id 头域。

◎ x-b3-traceid：Trace 的 ID 地址，在第 1 个 Span 生成时生成 TraceId，然后在一个请求中一直向后传递。通过这个字段可关联多个请求的 Span。

◎ x-b3-spanid：在创建 Span 时分配 ID 地址。

◎ x-b3-parentspanid：父 SpanId，为本级调用的上一级 Span。

◎ x-b3-sampled：表示采样结构，1 表示上报该 Span，0 表示不上报该 Span。采样判定一般在根 Span 上进行，赋值后会在后续调用中一直向调用方传递，保证整个 Trace 上的 Span 同时被上报或者不上报。

4.4　Istio 中的访问日志采集

4.1.4 节介绍了访问日志的概念，并列举了 Istio 的访问日志的格式，本节将介绍如何在 Istio 中生成这种详细的访问日志。

4.4.1　访问日志采集的原理

在 Telemetry V1 中，访问日志基于 Mixer Adapter 的工作机制如图 4-24 所示。Mixer 的 Fluentd Adapter 将收集的日志分发给正在监听日志接收的 Fluentd 守护进程，并与 Elasticsearch、Kibana 相结合来管理服务端的访问日志。

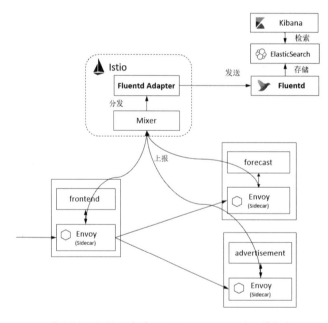

图 4-24　访问日志基于 Mixer Adapter 的工作机制

完整流程如下。

（1）Envoy 通过 Report 接口上报数据给 Mixer。

（2）Mixer 根据配置将请求分发给 Fluentd Adapter。

（3）Fluentd Adapter 生成对应格式的日志，并连接配置的 Fluentd Daemon 发送日志。

（4）Fluentd 将日志写到 Elasticsearch 中，在存储日志的同时建立索引以供检索。

（5）日志检索如 Kibana 从 Elasticsearch 中检索存储的日志。

在 Telemetry V2 架构中，访问日志基于服务网格数据面的工作机制如图 4-25 所示。Mixer 下线后，访问日志直接在服务网格数据面 Envoy 上生成并上报给日志后端。根据后端日志采集方式的不同，会有不同的通道和方式。Envoy 可以通过控制台或者文件输出，由各种日志代理采集，也可以通过 gRPC 协议直接上报日志给标准的访问日志服务 ALS（Access Log Service），然后由 ALS 写给后端日志存储。

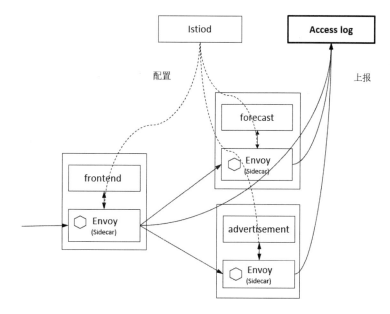

图 4-25　访问日志基于服务网格数据面的工作机制

其一般流程如下。

（1）Envoy 根据服务网格配置提取应用的访问信息，生成请求的访问日志。

（2）上报访问日志，比如通过 gRPC 将访问日志发送给日志采集服务 ALS。

（3）ALS 对接后端，将日志写到 Elasticsearch 等日志存储中，同时建立索引以供检索。

（4）日志检索如 Kibana 从 Elasticsearch 中检索存储的日志。

4.4.2　访问日志采集的配置

在 Telemetry V1 中通过 Adapter 方式采集访问日志时，需要配置 Handler、Instance 和 Rule 三个重要对象定义日志格式、日志后端地址、缓存、批量推送配置等。Telemetry V2 主要采集 Envoy 自身生成的访问日志，构建相关能力。通过 Istio 的全局配置，在 meshConfig 中可以进行访问日志相关的管理。

1. 通用配置

◎ accessLogFile：配置访问日志的文件路径，日志代理在这个文件路径上采集日志，当配置为"/dev/stdout"时，Envoy 会在标准输出上打印日志，日志代理需要在标准输出上采集访问日志。

◎ accessLogEncoding：访问日志结构，可以是文本格式或者 JSON 结构。

◎ accessLogFormat：最重要的字段，描述访问日志的格式。如果不配置，则会使用默认的访问日志格式。

◎ enableEnvoyAccessLogService：是否启用 ALS 服务来采集访问日志，如果启用，则需要配置一个 ALS 服务的后端地址。

其中最关键的参数是 accessLogFormat，可以用来配置访问日志的输出信息，即一个自定义的日志视图：

```
[%START_TIME%] "%REQ(:METHOD)% %REQ(X-ENVOY-ORIGINAL-PATH?:
PATH)% %PROTOCOL%" %RESPONSE_CODE% %RESPONSE_FLAGS% %BYTES_RECEIVED% %BYTES_SENT
% %DURATION% %RESP(X-ENVOY-UPSTREAM-SERVICE-TIME)% "%REQ(X-FORWARDED-FOR)%"
"%REQ(USER-AGENT)%" "%REQ(X-REQUEST-ID)%" "%REQ(:AUTHORITY)%" "%UPSTREAM_HOST%"\n
```

传统日志是经常是一个描述性的大字符串，服务网格的访问日志输出则是一个结构化的记录，配合 ELK 等后端能很方便地对采集到的访问日志进行细粒度的检索，支持用户在各种复杂场景中的问题定位、定界。

2. 日志定义

在以上 accessLogFormat 中配置的各个字段都是业务访问的重要信息，都可以从 Envoy 上采集得到，常用的如下。

◎ START_TIME：开始时间。对于 HTTP，表示请求的开始时间；对于 TCP，表示连接的建立时间。单位是 ms。

◎ REQUEST_HEADERS_BYTES：HTTP 请求头域的大小。

◎ BYTES_RECEIVED：对于 HTTP，表示应答体的大小；对于 TCP，表示在连接上收到的字节数。

◎ PROTOCOL：访问协议，可以取值 HTTP/1.1、HTTP/2 或 HTTP/3 等。

◎ RESPONSE_CODE：HTTP 响应码，大多数时候是我们熟悉的 HTTP 响应码。有时候会碰到 0，一般是下游连接断开导致服务端没能发送应答，通常 Response Flag 是 DC。

◎ RESPONSE_CODE_DETAILS：响应码的附加信息。

◎ CONNECTION_TERMINATION_DETAILS：连接终止的详情。

◎ RESPONSE_HEADERS_BYTES：HTTP 应答头域的大小。

◎ BYTES_SENT：对于 HTTP，表示发送请求体的大小；对于 TCP，表示在连接上发送的字节数。

◎ RESPONSE_FLAGS：Envoy 描述连接和应答的标记，是 Envoy 访问日志中重要的标记字段，便于运维人员基于这个字段分析异常访问问题。

◎ ROUTE_NAME：路由的名称。

◎ GRPC_STATUS：gRPC 状态码。

◎ REQ(X?Y):Z：提取 HTTP 请求的头域，先提取 X，如果未设置 X，则提取 Y，最多提取 Z 个字符。如果不存在头域，则在日志中显示 "-" 符号。

◎ RESP(X?Y):Z：提取 HTTP 应答的头域。

◎ UPSTREAM_HOST：上游服务的主机 URL，一般是访问的上游地址和端口。

◎ UPSTREAM_CLUSTER：上游集群名，是个类似 outbound|3003|v1|advertisement.default.svc.cluster.local 的名称，表示访问的目标后端。

◎ CONNECTION_ID：下游的连接标识。

◎ UPSTREAM_TRANSPORT_FAILURE_REASON：因为 TLS 等传输层的原因，上游连接失败。

◎ 上下游地址：包括 UPSTREAM_LOCAL_ADDRESS、UPSTREAM_LOCAL_ADDRESS_WITHOUT_PORT、UPSTREAM_LOCAL_PORT、UPSTREAM_REMOTE_ADDRESS、UPSTREAM_REMOTE_ADDRESS_WITHOUT_PORT、UPSTREAM_REMOTE_PORT、DOWNSTREAM_REMOTE_ADDRESS、DOWNSTREAM_REMOTE_ADDRESS_WITHOUT_PORT、DOWNSTREAM_REMOTE_PORT、DOWNSTREAM_LOCAL_ADDRESS、DOWNSTREAM_LOCAL_ADDRESS_WITHOUT_PORT、DOWNSTREAM_LOCAL_PORT，根据标记名即可理解其含义。在以上访问日志中涉及的地址较多，参照后面基于一个实际例子的解析。

◎ 内置的时间段参数：DURATION、REQUEST_DURATION、 REQUEST_TX_ DURATION、RESPONSE_DURATION、RESPONSE_TX_DURATION，帮助用户 了解访问日志记录的一次访问中重要的时间段，本节后面会专门讲解每个时间段 的含义和用法。

◎ REQUESTED_SERVER_NAME：SSL 连接中的 SNI 名。

◎ 双向 TLS 连接上详细信息：包括 DOWNSTREAM_LOCAL_URI_SAN、 DOWNSTREAM_PEER_URI_SAN 、 DOWNSTREAM_LOCAL_SUBJECT 、 DOWNSTREAM_PEER_SUBJECT 、 DOWNSTREAM_PEER_ISSUER 、 DOWNSTREAM_TLS_SESSION_ID 、 DOWNSTREAM_TLS_CIPHER 、 DOWNSTREAM_TLS_VERSION 、 DOWNSTREAM_PEER_SERIAL 、 DOWNSTREAM_PEER_CERT 、 DOWNSTREAM_PEER_CERT_V_START 、 DOWNSTREAM_PEER_CERT_V_END 和 UPSTREAM_PEER_SUBJECT 、 UPSTREAM_PEER_ISSUER 、 UPSTREAM_TLS_SESSION_ID 、 UPSTREAM_ TLS_CIPHER 、 UPSTREAM_TLS_VERSION 、 UPSTREAM_PEER_CERT 、 UPSTREAM_PEER_CERT_V_START、UPSTREAM_PEER_CERT_V_END，根据参 数名即可理解其含义。

◎ FILTER_STATE(KEY:F):Z：过滤器间的定义和传递的信息，一般是内部信息。

◎ FILTER_CHAIN_NAME：下游连接的网络过滤器链。

◎ ENVIRONMENT(X):Z：环境变量 X。

可以看到，访问日志字段较多，解释起来也比较烦琐。可以结合 4.1.4 节的访问日志 示例，理解其字段的含义和用法。从输出可以看出，如果一个取值为空，则输出"-"占 位符。

3. 重要的时间段

在前面介绍的访问日志信息中，有 6 个重要的时间段值得特别关注，它们可以帮助运 维人员识别一个请求通过服务网格数据面的每个阶段的耗时细节，从而定位耗时的瓶颈， 也可以帮助运维人员更详细地了解服务间的访问信息。这 6 个时间段有细微的差别，很容 易混淆，图 4-26 展示了代理观测记录每个时间段的起始时间点和终止时间点，并通过表 4-4 对访问日志中的重要时间字段进行了解析。

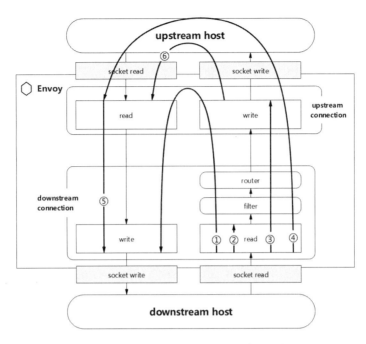

图 4-26 访问日志中的重要时间字段解析

表 4-4 访问日志中的重要时间字段解析

序号	日志时间字段	开始时间点	结束时间点	含　义
①	DURATION	Envoy 收到下游请求第 1 个字节的时间	下游服务从 Envoy 收到应答最后一个字节的时间	下游服务调用上游服务完成一个请求的完整时间，是考察服务请求端到端的时间段，也是访问日志中最常用、最重要的信息
②	REQUEST_DURATION	Envoy 收到下游请求第 1 个字节的时间	Envoy 收到下游请求最后一个字节的时间	下游请求发送的时间，也是代理从下游收到完整请求的时间
③	REQUEST_TX_DURATION	Envoy 收到下游请求第 1 个字节的时间	Envoy 向上游发送完请求最后一个字节的时间	请求从下游发送到上游服务的时间。代理从下游接收整个请求并向上游服务发送请求的时间
④	RESPONSE_DURATION	Envoy 收到下游请求第 1 个字节的时间	Envoy 收到上游应答第 1 个字节的时间	上游服务接收请求和生成应答的时间
⑤	RESPONSE_TX_DURATION	Envoy 收到上游应答第 1 个字节的时间	下游服务从 Envoy 收到应答最后一个字节的时间	应答从上游发送到下游的时间。代理从上游接收整个应答并向下游服务发送应答的时间
⑥	x-envoy-upstream-service-time	Envoy 向上游发送请求最后一个字节的时间	Envoy 收到上游应答第 1 个字节的时间	上游服务处理请求的时间和上游服务与 Envoy 之间的耗时。这个字段在 HTTP 应答头域中设置和传递

4．应答标记

通过前面对访问日志中重要时间字段的解析，可以看到大部分字段和一般应用代理或业务自身输出的访问日志类似，包括时间、访问源服务和目标服务的信息。但有些字段是Envoy 独有的，包括重要并且应用广泛的应答标记 Response Flags，值得重点关注。表 4-5总结了应答标记的不同取值，表示连接和应答的不同状况。

表 4-5　访问日志中的应答标记解析

应答标记	适用协议	含　义
UH	HTTP/TCP	表示在访问的上游集群中没有健康的后端实例，返回"503 UH"
UF	HTTP/TCP	上游连接失败，返回"503 UH"。一般可能是访问到的上游服务启动失败或还未处于 Ready 状态，或者超出了重试次数导致连接失败
UO	HTTP/TCP	上游服务因为熔断而溢出，返回"503 UO"。比如新请求超过等待队列阈值 maxPendingRequests 导致溢出，可以通过对服务进行水平扩容或者检查 DestinationRule 中的配置调整参数阈值
NR	HTTP/TCP	没有找到匹配的路由，返回"404 NR"。若 VirtualService 配置不正确，则不能将流量分发到对应的后端，会返回"NR"。可以检查 DestinationRule 和 VirtualService 中的相关配置进行修复
URX	HTTP/TCP	因为超过配置的 HTTP 重试阈值或者 TCP 的重连次数，导致请求被拒绝
NC	HTTP/TCP	没有找到上游服务集群
DC	HTTP	下游连接中断。若服务请求方因为各种原因在收到应答前中断请求，而这时没有收到上游的响应，则在客户端访问日志中会将这个请求的结果记录为"DC"，大多数时候应答的大小是 0，响应码也是"0"
UC	HTTP	代理上游的连接中断，返回"503 UC"
LH	HTTP	服务健康检查失败，返回"503 LH"
UT	HTTP	上游服务请求超时，返回"504 UT"。比较典型的场景，比如通过 VirtualService 配置了超时，而服务响应时间超过了这个超时，则访问失败，访问日志会记录"504 UT"
LR	HTTP	连接本地重置，返回"503 LR"。如果在客户端代理上存在上游服务的定义，但是上游服务的后端不可达，则客户端代理的访问日志上一般会记录"本地重置"
UR	HTTP	上游连接远端重置，返回"503 UR"
DI	HTTP	因为故障注入了延迟，导致请求延迟。若通过 VirtualService 配置了延迟的故障，则在客户端访问日志中会记录"DI"
FI	HTTP	因为故障注入了一个错误，导致返回"FI"，同时会返回注入的那个特定的 HTTP 响应码，可参照 3.2.3 节

应答 标记	适用协议	含　义
RL	HTTP	触发配置的限流规则，返回"429 RL"，可参照 4.5 节
UAEX	HTTP	请求被外部的授权服务拒绝
RLSE	HTTP	因限流服务自身发生故障，导致请求被拒绝。可参照 4.5 节，在限流服务自身发生故障时，选择 放通流量或者拒绝
SI	HTTP	数据流的空闲时间超过设定的时间，返回"408 SI"
DPE	HTTP	下游请求包含 HTTP 错误
UPE	HTTP	上游应答包含 HTTP 错误
DT	HTTP/TCP	HTTP 请求或 TCP 连接超过最大连接时间
IH	HTTP	当配置了严格的头域检查时，若请求中头域的值不合法，则会返回"400 IH"
OM	HTTP	Enovy 的过载管理器终止请求，保护 Envoy 代理本身的 CPU、内存、文件描述符等资源不会因为 过多客户端连接和请求而过载
DF	HTTP	DNS 解析失败，引起请求终止

5. 重要的地址

访问日志中的几个关键地址字段记录了一次访问中源服务和目标服务涉及的多个重要地址，值得关注，下面通过 4.1.4 节对实际日志的解析，了解 Envoy 处理上下游连接的细节和其中涉及的地址。

图 4-27 解析的是在表 4-3 中记录的访问日志的重要地址。从 frontend 发出的一个请求被 forecast 收到，再发送给 advertisement。在这个过程中，服务网格代理处理入流量和出流量涉及的几个重要地址。从字段命名来看，Inbound 流量和 Outbound 流量都有下游 DOWNSTREAM 和上游 UPSTREAM 相关的字段。DOWNSTREAM 是下游服务到参照点的连接，UPSTREAM 是参照点到上游服务的连接。图 4-27 上的参照点都是生成访问日志的 forecast 实例的代理。

（1）Inbound 访问日志中的下游连接 DOWNSTREAM 和上游连接 UPSTREAM。这里的入流量指 frontend 经由代理访问 forecast 的流量。

◎ 如图 4-27 左下箭头所示的连接，下游连接是代理处理入流量时从代理视角看到的 frontend 到代理自身的连接。远端地址 DOWNSTREAM_REMOTE_ADDRESS 是参照点的对端地址，即 frontendPod 的地址和随机端口 10.0.0.55:45236；本地地址 DOWNSTREAM_LOCAL_ADDRESS 是参照点的本端地址，访问的是业务的 Pod

地址和服务实例端口 10.0.0.54:3002。

◎ 如图 4-27 左上箭头所示的连接，上游连接是代理处理入流量时从代理视角看到的代理自身到上游服务的链接，其实也是本 Pod 内 forecast 的连接。本地地址 UPSTREAM_LOCAL_ADDRESS 表示参照点的本端通过 127.0.0.6:54869 连接上游服务 forecast。UPSTREAM_HOST 表示连接的上游服务，即 forecast 的 Pod 地址和服务端口 10.0.0.54:3002；UPSTREAM_CLUSTER 表示上游服务在 Enovy 中注册的处理入流量的集群 inbound|3002|。

（2）Outbound 访问日志中的下游连接 DOWNSTREAM 和上游连接 UPSTREAM。这里的出流量指 forecast 经由代理访问 advertisement 的流量。

◎ 如图 4-27 右上箭头所示的连接，下游连接是代理处理出流量时从代理视角看到的 forecast 到代理自身的连接。远端地址 DOWNSTREAM_REMOTE_ADDRESS 是参照点的对端地址，即 forecast 实例的地址和随机端口 10.0.0.54:52948；本地地址 DOWNSTREAM_LOCAL_ADDRESS 是参照点的本端地址，forecast 通过 ClusterIP 和服务端口 10.247.241.112:3003 访问目标服务 advertisement，这个出流量被代理拦截。

◎ 如图 4-27 右下箭头所示的连接，上游连接是代理处理出流量时从代理视角看到的代理自身到上游服务 advertisement 的连接。本地地址 UPSTREAM_LOCAL_ ADDRESS 表示代理的 Pod 地址和随机端口 10.0.0.54:34916；UPSTREAM_HOST 表示在代理上负载均衡后选定的上游服务 advertisement 的 Pod 地址和实例端口 10.0.0.53:3003；UPSTREAM_CLUSTER 表示上游服务在 Enovy 中注册的服务集群 outbound|3003|v1|advertisement.weather.svc.cluster.local，出流量在代理上经过各种路由规则，最终被发送到这个地址。

注意：上游连接 UPSTREAM 会被在多个请求上复用，所以在观察访问日志时会发现多条独立的访问日志上 UPSTREAM_LOCAL_ADDRESS 的本地随机端口都相同。

访问日志可以类似传统日志被输出到文件或者控制台供代理采集，还可以采用如下配置，基于 Envoy 提供的 ALS 服务，通过通用的 gRPC 接口上报访问日志。在采用 ALS 方式时，可以配置远端 ALS 服务的地址、缓存刷新间隔、缓存大小等控制日志的写入，还可以定制日志的内容，比如哪些请求或应答的头域在访问日志中已记录。当然，也可以采用其他方式收集访问日志，比如 StackDriver 直接在 Istio-proxy 里扩展了一个 stackdriver-filter 用于生成访问日志，并且直接上报访问日志。

```
spec:
  meshConfig:
    enableEnvoyAccessLogService: true
    defaultConfig:
      envoyAccessLogService:
        address: accesslog-collector:9090
```

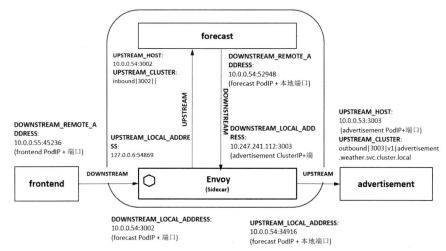

图 4-27 访问日志中的重要地址解析

6. Telemetry API

除了以上方式，Istio 1.12 之后版本的 Telemetry API 也可以配置访问日志的采集和上报。访问日志接口当前支持配置日志采集后端和日志生成条件：

```
spec:
  accessLogging:
  - providers:
    - name: otel
```

与调用链、访问指标类似，这里配置的访问日志采集后端 providers 还是引用了在 meshConfig 中配置的采集器，可以配置如下：

```
spec:
  meshConfig:
    extensionProviders:
    - name: otel
      envoyOtelAls:
        service: otel-collector.monitor.svc.cluster.local
        port: 4317
```

4.5　Istio 限流

4.1.5 节介绍了 Istio 的多种限流模型，本节将详细介绍 Istio 的限流原理和配置方式。

4.5.1　限流的原理

1. 基于服务端的 Redis 限流

Istio 早期版本的限流基于服务端 Mixer 来控制，所有服务间的请求都经过中心侧的 Mixer 的通用检查逻辑，由 Mixer 调用限流的 Adapter 来实现限流逻辑，再回复给服务网格数据面执行限流动作。限流的 Adapter 有基于内存的 Memory Quota 和基于 Redis 后端的 Redis Quota，其中，前者并不具备高可用能力，在生产中基本不会用到。

2. 数据面的本地限流

在 Telemetry V2 版本中，Istio 的限流功能直接基于数据面 Envoy 开发而成。Envoy 支持两种类型的限流，分别是本地限流和全局限流。本地限流给每个数据面代理都配置限流规则，只限制在该代理上通过的流量。这种方式比较简单，不依赖任何外部后端。如图 4-28 所示，forecast 的两个实例的代理的限流逻辑分别作用于本实例上的流量，彼此间不会有任何关系。

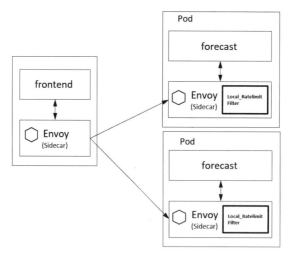

图 4-28　Envoy 本地限流的原理

本地限流的特点是简单、直接，但缺点也很明显，即可能出现限流不均衡的问题。如果一个服务有多个实例，则当实例上的流量不均衡时，有些实例上的流量因为超过限流阈值所以被拒绝，有些实例上的流量不饱和，导致服务整体的流量并未达到容量上限却被限流。比如上面的 forecast 本来规划的容量是每秒处理 2000 个请求，当有两个实例时，规划在每个实例上配置每秒限流 1000 个请求。但在实际环境下，在考察时段内，第 1 个实例收到 800 个请求，第 2 个实例收到 1200 个请求，会出现第 2 个实例的 200 个请求被限流，服务总体在这段时间只处理了 1800 个请求。

3. 数据面的全局限流

要解决前面局部限流的问题，需要定义针对一个服务的限流，这就是全局限流。Envoy 的全局限流基于一个实现了标准限流接口的 gRPC 限流后端服务，一般依赖 Redis 管理全局限流配额。如图 4-29 所示，当有服务访问时，所有相关实例都会调用同一个限流后端，在同一个限流后端的服务上做全局判定，保证单位时间内对目标服务整体的访问量不会超过配置的阈值。

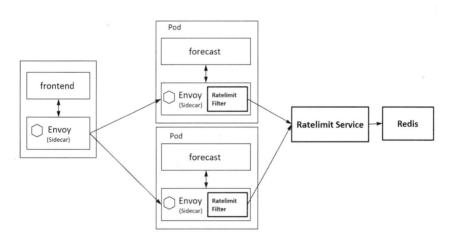

图 4-29 Envoy 全局限流的原理

在原理上，Envoy 作为数据面代理，既可以作用在服务提供方，对入流量进行限流；也可以作用在服务调用方，对出流量进行限流。在调用方限流的明显好处，是触发限流后调用方不会请求服务端，避免服务端产生额外的消耗。但当服务调用方的服务实例数量较多、难以管理，或者调用方形态比较复杂，特别是某些调用不能通过服务网格代理管理时，基于调用方的限流控制会比较困难。而当在目标服务的代理上限流时，不管从哪个调用方来的请求，都会被新的限流策略统一管理。我们在实际应用中可以根据业务情况灵活决定是在服务调用方还是在服务提供方执行限流，当然，限流作用在网关处也是很常用的一种实践。在应用场景上，本地限流和全局限流也经常配合使用。

4.5.2 限流的配置

Telemetry V1 通过 Handler、Instance 结构定义限流算法、限流后端配置和限流用到的请求格式等。Telemetry V2 直接配置 Envoy 开放数据面的限流能力，但直到 Istio 1.16，都未提供限流 API。

1. 数据面的本地限流

Envoy 本地限流基于令牌桶机制，支持四层对连接的限制和七层对请求数的限制。对于四层来说，每个新建连接都消费一个令牌，若有可用令牌，则可创建连接；若没有可用令牌，则连接立即关闭。而对于七层来说，每个请求都消费一个令牌；若没有可用令牌，则请求被拒绝，一般返回"429"。四层和七层主要限流的配置和逻辑类似，后面都结合七层限流描述其功能。

HTTP 的本地限流可以配置给整个服务 virtual host 或 route，包括：

```
{
  "stat_prefix": "...",
  "status": "{...}",
  "token_bucket": "{...}",
  "filter_enabled": "{...}",
  "filter_enforced": "{...}",
  "request_headers_to_add_when_not_enforced": [],
  "response_headers_to_add": [],
  "descriptors": [],
  "stage": "...",
  "local_rate_limit_per_downstream_connection": "..."
}
```

其中常用的配置项如下。

◎ token_bucket：令牌桶，描述限流规则的主要阈值条件。

◎ request_headers_to_add_when_not_enforced：配置在限流请求中添加的头域。

◎ response_headers_to_add：配置在限流请求的应答中添加的头域。

◎ local_rate_limit_per_downstream_connection：配置令牌桶的作用域是在多个工作线程上共享，还是分配给每个连接，默认值为 false。

◎ status：限流触发后给调用方的返回码，用户可以定制适当的返回码。不配置或者配置小于 400，都会使用默认值 429。

当然，其中核心的是令牌桶 token_bucket 配置限流的规则，可以结合 4.1.5 节介绍的令牌桶限流的模型理解其配置的意义：

```
{
  "max_tokens": "...",
  "tokens_per_fill": "{...}",
  "fill_interval": "{...}"
}
```

在执行本地限流时，Envoy 会根据如下配置每隔一定间隔就向令牌桶填充令牌。

◎ max_tokens：表示桶里可以存储的最大令牌数，也是令牌桶初始时包含的令牌数。

◎ fill_interval：表示向令牌桶中填充令牌的间隔。fill_interval 必须大于 50ms，避免填充周期太短。

◎ token_per_fill：表示在每个填充间隔添加到令牌桶中的令牌数。默认每次都填充一个令牌。

如下所示为配置限流令牌桶中最大允许 10000 个请求，并且每秒会注入 200 个请求。在限流的请求应答的头域中会追加 x-http-rate-limit 的头域，协助调用方后续进行处理：

```
name: envoy.filters.http.local_ratelimit
typed_config:
  "@type": type.googleapis.com/envoy.extensions.filters.http.local_
ratelimit.v3.LocalRateLimit
  token_bucket:
    max_tokens: 10000
    tokens_per_fill: 200
    fill_interval: 1s
  response_headers_to_add:
    - append: false
      header:
        key: x-http-rate-limit
        value: 'limit'
```

因为 Istio 未提供标准的限流 API，所以这里介绍的 API 定义都是 Envoy 的限流规则定义。当前配置这些限流规则的通用做法是通过 3.9 节介绍的 EnvoyFilter，以如下方式插入一个七层的过滤器对一个 HTTP 服务或服务端口配置本地限流：

```
spec:
  configPatches:
    - applyTo: HTTP_FILTER
      match:
        context: SIDECAR_INBOUND
        listener:
          filterChain:
            filter:
              name: "envoy.filters.network.http_connection_manager"
      patch:
        operation: INSERT_BEFORE
        value:
          name: envoy.filters.http.local_ratelimit
          typed_config:
            "@type": type.googleapis.com/udpa.type.v1.TypedStruct
            type_url: type.googleapis.com/envoy.extensions.filters.http.local_
ratelimit.v3.LocalRateLimit
            value:
              stat_prefix: http_local_rate_limiter
              token_bucket:
                max_tokens: 10000
                tokens_per_fill: 200
                fill_interval: 1s
```

也可以应用 EnvoyFilter 的 MERGE 操作修改 virtual host 的配置，配置本地限流的规则。在实践中经常有对 HTTP 接口或头域信息配置限流的需求，这时可以通过 EnvoyFilter 的定义匹配到特定 HTTP 条件的路由，在特定路由上配置本地限流规则，从而提供各种粒度的本地限流。当然，这种面向接口或头域的细粒度限流在新版本中更推荐的做法如下，类似全局限流的语法基于限流描述符提供的灵活配置：

```
- applyTo: HTTP_ROUTE
  match:
    context: SIDECAR_INBOUND
    routeConfiguration:
      vhost:
        route:
          action: ROUTE
  patch:
    operation: MERGE
    value:
      route:
        rateLimits:
```

```
          - actions:
            - request_headers:
                header_name: ':path'
                descriptor_key: path
      typedPerFilterConfig:
        envoy.filters.http.local_ratelimit:
          '@type': type.googleapis.com/envoy.extensions.filters.http.local_
ratelimit.v3.LocalRateLimit
          descriptors:
            - entries:
              - key: path
                value: /forecast/info
              tokenBucket:
                maxTokens: 2000
                tokensPerFill: 100
                fillInterval: 1s
            - entries:
              - key: path
                value: /forecast/admin
              tokenBucket:
                maxTokens: 1000
                tokensPerFill: 50
                fillInterval: 1s
```

2. 数据面的全局限流

习惯了 Telemetry V1 基于 Mixer 的限流配置的运维人员，总是很难适应 Telemetry V2 的全局限流配置，他们最常问的就是为什么配置的限流都是一组条件的映射关系，看不到单位时间内的请求阈值。所以，在讲解 Telemetry V2 全局限流配置前，有必要先讲解其配置模型和流程。图 4-30 是 Envoy 的全局限流流程，可以认为是对图 4-29 的展开。

Envoy 的全局限流流程如下。

（1）业务请求被服务网格数据面 Envoy 拦截。

（2）Envoy 根据限流配置将请求的重要内容转换成限流的标识传递给后端的限流服务。

（3）在后端的限流服务上配置基于限流标识的各种阈值，执行限流控制，一般基于 Redis 等后端存储的限流数据。

注意：Envoy 的限流规则，配置的是原始请求的关键信息和后端限流标识的映射关系，真正的限流规则的定义和执行均在连接的限流后端上。

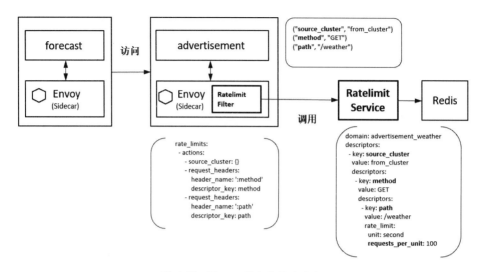

图 4-30　Envoy 的全局限流流程

理解了这个模型，了解下面的配置会比较容易。这里先讲解我们容易感知的限流规则，然后讲解与 Envoy 的限流配置的配合。

1）限流服务规则的定义

限流服务规则总体比较简单，就是给指定的标识配置阈值，可重点关注如下两个重要对象。

◎ domain：限流配置的集合，对于限流后端服务来说，所有 domain 都需要全局唯一。
◎ descriptor：domains 下的一组键值对，后端限流服务正是依赖这组标识来定义和执行限流规则的。

规则的主要结构如下，其定义对应的 descriptor 描述单位时间内允许的流量阈值：

```
domain: <限流作用的域>
descriptors:
 - key: <必选字段，规则匹配的 key>
   value: <可选字段，规则匹配的添加取值>
   rate_limit: (限流配置，可以不配)
     unit: <时间单位，可以是: second, minute, hour, day>
     requests_per_unit: <单位时间内允许的请求数>
```

可以看到，两个关键字段 unit 表示限流的单位时间，requests_per_unit 表示在这个单位时间内允许的请求数。

在如下配置中，对于 advertisement 来说，group 标示请求的群组信息，如果来自 admin

群组，则每秒限流 100 个请求；如果来自 normal 群组，则每秒限流 1000 个请求。如果只配置了 descriptor，没有配置限流的内容，则可以当白名单使用，不在这个 descriptor 中的请求都会被拒绝。

```yaml
apiVersion: v1
kind: ConfigMap
metadata:
  name: advertisement-ratelimit
data:
  config.yaml: |
    domain: advertisement
    descriptors:
      - key: group
        value: admin
        rate_limit:
          unit: second
          requests_per_unit: 100
      - key: group
        value: normal
        rate_limit:
          unit: second
          requests_per_unit: 1000
```

在实际应用中也可以只配置 descriptor 的 key，不配置 value。如下只配置了 remote_address 这个 key，没有配置对应的 value，最终效果是限制每个不同的远端地址最多允许 30 个请求：

```yaml
domain: advertisement_per_remote
descriptors:
  - key: remote_address
    rate_limit:
      unit: second
      requests_per_unit: 30
```

但是，同一个 descriptor 在配置了明确的值时会被优先匹配。比如如下配置限制只有 10.247.222.214 这个远端地址每秒最多允许 30 个请求，其他地址最多允许 10 个请求。

```yaml
domain: advertisement_per_remote
descriptors:
  - key: remote_address
    rate_limit:
      unit: second
      requests_per_unit: 10
```

```
  - key: remote_address
    value: 10.247.222.214
    rate_limit:
      unit: second
      requests_per_unit: 30
```

除了这种常用的简单形式，还可以灵活配置嵌套的复杂的限流规则。如下限制来自每个不同的远端地址，包含 group 为 normal 的请求每秒最多允许 20 个：

```
domain: advertisement_header_group_remote
descriptors:
  - key: group
    value: normal
    descriptors:
      - key: remote_address
        rate_limit:
          unit: second
          requests_per_unit: 20
```

这样，当如下请求被传递到后端限流服务时，就会应用以上限流配置：

```
RateLimitRequest:
  domain: advertisement_header_group_remote
  descriptor: ("group", "normal"),("remote_address", "10.247.222.214")
```

2）Envoy 的限流标识配置

以上标识上的限流规则最终还是要被映射到用户的请求上，从而对一定特征的用户请求进行限流。关于这部分定义，需要了解 Envoy 的全局限流配置。

```
{
  "stage": "{...}",
  "disable_key": "...",
  "actions": [],
  "limit": "{...}"
}
```

这里对其中的字段解释如下。

◎ actions：定义这个限流配置要执行的动作，主要用于定义一组限流用的标识。

◎ disable_key：提供了一种机制，在运行时传入这个 key 可以禁用限流配置。

◎ limit：可选的限流阈值，其值会和 action 生成的 descriptor 一起传递给后端限流服务，并且覆盖限流服务上的限流配置。

这里最主要的 actions 字段，用来配置怎样生成限流用的标识 descriptor，作为后端限流服务的输入。为了能基于不同请求的条件进行限流，要求以下条件至少需要配置一个：

```
{
  "source_cluster": "{...}",
  "destination_cluster": "{...}",
  "request_headers": "{...}",
  "remote_address": "{...}",
  "generic_key": "{...}",
  "header_value_match": "{...}",
  "dynamic_metadata": "{...}",
  "metadata": "{...}",
  "extension": "{...}"
}
```

比如 request_headers 表示头域条件，header_name 表示请求头域名，descriptor_key 表示生成的 descriptor 的键，descriptor 的值就是对应头域的值。如下是典型的场景，从请求头域中提取 method 和 path，作为限流标识字段传递给后端的限流服务：

```
rate_limits:
- actions:
    - destination_cluster: {}
    - request_headers:
        header_name: ':method'
        descriptor_key: method
    - request_headers:
        header_name: ':path'
        descriptor_key: path
```

而 destination_cluster 会提取服务的目标集群的具体取值，作为固定标识 destination_cluster 的对应值，构造特定的 descriptor 发送给限流后端。其他属性 source_cluster、remote_address 也通过类似的语义生成固定的标识。

通过以上限流配置，当有请求到来时，Envoy 会生成如下 descriptor 发送给后端的限流服务，限流服务基于 descriptor 和 domain 将生成一个 key，向后端 Redis 查询单位时间内的访问次数，只有 descriptor 配置的限流规则都满足时，这个请求才会被通过：

```
("destination_cluster", "to_cluster")
("method", "GET")
("path", "/weather")
```

从作用的位置来看，限流规则可以被配置给 envoy.http_connection_manager 的

virtual_hosts 或者 virtual_hosts 的一个路由。

> 注意：一个请求可能会匹配多个限流规则，后端的限流服务在收到 Envoy 发
> 送的匹配的限流规则时会做判断，只要有一条规则不满足，即拒绝该请求。

与前面的局部限流类似，全局限流也没有 Istio 的标准 API，一般也通过类似如下的
EnvoyFilter 来配置：

```
spec:
  configPatches:
    - applyTo: VIRTUAL_HOST
      match:
        context: SIDECAR_INBOUND
        routeConfiguration:
          vhost:
            name: ''
            route:
              action: ANY
      patch:
        operation: MERGE
        value:
          rate_limits:
            - actions:
                - destination_cluster: {}
                - request_headers:
                    header_name: ':method'
                    descriptor_key: method
                - request_headers:
                    header_name: ':path'
                    descriptor_key: path
```

3）Envoy 的限流服务配置

基于以上配置的限流标识会被传给后端限流服务，执行真正的限流操作，这是限流的
另一种配置。对于最常用的 HTTP 服务，在 envoy.http_connection_manager 的 http_filters
配置中可以配置限流服务后端和对应的 domain，包括：

```
{
  "domain": "...",
  "stage": "...",
  "request_type": "...",
  "timeout": "{...}",
  "failure_mode_deny": "...",
```

```
  "rate_limited_as_resource_exhausted": "...",
  "rate_limit_service": "{...}",
  "enable_x_ratelimit_headers": "...",
  "disable_x_envoy_ratelimited_header": "..."
}
```

其中，rate_limit_service 用于配置后端的限流服务，一般将其配置成在 Envoy 中定义的一个 cluster，而 domain 表示限流作用域，被发送给后端限流服务。

此外，有以下两个配置项值得关注。

◎ failure_mode_deny：控制后端限流服务不可用时的限流行为，当被配置为 true 时，如果后端限流服务没有正常应答，Envoy 就会给业务返回"500"，拒绝这个请求；但大多数时候被设置为 false 来通过请求，保证在后端限流服务不可用时，不影响业务的正常访问。

◎ disable_x_envoy_ratelimited_header：在默认情况下触发限流后，都会在给调用方返回"429"响应码的同时返回 x-envoy-ratelimited 头域。通过这个设置可以配置触发限流后，不返回该头域给调用方。

> 注意：若触发限流后，在默认的应答头域中包含 x-envoy-ratelimited，则表示该请求被限流，当客户端重试时，有这个请求头域标识的请求不会被重试。因为在一般情况下，对限流被拒绝的请求进行重试，只会使得服务的整体访问效果更差。

基于 3.9 节介绍的 EnvoyFilter 的语法，可以把全局限流的过滤器插入 HTTP 的过滤器链，在全局过滤器 envoy.filters.http.ratelimit 上配置前面讲解的各种参数，包括限流后端地址，比如 domain 和 failure_mode_deny 等：

```
spec:
  configPatches:
    - applyTo: HTTP_FILTER
      match:
        context: SIDECAR_INBOUND
        listener:
          filterChain:
            filter:
              name: envoy.filters.network.http_connection_manager
              subFilter:
                name: envoy.filters.http.router
      patch:
        operation: INSERT_BEFORE
```

```
        value:
          name: envoy.filters.http.ratelimit
          typed_config:
           '@type': type.googleapis.com/envoy.extensions.filters.http.
ratelimit.v3.RateLimit
              domain: forecast-rate
              failure_mode_deny: true
              timeout: 10s
              rate_limit_service:
               grpc_service:
                 envoy_grpc:
                   cluster_name: rate_limit_grpc
              transport_api_version: V3
......
```

从整体来看，Telemetry V2 当前的限流配置对最终用户并不很友好，完全是 Envoy 的限流能力的开放和集成，Istio 最终需要基于服务网格控制面提供统一的限流 API，来简化用户的配置。

4.6　元数据交换

在本章前面讲解访问指标等功能时，可以了解到，Envoy 在上报数据时，在上报的访问源和目标信息中一般只包含 IP 地址等基础内容。但监控后端等经常需要基于源或目标服务的命名空间、集群等基础信息，对数据进行分组管理或数据检索，于是服务网格可观测性不可或缺的功能就是向后端监控系统提供这些重要的服务元数据。

因为这些服务元数据一般是被运行平台管理的，于是问题就变成了怎么基于平台构建和组织这些元数据。一般有两种方式：①监控后端会自己检索平台的元数据信息，然后在其内部做类似表关联的操作；②更通用的机制是组装好这些元数据，统一提供给各种不同的后端。第①种方式在后期监控数据检索阶段进行关联操作；第②种方式在前期生成监控数据时进行关联操作，既能提高检索性能，又能解耦监控系统和运行平台的数据。Istio 作为一种通用的服务管理的基础设施，基于第②种方式提供了完整和可扩展的可观测性数据，其主流场景对于容器服务从 Kubernetes 平台提取元数据，在向后端上报时进行关联补齐，监控后端拿到的都是完整的监控数据。Telemetry V1 和 Telemetry V2 在实现上有较大的不同，但都能达到这种效果。

4.6.1 元数据交换的原理

1. 控制面 Adapter

在 Telemetry V1 中有一个内置的适配器 Kubernetes Env Adapter，可提取 Kubernetes 中服务的相关元数据信息，基于负载的标识关联和补齐其他需要的属性，如图 4-31 所示，补齐的属性可以供其他相关的 Adapter 使用，后续上报的监控数据只需直接引用这些字段即可。

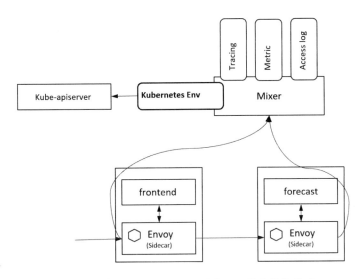

图 4-31　基于 Kubernetes Env Adapter 的元数据管理

2. 数据面的元数据交换

在 Telemetry V2 版本中没有对应的服务端组件 Mixer，也没有在服务端处理数据阶段插入元数据补齐的动作，只能在客户端上代理生成数据时就包含完整的元数据信息。如图 4-32 所示，这种机制依赖通信双方的服务网格代理间交换彼此的元数据信息。当 Istio 数据面代理 Istio-proxy 中的 Pilot-agent 启动 Envoy 时，会从运行平台如 Kubernetes 获取服务自身的元数据信息，并将这些信息写入 Envoy 的 bootstrap 配置中。当 Proxy 代理业务处理流量时，Istio-proxy 会使用一个 metadata_exchange 的过滤器进行元数据交换。

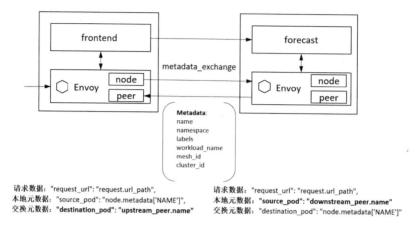

图 4-32　基于服务网格数据面的元数据交换

HTTP 使用请求和应答的特定头域 x-envoy-peer-metadata-id、x-envoy-peer-metadata 等来携带这些元数据发送给对端。对端在收到和解析这些元数据信息后将其存储在本端，在使用时将本端和对端元数据的取值作为可观测性信息的字段上报给后端。TCP 流量使用基于 ALPN 的 istio-peer-exchange 协议在服务网格的服务端和客户端代理间传递元数据。ALPN 协议要求启用 mTLS 才能进行元数据交换，如果未启用 mTLS，则在生成的监控数据中只会包括本端的元数据，不包括对端的元数据。

> 注意：元数据的交换依赖在访问双方的 Sidecar 间交换元数据，如果访问方在服务网格外部，则元数据交换不正常，导致最终监控数据上的属性不完整。

4.6.2　元数据交换的配置

通过 V1 的 Kubernetes Env Adapter 方式可以在 Instance 中定义各种用到的元数据。V2 的数据面的元数据交换，依赖在数据面 Istio-proxy 上启用 metadata_exchange 扩展的过滤器。如果启用了 Telemetry V2，系统就会通过自动生成如下 EnvoyFilter 的方式扩展服务网格数据面，分别在七层和四层流量处理链路上插入元数据交换的过滤器。

```
spec:
  configPatches:
  - applyTo: HTTP_FILTER
    match:
      context: SIDECAR_INBOUND
      listener:
        filterChain:
```

```
          filter:
            name: envoy.filters.network.http_connection_manager
        patch:
          operation: INSERT_BEFORE
          value:
            name: istio.metadata_exchange
            typed_config:
              '@type': type.googleapis.com/udpa.type.v1.TypedStruct
              type_url: type.googleapis.com/envoy.extensions.filters.
http.wasm.v3.Wasm
              value:
                config:
                  configuration:
                    '@type': type.googleapis.com/google.protobuf.StringValue
                    value: |
                      {}
                  vm_config:
                    runtime: envoy.wasm.runtime.null
                    code:
                      local:
                        inline_string: envoy.wasm.metadata_exchange
  spec:
    configPatches:
      - applyTo: NETWORK_FILTER
        match:
          context: SIDECAR_INBOUND
          listener: {}
        patch:
          operation: INSERT_BEFORE
          value:
            name: istio.metadata_exchange
            typed_config:
              '@type': type.googleapis.com/udpa.type.v1.TypedStruct
              type_url: type.googleapis.com/envoy.tcp.metadataexchange.config.
MetadataExchange
              value:
                protocol: istio-peer-exchange
```

可以看到，在大多数时候都无须配置参数，通过配置 max_peer_cache_size 可以控制 peer metadata 的缓存大小，控制最多能存储的元数据记录条数。

元数据交换支持的字段如表 4-6 所示。

表 4-6　元数据交换支持的字段

字　　段	含　　义
Name	Pod 名称
Namespace	Pod 命名空间
Labels	负载标签，是一个 Map，可以取某个标签的值
Owner	负载所有者
workload_name	工作负载名
platform_metadata	平台元数据，是一个键值对集合，可以存取平台的各种元数据
istio_version	Istio 的数据面版本
mesh_id	服务网格 ID
app_containers	应用容器列表
cluster_id	集群 ID

在生产中若有监控需要的元数据信息不在这个列表中，则可以通过 Istio 进行配置，在 Bootstrap 中下发并维护新的元数据信息。

在元数据的使用上，根据流量方向的不同会有不同的取值方式。比如在多集群场景中，对于入流量的 Stats 配置大致如下，即目标集群是当前集群，通过 node.metadata['CLUSTER_ID']获取集群 ID，而源集群是对端的下游集群，基于元数据交换的 metadata downstream_peer.cluster_id 获取集群 ID：

```
"dimensions": {
"destination_cluster": "node.metadata['CLUSTER_ID']",
"source_cluster": "downstream_peer.cluster_id"
    }
```

出流量则相反，源集群 source_cluster 是本地集群，目标集群是对端的 upstream_peer.cluster_id：

```
"dimensions": {
"source_cluster": "node.metadata['CLUSTER_ID']",
"destination_cluster": "uptream_peer.cluster_id"
    }
```

4.7　本章小结

本章详细介绍了服务网格非侵入的可观测性数据采集和限流控制的原理与配置。Istio

的这部分内容从机制到 API 变化都比较大：机制从早期的 Telemetry V1 发展到 1.5 版本后的 Telemetry V2，Telemetry V2 的 API 也从 Istio 1.12 前的基于全局配置辅助 EnvoyFilter 发展到 Istio 1.12 后的 Telemetry API。本章内容聚焦于 Telemetry V2 的原理和配置，并从指标、调用链和访问日志三方面简要介绍了各自基于 Telemetry API 配置的方式。在 Istio 1.16 中，较之观测性，其他方面大部分都达到 Stable 或 Beta 阶段，Telemetry API 仍处于 Experimental 阶段。

对于曾经用过 Telemetry V1 的用户，特别是那些深度使用 Telemetry V1 的用户，切换到 Telemetry V2 时体会的差异较大。表 4-7 总结和比较了 Telemetry V1 和 Telemetry V2 在各个维度的差别。

表 4-7 对 Telemetry V1 和 Telemetry V2 的总结和比较

比较方面	Telemetry V1	Telemetry V2
扩展方式	Mixer Adapter	Envoy 过滤器
元数据生成和管理	Kubernetes Env Adapter	元数据交换
指标采集	抓取 Prometheus Adapter Exporter	抓取 Envoy Exporter
调用链采集	可以直接报给调用链后端，也可以通过 Mixer Adapter 收集上报给调用链后端	通过 Envoy 上报给调用链后端
访问日志	Mixer Log Adapter	Envoy 将访问日志输出到本地供采集，或上报给 ALS 日志后端
限流	Mixer Mem/Redis Quota Adaptor	Envoy 自身的限流能力，支持本地限流，也支持连接后端限流服务的全局限流
配置定义	Mixer Instance	Envoy Filter/ Meshconfig/ Telemetry API
采集规则	Mixer Rule	Envoy Filter/ Meshconfig/ Telemetry API
扩展性	较强	一般
可配置性	较强	一般

习惯了 Telemetry V1 的统一模板化配置的运维人员对 Telemetry V2 机制最直接的感受可能是相对零散，而且不同的对象采用不同的机制和配置方式。前者有个抽象类或接口来定义行为，各种不同的实现都遵从这种框架来规范各自的实现，而后者直接把原始的实现呈现出来让最终用户使用，或者分别进行有限的包装。

4.2 节介绍访问指标在 Telemetry V1 和 Telemetry V2 中的配置时有个细节，Telemetry V1 支持访问指标的老化，对于一个指标，如果在配置的老化时间内没有更新，则不会向 Prometheus 继续生成指标，从而减少不必要的网络开销和 Prometheus 服务端的存储，这对于一些短生命周期的指标会非常有用。但 Telemetry V2 暂不支持指标老化的能力，在规模比较大的场景中会出现数据面代理内存占用过大的问题。在 Telemetry V1 中可以对 Histogram 类型的桶进行配置，在 Telemetry V2 中不支持配置，导致 Histogram 数据会有适当的冗余。此外，基于 Wasm 的 stats 过滤器当前基于性能考虑，仍然编译在 Proxy 的进程内，和数据面内置的功能耦合。

从本章介绍的原理可以看到，服务网格生成的各类可观测性数据都根据各自的特点采用不同的方式输出给各自的后端。不同于 Telemetry V1，数据面代理只连接 Mixer 服务端，在 Telemetry V2 中，数据面代理要配置多种后端地址，生成的监控数据的数据面要对接多个不同的后端。伴随着可观测性领域的标准化，通过一种框架化机制并且提供规范化标准化的扩展能力变得越来越有希望，比如快速成熟并且应用越来越广泛的 OpenTelemetry 和服务网格的结合。

OpenTelemetry 作为提供了一组兼容多种监控协议标准的可扩展框架，支持日志、指标和调用链等监控类型，其 Receiver 可以对接多种数据采集方式，并且支持编程扩展。同样，可以通过 Exporter 模块将采集到的数据分发给多种不同的监控后端，大多数 Prometheus、Jaeger 等开源标准后端都支持 OpenTelemetry，厂商也可以基于 OpenTelemetry 框架开发和对接各自的商业化监控服务。

服务网格和 OpenTelemetry 配合的主要架构如图 4-33 所示，左边只对接数据生成方，即服务网格的数据面，右边扩展支持多种不同的监控后端。虽然与图 4-3 所示的 Mixer 在可观测性场景中的应用有几分神似，但在这种方式下，服务网格只是以非侵入的方式生成可观测性数据，对可观测性数据的定义、管理、采集等通过一个标准的框架和平台进行，这种分工和配合也更符合其发展趋势。

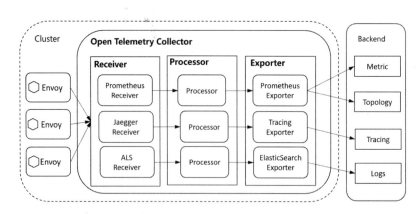

图 4-33　服务网格和 OpenTelemetry 配合的主要架构

第 **5** 章 ｜ 服务安全的原理

Istio 以非侵入方式透明地提供面向应用的安全基础设施。在 Istio 中有两种不同的认证方式：①基于 mTLS 的对等身份认证；②基于 JWT（JSON Web Token）令牌的服务请求认证。本章重点介绍这两种认证方式，以及基于这两种认证方式的细粒度的服务访问授权，会详细介绍其中认证、授权的通用原理、模型，以及 Istio 基于服务网格形态的实现原理和机制。本章还会详细介绍如何通过配置 PeerAuthentication、RequestAuthentication 和 AuthorizationPolicy 使用这些认证、授权能力。

5.1 概念和原理

对于应用开发者来说，安全是我们绕不开的话题。我们可能都经历过以下窘境：

◎ 项目都要发布了，做安全稽查时却发现不满足某项安全标准；

◎ 在业务代码中添加了各种安全库及安全处理，导致部分代码面目全非；

◎ 服务访问出错，却发现是好不容易添加的双向 TLS 认证的证书过期；

◎ 服务实例重启，IP 地址改变，对重要服务的复杂访问控制需要重新配置。

因此，我们都希望通过一种机制或者"手段"把必要的安全能力在应用外提供，使对应用的影响尽可能减小，最好可插拔，可动态启停及动态配置。

Istio 的安全功能大大超越了对"手段"这种形态的追求，它以一种安全基础设施的方式提供安全能力，并且基于服务网格非侵入的特点，这些安全能力对业务开发者完全透明，可以让不涉及安全问题的代码安全运行，让不太懂安全的人开发和运维安全的服务。

为了实现网络内外的防护，传统的基于网络的安全体系通过防火墙等技术构建安全规则。Istio 与之不同，它构建了面向应用的零信任的安全体系，不管是来自外部服务的访问，还是内部服务间的访问，默认都是不可信任的。因此所有服务间的访问都必须基于认证，内部两个服务间的访问流量在网络上也要进行加密。同时，对一个目标服务来说，所有访问者的请求默认都被拒绝，并基于细粒度的授权策略控制开放最小的访问权限给必要的访问者。

基于这样完整的安全体系设计，Istio 构建了一个透明的分布式安全层，提供了底层安全的通信通道，管理服务通信的认证、授权和加密，保障 Pod 到 Pod、服务到服务的通信安全。开发人员对这些能力进行灵活配置即可使用，在这个安全基础设施层上只需关注应用程序内部的安全。

Istio 的安全原理如图 5-1 所示，上面描述的安全目标主要由以下重要组件共同实现。

◎ Citadel：安全核心组件 Istiod 中的 Citadel 实现了一个 CA（Certificate Authority），用于密钥和证书管理；

◎ Envoy：作为服务网格数据面组件，代理服务间的安全通信和安全策略的执行，包括认证、通道加密和授权等；

◎ Pilot：Istiod 中的 Pilot 作为配置管理服务，统一管理服务网格内服务的安全相关认证、授权等策略，保证在数据面有一致的安全动作。

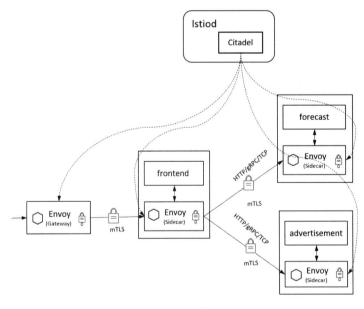

图 5-1　Istio 的安全原理

其中，服务网格数据面代理 Envoy 一般这样提供透明的安全能力：首先，客户端代理拦截到服务的出流量；然后，客户端代理和服务端代理进行双向 TLS 握手；最后，在双向 TLS 建立后，请求到达服务端代理，服务端代理将请求转发给本地服务，在这个过程中

Envoy 代替应用程序执行双向认证、服务授权等安全操作。

图 5-2 展示了 Envoy 代理安全功能的主要流程,本节后面的内容将结合 TLS 的工作原理填充 mTLS 双向箭头的工作细节,并细化以上流程。

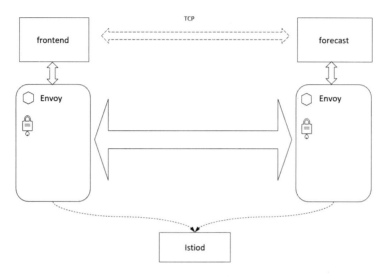

图 5-2　Envoy 代理安全功能的主要流程

下面分别了解 Istio 提供的安全功能认证(Authentication)和授权(Authorization)的基本概念和原理。

5.1.1　对等身份认证

在安全的理论模型中,认证是所有安全功能的基础。在 Istio 安全功能的设计和实现上,认证同样是基础。Istio 的服务间访问,需要交换身份凭证进行相互认证,互相认证了身份,才能进行访问授权的控制及交换数据。Istio 提供了以下两种认证方式。

◎ 对等身份认证:提供服务到服务的认证。因为服务网格的主要功能就是管理服务到服务的访问,所以服务到服务的认证是服务网格的主要场景。在 Istio 中基于双向 TLS 来实现对等身份认证,包括双向认证、通道安全和证书自动维护。要求给每个服务都提供标识,用于服务间访问的双向认证,基于双向 TLS 可以保护服务到服务的通信。

◎ 服务请求认证:提供对最终用户的认证,用于认证请求的最终用户或者设备。在 Istio 中一般通过 JWT 方式实现请求级别的验证。JWT 常常用于保护服务端的资源,客户端将 JWT 令牌通过 HTTP 头域发送给服务端，服务端计算、验证签名以判断该 JWT 是否可信，进而验证这个请求是否可信。

两种认证方式的原理、场景包括配置都各不相同，本节主要讲解对等身份认证的内容。

1. 对等身份认证的概念和原理

在 Istio 中基于双向 TLS 提供服务到服务的对等身份认证。下面简单讲解其原理，了解服务网格数据面怎样代理应用程序进行对等身份认证，并尝试基于原理讲解 Istio 透明代理间的对等身份认证为什么是双向认证而不是单向认证。

TLS 协议就是建立一个加密的双向网络通道在两台主机间传输数据，一般也会和其他协议结合使用来提供安全的应用层，例如我们熟知的 HTTPS、FTPS 等，主要提供如下功能：

◎ 使用对称加密算法加密传输的数据来实现通道安全；

◎ 提供通信双方的身份认证，可以是在 Istio 中推荐的双向认证，也可以是在更多场景中只认证服务端的单向认证；

◎ 提供数据的完整性校验。

TLS 协议如图 5-3 所示，其中 TLS 握手阶段用于通信的双方交换信息，包括通信双方的认证、确定加密算法等。在这个阶段，单向认证和双向认证做的事情不太一样。

◎ 单向认证：只有客户端验证服务端的合法身份。服务端维护证书，在应答客户端的请求时将服务端的证书发给客户端。客户端校验服务端的证书，确认服务端是合法的服务端，服务端不需要校验客户端的证书。服务端对客户端的验证通过业务层来实现，一般用于人机访问场景中。典型的 Web 应用大多是单向 TLS 认证，因为访问的客户端又多又杂，所以不需要在 TLS 这个协议层对用户的身份进行校验，一般是在应用代码中验证用户的合法性。

◎ 双向认证：客户端和服务都要验证对端身份。客户端和服务端都必须持有标识身份的证书，在双方通信时要求客户端校验服务端，客户端也要提供证书供服务端校验。比起单向认证，双向认证更加安全，除了可以避免客户端访问到一个假冒的服务端，服务端也会验证来访的客户端的合法身份。这种方式主要用于机机场景中服务到服务的访问。

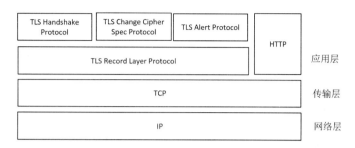

图 5-3 TLS 协议

下面简单看下单向 TLS 认证和双向 TLS 认证的区别和流程。

1）单向 TLS 认证

单向 TLS 认证的思路：客户端使用服务端返回的证书验证服务端的身份，在验证完成后，双方协商一个对称密钥进行数据交换。其流程如下：

（1）客户端发起请求；

（2）服务端发送证书给客户端，在证书中包含服务端的公钥；

（3）客户端验证服务端的证书，检查证书时间、证书的数字签名等；

（4）客户端生成对称加密的密钥，使用服务端的证书中的公钥对其进行加密并发送给服务端；

（5）服务端使用自己的私钥解出加密密钥；

（6）客户端和服务端使用协商的对称密钥来交换数据。

2）双向 TLS 认证

双向 TLS 认证的思路：客户端验证服务端的身份，服务端同时验证客户端的身份，在验证完成后双方协商一个对称密钥交换数据，步骤如下：

（1）客户端发起请求；

（2）服务端应答，包括选择的协议版本等。服务端发送证书给客户端，在证书中包含服务端的公钥；

（3）客户端验证服务端的证书，检查证书时间，验证证书的数字签名等；

（4）服务端要求客户端提供证书；

（5）客户端发送自己的证书到服务端；

（6）服务端校验客户端的证书，获取客户端的公钥；

（7）客户端生成对称加密的密钥，使用服务端证书中的公钥对其进行加密并发给服务端；

（8）服务端使用自己的私钥解出加密密钥；

（9）客户端和服务端使用协商的对称密钥来交换数据。

Istio 中服务间的访问就属于典型的机机场景，所以在 Istio 中提供的 TLS 认证是双向认证。这种方式比单向认证更安全，但安全和代价总成反比，能对每个客户端的身份都进行标识不是件轻松的事情。Istio 的证书机制可以方便地解决这个问题，本节后面会讲解如何解决。

2. Istio 的对等身份认证

1）Istio 的对等身份认证流程

在 Istio 中，服务间端到端的通信安全是通过服务发起方和服务接收方的服务网格代理实现的。因而在以上流程中描述的客户端、服务端就是如图 5-4 所示的双方代理，双方代理代替各自的服务完成双向认证。在这整个过程中，服务端和客户端的应用程序是不感知的，还是用它们约定的应用协议进行通信。只需在 Istio 中配置认证策略，Envoy 就可以代理完成以上双向认证和安全通信。

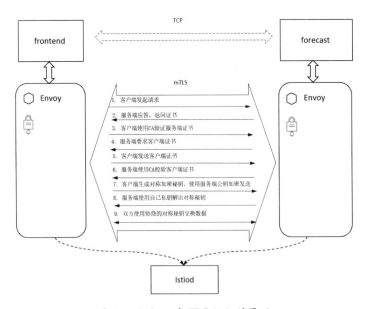

图 5-4　Istio 双向 TLS 认证的原理

在 Istio 中通过认证策略 AuthenticationPolicy 配置目标服务的认证方式，同时通过 DestinationRule 的 ClientTLSSettings 配置客户端代理访问目标服务时使用 TLS。Pilot 将这些配置换成 Envoy 可识别的格式，并下发给安全策略的执行点即 Envoy，Envoy 再根据收到的配置执行对应的动作。

2）Istio 的身份证书管理

身份是安全的基础，也是认证的基础，不管是本节介绍的对等身份认证，还是下节将要介绍的服务请求认证，基于认证的身份才能进行授权策略的条件定义。两个服务在开始通信时，需要交换携带了用户身份信息的凭证。客户端校验服务端的身份，即检查目标负载的服务身份。同时，服务器端根据授权策略验证并确保只有满足条件的一定身份的客户端可以访问。

Istio 可以采用各种平台的用户账户、自定义服务账户、服务名称等作为身份标识。在 Kubernetes 平台上使用 Kubernetes 负载的服务账户 Service Account 进行身份标识，在负载没有配置服务账户的情况下使用命名空间的默认服务账户。

Istio 控制面实现了 SPIFFE 规范，这是一种在动态异构环境下对软件服务进行安全身份验证的开源规范。其中，SPIFFE ID 是一个字符串，用于唯一且明确地标识工作负载。SPIFFE ID 规定了形如 spiffe://<trust domain>/<workload identifier> 的 URI 格式，将其作为工作负载的唯一标识。Istio 使用形如 spiffe://<trust_domain>/ns/<namespace>/sa/<service_account> 格式的 SPIFFE ID 作为安全命名，其中的信任域 trust domain 可以通过服务网格控制面的环境变量进行配置。

Istio 使用 X.509 证书安全地为每个工作负载都提供身份信息，把以上格式的 ID 注入 X.509 证书的 subjectAltName 扩展中。

为了方便贯穿前面的 TLS 流程和本节后面的内容，这里简单讲解证书的工作机制。证书通过证明公钥属于一个特定的实体来防止身份假冒。相应地，证书签发就是 CA（Certificate Authority，证书颁发机构）把证书拥有者的公钥和身份信息绑定在一起，使用 CA 专有的私钥生成正式的数字签名，表示这个证书是权威 CA 签发的。在校验证书时用 CA 的公钥对这个证书上的数字签名进行验证。

在本节介绍的 Istio 的双向 TLS 场景中，服务端维护一个在 CA 上获取的服务端证书，在客户端请求时将该证书回复给客户端。客户端使用 CA 的公钥进行验证，若验证通过，就可以拿到服务端的公钥，从而执行后面的步骤。当然，这是基本原理，在证书上除了有关键的证书所有者的公钥、证书所有者的名称，还有证书起始时间、到期时间等信息，在进行证书校验时会用到。

Istio 简化了用户维护证书的复杂度，提供了自动生成、分发、轮换与撤销密钥和证书的功能，包括：

◎ 自动给每个负载的 Service Account 都生成 SPIFFE 密钥证书对；

◎ 根据 Service Account 给对应的 Pod 分发密钥和证书对；

◎ 定期替换密钥证书；

◎ 根据需要撤销密钥证书。

从 1.3 版本开始，Istio 支持基于 SDS（Secret Discovery Service）的动态方式获取证书。如图 5-5 所示，Istio 代理负责维护本 Pod 内的证书和密钥，并提供标准的 SDS 接口供 Envoy 调用。一般是 Istio 代理生成私钥，并通过证书签名请求 CSR（Certificates Signing Request），连同服务的身份凭据（Service Account）一起发送给 Istiod 进行签名；Istiod 验证 Service Account 令牌的合法性，在验证通过后签发 CSR 生成证书并返回给 Istio 代理，这个证书只能和对应的 Istio 代理上的密钥一起使用。

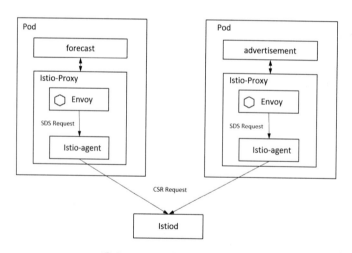

图 5-5　Istio 的证书获取流程

同时，Istio 代理负责证书和密钥的定期轮换，当监控到证书过期时重新申请，并向本地 Envoy 推送新的证书。这样，在 Envoy 上总能通过 SDS 获取新的证书，使用新的证书来为业务建立连接。这种动态机制避免了老版本中把证书的 Secret 在 Pod 中加载成文件，在证书过期替换时必须重启 Pod 的弊端。

图 5-6 展示了在启用认证后，frontend 调用 forecast 时 Citadel 自动维护证书和密钥的细节，这是双向 TLS 和访问授权控制的基础。

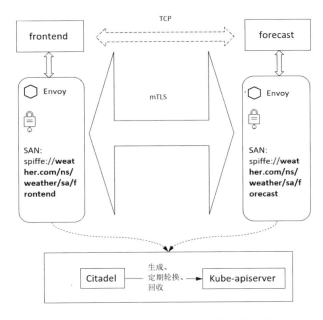

图 5-6　Citadel 自动维护证书和密钥的细节

5.1.2　服务请求认证

Istio 能够代理应用程序做各种安全相关的事情，除了前面讲到的基于证书的透明的双向认证，也可以基于用户请求中的信息，在请求到达应用程序前代替应用程序进行认证，从而省去应用程序中大量重复的验证逻辑。

1. 服务请求认证的概念和原理

1）JWT 的基本原理

JWT 是一种服务端向客户端发放令牌的认证方式。客户端通过用户名和密码登录时，在服务端会生成一个令牌返回给客户端；随后，客户端在向服务端请求时只需携带这个令牌，服务端通过校验令牌来验证请求是否来自合法的客户端，进而决定是否向客户端返回应答。可以看到，这种在请求中携带令牌来维护认证的客户端连接的方式解决了早期服务端存储会话中的各种有状态问题。

在实际使用中一般会有一个独立的认证服务处理用户登录的业务。认证服务在验证登录成功后，使用私钥生成令牌发放给客户端。客户端在后续有服务访问时携带该代表身份的令牌，而其他提供业务的服务端会使用对应的公钥验证这个令牌，进行身份认证。这种方式通常要求每个服务都从一个特定的 URI 位置获取公钥或者配置一个公钥,在服务的代码里实现对令牌的校验逻辑。JWT 的认证流程如图 5-7 所示。

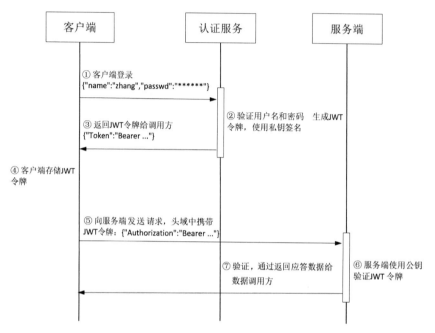

图 5-7　JWT 的认证流程

下面对如图 5-7 所示的认证流程细节（图中①～⑦）进行详细解释：

①　客户端连接认证服务，提供用户名和密码；

②　认证服务验证用户名和密码，生成 JWT 令牌，包括用户标识和过期时间等信息，并对其使用认证服务的私钥签名；

③　认证服务向客户端返回生成的 JWT 令牌；

④　客户端将收到的 JWT 令牌存储在本端，供后续请求时使用；

⑤　客户端在向其他服务发起请求时携带 JWT 令牌，无须再提供用户名、密码等信息；

⑥　服务端使用公钥验证 JWT 令牌,验证这个令牌是否为合法的认证服务的私钥签名，并且验证从令牌中解析出的用户身份是否为合法身份；

⑦　验证通过后，服务端返回应答数据给数据调用方。

在这个过程中使用了令牌这个临时凭证代替了用户名、密码等永久凭证，除了请求过程更轻便，也可以对用户信息资产进行保护，只有认证服务有私钥，才可以向正确提交口令的用户发放令牌。

2）JWT 的结构

JWT 是一个包含了特定声明的 JSON 结构。从 JWT 的认证流程第⑥步知道，只要验证这个 JSON 结构本身，即可确认请求的身份，无须查询后端服务。下面解析 JWT 的结构，了解如何携带这些认证信息。

JWT 包含三部分：Header（头部）、Payload（负载）和 Signature（签名）。

（1）Header：描述 JWT 的元数据，包括算法 alg 和类别 typ 等信息。alg 描述签名算法，这样接收者可以根据对应的算法来验证签名，默认是如下所示的 HS256，表示是 HMAC-SHA256。typ 表示令牌类型，被设置为 JWT，表示这是一个 JWT 类型的令牌。

```
{
  "alg": "HS256",
  "typ": "JWT"
}
```

（2）Payload：存放令牌的主体内容，由认证服务 AuthN 生成相关信息并放到令牌的负载中，重要属性如下。

◎ iss：令牌发行者（issuer）。
◎ exp：令牌过期时间（expiration time）。
◎ sub：令牌主题（subject）。
◎ aud：令牌受众（audience）。

JWT 在验证时会校验发行者的信息与令牌负载中的发行者 iss 是否匹配，同时会校验令牌的过期时间，保证是有效期内的令牌。JWT 的原理决定了分发出去的令牌在有效期内一直有效，一般并没有专门废除某个令牌的通用机制。

除了这些字段，在令牌负载中还会携带生效时间、签发时间等信息，也可以根据应用包含一些自定义的字段。JWT 的内容本身不是加密的，所有拿到令牌的服务都可以看到令牌负载 Payload 中的内容，因此建议在 Payload 中不要存放私密的信息。

（3）Signature：Signature 字段是对 Header 和 Payload 的签名，确保只有特定、合法的认证服务才可以发行令牌。在实际使用中一般是对 Header 和 Payload 分别执行 Base64 以转换成字符串，然后使用认证服务的密钥对拼接的字符串进行签名，签名算法正是前面介绍的头域 alg 中定义的算法。一个完整的 JWT 示例如下，对 Header 和 Payload 进行签名可以得到 Signature：

```
# Header:
{
  "alg": "HS256",
  "typ": "JWT"
}

# Payload
{
    "exp": 4685989700,
    "ver": "2.0",
    "iat": 1532389700,
    "iss": "weather@cloudnative-istio.book",
    "sub": "weather@cloudnative-istio.book"
}

# Signature
HMACSHA256(
  base64UrlEncode(header) + "." +
  base64UrlEncode(payload),
  "weather-cloudnative-istio-book"
  )
```

以上结构最终输出的令牌如下，可以看到以“.”分割的三个字符串分别对应 JWT 结构的 Header、Payload 和 Signature 三部分：

```
eyJhbGciOiJIUzI1NiIsInR5cCI6IkpXVCJ9.eyJleHAiOjQ2ODU5ODk3MDAsInZlciI6IjIuMCI
sImlhdCI6MTUzMjM4OTcwMCwiaXNzIjoid2VhdGhlckBjbG91ZG5hdGl2ZS1pc3Rpby5ib29rIiwic3V
iIjoid2VhdGhlckBjbG91ZG5hdGl2ZS1pc3Rpby5ib29rIn0.SEp-8qiMwI45BuBgQPH-wTHvOYxcE_j
PI0wqOxEpauw
```

2. Istio 的服务请求认证

根据前面介绍的 JWT 流程，在认证服务生成令牌后，由各服务负责 JWT 令牌的校验。在这种标准流程下，每个服务都要实现通用的令牌验证逻辑。Istio 服务网格可以将这部分通用的令牌校验逻辑从业务中剥离出来，代替业务进行 JWT 校验，使得应用程序专注于自身业务。Istio 的 JWT 认证流程如图 5-8 所示。

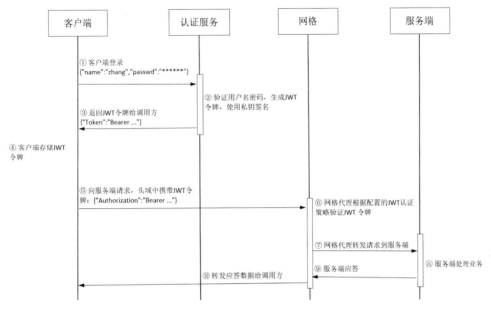

图 5-8　Istio 的 JWT 认证流程

在 Istio 代理业务的令牌校验后，本节前面的标准 JWT 流程会有少许改变（对应图 5-8 上的①～⑧）：

①客户端连接向认证服务提供用户名和密码；

②认证服务验证用户名和密码，生成 JWT 令牌，包括用户标识和过期时间等信息，并使用认证服务的私钥签名；

③认证服务向客户端返回生成的 JWT 令牌；

④客户端将收到的 JWT 令牌存储在本端，供后续请求时使用；

⑤客户端在向其他服务发起请求时携带这个 JWT 令牌；

⑥服务网格数据面代理拦截到流量，使用配置的公钥验证 JWT 令牌；

⑦验证通过后，服务网格代理将请求转发给服务端；

⑧服务端处理请求；

⑨服务端返回应答数据给客户端。

在这个过程中，重点是第⑥步，原来服务端的 JWT 认证功能被卸载到了服务网格代理上。服务网格数据面从控制面配置的认证策略中获取验证 JWT 令牌的公钥，可以是在

267

JWKS（JSON Web Key Set）上配置的公钥，也可以是在 jwksUri 配置的公钥地址中获取的公钥。获取公钥后，服务网格数据代理首先使用该公钥对认证服务私钥签名的令牌进行验证，并解开验证令牌中的 iss，验证其是否匹配认证策略中的签发者信息；然后将验证通过的请求发送给应用程序，验证不通过则直接拒绝，不会发送给应用程序。

这样，JWT 的令牌生成由特定的认证服务执行，令牌的验证由服务网格执行，彻底解耦了用户业务中的认证逻辑。其详细配置请参照 5.3 节。

5.1.3　服务访问授权

有了前面的认证，就可以基于特定的身份来定义授权的策略，控制特定的身份只可以访问策略允许的资源。服务网格的主要场景是服务间的访问管理，对应服务网格中的授权也主要控制服务间的访问。

1. 服务访问授权的概念和原理

授权，作为一个专业的安全机制，有很多种模型被研究和使用。常用的授权模型包括 ACL（Access Control List，访问控制列表）、RBAC（Role Based Access Control，基于角色的访问控制）和 ABAC（Attribute Based Access Control，基于属性的访问控制）等，下面分别讲解这 3 种授权模型，并讲解 Istio 的服务访问授权原理。

1）ACL

ACL 是比较容易理解和维护的模型，如图 5-9 所示，直接给主体分配权限，定义哪些主体可以对哪些目标对象进行哪些操作。在简单的管理系统中，ACL 可以非常方便地实现功能控制，满足一般的授权管理需求。

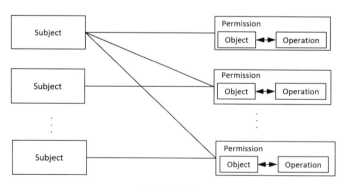

图 5-9　ACL

ACL 的一个明显问题是当主体比较多或者变化比较大时，会难于维护。例如，若将 ACL 应用到传统的管理系统中，则每增加一个用户，就要定义一套资源的操作权限，每删除一个用户，就要删除对应的权限记录。而且即使两个类似的用户都拥有完全相同的权限，也要分别定义。从数据库范式的观点来看，解决这种耦合导致数据重复问题的办法，自然是在其中引入一层映射。在授权理论和实践中也正是这么演进的，即在主体和权限操作间引入角色的概念，这正是 RBAC 的思路。

2）RBAC

RBAC 是基于角色和权限定义的访问控制机制，把对目标对象的操作权限分配给角色，分配了相应角色的主体就具备了对应操作的权限。其实大部分系统都是按照这个思想来设计的，一般内置或创建若干个 Guest、Admin 之类的角色，对应系统不同的操作和访问权限，在创建账户时直接指定角色即可。

如图 5-10 所示，在 RBAC 的授权规则定义上，一般先通过 Role（角色）定义对目标对象的操作权限集合的角色，然后通过 RoleBinding 将这个角色绑定到对应的主体对象上。一个主体可以有多个角色，每个角色又可以有多个权限，都是多对多的关系。主体拥有的权限等于其所有角色持有权限的合集。在实际应用中，Role 可以比较自然地关联到实际的业务，例如，Viewer 角色只有查看权限，Editor 角色有资源的增删编辑权限，Admin 角色可以有更多的权限。同时，使用 Role 作为权限的分组也有利于配置复用，避免了 ACL 中给多个用户重复分配相同的权限的问题。RBAC 中的一个 Role 就是一个权限集，只需把该权限集赋给某个主体即可，不用在创建每个用户时都费劲地从大量的细碎权限列表中找到对应的权限进行分配。

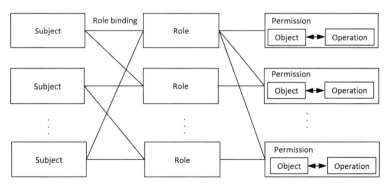

图 5-10　RBAC

在云原生技术中，被人熟知的是 Kubernetes 的 RBAC，用于对用户访问的 Kubernetes API 资源进行授权控制，它通过 Role 或 ClusterRole 定义一组代表相关权限的规则，通过

RoleBinding 或 ClusterRoleBinding 将在角色中定义的权限赋给用户、组或服务账户。

RBAC 这种基于 Role 的授权模型在实际应用中经常出现两种问题：①角色爆炸的问题，当系统比较复杂，在目标对象和其上的操作过多时，经常要定义很多种角色才能满足实际的权限粒度要求；②动态性和粒度的问题，角色一般都需要提前定义，当主体或对象的特征比较多并且频繁发生变化时，经常需要搭配其他手段。

3）ABAC

ABAC 使用属性来决定哪些主体有权限对目标对象进行哪些操作。这里的属性除了主要的主体属性和客体属性，还经常包括环境等其他上下文的属性。

ABAC 如图 5-11 所示，基于主体、客体对象等条件定义规则，在规则中定义满足属性条件执行的动作。PEP（Policy Enforcement Point，规则执行位置）根据判定结果执行对应的动作，在请求到来时基于该规则进行判定，拒绝或允许主体对目标对象的操作请求。从模型上看，ABAC 是一个细粒度、规则开放、相对动态的授权模型，可以通过其中几乎所有的属性进行灵活的授权配置。在实现上，ABAC 一般需要一些规则优先级的设计，这样当授权规则比较多时就可以方便地管理。

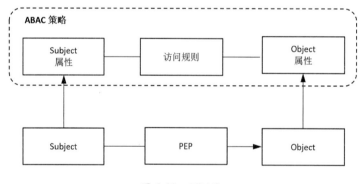

图 5-11　ABAC

不同于 RBAC 基于定义好的固定角色分配权限，ABAC 根据实时变化的属性授予访问权限。所以从效果上看，ABAC 更灵活、动态，也更适合各种服务间的访问，特别是在属性丰富多变的场景中。在 ABAC 中，系统自动根据主体和目标对象的属性取值允许或拒绝访问请求。如果其中的属性发生变化，则可以访问到的资源也会不同。但从维护的角度来看，RBAC 可以直观地看到一个用户属于哪个角色，进而知道主体具备哪些权限。但 ABAC 要做到这点就不是很容易，必须根据授权策略检查每个访问对象。

2. Istio 的服务访问授权

将前面讲到的通用授权模型应用到服务间访问控制中，就是 Istio 服务授权的主要场景。Istio 服务授权主要解决的问题：哪个服务在哪种条件下可以访问哪个目标服务的哪些信息？

在 Istio 之前，Kubernetes 的 Network Policy 也可以实现 Pod 网络的隔离性要求，即控制哪些 Pod 可以和哪些 Pod 互通。不同于 Network Policy 工作在 3 层和 4 层，且一般通过 IP 地址等进行统一控制，Istio 的授权工作主要在应用层，在服务网格数据面解析和理解应用层协议后，可以基于更多的属性定义规则控制访问。在实际使用中，细粒度的服务间访问，推荐采用本章介绍的 Istio 的服务授权。

Istio 的访问授权模型和 API 在 1.4 版本中发生了较大的变化，引入了 v1beta1 的 AuthorizationPolicy，替代了早期的三个对象 ClusterRbacConfig、ServiceRole 和 ServiceRoleBinding，从而简化了用户的配置。新配置和老配置并不兼容，Istio 从 1.6 版本开始，不再支持老的配置方式。

从配置名称 ServiceRole 和 ServiceRoleBindingIstio 可以看到，早期版本基于 RBAC 的理念来设计授权规则配置。但这里的 Role 并不是传统意义上的一个角色，而是对目标服务通用操作的描述。在实际应用中，经常要搭配 ServiceRole 中的 constraints 和 ServiceRoleBinding 中 subjects 的 properties 等属性作为扩展条件，来描述主体或访问对象的属性。在授权策略中只有和这些属性条件结合在一起，才能满足服务网格丰富的访问控制需求，这种 "RBAC +条件" 的授权策略在本质上更像基于属性的授权模型。

前面在介绍 RBAC 这一授权模型时提到了角色爆炸的问题，Kubernetes 管理的权限或动作相对底层更纯粹一些，没有太多动态的属性，使用 RBAC 获得了很好的应用。但在 Istio 早期版本的 RBAC 策略中基于服务访问内容或特征定义的角色，访问主体和目标的属性复杂多变，导致角色爆炸的问题体现得非常突出。

相对而言，新版本的授权策略 AuthorizationPolicy 在规则设计上更加简洁和易于理解，支持服务网格内负载间、最终用户和负载间的服务访问控制。通过一个策略就可以定义：具有什么特征的主体在访问什么属性的对象，在满足什么条件时能做什么动作。在实现上，通过一个选择器 selector 定义策略作用的目标对象，通过授权规则中的 from、to 和 when 分别定义授权管理的源负载的属性特征、目标负载的属性特征和访问过程中的条件，并且支持对这些条件的动态定义。

另外，在授权策略中还可以定义满足条件的请求执行的动作，包括：允许（ALLOW）、禁止（DENY）和自定义（CUSTOM）动作。对目标服务配置多个授权策略，可提供很大的灵活性，但同时增加了策略生效的复杂性和维护难度。Istio 的授权策略定义了一套优先级顺序，保证可以清晰、明确地配置和生效丰富灵活的策略。通过图 5-12 可以看到，Istio 授权动作的优先级是：CUSTOM→DENY→ALLOW。

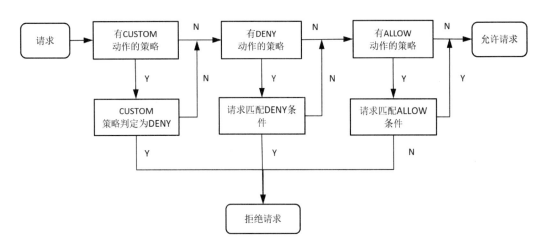

图 5-12　Istio 授权动作的优先级

其主要流程：①匹配 CUSTOM 策略的条件，如果匹配后的判定为 DENY，则直接拒绝；否则没有 CUSTOM 策略，或者 CUSTOM 策略被判定为 ALLOW，需要继续考察后续的策略。②检查 DENY 的策略条件是否匹配，匹配则拒绝；若没有 DENY 策略或 DENY 策略未匹配，则检查 ALLOW 的策略。③如果没有 ALLOW 的策略，或者匹配所有 ALLOW 策略的条件，则允许请求；否则拒绝请求。

> 注意：在 Istio 授权策略的执行中只要碰到一个显式的 DENY，就会拒绝请求，只有满足所有 ALLOW 条件，请求才会被允许，这也符合权限管理的一般思路。

另外，从授权策略定义的匹配条件来看，v1alpha1 上 ServiceRole 定义的目标服务可以通过 v1beta1 的 AuthorizationPolicy 的 selector 字段替代，前者的目标服务属性的信息在新接口的 to 字段上也都包含；而在对应的 ServiceRoleBinding 上定义的源服务属性等，都可以通过 AuthorizationPolicy 的 from 和 when 配置。

和之前版本 API 的默认行为类似，当不设置授权策略时，允许所有服务都可以访问目标。

Istio 的授权架构也与前面所讲的通用授权架构类似，服务网格数据面扮演策略执行 PEP 的角色。Istio 的整个授权配置的工作流程和其他 Istio 的服务管理流程一样，都包括配置规则、下发规则和执行规则，其中：

◎ 管理员配置授权规则，将授权配置信息 AuthorizationPolicy 存储在 Kube-apiserver 中；

◎ Pilot 从 Kube-apiserver 处获取授权配置策略，和下发其他规则一样将配置发送给对应服务的 Envoy；

◎ Envoy 在运行时基于授权策略来判断是否允许访问，一般在 Inbound 流量到达服务端代理时，在代理上执行控制面下发的授权规则，根据请求的内容评估是否满足授权规则，允许或者拒绝请求。

在 Istio 授权中建议启用认证功能，授权策略依赖对等身份认证和服务请求认证提供的身份标识来进行授权定义。对于老的系统，如果没有对接认证，则可以通过客户端 IP 地址等非认证标识来做授权控制。

5.2　PeerAuthentication（对等身份认证）

Istio 从 1.5 版本开始，将 v1beta1 的认证策略中原有的 alpha3 版本的 AuthenticationPolicy（认证策略）拆分为 PeerAuthentication（对等身份认证）和服务请求认证（RequestAuthentication）。本节讲解 PeerAuthentication 的用法。

5.2.1　入门示例

按照惯例，我们以一个最常见的场景来体验 Istio 的 PeerAuthentication 策略。通过如下配置为 forecast 开启双向认证，forecast 使用双向认证来接收调用方的访问，只处理 TLS 通道上加密的请求：

```
apiVersion: security.istio.io/v1beta1
kind: PeerAuthentication
metadata:
  name: peer-policy
  namespace: weather
spec:
  selector:
    matchLabels:
      app: forecast
  mtls:
    mode: STRICT
```

5.2.2　配置模型

Istio 的 PeerAuthentication 功能强大，但是配置非常简单。如图 5-13 所示，通过 selector（选择器）选择目标负载，并配置目标负载上的认证模式，还可对负载的不同端口配置不同的认证策略。

◎ selector：定义认证策略应用的对象。

◎ mtls：是唯一的业务字段，定义双向认证的配置。

◎ portLevelMtls：通过一个 map 定义负载每个端口上的双向认证模式。

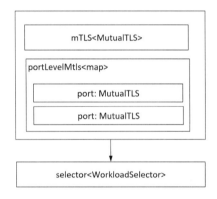

图 5-13　PeerAuthentication 的配置模型

5.2.3　配置定义

以下是几个关键属性的含义和用法。

1）selector（选择器）

Istio 通过 selector 选择认证策略作用的负载。5.2.1 节示例中的匹配标签是 forecast 的负载实例，该实例既可以是容器，也可以是虚拟机。selector 也可以为空，表示将该认证策略配置给指定的命名空间或服务网格全局，用法参照 5.2.4 节中的对应示例：

```
selector:
  matchLabels:
    app: forecast
```

2）mtls（认证配置）

这是 PeerAuthentication 的核心配置，会定义双向认证的模式。PeerAuthentication 支

持以下三种模式。

◎ STRICT：典型用法，配置这种模式后，目标工作负载只接收双向 TLS 的流量。

◎ PERMISSIVE：目标工作负载既可以接收双向 TLS 的流量，也可以接收普通的非加密流量。

◎ DISABLE：表示禁用双向 TLS。不需要服务网格提供双向认证的场合一般包括：业务上不需要双向认证，或者更多地，是业务自己实现了双向认证，不需要在服务网格上提供。

比如在 5.2.1 节的示例中设置目标负载使用 STRICT 模式，要求只接收双向认证的流量：

```
mtls:
  mode: STRICT
```

在 Istio 的认证模式中还支持配置 UNSET，表示继承在上一级范围内配置的模式。

注意：PeerAuthentication 的 PERMISSIVE 模式在迁移场景中非常实用。若对一个服务设置了 STRICT 模式，则来自老系统没有注入代理的客户端请求可能会访问不通，因为它们没有携带客户端证书。若配置为 PERMISSIVE 模式，则可以同时接收两种流量。在完成迁移且访问双方代理都准备好后，就可以切换成 STRICT 模式。

3）portLevelMtls（端口认证配置）

表示给负载的端口配置认证策略，若在一个负载上有多个端口，则可以灵活配置端口粒度的认证策略，可参照 5.2.4 节的端口粒度认证策略。

5.2.4 典型应用

PeerAuthentication 比较简单，这里重点看看典型用法。基于 selector 的不同用法，在 Istio 中可以定义多种范围的认证策略，如下所述。

◎ 全服务网格范围：作用于服务网格中的所有对象。

◎ 命名空间范围：作用于指定命名空间下的所有工作负载。

◎ 工作负载范围：作用于在命名空间下选择的特定工作负载。

注意：Istio 全局的认证策略只能配置一个，一个命名空间也只能配置一个命名空间维度的认证策略。若有多个全局的认证策略，或者在一个命名空间上定义

了多个命名空间维度的认证策略，则只有最早定义的策略生效。同样，如果对同一个负载定义了多个负载维度的认证策略，则也只有最早定义的策略生效。

1. 服务网格统一认证策略

如下配置只是给根命名空间 istio-system 定义了 PeerAuthentication，使 selector 为空，通过这种方式可以给整个服务网格定义统一的策略。v1alpha1 需要专门定义一个 MeshPolicy 的规则来才能做到这一点。

```
apiVersion: security.istio.io/v1beta1
kind: PeerAuthentication
metadata:
  name: mesh_tls
  namespace: istio-system
spec:
  mtls:
    mode: STRICT
```

2. 命名空间统一认证策略

也可以给一个特定的命名空间配置 PeerAuthentication，保持 selector 为空。如下示例给 weather 命名空间配置了统一的认证策略：

```
apiVersion: security.istio.io/v1beta1
kind: PeerAuthentication
metadata:
  name: ns_weather_tls
  namespace: weather
spec:
  mtls:
    mode: STRICT
```

3. 负载粒度认证策略

对于负载维度的认证策略，采用入门示例的典型方式即可。

4. 多粒度认证策略叠加

对于同一个负载的认证策略，生效的优先级遵循精确匹配的原则，即对于一个工作负载对象只能有一种认证策略。如果以上三种策略都匹配，则生效规则是负载范围优先，然后是命名空间范围，最后是全服务网格范围。

利用以上原则为某命名空间下除某个服务外的其他服务启用双向认证，除了可以采用枚举方式为每个要认证的服务都配置策略，另一种更便捷的做法是配置如下两个 PeerAuthentication：

```
apiVersion: security.istio.io/v1beta1
kind: PeerAuthentication
metadata:
 name: enable_weather_tls
 namespace: weather
spec:
 mtls:
   mode: STRICT
---
apiVersion: security.istio.io/v1beta1
kind: PeerAuthentication
metadata:
 name: disable_adv_tls
 namespace: weather
spec:
 selector:
   matchLabels:
     app: advertisement
 mtls:
   mode: DISABLE
```

通过这种方式可以先配置整个命名空间启用，再配置特定服务不启用，类似如图 5-14 所示的集合运算。除了省去了在 selector 中枚举出所有其他服务的麻烦，也增加了灵活性。当在命名空间下再添加新服务时，认证策略不需要更新。

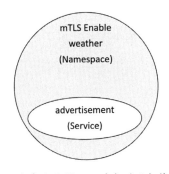

图 5-14   在命名空间下只对个别服务禁用认证

5. 端口粒度认证策略

PeerAuthentication 还可以细化到负载的一个端口上。如下示例只在 forecast 的 3001 端口上定义了 STRICT 模式，其他端口仍保持服务网格全局的 PERMISSIVE 模式：

```yaml
apiVersion: security.istio.io/v1beta1
kind: PeerAuthentication
metadata:
  name: port-level-policy
  namespace: "weahter"
spec:
  selector:
    matchLabels:
      app: forecast
  portLevelMtls:
    3001:
      mode: STRICT
```

5.3　RequestAuthentication（服务请求认证）

前面介绍了 Istio 中请求认证的原理，本节介绍其使用方式。

5.3.1　入门示例

在如下入门示例中定义了 RequestAuthentication，要求对 weather 下 foreast 的访问校验请求中的认证信息：

```yaml
apiVersion: security.istio.io/v1beta1
kind: RequestAuthentication
metadata:
  name: forecast
  namespace: weather
spec:
  selector:
    matchLabels:
      app: forecast
  jwtRules:
    - issuer: "weather@cloudnative-istio.book "
      jwksUri: https://cloudnative-istio.book/jwks-demo/jwks
```

5.3.2　配置模型

RequestAuthentication 的配置模型如图 5-15 所示，通过负载选择器 selector 选择策略生效的目标负载。认证的规则通过 jwtRules 来描述，定义如何匹配 JWT 令牌上的认证信息。

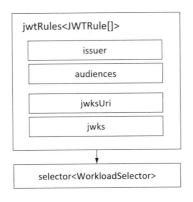

图 5-15　RequestAuthentication 的配置模型

5.3.3　配置定义

selector 定义 RequestAuthentication 生效的目标范围，使用方式与 5.2 节 PeerAuthentication 中的 selector 相同，可以选择服务网格全局、特定命名空间和特定负载配置策略，用法不再赘述。

jwtRules（JWT 规则）定义了一组应用在目标负载上的 JWT 认证规则。生效方式如 5.1.2 节的 JWT 原理介绍。主要流程：①根据规则配置从请求的对应位置提取认证令牌；②根据规则配置校验令牌的合法性，若不满足配置的认证规则，则认证不通过，拒绝请求；若满足认证规则，则从合法令牌中提取认证标识用于后续处理。jwtRules 提供了在以上流程中涉及的配置参数。

1）令牌位置配置

首先是令牌提取位置。比较常见的是从 HTTP 头域中提取，可以通过 fromHeaders 来定义。这是一个 JWTHeader 的结构，分别定义头域的名称和前缀。JWT 令牌一般被存储在 Authorization 头域中，以 Bearer 开头，比如：

```
Authorization: Bearer <JWT token>
```

JWT 令牌也可被存储在其他头域中，fromHeaders 可用来描述存储令牌的头域。如下配置定义了从 x-jwt-token 头域中提取以 Bearer 开头的数据作为 JWT 令牌：

```
fromHeaders:
  - name: x-jwt-token
    prefix: "Bearer "
```

还可以通过 fromParams 定义从 HTTP 的请求参数中提取 JWT 令牌。比如在 JWT 令牌通过 cloudnative-istio.book? jwt-token=<token>方式传递时，可以通过如下配置提取：

```
fromParams:
  - " jwt-token "
```

2）令牌公钥配置

5.1.2 节介绍了在 JWT 流程中如何通过认证服务的公钥对 JWT 令牌的签名进行验证，确认其是合法的认证服务的私钥签名。在 Istio 中可以由服务网格代替应用程序验证签名，这样就需要在服务网格中配置公钥相关的信息。Istio 支持以两种方式配置公钥信息：①通过 jwksUri 配置公钥的 URL 地址，从这个 URL 上获取公钥资源；②通过 jwks 直接配置公钥。以上两种方式二选一即可。

```
jwtRules:
  - issuer: "weather@cloudnative-istio.book"
    jwksUri: https://cloudnative-istio.book/jwks-demo/jwks
```

3）令牌内容校验配置

在完成令牌的签名校验后，JWT 认证会校验令牌的内容，要求发行者等信息和令牌负载 Payload 中的对应信息一致。RequestAuthentication 可以配置认证时要校验的 issuer、audiences 等信息。在如下配置中，只有负载的 iss 信息匹配了 RequestAuthentication 中的 issuer 条件的令牌才是合法的 JWT 令牌：

```
jwtRules:
  - issuer: "weather@cloudnative-istio.book"
```

以如下方式配置了受众 audiences 时，只有在校验时要求收到并解开的令牌 aud 信息包含在 audiences 的列表中，才能验证通过：

```
jwtRules:
  - issuer: "weather@cloudnative-istio.book"
    audiences:
      - forecast.weather
        advertisement.weather
        recommendation.weather
```

5.3.4　典型应用

RequestAuthentication 基于策略作用域的配置和 PeerAuthentication 类似，也支持 5.2.4 节描述的服务网格统一配置、命名空间、负载粒度和多粒度间叠加的配置。下面列举 RequestAuthentication 特有的几个典型应用。

1. 入口网关的请求认证

JWT 的一个典型应用是在网关处对最终用户的请求进行统一认证，即用户的应用先通过用户名和密码等进行认证服务登录并获取 JWT 令牌，然后在请求中携带这个令牌访问服务网格内的服务，统一在入口网关处验证令牌。在认证通过后，通过网关上的路由配置进入服务网格内部。在如下示例中将 RequestAuthentication 作用于 Ingress-gateway 网关上：

```
apiVersion: security.istio.io/v1beta1
kind: RequestAuthentication
metadata:
 name: ingress-jwt
 namespace: istio-system
spec:
 selector:
  matchLabels:
    istio: ingressgateway
 jwtRules:
  - issuer: weather@cloudnative-istio.book
    jwksUri: 'https://cloudnative-istio.book/jwks-demo/jwks'
```

2. 请求令牌强制认证

请求认证的大部分应用场景是基于认证的令牌中的身份信息进行后续的授权管理，即在完整的应用中都要配合授权策略 AuthorizationPolicy 一起使用。

RequestAuthentication 会校验令牌的合法性，但默认情况下在配置策略中提取不到令牌，对应的请求就不会应用该认证策略，即不会在认证处被拒绝。最终的效果如下：

◎ 合法的令牌通过请求认证；
◎ 非法的令牌被请求认证拒绝；
◎ 不携带令牌却通过请求认证。

如果要拒绝不携带令牌的请求，就需要配合对应的 AuthorizationPolicy。在如下配置中，没有携带要求的 JWT 令牌的请求会被拒绝：

```
apiVersion: security.istio.io/v1beta1
kind: AuthorizationPolicy
metadata:
  name: jwt-required
spec:
  action: DENY
  rules:
    - from:
      - source:
          notRequestPrincipals: ["*"]
```

也可以配合以下 AuthorizationPolicy，只有 JWT 令牌中的 iss/sub 匹配如下条件认证，才通过，这样不携带令牌的请求也会被拒绝：

```
spec:
  action: ALLOW
  rules:
    - from:
      - source:
          requestPrincipals: ["weather@cloudnative-istio.book/weather"]
```

3. 请求令牌自定义认证

在 JWT 令牌的 Payload 中除了携带默认的信息，还可以携带自定义的信息。请求认证和授权结合的另一种典型场景，是基于请求认证令牌中的详细属性进行细粒度的授权控制，即 RequestAuthentication 校验令牌，AuthorizationPolicy 根据定义的令牌匹配条件进行细粒度的控制。

比如在用户的 JWT 令牌中除了默认的 iss 等信息，还自定义了 role 字段，可以基于这个字段执行授权控制：

```
apiVersion: security.istio.io/v1beta1
kind: AuthorizationPolicy
metadata:
  name: detailed-jwt
spec:
  action: ALLOW
  rules:
    - from:
      - source:
          requestPrincipals: ["weather@cloudnative-istio.book/weather"]
      when:
```

```
        - key: request.auth.claims[role]
          values: ["editor"]
```

当然，和请求认证相关的该授权策略只是 Istio 强大授权功能的一个很小的应用，5.4 节会讲解完整、详细的授权使用方式。

5.4　AuthorizationPolicy（服务授权策略）

认证的大部分应用场景最终是基于授权的访问控制，以上两种认证策略也大多配套本节的授权策略使用。从 Istio 1.4 开始引入的 AuthorizationPolicy 替代了之前 ClusterRbacConfig、ServiceRole 和 ServiceRoleBinding 三个对象来进行授权配置，避免了配置多个 API 的麻烦，AuthorizationPolicy 的自身功能也非常丰富。

5.4.1　入门示例

在如下示例中定义了作用于 forecast 负载 v2 版本的 AuthorizationPolicy：来自 cluster.local/ns/weather/sa/frontend 的服务，当其携带的请求头域 group 是 admin，并且通过 PUT 和 POST 方法访问目标服务才被允许时，其他条件的访问都会被拒绝：

```
apiVersion: security.istio.io/v1beta1
kind: AuthorizationPolicy
metadata:
 name: forecast
 namespace: weather
spec:
 selector:
  matchLabels:
    app: forecast
    version: v2
 rules:
 - from:
  - source:
      principals: ["cluster.local/ns/weather/sa/frontend"]
  to:
  - operation:
      methods: ["PUT","POST"]
  when:
  - key: request.headers[group]
    values: ["admin"]
```

5.4.2　配置模型

AuthorizationPolicy 的配置模型如图 5-16 所示，主要包括以下三部分。

◎　selector：描述策略应用的目标对象。

◎　rules：描述详细的访问控制规则。

◎　action：定义满足 rule 规则后执行的动作是允许还是拒绝。

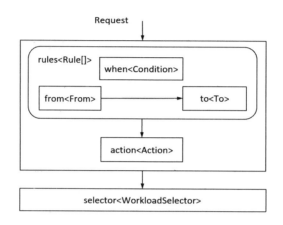

图 5-16　AuthorizationPolicy 的配置模型

rule 的规则主体由 from、to 和 when 构成，从字面上也能大致理解其各自的意思。这样，AuthorizationPolicy 的配置模型也如图 5-16 所示，即通过 selector 给目标负载定义授权策略：对于从 from 发起的访问 to 的请求，当满足在 when 里定义的 Condition 条件时，执行 action 动作。

5.4.3　配置定义

AuthorizationPolicy 包括三个核心配置：selector、action 和 rules，selector、action 相对简单，本节重点介绍 rules 的灵活用法。

选择器 selector 是个通用的结构，用于描述 AuthorizationPolicy 生效的负载，和前面两个认证策略的选择器用法类似。比如，在 5.4.1 节的示例中，selector 通过 app 和 version 两个标签将 AuthorizationPolicy 应用到 forecast v2 版本的负载上：

```
spec:
 selector:
  matchLabels:
```

```
app: forecast
version: v2
```

授权动作 action 表示匹配条件后执行的动作，取值有 ALLOW、DENY、AUDIT 和 CUSTOM。其中的默认值是 ALLOW，表示匹配条件的请求授权允许；类似的 DENY 表示匹配条件的请求授权禁止；AUDIT 表示匹配的请求会被审计，需要对应的插件 Plugin 支持；CUSTOM 表示可扩展来进行授权判定，配合 provider 字段定义外置的授权扩展。

AuthorizationPolicy 的核心主体 rules 是一个规则数组，描述匹配请求的一组规则。如果在这组规则中有一个规则匹配请求，则匹配成功。如果没有设置 rules，则表示总是不匹配。rules 数组中的每个规则 rule 都通过 from、to 和 when 三部分描述。

1）from（请求来源）

from 描述请求来源的相关属性，可以不设置，表示匹配所有来源的请求。当在 from 中包含多个属性匹配条件时，要求满足所有条件。AuthorizationPolicy 的 from 条件如表 5-1 所示，可以看到，为了方便规则定义，几个条件字段除提供了常用的正向匹配，也都提供了负向的匹配条件。

表 5-1　AuthorizationPolicy 的 from 条件

条　件	说　明	匹配请求信息	规则正向匹配字段	规则负向匹配字段
principal	源服务身份标识，需要启用 mTLS	source.principal	principals	notPrincipals
requestPrincipals	请求身份标识	request.auth.principal	requestPrincipals	notRequestPrincipals
namespaces	源服务命名空间，需要启用 mTLS	source.namespalce	namespaces	notNamespaces
ipBlocks	源 IP 地址，可配置单个 IP 地址，也可通过 CIDR 配置地址段	source.ip	ipBlocks	notIpBlocks
remoteIpBlocks	从 X-Forwarded-For 头域或 TCP 代理协议中获取的源 IP 地址	remote.ip	remoteIpBlocks	notRemoteIpBlocks

如下配置表示来源是 cluster.local/ns/weather/sa/frontend 身份的服务，并且 IP 地址不是 10.2.0.0/16 网段，或者来自 default 命名空间的请求。其中，两个 from 数组间是或关系，from 元素内部的各个条件间是与关系。

```
from:
- source:
    principals:
    - cluster.local/ns/weather/sa/frontend
    notIpBlocks:
```

```
        - 10.2.0.0/16
    - source:
        namespaces:
          - default
```

表 5-1 中 principals、notPrincipals、namespaces 和 notNamespaces 等条件需要启用 mTLS 才能生效。在如下授权条件定义中，来自 bff 的命名空间的服务访问会被拒绝，但如果未启用 mTLS，则因为源命名空间条件匹配不成功，不满足这个授权条件，该访问被允许通过：

```
spec:
  action: DENY
  rules:
  - from:
    - source:
        namespaces: ["bff"]
```

> 注意：在 AuthorizationPolicy 中如果配置了依赖 mTLS 才能提取的属性，但是未启用 mTLS，则会导致请求总被允许。

另外，表 5-1 中的两个字段 ipBlocks/notIpBlocks 和 remoteIpBlocks/notRemoteIpBlocks，前者匹配到达服务网格的 IP 地址，后者匹配真正的访问者的源 IP 地址。当经过七层代理时，源 IP 地址可以从 X-Forwarded-For 头域中获取；当经过四层代理并启用了代理协议时，源 IP 地址可以从代理协议中获取。在实际的授权配置中，remoteIpBlocks/ notRemoteIpBlocks 的应用更广泛一些。

2）to（目标服务操作）

to 条件描述对目标服务的操作属性。若不设置 to 条件，则表示匹配所有操作。AuthorizationPolicy 的 to 条件如表 5-2 所示，匹配请求中的对应信息。to 条件也提供了规则的正向匹配和负向匹配的字段定义。

表 5-2   AuthorizationPolicy 的 to 条件

条 件	说 明	匹配请求信息	规则正向匹配字段	规则负向匹配字段	示 例
hosts	请求中的目标服务主机名	request.host	hosts	notHosts	hosts: ["*.cloudnative-istio.book"]
ports	请求中的目标服务端口	destination.port	ports	notPorts	ports: ["8080"]
methods	请求中的 HTTP 方法	request.method	methods	notMethods	notMethods: ["PUT", "POST"]
paths	请求中的路径	request.url_path	paths	notPaths	pataths: ["/healthz*","/version*"]

如下示例表示匹配 host 是 cloudnative-istio.book 后缀的 GET 请求，或路径不是/admin 前缀的 PUT 或 POST 请求：

```
to:
  - operation:
      methods:
        - GET
      hosts:
        - '*.cloudnative-istio.book'
  - operation:
      methods:
        - PUT
        - POST
      notPaths:
        - /admin*
```

3）when（请求条件）

when 描述请求的附加条件，当不设置时，表示匹配任何条件的请求。AuthorizationPolicy 的 when 条件如表 5-3 所示，基于请求的内容可以进行丰富的条件定义。类似 from 和 to 条件，when 中的条件表达式也提供了针对特定属性的正向匹配和负向匹配。

表 5-3　AuthorizationPolicy 的 when 条件

属 性 名	属性说明	用法备注	示　　例	协　　议
request.headers	HTTP 头域	规则头域名称不需要引号	key: request.headers[group] values: ["admin"]	HTTP
source.ip	源负载的 IP 地址	支持单个IP地址或CIDR 地址段	key: source.ip values: ["10.1.3.33", "10.2.0.0/16"]	HTTP TCP
remote.ip	X-Forwarded-For 头域或代理协议提取的客户端的源 IP 地址	支持单个 IP 地址或者 CIDR 地址段	key: remote.ip values: ["10.1.3.33", "10.2.0.0/16"]	HTTP TCP
source.namespace	源负载的命名空间	需要启用 mTLS	key: source.namespace values: ["weather"]	HTTP TCP
source.principal	源负载的身份标识	需要启用 mTLS	key: source.principal values:　["cluster.local/ns/weather/sa/frontend"]	HTTP TCP
request.auth.principal	JWT 令牌标识的身份	需要启用 JWT 请求认证，从 JWT 中提取两个字段<iss>/<sub>拼接构造	key: request.auth.principal values: ["issuer.cloudnative-istio.book/ istio-book"]	HTTP

属 性 名	属性说明	用法备注	示　　例	协　议
request.auth.audiences	JWT 令牌的目标受众	需要启用 JWT 请求认证，提取<aud>字段	key: request.auth.audiences values: ["cloudnative-istio.book"]	HTTP
request.auth.presenter	JWT 令牌的授权方	需要启用 JWT 请求认证，提取<azp>字段	key: request.auth.presenter values: ["presenter2022.cloudnative-istio.book"]	HTTP
request.auth.claims	JWT 令牌的原始声明	需要启用 JWT 请求认证	key: request.auth.claims[book] values: ["cloudnative-istio"]	HTTP
destination.ip	目标实例的 IP 地址	支持单个 IP 地址或 CIDR 地址段	key: destination.ip values: ["10.1.3.33", "10.2.0.0/16"]	HTTP TCP
destination.port	目标实例端口	访问负载的端口，不是服务端口	key: destination.port values: ["8080", "9080"]	HTTP TCP
connection.sni	SNI	需要启用 TLS	key: connection.sni values: ["cloudnative-istio.book"]	HTTP TCP

如下配置条件匹配 HTTP 请求头域中版本标识是 v1 和 v2 的请求：

```
when:
- key: request.headers[version]
  values: ["v1", "v2"]
```

有些条件，例如请求主体身份，既可以在 from 中通过 requestPrincipals 定义，也可以在 when 中通过 request.auth.principal 定义。同样，when 中的 source.principal 和 source.namespace 也需要启用 mTLS，当未启用时，也会碰到前面 from 对应字段类似的问题。source.ip 和 remote.ip 的用法与前面的 ipBlocks/notIpBlocks 和 remoteIpBlocks/notRemoteIpBlocks 完全相同。

5.4.4　典型应用

AuthorizationPolicy 可以配置的信息很丰富，多种条件搭配能支持的场景也非常多，下面通过几个典型场景了解如何解决我们的实际问题。

1. 认证身份访问和非认证身份访问

在 AuthorizationPolicy 中可以通过将 source 的 principals 设置为通配符 "*" 来表示只匹配认证的身份。在如下示例中只有认证的身份可以通过多个 HTTP 方法访问 weather 命名空间的服务：

```
apiVersion: security.istio.io/v1beta1
kind: AuthorizationPolicy
metadata:
  name: all-method-for-identity
  namespace: weather
spec:
  action: ALLOW
  rules:
    - from:
      - source:
          principals: ["*"]
      to:
      - operation:
          methods: ["GET", "POST", "PUT", "DELETE"]
```

将 soucre 设置为空，表示所有认证和非认证的身份均可访问。在如下示例中，所有身份都可以通过 GET 方式访问开放的接口：

```
apiVersion: security.istio.io/v1beta1
kind: AuthorizationPolicy
metadata:
 name: get-only-for-unidentified
 namespace: weather
spec:
action: ALLOW
 rules:
   to:
   - operation:
       methods: ["GET"]
```

2. TCP 服务访问授权

Istio 授权主要应用于应用的访问授权，可以看到 rule 的条件大多定义在 HTTP 上。但也有部分条件定义在 TCP 上，可以配置对 TCP 的流量进行授权管理。在如下示例中，只允许来自特定网段的服务访问目标 forecast 的 3002 端口：

```
apiVersion: security.istio.io/v1beta1
kind: AuthorizationPolicy
metadata:
  name: tcp-auth-policy
  namespace: weather
spec:
 selector:
```

```
    matchLabels:
      app: forecast
  action: ALLOW
  rules:
  - from:
    - source:
        ipBlocks: ["10.2.0.0/16"]
    to:
    - operation:
        ports: ["3002"]
```

3. JWT 服务请求授权

基于认证的授权不但可以是常用的基于证书认证的身份标识，也可以是基于服务请求的认证。在如下示例中，只有携带特定认证标识的请求才可以访问目标服务的特定接口，这个标识既可以通过 when 条件的 request.auth.principal 配置，也可以通过 from 条件的 requestPrincipals 直接配置：

```
apiVersion: security.istio.io/v1beta1
kind: AuthorizationPolicy
metadata:
 name: forecast
 namespace: weather
spec:
  rules:
  - from:
    - source:
        namespaces: ["default"]
    to:
    - operation:
        methods: ["GET"]
        paths: ["/list"]
    when:
    - key: request.auth.claims[iss]
      values: ["weather@cloudnative-istio.book"]
```

4. 服务网格入口流量访问授权

AuthorizationPolicy 除了可以用来控制内部服务间的访问，还可以用来控制服务网格出入流量的授权管理。在如下示例中可以只允许特定 IP 段的外部流量通过网关访问服务网格管理的服务，AuthorizationPolicy 的 selector 选中 Ingress-gateway，将策略应用到网关上。当然，这类基于源 IP 地址的访问授权的前提是保证网关能获取访问的源 IP 地址：

```
apiVersion: security.istio.io/v1beta1
kind: AuthorizationPolicy
metadata:
  name: ingress-authz-policy
  namespace: istio-system
spec:
  selector:
    matchLabels:
      app: istio-ingressgateway
  action: ALLOW
  rules:
  - from:
    - source:
        ipBlocks: ["10.2.0.0/16"]
```

5. 全局授权控制

Istio 中基于优先级的授权策略可以方便地支持以下全局授权控制场景。

（1）以白名单方式授权。在比较严格的授权管理场景中，我们经常采用白名单的方式进行授权管理，即只允许名单中的服务访问，对其他服务都拒绝。在如下示例中，不配置 AuthorizationPolicy 中的规则 rules，就不会匹配任何条件。如图 5-17 所示，这个策略会拒绝所有的授权访问，只有特定的条件开启了授权，才允许访问。

```
apiVersion: security.istio.io/v1beta1
kind: AuthorizationPolicy
metadata:
  name: allow-nothing-for-whitelist
namespace: weather
spec:
  action: ALLOW
```

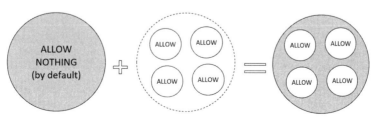

图 5-17　以白名单方式授权

（2）临时关闭所有授权。权限管理在大多数时候都是极其复杂的，多变、复杂的业务需求落实在灵活的授权体系上，有时还会出现各种权限漏洞问题，比如一些本来不应该有权限的访问莫名地被授权允许了。如果是一个重要的服务或接口有安全漏洞，那就需要强制将所有授权都临时关闭。

在如下 AuthorizationPolicy 配置中，rules 的空结构表示匹配所有请求，而动作是拒绝，结果如图 5-18 所示，不管其他 AuthorizationPolicy 的内容是什么，通过这个策略就可以拒绝所有的访问授权：

```yaml
apiVersion: security.istio.io/v1beta1
kind: AuthorizationPolicy
metadata:
  name: authz-deny-all
namespace: weather
spec:
  action: DENY
  rules:
  - {}
```

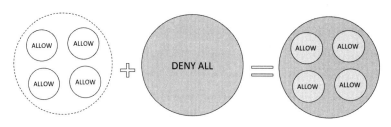

图 5-18　临时关闭所有授权

（3）临时开启所有授权。除了上面可以通过一个全匹配的 AuthorizationPolicy 临时关闭所有授权，也可以如图 5-19 所示，通过一个全匹配的 AuthorizationPolicy 临时开启所有条件的访问授权。当然，用户配置的动作为 DENY 或 CUSTOM 的授权不受影响。

```yaml
apiVersion: security.istio.io/v1beta1
kind: AuthorizationPolicy
metadata:
  name: authz-allow-all
namespace: weather
spec:
  action: ALLOW
  rules:
  - {}
```

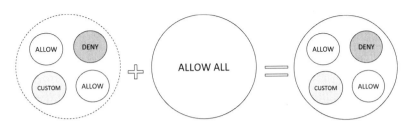

图 5-19　临时开启所有授权

6. 外部授权配置

实际使用中的授权判定逻辑一般业务性较强。AuthorizationPolicy 可以通过 CUSTOM 定义一个扩展动作。这个 CUSTOM 动作在默认的 ALLOW 和 DENY 动作前执行。一般设置授权动作为 CUSTOM，并通过 provider 配置一个外置的授权服务。当满足条件的请求到来时，通过外部授权服务 custom-authz 进行授权判定：

```
apiVersion: security.istio.io/v1beta1
kind: AuthorizationPolicy
metadata:
 name: custom-authz
 namespace: weather
spec:
action: CUSTOM
 provider:
   name: "custom-authz"
 rules:
- to:
  - operation:
     methods: ["PUT","POST"]
```

5.5　本章小结

本章从原理、模型、配置和典型应用等几个方面讲解了 Istio 安全相关的内容，相信读者已经了解到 Istio 提供的安全能力和使用方法。作为服务网格重要的应用场景，安全相关的能力值得我们花更多的精力去理解和实践。本章涉及的示例都通过片段介绍功能，第 12 章基于几个典型应用准备了完整的安全实践，有兴趣的读者在读完本章后，可以直接阅读第 12 章进行实践。

第**6**章 | 服务网格数据面代理 Sidecar

前面介绍了 Istio 的流量管理、可观测性和安全等功能，这些功能均需要基于服务网格数据面代理 Sidecar 来实现。作为透明代理，Sidecar 要自动拦截流量，不影响原有的服务间访问；另外在 Kubernetes 环境下，Sidecar 支持自动注入，用户在创建业务负载时无须特别关注 Sidecar 容器的部署。本章将详细讲解自动注入和透明的流量拦截原理。在讲解流量拦截原理时，会讲解 Istio 中的 Redirect、Tproxy 和网关模式，读者可以根据需要了解相关内容。

6.1 Sidecar 的透明注入原理

在使用 Istio 时，用户只需提供 Pod 部署模板文件，在默认情况下，该文件只需描述应用容器自身的配置即可，无须针对 Sidecar 提供任何配置项。在容器的部署流程开始后，由 Istio 负责将当前版本的 Sidecar 作为容器自动插入 Pod 并设置拦截规则，这样应用开发人员完全不用感知 Sidecar 的存在即可体验 Istio 流量拦截带来的各种治理能力。

6.1.1 Sidecar 的注入原理

我们都知道，Istio 的流量管理、可观测性和安全等功能无须应用程序做任何改动，这种无侵入式的方式全部依赖 Sidecar，应用程序发送或者接收的流量都被 Sidecar 拦截，并由 Sidecar 执行相关的流量管理功能。

如图 6-1 所示，在 Kubernetes 中，Sidecar 容器与应用容器共存于同一个 Pod 中，并且共享同一个 Network Namespaces，因此 Sidecar 容器与应用容器共享同一个网络协议栈，这也是 Sidecar 能够通过 iptables 规则拦截应用进出口流量的根本原因。

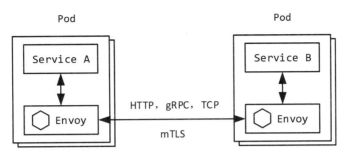

图 6-1 Istio 的 Sidecar 模式

在 Istio 中进行 Sidecar 注入有两种方式：①通过 istioctl 命令行工具手动注入；②通过 Sidecar-injector 自动注入。这两种方式的最终目的都是在应用的 Pod 中注入 init 容器及 istio-proxy 容器，这两个容器都使用相同的 proxyv2 镜像。在部署 Istio 应用时，Sidecar 通过 configmap 配置项 istio-sidecar-injector 自动注入。开启自动注入后，Pod 容器的配置片段如下。

（1）istio-proxy 容器的配置：

```
- args:  # istio-proxy 容器的命令行参数
    ……
  name: istio-proxy
……
  securityContext:
    ……
    runAsGroup: 1337 # Sidecar 运行的用户组
    runAsUser: 1337
  volumeMounts:  # istio-proxy 容器挂载的证书及配置文件
  - mountPath: /var/run/secrets/istio
    name: istiod-ca-cert
  - mountPath: /var/lib/istio/data
    name: istio-data
  - mountPath: /etc/istio/proxy  # Envoy 的启动配置文件 envoy-rev0.json
    name: istio-envoy
  - mountPath: /var/run/secrets/tokens # Envoy 访问 Istio 用的 token
    name: istio-token
  - mountPath: /etc/istio/pod # 以文件形式保存的 Pod 自身服务的名称
    name: istio-podinfo
  - mountPath: /var/run/secrets/kubernetes.io/serviceaccount
    name: kube-api-access-rb8w7
    readOnly: true
```

可以看出，runAsGroup 和 runAsUser 指定在运行中使用 1337 用户的身份，配合 iptables 规则中的 OUTPUT 链，判断当前报文是否由 Envoy 自身发出。

volumeMounts 用来将 Envoy 启动时用到的静态配置文件 envoy-rev0.json、Pod 身份信息、证书等，以文件形式挂载到 Envoy 进程可以访问的文件目录下。

（2）istio-init 容器的配置：

```
initContainers:   # istio-init 容器，用于初始化 Pod 网络
- args:
  ……
  securityContext:
    allowPrivilegeEscalation: false
    capabilities:
      add:
      - NET_ADMIN   # 赋予权限，执行 iptables 命令
  ……
```

istio-init 容器负责对 Pod 配置定制的 iptables 规则，因此需要被赋予 NET_ADMIN 权限。

6.1.2　自动注入服务

Sidecar-injector 是在 Istio 中实现自动注入 Sidecar 的组件，以 Kubernetes 的 Admission Controller（准入控制器）的形式运行。在 Istio 1.5 版本之后，Sidecar-injector 被编译到 Istiod 进程中。Admission Controller 的基本原理是拦截 Kube-apiserver 的请求，在对象持久化之前、认证鉴权之后进行拦截。Admission Controller 有两种：①内置的；②用户自定义的。Kubernetes 允许用户以 Webhook 的方式自定义准入控制器，Sidecar-injector 就是这样一种特殊的 MutatingAdmissionWebhook。

如图 6-2 所示，Sidecar-injector 只在创建 Pod 时进行 Sidecar 容器注入，在 Pod 的创建请求到达 Kube-apiserver 后，首先进行认证鉴权，然后在准入控制阶段，Kube-apiserver 以 REST 的方式同步调用 Sidecar-injector Webhook 服务进行 init 容器与 istio-proxy 容器的注入，最后将 Pod 对象持久化存储到 Etcd 中。

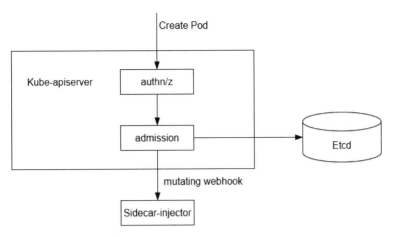

图 6-2　Sidecar-injector 的原理

Sidecar-injector 可以通过 MutatingWebhookConfiguration API 动态配置生效，Istio 1.16 中默认的 MutatingWebhook "istio-revision-tag-default"配置如下：

```
apiVersion: admissionregistration.k8s.io/v1
kind: MutatingWebhookConfiguration
......
  name: istio-revision-tag-default
webhooks:
......
- admissionReviewVersions:
  - v1beta1
  - v1
  clientConfig:
    caBundle: ......
    service:
      name: istiod
      namespace: istio-system
      path: /inject
      port: 443
  failurePolicy: Fail
  matchPolicy: Equivalent
  name: namespace.sidecar-injector.istio.io
  namespaceSelector:
    matchExpressions:    # 匹配条件
    - key: istio-injection
      operator: In
      values:
```

```
    - enabled
  ......
```

从以上配置可知，Sidecar-injector 对标签匹配"istio-injection: enabled"的命名空间的 Pod 资源对象的创建生效。Webhook 服务的 REST 访问路径为"/inject"，地址及访问凭证等都在 clientConfig 字段下进行配置。

Sidecar-injector 组 件 是 由 Istiod 进 程 实 现 的， 主 要 用 于：① 维 护 MutatingWebhookConfiguration；②启动 Webhook Server，为应用的工作负载自动注入 Sidecar 容器。

MutatingWebhookConfiguration 对象主要用于监听本地证书的变化及 Kubernetes MutatingWebhookConfiguration 资源的变化，以检查 CA 证书或者 CA 数据是否有更新，并且在本地 CA 证书与 MutatingWebhookConfiguration 中的 CA 证书不一致时，自动将本地 CA 证书更新到 MutatingWebhookConfiguration 对象中。

6.1.3　自动注入流程

Sidecar-injector 被编译进 Istiod 进程，并以轻量级 HTTPS 服务器的形式处理 Kube-apiserver 的 AdmissionRequest 请求。由于 Kubernetes Admission Webhook 只支持单向认证，所以 Sidecar-injector 服务器只配置服务器的证书，客户端的 Kube-apiserver 通过 CA 校验服务端的证书。

Sidecar-injector 在注入时，将根据原始注入模板及默认值生成注入的部分，并插入原始应用容器的 YAML 配置文件中。原始注入模板位于 manifests/charts/istio-control/ istio-discovery/files/injection-template.yaml 中，详细配置请查看 Istio 代码库，其主要包含 Sidecar 容器模板的定义。原始注入模板及默认值通过名为 "istio-sidecar-injector" 的 ConfigMap 资源保存在 istio-system 命名空间下，可以根据需要自定义：

```
apiVersion: v1
data:
  # 原始注入模板的上半部分
  config: |-
......
      spec:
        initContainers: # init-proxy 容器的配置
      ......
        args:
        - istio-iptables # iptables 规则的插入
```

```
......
        containers:
        - name: istio-proxy # Sidecar 容器
        {{- if contains "/" (annotation .ObjectMeta
`sidecar.istio.io/proxyImage` .Values.global.proxy.image) }}
            image: "{{ annotation .ObjectMeta
`sidecar.istio.io/proxyImage` .Values.global.proxy.image }}"
        {{- else }}
          image: "{{ .Values.global.hub }}/{{ .Values.global.proxy.image }}:
{{ .Values.global.tag }}"
        {{- end }}
          ......
        args:  # Sidecar 容器的启动参数
        - proxy
        - sidecar
        - --domain
......
  # 原始注入模板的下半部分
  values: |-
     {
......
        "proxy": {
          ......
          "image": "proxyv2",  # 注入的容器名
```

在原始注入模板文件中，上半部分"config"为包含条件判断的模板内容声明，原始注入模板的下半部分 "values" 为默认值。例如：在 config 部分对 image 配置引用.Values.global.proxy.image 变量占位，对应到 values 中被替换为"proxyv2"实际的镜像名。

在实际进行注入时，应用的 Deployment 文件的加载主要通过服务网格配置数据及 Pod 元数据 ObjectMeta 进行。

如图 6-3 所示，Pod Sidecar 容器的注入过程如下。

（1）解析 Webhook REST 请求体，将请求体反序列化为携带 AdmissionRequest 的 AdmissionReview。

（2）解析 Pod，将 AdmissionRequest 中的 Object 部分反序列化，并匹配注入条件。

（3）利用 Pod 及服务网格配置组合成的参数对象渲染 Sidecar 配置模板并进行后期处理。在 Istio 1.16 中不再将注入时使用的 inject 配置文件以 Kubernates Volume 形式挂载到容器中，而是使用上面名为 "istio-sidecar-injector" 的 ConfigMap 资源中的内容。

（4）在 Webhook 的 injectPod 阶段，将此模板应用到目标 Pod 上并执行 RunTemplate 方法，生成并创建目标 Pod 的 YAML 配置文件。

（5）利用 Pod 及渲染后的模板创建 JSON patch，通过 createPatch 生成注入前后的差异部分，构造注入结果的响应 AdmissionResponse，在进行 JSON 编码后，将其发送给 HTTP 客户端，即 Kube-apiserver。

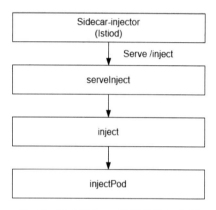

图 6-3　Pod Sidecar 容器的注入流程

完成后，带有 Sidecar 自动注入功能的创建 Pod 的 YAML 配置文件如下：

```
apiVersion: v1
kind: Pod
metadata:
  annotations:
    prometheus.io/path: /stats/prometheus
……
    volumeMounts:
    - mountPath: /etc/istio/pod
# istio-podinfo 作为目录被挂载到 istio-proxy 容器的/etc/istio/pod 目录中
# 在该目录中包含 annotations 和 labels 文件，这两个文件将被 pilot-agent 读取
      name: istio-podinfo # 引用后面 volumes 中的 istio-podinfo
……
  volumes:
……
  - downwardAPI:
      defaultMode: 420
      items:
      - fieldRef:
          apiVersion: v1
          fieldPath: metadata.labels # 获取 YAML 配置文件中的 labels 部分
```

```
      path: labels  # 文件名
    - fieldRef:
        apiVersion: v1
        fieldPath: metadata.annotations # 获取 YAML 配置文件中的 annotations 部分
      path: annotations # 文件名
  name: istio-podinfo
```

其中，istio-init 容器在完成 iptables 规则配置操作后退出。isito-proxy 容器负责启动 pilot-agent 进程。在容器创建完成后，YAML 配置文件中的 annotations 部分将被挂载到 "/etc/istio/pod/labels" 文件中，labels 部分将被挂载到 "/etc/istio/pod/labels" 文件中。这样在 pilot-agent 进程启动后，可以从这些文件中读取 annotations、labels 部分，连同在 YAML 配置文件中设置的环境变量一起作为 pilot-agent 进程的启动参数。

pilot-agent 进程接下来启动 Envoy 进程。具体来说，pilot-agent 进程在启动后将使用 proxyv2 镜像目录下的/var/lib/istio/envoy/envoy_bootstrap_tmpl.json 文件作为启动模板，在 /etc/istio/proxy 目录下生成 Envoy 进程的静态启动文件 envoy-rev0.json，该文件将作为 Envoy 进程的启动参数-c etc/istio/proxy/envoy-rev0.json，并监控新启动的 Envoy 进程的 Stdout、Stderr 描述符，当 Envoy 进程异常退出时，pilot-agent 进程也退出，导致整个 Pod 容器重启。

另外，Sidecar-injector 在注入容器时，会自动解析业务容器的服务端口，设置 Readiness Probe。同时，如果未给 Pod 实例创建相应的 Service，那么 Sidecar 健康检查会失败，即 Pod 永远处于 NotReady 状态。在这种情况下，应用容器访问受限。

> 注意：ConfigMap 中的 istio-sidecar-injector 模板用于生成 Pod 中的 Sidecar 容器，而/var/lib/istio/envoy/envoy_bootstrap_tmpl.json 模板用于生成 Sidecar 容器中的 Envoy 启动配置文件。

6.2 Sidecar 的流量拦截原理

在完成 Sidecar 自动注入后，业务在 Pod 运行期间收发的网络流量将被透明地拦截进 Sidecar。其流量拦截基于 iptables 规则，拦截应用容器的 Inbound 流量或 Outbound 流量。我们可以将 Inbound 流量简单理解为从 Pod 外部网口流入进来的流量，比如在一个微服务请求中进入目标服务的请求流量；还可以将 Outbound 流量简单理解为从本 Pod 内应用向目标微服务发起请求，并最终从本 Pod 网口向外部网络发送的流量。目前 iptables 规则因为不支持 UDP 转发，所以只设置了拦截 TCP 流量，会跳过 UDP 流量。如图 6-4 所示为

TCP 流量进入 Istio 应用及从应用发出的流量流出 Pod 的过程，其中①~③表示 Inbound 流量，④~⑥表示 Outbound 流量。

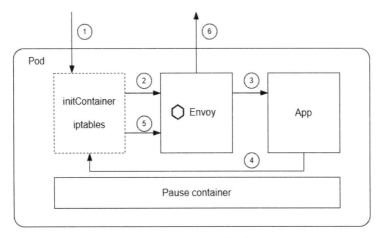

图 6-4　Istio 流量的流向

这里对图 6-4 上的①~⑥解释如下。

① Inbound 流量在进入 Pod 的网络协议栈时首先被 iptables 规则拦截。

② iptables 规则将报文转发给 Envoy。

③ Envoy 根据自身监听器的配置，将流量转发给应用进程。注意，Envoy 在将 Inbound 流量转发给应用时，将根据匹配条件跳过 iptables 规则的拦截，将流量发送到后端服务。

④ 后端服务的主动请求流量被 iptables 规则拦截。

⑤ iptables 规则将后端服务响应的流量转发给 Envoy。

⑥ Envoy 根据自身配置决定是否将流量转发到容器外。

iptables 在 Istio 流量拦截过程中扮演着重要的角色，为了深入理解 Istio Sidecar 流量拦截的原理，首先需要了解 iptables 的基本原理。

6.2.1　iptables 的基本原理

iptables 严格来讲应该叫作 Netfilter。Netfilter 是一种内核防火墙框架，可以实现网络安全策略的许多功能，包括报文过滤、报文处理、地址伪装、透明代理、网络地址转换 NAT 等。iptables 则是一个应用层的二进制工具，基于 Netfilter 接口设置内核中的 Netfilter

配置表。为方便起见，本节不对 iptables、Netfilter 进行区分。

如图 6-5 所示，iptables 由表及构成表的链组成，每条链又由具体的规则组成。iptables 内置了 4 张表和 5 条链，4 张表分别是 Raw 表、Mangle 表、Nat 表和 Filter 表，5 条链分别是 PREROUTING 链、INPUT 链、OUTPUT 链、FORWARD 链和 POSTROUTING 链。5 条链又被称为报文的 5 个挂载点（Hook Point），可以将其理解为回调函数点。在报文到达这些位置时，内核会主动调用回调函数，可以改变报文的方向或者内容。对于不同表中相同类型链的规则执行顺序，iptables 定义了优先级，该优先级由高到低排序为 Raw 表、Mangle 表、Nat 表和 Filter 表。例如，对于 PREROUTING 链来说，首先执行 Raw 表的规则，然后执行 Mangle 表的规则，最后执行 Nat 表的规则。

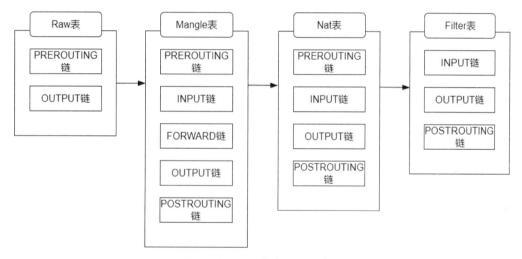

图 6-5　iptables 中表与链的关系

如果不设置自定义规则，那么每个 iptables 链内的可用表默认不拦截任何数据包，默认行为是 ACCEPT。iptables 各个链内的可用表及其使用场景如表 6-1 所示。

表 6-1　iptables 各个链内的可用表及其使用场景

链 名 称	可 用 表	使用场景
PREROUTING	Raw 表、Mangle 表、Nat 表	处理由网络设备进入的报文，包括由 Pod 外部通过网络设备如 eth0 进入 Pod 的报文，或者本 Pod 内访问环回网络设备 lo 后再次进入的报文
INPUT	Mangle 表、Nat 表、Filter 表	报文经过 PREROUTING 链处理后，经过路由判断，判断出目标为本 Pod 时进入 INPUT 链，经过 INPUT 链处理后报文将被发往 Pod 内的进程

链 名 称	可 用 表	使用场景
FORWARD	Mangle 表、Filter 表	报文经过 PREROUTING 链处理后，经过路由判断，判断出目标不为本 Pod 时进入 FORWARD 链，经过 FORWARD 链处理后将通过 POSTROUTING 链向外转发
OUTPUT	Raw 表、Mangle 表、Nat 表、Filter 表	报文由 Pod 内进程发出，经过路由处理后首先进入 OUTPUT 链，如果在此链上包含目标重定向规则，则会再次计算路由，在 OUTPUT 链完成处理后将进入 POSTROUTING 链进行处理
POSTROUTING	Mangle 表、Nat 表	报文经过 FORWARD 链或 OUTPUT 链处理后，都将进入 POSTROUTING 链，在进入此链前已经完成了目标路由的计算，因此在本链中不能使用目标重定向规则，但可以使用 SNAT 修改报文的源地址，最后报文经过网络设备如 eth0 被发送到其他 Pod，或经过环回网络设备 lo 再次回到 PREROUTING 链

iptables 各个可用表、其包含的链及主要功能如表 6-2 所示。

表 6-2　iptables 各个可用表、其包含的链及主要功能

表 名 称	包含的链	功能描述
Raw	PREROUTING 链、OUTPUT 链	Raw 表是在 iptables 1.2.9 版本之后新增的，优先级高于内置表 conntrack 及其他表，可用于决定是否继续执行本链上其他 iptables 表上配置的规则。比如 Raw 表在处理完成时，可跳过 conntrack 表内报文连接跟踪或 Nat 表内地址转换 DNAT/SNAT 处理。Raw 表可用于两条规则链，即 PREROUTING 和 OUTPUT
Mangle	PREROUTING 链、INPUT 链、FORWARD 链、OUTPUT 链、POSTROUTING	Mangle 表主要用于修改报文的 TOS、TTL，以及为报文设置标记（Mark），以实现 QoS 调整及策略路由等（后面的 Tproxy 模式会用到）。它可用于 5 条内置规则链：PREROUTING、INPUT、FORWARD、OUTPUT 和 POSTROUTING。在设计上，Mangle 表将处理进入当前所在链的每个报文，因此需要考虑比 Nat 表更复杂的情形。而在经过 Nat 表处理及连接建立后，报文收发路径将固定，因此不用考虑如何正确发送和接收连接内的后续报文。相较之下，Mangle 表除了需要处理连接建立时的握手报文 SYN、ACK 如何重定向，还需要考虑连接建立后如何正确收发此连接上的后续报文
Nat	PREROUTING 链、INPUT 链、OUTPUT 链、POSTROUTING 链	Nat 表主要用于修改报文的 IP 地址、端口号等信息，在经过 Nat 表处理后，报文的原始地址将被保存到 Socket 连接内，可以在应用中通过 getsockopt 获取。另外在设计上，Nat 表在开始处理前都会判断当前 conntrack 表内的连接记录状态，如果连接已经建立成功，则不再执行 Nat 规则。这样就保证了请求报文在连接建立阶段与后续报文的收发路径一致，因此处理逻辑比较清晰。Nat 表可用于以下链。 （1）PREROUTING 链：处理到达本机的报文，典型的如 DNAT 在路由转发前修改报文的目标地址及目标端口。

表 名 称	包含的链	功能描述
		（2）INPUT 链：处理发往本机进程的报文，典型的如 SNAT 在发送到本 Pod 进程前修改报文的源地址及源端口。
		（3）OUTPUT 链：处理由本 Pod 进程发出的报文，典型的如 MASQUERADE 修改发往二层网络设备的报文的源地址及源端口。注意，在进行 DNAT 后，内核将判断目标地址是否比进入 INPUT 链前发生变化，如果有变化，则将重新计算报文路由。
		（4）POSTROUTING 链：处理离开本机的报文，典型的如 SNAT 修改报文的源地址及源端口
Filter	INPUT 链、OUTPUT 链、POSTROUTING 链	是 iptables 规则的默认表，如果在使用 iptables 命令行创建规则时未指定表，那么默认使用 Filter 表。Filter 表主要用于过滤报文，根据具体规则决定是否放行该报文或进行日志记录（DROP、ACCEPT、REJECT、LOG）。Filter 表可用于以下内建链： （1）INPUT 链：过滤流向本 Pod 进程的报文。 （2）FORWARD 链：过滤经过本 Pod 但目标地址不是本 Pod 的所有报文。 （3）OUTPUT 链：过滤本 Pod 进程产生的报文

注意：conntrack 表不是 iptables 内可定制规则的表，而是内核处理连接状态的内核表，但 iptables 在处理其他表时可参考 conntrack 表内的连接记录状态。

接下来根据 iptables 规则链处理报文的时机，来解析 5 种规则链的作用方式。如图 6-6 所示，按照先 Inbound 流量后 Outbound 流量场景的处理顺序来看，网络设备接收的报文在进入内核协议栈后被 PREROUTING 链处理，可以在这里决定是否对报文进行目标地址转换。之后进行路由判断，如果报文的目标地址是本机，则内核协议栈会将其传给 INPUT 链处理，INPUT 链在允许通过后，报文由内核空间进入用户空间，被主机进程处理。如果 PREROUTING 链处理后的报文的目标地址不是本机地址，则将其传给 FORWARD 链处理，最后交给 POSTROUTING 链处理。

本机进程发出的报文首先经过路由计算来选择发送的目标网络设备，并且根据目标网络计算结果对源地址进行填充。需要说明的是，在填充时如果没有指定源地址，则将根据路由表找一个合适的源 IP 地址，保证通过此源 IP 地址对应的网络设备可以将报文发送到目标地址。如果已经手工配置（绑定）了源 IP 地址，但根据路由计算得知无法从此源 IP 地址对应的网络设备将报文发送到目标地址，则将此报文丢弃。一种特别情况是在 Socket 设置了 IP_TRANSPARENT 选项后将不做此检查，而是依赖配置的策略路由将报文发送到目标网络设备，其中策略路由指不基于报文目标网络地址（如报文标记等）进行转发的判断机制。经过路由计算后报文进入 OUTPUT 链，此时也可以进行报文目标地址转换，如果判断报文处理前后的目标地址发生变化，则需要再次进行路由计算。完成处理的报文需要再次进行路由计算，检查并确保报文有对应的可以发送的网络设备。经过处理后的报文最终到达 POSTROUTING 链，在此处可以进行源地址转换。

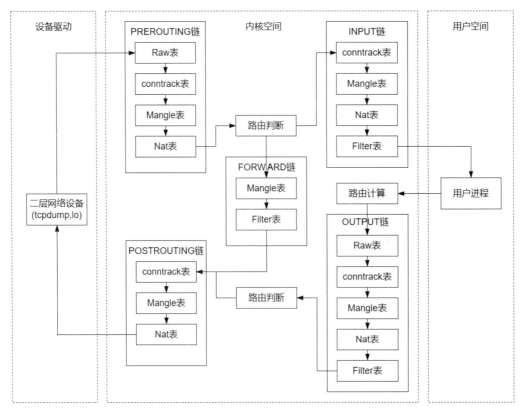

图 6-6　iptables 报文的处理流程

在图 6-6 上，可以看出设备驱动层标注了 "tcpdump"，tcpdump 是一个辅助用户对报文进行抓包检查的命令行工具，可以工作在二层网络设备以上并与用户态程序进行交互，这在分析报文传输路径时非常有用。

> 注意：iptables 多条同类规则链的执行顺序由其所在表的优先级决定，比如 Raw 表>conntrack 表>Mangle 表>Nat 表。

接下来介绍 iptables 命令的基本语法格式：

iptables [-t 表名] 管理选项 [链名] [条件匹配] [-j 目标动作或跳转]

如果不指定表名，则默认使用 Filter 表；如果不指定链名，则默认设置该表的所有链。

对 iptables 命令的参数及其作用解释如下。

◎ [-t 表名]：指定操作某个表，默认值为 filter，表示使用 Filter 表。

◎ –A：在规则链的最后新加一条规则。

◎ –I：插入一条规则，原本在该位置的规则会向后移动，如果没有指定编号，则默认为 1。

◎ –R：替换某条规则，不会改变其所在规则链的顺序。

◎ –P：设置某条规则的默认动作。

◎ –N：创建一条新的规则链。

◎ –nL：查看当前规则列表。

◎ [-p 协议类型]：指定规则应用的协议，包含 tcp、udp、icmp 等。

◎ [-s 源 IP 地址]：源主机的 IP 地址或子网地址。

◎ [--sport 源端口号]：报文的 IP 地址的源端口号。

◎ [-d 目标 IP 地址]：目标主机的 IP 地址或子网地址。

◎ [--dport 目标端口号]：报文的 IP 地址的目标端口号。

iptables 命令的参数如表 6-3 所示。

表 6-3　iptables 命令的参数

	table	command	chain	Parameter & xx match	target
iptables	-t filter	-A	INPUT	-p tcp	-j ACCEPT DROP
	nat	-D	OUTPUT	-s	REJECT　　DNAT
	mangle	-L	PREROUTING	-d	SNAT TPROXY
	raw	-F	POSTROUTING	--sport	
		-P	FORWARD	--dport	
		-I		--dports	
		-R		-m tcp	
		-N		state	
				multiport	

在使用 iptables 规则时要注意以下事项。

◎ iptables 属于三层网络处理机制，与协议栈内的二层网络设备属于同一网络空间。从图 6-6 可以看出，不论报文是进入协议栈还是从协议栈发出，从报文的处理角度来说，只会经过一次路由判断，路由计算是当报文发出时根据请求的目标地址所对应的发送网络设备所在子网信息填写报文源地址等信息的处理过程，而路由

判断则为判断已经填写完整的报文是否可以继续被 iptables 链处理或采用哪条
iptables 链处理。注意，报文从 Forward 链出来后不再进行路由判断，在路由判断
中如果发现目标不可达，则将被丢弃。

◎ 在 POSTROUTING 链中，NAT 表只能添加 SNAT 规则，因为在之前进行路由判断
时，已经确定目标所适配的二层设备了，如果这里能够允许修改 DNAT 规则，则
还需要再次进行路由处理，这显然是不符合 iptables 处理逻辑的。

接下来介绍 Envoy 常用的三种流量拦截方式：Sidecar Redirect、Sidecar Tproxy、Ingress
网关，前两种为 iptables 的透明流量拦截方式，最后一种为监听在固定端口接收网络连接
的方式。

6.2.2　Sidecar Redirect 模式

这是 Istio Sidecar 代理的默认流量拦截模式，适用于容器场景中。Sidecar 与用户进程
共享同一个网络命名空间，工作在相同的网络协议栈上，Sidecar 对协议栈 iptables 规则的
配置，将影响用户应用程序报文的流向，可以透明地拦截用户报文并进行七层处理。

注意，Envoy 在接收下游接收客户端的连接后，需要将处理后的请求发送到新创建的
上游连接，新连接的目标为 Inbound 端的 Envoy 或目标服务。在 Sidecar Redirect 模式下，
新建的上游连接没有指定绑定源地址为客户端的地址，因此在经过本 Pod 网络空间的
iptables 内核协议栈后，将根据报文的目标地址及路由表关联的网络设备子网信息，分配
一个随机端口作为新连接的源地址及源端口。因此对于目标接收端来说，相当于屏蔽了真
正的原始客户端的请求地址，可能使得之前根据四层连接的源地址判断如何提供服务的业
务逻辑无法继续使用。虽然 6.2.3 节介绍的 Sidecar Tproxy 模式可以实现四层连接的源地址
保持功能，但其 iptables 规则比 Sidecar Redirect 模式下的 iptables 规则更加复杂且不容易
理解，因此 Istio 社区将 Sidecar Redirect 作为默认的流量劫持模式，而且可以满足大多数
使用需求。

Sidecar Redirect 模式可以通过以下默认方式配置：

```
template:
  metadata:
    annotations:
sidecar.istio.io/interceptionMode: REDIRECT
```

通过 nsenter 命令可以进入指定 Pod 的网络空间，并配合 iptables 命令查看在应用容器
中设置的 iptables 规则：

首先根据 Pod 内的 Envoy 进程 Pid 通过 nsenter 命令进入 istio-proxy 容器的网络空间：

root@nsenter –n –t PID bash # PID 为 Pod 内的 Envoy 进程 Pid

进入 istio-proxy 容器网络空间后使用 iptables 命令观察当前配置的 iptables 规则：

```
root@testbed-1:~# iptables -t nat -S
-P PREROUTING ACCEPT
-P INPUT ACCEPT
-P OUTPUT ACCEPT
-P POSTROUTING ACCEPT
-N ISTIO_INBOUND
-N ISTIO_IN_REDIRECT
-N ISTIO_OUTPUT
-N ISTIO_REDIRECT
-A PREROUTING -p tcp -j ISTIO_INBOUND
-A OUTPUT -p tcp -j ISTIO_OUTPUT
-A ISTIO_INBOUND -p tcp -m tcp --dport 15008 -j RETURN # Pn1
-A ISTIO_INBOUND -p tcp -m tcp --dport 15090 -j RETURN
-A ISTIO_INBOUND -p tcp -m tcp --dport 15021 -j RETURN
-A ISTIO_INBOUND -p tcp -m tcp --dport 15020 -j RETURN
-A ISTIO_INBOUND -p tcp -j ISTIO_IN_REDIRECT # Pn2
-A ISTIO_IN_REDIRECT -p tcp -j REDIRECT --to-ports 15006
-A ISTIO_OUTPUT -s 127.0.0.6/32 -o lo -j RETURN # On1
-A ISTIO_OUTPUT ! -d 127.0.0.1/32 -o lo -m owner --uid-owner 1337 -j
ISTIO_IN_REDIRECT #On2
-A ISTIO_OUTPUT -o lo -m owner ! --uid-owner 1337 -j RETURN # On3
-A ISTIO_OUTPUT -m owner --uid-owner 1337 -j RETURN # On4
-A ISTIO_OUTPUT ! -d 127.0.0.1/32 -o lo -m owner --gid-owner 1337 -j
ISTIO_IN_REDIRECT #On2
-A ISTIO_OUTPUT -o lo -m owner ! --gid-owner 1337 -j RETURN # On3
-A ISTIO_OUTPUT -m owner --gid-owner 1337 -j RETURN # On4
-A ISTIO_OUTPUT -d 127.0.0.1/32 -j RETURN # On5
-A ISTIO_OUTPUT -j ISTIO_REDIRECT # On6
-A ISTIO_REDIRECT -p tcp -j REDIRECT --to-ports 15001
```

这里可以将 iptables 规则分为三种场景：Outbound、Inbound、Outbound+Inbound，下面分别对这三种场景进行说明。同时，为了在本节涉及的图与 iptables 表中引用某条 iptables 规则，将以 iptables 链名+iptables 表名+规则编号的缩写形式来表示标记规则，例如：On1 表示 OUTPUT 链中 Nat 表的第 1 条标记规则，Pn1 表示 PREROUTING 链中 Nat 表的第 1 条标记规则，以此类推。

在开始分析前需要对 iptables 规则做一些补充说明：报文在经过每个过滤器链时都将根据优先级的不同，进入不同的 iptables 表进行处理，例如对于 PREROUTING 链，依次经过 Raw 表、conntrack 表、Mangle 表、Nat 表，其中 Mangle 表不论当前连接在 conntrack 表内记录的状态如何，都会对每个报文进行处理；而 Nat 表会判断当前连接在 conntrack 表内的连接记录是否处于 Established 状态，如果处于 Established 状态，则跳过 Nat 表。因此只在连接握手时处理经过 Nat 表的报文，在连接建立后，本连接的数据报文将不再进入 Nat 表进行处理。需要说明的是，Envoy 与 Pod 内的 pilot-agent 进程采用了 UDS（Unix Domain Socket）协议通信，该协议不属于三层协议，不受 iptables 规则的限制。

在以 Sidecar Redirect 的各种场景作为入口介绍用到的 iptables 规则前，这里先从 iptables 命令的角度介绍 Redirect 模式下的典型 iptables 规则，如表 6-4 所示。

表 6-4　Redirect 模式下的典型 iptables 规则

匹配规则	功能描述
-P PREROUTING ACCEPT	接收进入 PREROUTING 链的报文
-N ISTIO_INBOUND	声明一个自定义的链 ISTIO_INBOUND，可以使用-A 对此链添加过滤规则
-A PREROUTING -p tcp -j ISTIO_INBOUND	将进入 PREROUTING 链的 TCP 流量跳转到 ISTIO_INBOUND 链做进一步处理
-A ISTIO_INBOUND -p tcp -m tcp --dport 15008 -j RETURN	对进入 ISTIO_INBOUND 链的目标端口为 15008 的 TCP 流量不做特殊处理，直接让其通过
-A ISTIO_IN_REDIRECT -p tcp -j REDIRECT --to-ports 15006	对进入 ISTIO_IN_REDIRECT 链的 TCP 流量进行报文修改，REDIRECT 对应 DNAT 修改方式，修改目标端口为 15006
-A ISTIO_OUTPUT -s 127.0.0.6/32 -o lo -j RETURN	对进入 ISTIO_OUTPUT 链的源地址为 127.0.0.6 的报文且目标网络设备为 lo 本地设备的流量，不进行特殊处理
-A ISTIO_OUTPUT ! -d 127.0.0.1/32 -o lo -m owner --uid-owner 1337 -j ISTIO_IN_ REDIRECT	对进入 ISTIO_OUTPUT 链且目标地址虽然不为 127.0.0.1 但判断目标网络设备为本地（即 Pod 自身地址）的报文，若报文发送进程为 uid=1337，则 Envoy 自身转到 ISTIO_IN_REDIRECT 链继续处理

接下来讲解 Redirect 模式下各个场景的访问流程。

1. Redirect 模式下 Outbound 场景的访问流程

Istio Outbound 为东西向流量中主动向目标服务发起访问的请求端，访问流程如图 6-7 所示。

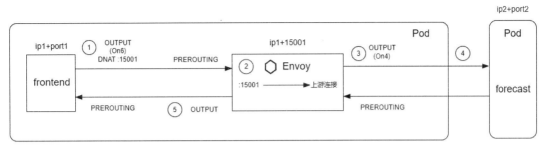

图 6-7　Redirect 模式下 Outbound 的访问流程

Redirect 模式下 Outbound 场景的 iptables 规则如表 6-5 所示，其中 On6、On4 表示的 iptables 规则可参照 Istio 的 iptables 规则。

表 6-5　Redirect 模式下 Outbound 场景的 iptables 规则

序号	应用	方向	地址说明	处理链/表	匹配规则	功能描述
1	frontend	发送	src:ip1 sport:port1, dst:forecast dport:port2	OUTPUT 链/Nat 表	-A ISTIO_OUTPUT -j ISTIO_REDIRECT #On6 -A ISTIO_REDIRECT -p tcp -j REDIRECT --to-ports 15001	当 frontend 应用访问 forecast 服务时，connect 系统函数经过 DNS 解析后得到 forecast 的 ClusterIp 地址并发送 SYN 报文，SYN 报文被 iptables 规则拦截，并由 OUTPUT 链通过 DNAT 方式修改目标地址为 Envoy ip1+15001 端口，连接属性 sockopt 保留原始目标服务地址 ClusterIp 及端口
2	Envoy	接收	dst:ip1dport:15001	无	无	在 Envoy 配置文件中指定 original_dst 作为监听插件,当用户的连接到达时，在插件内执行 getsockopt 系统调用，还原连接的原始目标服务地址 ClusterIp 及端口。随后，在经过 Envoy 内负载均衡策略的处理后，得到上游连接的目标实例地址并创建连接，此时目标实例为 forecast 的 Pod 容器
3	Envoy	发送	src:ip1 sport:port3, dst:ip2 dport:port2	OUTPUT 链/ Nat 表	-A ISTIO_OUTPUT -m owner --gid-owner 1337 -j RETURN #On4	结合#On4 条件，这里指 Envoy 向 forecast 发送的流量不再被拦截
4	Envoy	接收	src:ip2 sport:port2 dst:ip1 dport:port3	PREROUTING 表		目标服务 forecast Pod 接收请求

序号	应用	方向	地址说明	处理链/表	匹配规则	功能描述
5	Envoy	发送	src:127.0.0.1 sport:15001 dst:ip1 dport:port1	无		由于前面 DNAT 的缘故,Envoy 返回给请求端 frontend 应用的报文,其源地址将被修改为 127.0.0.1:15001

特别需要注意表 6-5 中的第 2、5 项,由于 DNAT 的参与,整个连接从发起方与接收方看到的源地址、源端口与目标地址、目标端口是不同的,可以通过 conntrack –L 命令查看,例如:

```
    tcp 6 117 ESTABLISHED src=10.244.109.55 dst=10.111.181.176 sport=42228
dport=8123 src=127.0.0.1 dst=10.244.109.55 sport=15001 dport=42228 [ASSURED] mark=0
use=1
    tcp 6 431932 ESTABLISHED src=10.244.109.55 dst=10.244.109.53 sport=47930
dport=8123 src=10.244.109.53 dst=10.244.109.55 sport=8123 dport=47930 [ASSURED]
mark=0 use=1
```

上面一条记录反映的是 frontend 应用与 Envoy 建立的下游连接,下面一条为 Envoy 创建的与 forecast 目标 Pod 的上游连接。其中 10.244.109.55 为 frontend 的 Pod 地址,forcast 地址为 10.111.181.176,forcast 的 Pod 实例地址为 10.244.109.53。从下游连接对应的记录可以看出,前半部分 src 与 dst 为从 forecast 发起连接时的五元组信息;后半部分为从 Envoy 发送并建立连接后的反方向的五元组信息,它们的地址可以是不对称的。这是因为 Envoy 在将 SYN ACK 包发送到 OUTPUT 链前,在路由阶段发现可以通过本地 lo 设备将报文发送回 frontend 应用,而选择了 127.0.0.1 作为源地址。

2. Redirect 模式下 Pod 内场景的访问流程

有时需要在 Istio 的 Pod 中使用 curl 等命令测试本 Pod 内目标服务的连通性或直接访问 Envoy 的管理端口获取运行状态,在这种场景中不希望报文被 iptables 规则拦截而进入 Envoy,所以将根据目标地址、目标网络设备及是否为 Envoy 容器发出连接作为条件进行判断。如果请求端的应用使用环回地址 127.0.0.1 作为目标地址或者本地网络设备 lo,则不再进行拦截,访问流程如图 6-8 所示。

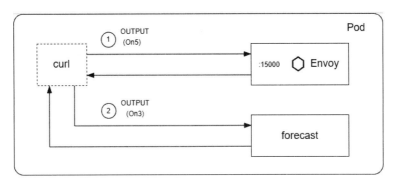

图 6-8　Redirect 模式下 Pod 内的直接访问流程

其详细描述如表 6-6 所示，其中以 On5、On3 表示的 iptables 规则可参照 Istio 的 iptables 规则。

表 6-6　Redirect 模式下 Pod 内直接访问的 iptables 规则

序号	应用	方向	地址说明	处理链/表	匹配规则	功能描述
1	curl	发送	dst:127.0.0.1	OUTPUT 链/Nat 表	-A ISTIO_OUTPUT -d 127.0.0.1/32 -j RETURN #On5	进入 Pod 网络空间后，执行 curl 访问 Envoy 管理端口不被拦截，直接访问
2	curl	发送	dst:lo	OUTPUT 链/ Nat 表	-A ISTIO_OUTPUT -o lo -m owner ! --uid-owner 1337 -j RETURN #On3	进入 Pod 网络空间后，执行 curl 通过 localhost 地址访问 forecast 不被拦截，直接访问

3. Redirect 模式下 Inbound 场景的访问流程

在 Istio 服务网格内，Inbound 流量指从 Pod 外进入 Pod 内的流量。比如 frontend 应用在访问 forecast 时，应用数据报文进入 forecast Pod 时被拦截进入 Envoy 15006 监听端口的流量，而一些外部的控制流量将直接访问 Envoy 的管理端口，比如 15008、15090 等，这些流量不应被拦截，其访问流程如图 6-9 所示。

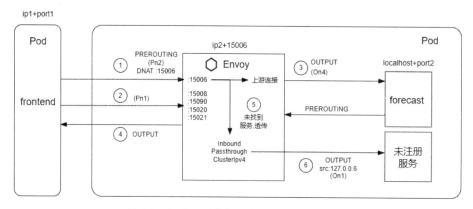

图 6-9　Redirect 模式下的 Inbound 访问流程

其详细描述如表 6-7 所示，其中 Pn2、Pn1、On4、On1 表示的 iptables 规则可参照 Istio 的 iptables 规则。

表 6-7　Redirect 模式下 Inbound 场景的 iptables 规则

序号	应用	方向	地址说明	处理链/表	匹配规则	功能描述
1	frontend	接收	src:ip1 sport:port1, dst:ip2 dport:port2	PREROUTING 链 /Nat 表	-A ISTIO_INBOUND -p tcp -j ISTIO_IN_REDIRECT #Pn2 -A ISTIO_IN_REDIRECT -p tcp -j REDIRECT --to-ports 15006	当 frontend 容器访问 forecast 的 Pod 地址 ip2 时，报文被 iptables 规则拦截并通过 DNAT 方式修改目标地址为 Envoy ip1+15006 端口，且在报文中保留原始目标地址及端口。此原始目标地址及端口可以在 VirtualInbound 监听器内通过 getsockopt 系统调用获取。与前面 Outbound 流程中目标地址为 forecast 不同，这里目标地址 dst 为本 Pod 的地址 ip2
2	Envoy	接收	src:ip1 sport:port1, dst:ip2 dport: 15008/15090/15020 /15020	PREROUTING 链 /Nat 表	-A ISTIO_INBOUND -p tcp -m tcp --dport 15090 -j RETURN #Pn1 ……	当 Pod 外部的监控系统通过 15090 拉取 Envoy 记录的可观测性数据时，请求不应被拦截，而是由 Envoy 监听器处理
3	Envoy	发送	src:127.0.0.1 sport:port3, dst:127.0.0.1 dport:port2	OUTPUT 链 /Nat 表	-A ISTIO_OUTPUT -m owner --gid-owner 1337 -j RETURN #On4	这里指 Envoy 发送到本 Pod 后端 forecast 的流量不再被拦截

续表

序号	应用	方向	地址说明	处理链/表	匹配规则	功能描述
4	Envoy	发送	src:127.0.0.1 sport:15006 dst:ip1 dport:port1	无		由于前面 DNAT 的缘故，Envoy 返回给发送端 frontend 的 Pod 的报文，其源地址将被修改为 127.0.0.1:15006
5	Envoy	路由	无	无		当 Inbound 请求没有根据目标地址找到后端服务时，下游请求将被转发到 Envoy 内置 PassthroughClusterIpv4 服务，此服务创建的上游连接绑定 127.0.0.6 作为源地址，并按原始目标地址转发下游请求
6	Envoy	发送	src:127.0.0.6	OUTPUT 链 /Nat 表	-A ISTIO_OUTPUT -s 127.0.0.6/32 -o lo -j RETURN #On1	PassthroughClusterIpv4 配置了固定的源地址 127.0.0.6，用于与 Envoy 内可以匹配的 Cluster 后端服务访问场景 On4 进行区分，此时在 OUTPUT 链处理阶段，被转发的请求将不再被拦截。同时由于目标网络设备为 lo，因此可以访问到本 Pod 内未注册的后端服务

以上为 Inbound 流量关联的 iptables 规则，可以看出 Inbound 流程负责处理的是进入服务端的流量路径。另外，当 Envoy 作为 Outbund 端负载均衡且目标实例恰为本 Pod 自身的地址时，为了便于管理，流量将经过 Outbound 访问流程、lo 设备后再次作为 Inbound 流量进入本 Pod 内的 Envoy，如下节所述。

4. Redirect 模式下 Outbound+Inbound（自身环回访问）场景的访问流程

在 Redirect 模式下，当容器中同时存在服务访问者和提供者，且在经过 Sidecar 负载均衡后又恰巧选择了本 Pod 内的服务作为目标地址时，这种场景就被称为 Outbound+Inbound 场景，流程如图 6-10 所示。

其 iptables 规则如表 6-8 所示，其中 On6、On2、On4 表示的 iptables 规则可参照 6.2.2 节 Istio 的 iptables 规则。

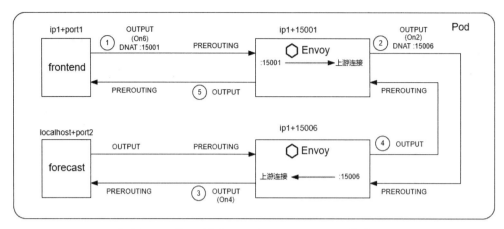

图 6-10　Redirect 模式下 Outbound+Inbound 场景的流程

表 6-8　Redirect 模式下 Outbound+Inbound 场景的 iptables 规则

序号	应用	方向	地址说明	处理链/表	匹配规则	功能描述
1	frontend	发送	src:ip1 sport:port1, dst:forecast dport:port2	OUTPUT 链/ Nat 表	-A ISTIO_OUTPUT -j ISTIO_REDIRECT #On6 -A ISTIO_REDIRECT -p tcp -j REDIRECT --to-ports 15001	Pod 内的 frontend 容器访问 forecast，经过 DNS 解析后得到 ClusterIp 地址，连接请求被 iptables 规则拦截，iptables 规则中的 REDIRECT 命令通过 DNAT 方式修改报文目标地址为 Envoy ip1+15001 端口，并在报文内保留原始目标服务地址 ClusterIp 及端口
2	Envoy	发送	src:ip1 sport:port3, dst:ip1 dport:port2	OUTPUT 链 /Nat 表	-A ISTIO_OUTPUT ! -d 127.0.0.1/32 -o lo -m owner --uid-owner 1337　　　　　-j ISTIO_IN_REDIRECT #On2	Envoy 在收到客户端应用的连接后，恢复原始目标服务地址 ClusterIp 及端口，经过负载均衡后选择的目标实例恰好为本 Pod 内 forecast 容器的 ip1 地址及端口 port2。 在 Envoy 创建到目标地址 ip1 的上游连接时，iptables 规则匹配#On2 条件，使用 ISTIO_IN_REDIRECT 子链中的 REDIRECT 命令将报文目标地址修改为 Envoy 自身及 Inbound 端口 15006。其效果与从 Pod 外部进入的 Inbound 流量在 PREROUTING 链中时的处理一致，之后的请求将进入 Envoy 的 15006 端口的监听器

续表

序号	应用	方向	地址说明	处理链/表	匹配规则	功能描述
3	Envoy	发送	src:127.0.0.1 sport:port4, dst:127.0.0.1 dport:port2	OUTPUT 链 /Nat 表	-A ISTIO_OUTPUT -m owner --gid-owner 1337 -j RETURN #On4	同前面 Inbound 场景中对后端服务的 访问流程一致；Envoy 发送到本 Pod 后 端 forecast 的流量不再被拦截
4	Envoy	发送	src:127.0.0.1 sport:15006 dst:ip1 dport:port3	无		Envoy Inbound 完成处理后返回给 Envoy Outbound 的报文，由于前面 DNAT 的缘故，响应报文的源地址 src 被修改为 127.0.0.1:15006
5	Envoy	发送	src:127.0.0.1 sport:15001 dst:ip1 dport:port1	无		Envoy Outbound 完成处理后返回给 frontend 容器的报文，由于 DNAT 的缘 故，响应报文的源地址 src 被修改为 127.0.0.1:15001

从以上分析可以看出，在 Sidecar 的默认模式下，Envoy 作为用户空间的四层或七层代理，担负着将 Outbound 方向的 Kubernetes 服务地址负载均衡后确定 Pod 地址的过程，而对于 Inbound 方向不需要再处理虚拟服务的地址，而是将对目标服务地址的访问转成一个目标地址为 127.0.0.1 的新连接的访问。很容易看出，在这种模式下，在每个方向都需要创建新的 Socket 连接，虽然可以配置新连接的创建数量（连接池），但还是较大增加了文件描述符 fd 的消耗。另外需要注意的是，前面提到 tcpdump 工作在设备二层上，因此对于 Inbound 方向 PREROUTING 阶段所做的 DNAT，无法使用 15006 端口作为抓包过滤参数，但可以通过 conntrack –L 命令查询当前网络连接状态并过滤包含端口 15001 或 15006 的连接信息。

Istio 默认使用 Redirect 模式，当服务端需要根据客户端的源地址进行业务判断时，可以通过应用协议携带客户端源地址的方式实现，比如在 HTTP 头部添加"x-forward-for"。但对于服务端需要基于四层源地址判断的场景，则很难实现，在这些场景中需要使用接下来要介绍的 Tproxy 模式，此模式比 Redirect 模式复杂，读者可以根据需要进行了解。

6.2.3　Sidecar Tproxy 模式

用户经常有根据请求端的原始地址来判断的业务诉求，除了可以在应用协议头上添加原始地址，有时还需要在四层场景（比如 TCP）中根据请求报文的源地址 src 来判断。从前面 Sidecar 模式的流程可以看出，请求端发出的报文携带原始 Pod 地址，虽然后续在节点上可能被替换成节点地址（在某些容器网络方案中通过 iptables 规则中的 SNAT 命令进行），在通常情况下，请求 Pod 的源地址 src 将被保留，但在进入服务端的 Inbound 方向后，Envoy 的 15006 端口将拦截原始报文，并发起目标为本地 localhost 的新连接，而后端服务根据接收连接的源地址 src 进行业务判断的方法将失去作用。

那是不是我们可以在 Envoy 创建新连接时直接绑定（bind）请求对应的源地址呢？但这样会在绑定操作时报错，原因是 Socket 默认不允许绑定非本网口配置的子网以外的地址。在通常情况下，客户端所在的子网地址不属于本地子网地址范围，这就需要在 Envoy 中开启 IP_TRANSPARENT 选项，令新连接绑定任意地址而不做检查。但我们还需要处理返回数据的问题，因为每一个 Socket 在返回时，报文的目标地址 dst 都可能是一个不可达的远程地址，这需要对所有不可达的远程地址都添加默认路由及策略路由，实现不根据报文目标地址进行路由判断。

```
#ip rule list
0:     from all lookup local
32765: from all fwmark 0x539 lookup 133
32766: from all lookup main
32767: from all lookup default
#ip r show default # 显示默认路由
default via 169.254.1.1 dev eth0
#ip r show table 133 # 显示策略路由 133
local default dev lo scope host
```

这里需要提前介绍下报文中的 "nfmark" 标记及连接上的 "ctmark" 标记。"nfmark" 标记为网络协议栈的三层报文本身所携带，可配合策略路由影响路由计算结果。"ctmark" 标记为 conntrack 表中对每个 Socket 连接维护的记录项，由 conntrack 表自身维护且与 TCP 状态不同，可以理解为帮助 iptables 规则判断 TCP 状态而存在，可用于 Mangle 表中的 iptables 规则，比如将当前连接上的 "ctmark" 标记复制到报文的 "nfmark" 标记上，保证响应报文继续采用策略路由进行处理等，同时 Nat 表依赖 conntrack 表内的连接记录状态决定是否跳过 Nat 表上的规则。

在 Pod 外向 Pod 内建立 Inbound 连接的过程中，请求报文应携带 "nfmark" 标记，根据策略路由 133 规则跳过 PREROUTING 链的路由计算过程，将报文直接发送到 Envoy 15006 端口，并且此时报文的源地址和目标地址都保持不变。而 Envoy 下游连接发送响应时，将不携带 "nfmark" 标记，此时不经过策略路由的处理，由默认路由的子网网关转发响应报文。具体地，当 Envoy 处理 Inbound 下游的请求时，首先需要设置 Envoy 15006 监听器的 sockopt IP_TRANSPARENT 选项，然后添加 Tproxy 规则，使得进入 PREROUTING

链的新连接的请求被打上"nfmark"标记。然后报文在路由判断时将根据此标记，被策略路由指向 INPUT 链而不转发到 FORWARD 链，最终被发送到 Envoy 的 15006 端口。注意，这里与 Redirect 模式的区别：不用修改原始报文的目标地址即可被发送到 Envoy VirtualInbound 监听的端口。

接下来创建的上游连接也将设置 IP_TRANSPARENT 选项，这样新连接可以将源地址绑定为原始客户端地址，并对新连接设置 socketopt 为"SO_MARK"标记，这样由 Envoy 创建的上游连接随后发送的报文都将携带"nfmark"标记，然后配合 iptables 规则将"nfmark"标记复制到 conntrack 表内此连接记录的"ctmark"标记上，在上游连接被服务端接收后，由此服务端返回的数据报文将根据已经保存的 conntrack 表内此连接记录的"ctmark"标记复制回报文的"nfmark"标记，使得此响应报文可以通过策略路由 133 正确返回到 Envoy 内。

可以看出，Redirect 模式默认作为请求发起端 Outbound 方向的流量时，其源地址 src 就是我们希望的 Pod 原始地址，而在 Inbound 端需要 Tproxy 的配合来实现源地址保持。接下来看看 Tproxy 模式下 Envoy 作为 Inbound 方向对配置的修改。

Tproxy 模式可以通过以下方式配置：

```
template:
  metadata:
    annotations:
sidecar.istio.io/interceptionMode: TPROXY
```

通过 nsenter 可以查看在应用容器中设置的 iptables 规则：

```
$ nsenter -n -target $pid iptables -t mangle -S
-P PREROUTING ACCEPT
-P INPUT ACCEPT
-P FORWARD ACCEPT
-P OUTPUT ACCEPT
-P POSTROUTING ACCEPT
-N ISTIO_DIVERT
-N ISTIO_INBOUND
-N ISTIO_TPROXY
-A PREROUTING -p tcp -j ISTIO_INBOUND
-A PREROUTING -p tcp -m mark --mark 0x539 -j CONNMARK --save-mark --nfmask
0xffffffff --ctmask 0xffffffff #Pm1
-A OUTPUT -o lo -p tcp -m mark --mark 0x539 -j RETURN #Om1
-A OUTPUT ! -d 127.0.0.1/32 -o lo -p tcp -m owner --uid-owner 1337 -j MARK
--set-xmark 0x53a/0xffffffff #Om2
```

```
    -A OUTPUT ! -d 127.0.0.1/32 -o lo -p tcp -m owner --gid-owner 1337 -j MARK
--set-xmark 0x53a/0xffffffff
    -A OUTPUT -p tcp -m connmark --mark 0x539 -j CONNMARK --restore-mark --nfmask
0xffffffff --ctmask 0xffffffff #Om3

    -A ISTIO_DIVERT -j MARK --set-xmark 0x539/0xffffffff
    -A ISTIO_DIVERT -j ACCEPT
    -A ISTIO_INBOUND -p tcp -m mark --mark 0x539 -j RETURN #Pm2
    -A ISTIO_INBOUND -s 127.0.0.6/32 -i lo -p tcp -j RETURN #Pm3
    -A ISTIO_INBOUND -i lo -p tcp -m mark ! --mark 0x53a -j RETURN #Pm4
    -A ISTIO_INBOUND -p tcp -m tcp --dport 22 -j RETURN # Pm5
    -A ISTIO_INBOUND -p tcp -m tcp --dport 15090 -j RETURN
    -A ISTIO_INBOUND -p tcp -m tcp --dport 15021 -j RETURN
    -A ISTIO_INBOUND -p tcp -m tcp --dport 15020 -j RETURN
    -A ISTIO_INBOUND -p tcp -m conntrack --ctstate RELATED,ESTABLISHED -j
ISTIO_DIVERT #Pm6
    -A ISTIO_INBOUND -p tcp -j ISTIO_TPROXY
    -A ISTIO_TPROXY ! -d 127.0.0.1/32 -p tcp -j TPROXY --on-port 15006 --on-ip 0.0.0.0
--tproxy-mark 0x539/0xffffffff #Pm7


    $ nsenter -n -target $pid iptables -t nat -S
    -P PREROUTING ACCEPT
    -P INPUT ACCEPT
    -P OUTPUT ACCEPT
    -P POSTROUTING ACCEPT
    -N ISTIO_INBOUND
    -N ISTIO_IN_REDIRECT
    -N ISTIO_OUTPUT
    -N ISTIO_REDIRECT
    -A OUTPUT -p tcp -j ISTIO_OUTPUT
    -A ISTIO_INBOUND -p tcp -m tcp --dport 15008 -j RETURN #Pn1
    -A ISTIO_IN_REDIRECT -p tcp -j REDIRECT --to-ports 15006
    -A ISTIO_OUTPUT -s 127.0.0.6/32 -o lo -j RETURN #On1
    -A ISTIO_OUTPUT ! -d 127.0.0.1/32 -o lo -m owner --uid-owner 1337 -j
ISTIO_IN_REDIRECT #On2
    -A ISTIO_OUTPUT -o lo -m owner ! --uid-owner 1337 -j RETURN #On3
    -A ISTIO_OUTPUT -m owner --uid-owner 1337 -j RETURN #On4
    -A ISTIO_OUTPUT ! -d 127.0.0.1/32 -o lo -m owner --gid-owner 1337 -j
ISTIO_IN_REDIRECT
    -A ISTIO_OUTPUT -o lo -m owner ! --gid-owner 1337 -j RETURN
    -A ISTIO_OUTPUT -m owner --gid-owner 1337 -j RETURN
    -A ISTIO_OUTPUT -d 127.0.0.1/32 -j RETURN #On5
```

```
-A ISTIO_OUTPUT -j ISTIO_REDIRECT #On6
-A ISTIO_REDIRECT -p tcp -j REDIRECT --to-ports 15001
```

这里先从 iptables 命令的角度介绍以上规则代表的含义。对比两种模式的 iptables 规则可以看出，Nat 表用到的规则与 Redirect 模式基本一致，只是少了对 Inbound 模式的处理，这部分已被迁移到 Mangle 表，用于给 Inbound 流量设置标记。

下面介绍 Tproxy 模式下的典型 iptables 规则，如表 6-9 所示。

表 6-9　Tproxy 模式下的典型 iptables 规则

匹配规则	功能描述
-A PREROUTING -p tcp -m mark --mark 0x539 -j CONNMARK --save-mark --nfmask 0xffffffff --ctmask 0xffffffff	对进入 PREROUTING 链且携带"nfmark=0x539"标记的 TCP 报文，调用 CONNMARK 规则将"nfmark=0x539"标记保存到连接标记"ctmask"上
-A OUTPUT -o lo -p tcp -m mark --mark 0x539 -j RETURN	对进入 OUTPUT 链、目标地址为本地且已经携带"nfmark=0x539"标记的 TCP 报文，不再做特殊处理
-A OUTPUT ! -d 127.0.0.1/32 -o lo -p tcp -m owner --uid-owner 1337 -j MARK --set-xmark 0x53a/ 0xffffffff	对进入 OUTPUT 链且目标地址为非 127.0.0.1 但目标网络设备为本地，即目标为本 Pod 地址的由 1337 Envoy 进程发出的 TCP 报文，添加"nfmark=0x53a"标记
-A OUTPUT -p tcp -m connmark --mark 0x539 -j CONNMARK --restore-mark --nfmask 0xffffffff --ctmask 0xffffffff	对进入 OUTPUT 链且四层连接已经携带"ctmark=0x539"标记的 TCP 报文，经过 CONNMARK 规则恢复到三层报文的"nfmark"标记上
-A ISTIO_INBOUND -p tcp -m conntrack --ctstate RELATED,ESTABLISHED -j ISTIO_DIVERT #Pm6	对进入 ISTIO_INBOUND 链且连接建立后的 TCP 报文，转入 ISTIO_DIVERT 链继续处理
-A ISTIO_TPROXY ! -d 127.0.0.1/32 -p tcp -j TPROXY --on-port 15006 --on-ip 0.0.0.0 --tproxy- mark 0x539/0xffffffff #Pm7	对进入 ISTIO_TPROXY 链的目标地址为非 127.0.0.1 的 TCP 报文，经过 TPROXY 规则的处理，直接发送到本地网络监听端口 0.0.0.0:15006，并为其设置"nfmark=0x539"标记

接下来对 Tproxy 模式下各个场景的访问流程进行说明。

1. Tproxy 模式下 Outbound 场景的访问流程

在 Istio 场景中，Outbound 为东西流量通信时，容器内应用主动访问目标服务的请求端，访问流程如图 6-11 所示。

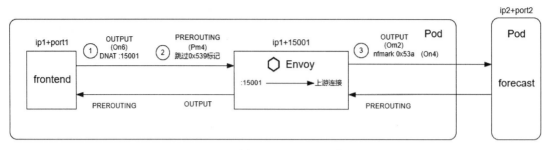

图 6-11　Tproxy 模式下 Outbound 场景的访问流程

其详细描述如表 6-10 所示，其中 On6、Pm4、On4 表示的 iptables 规则可参照 6.2.3 节 Istio 的 iptables 规则。Tproxy 虽然主要用于 Inbound 端源地址保持的场景中，但也可用于 Outbound 场景中。

表 6-10　Tproxy 模式下的 Outbound iptables 规则

序号	应用	方向	地址说明	处理链/表	匹配规则	功能描述
1	frontend	发送	src:ip1 sport:port1, dst:forecast dport:port2	OUTPUT 链/ Nat 表	-A ISTIO_OUTPUT -j ISTIO_REDIRECT #On6 -A ISTIO_REDIRECT -p tcp -j REDIRECT --to-ports 15001	与 Redirect 模式中 Outbound 的原理一致。frontend 应用访问 forecast，首先经过 DNS 解析后得到 forecast 的 ClusterIp 地址，然后在 OUTPUT 链中被 iptables DNAT 规则修改，报文的目标地址变为 Envoy ip1+15001 端口，并在连接报文选项中保留原始目标服务地址 ClusterIp 及端口
2	Envoy	接收	src:ip1 sport:port1, dst:svc1 dport:port2	PREROUTING 链/Mangle 表	-A ISTIO_INBOUND -i lo -p tcp -m mark ! --mark 0x53a -j RETURN #Pm4	需要说明的是，Outbound 模式进入 PREROUTING 链 的 处 理 流 程 与 Outbound+Inbound 模式有些区别。在 Outbound+Inbound 模式下，报文经由 lo 设备再次进入 Envoy PREOURTING 链时将携带 "nfmark=0x539" 标记。而在单独的 Outbound 模式下连接由应用主动建立，不携带 "nfmark=0x539" 标记。因此直接使用前面已经被 DNAT 修改过的报文的目标地址和端口，经过路由进入 Envoy 15001 端口监听

续表

序号	应用	方向	地址说明	处理链/表	匹配规则	功能描述
3	Envoy	发送	src:ip1 sport:port3, dst:ip2 dport:port2	OUTPUT 链 /Nat 表	-A ISTIO_OUTPUT -m owner --gid-owner 1337 -j RETURN #On4	与 Redirect 模式中的 Outbound 原理基本一致。区别是，当 Envoy 负载均衡后目标 forecast 实例的地址为外部 Pod 时，报文匹配 OUTPUT 链中 Mangle 表的规则 #Om2，将"nfmark"标记设置为"0x539"，同时匹配 Nat 规则#On4，此规则将跳过其他 iptables 规则，使得报文向 Pod 外的网络发送，由于"nfmark"标记的特性只在本网络空间协议栈内有效，因此在进入目标 forecast 的 Pod 前，此"nfmark"标记将被丢弃，保证 Tproxy Outbound 模式下经过网络进入目标服务 Pod 的 Inbound 流量的处理流程与 Redirect 模式下 Outbound 流量的处理流程一致

这里与 Redirect 模式下的 Outbound 流程基本相同，主要区别为 iptables 规则添加了 PREROUTING 的 Mangle 判断，排除了 Outbound+Inbound 场景中的影响，保证将请求发送到本 Pod 外的目标服务实例。

2. Tproxy 模式下 Pod 内场景的访问流程

Tproxy 模式下 Pod 内场景的访问流程，与 6.2.2 节介绍的 Sidecar 模式下对 Pod 内 127.0.0.1 目标地址的访问流程一致，这里不再赘述。

3. Tproxy 模式下 Inbound 场景的访问流程

这是 Tproxy 的主要应用场景。与 Sidecar 模式下的 Inbound 流程不同的是，Tproxy 模式不是在 iptables 的 Nat 表处理阶段修改目标报文的地址以使报文进入 Sidecar，而是通过 iptables 的 Mangle 表的 Tproxy 指令给报文打"nfmark"标记，指定的目标接收地址为 0.0.0.0，端口为 on-port，最终将报文从 INPUT 链指向 Istio 配置的 VirtualInbound 监听器。其中还需要策略路由的配合，目的是在不根据报文目标地址判断的情况下，通过匹配"nfmark"标记条件将报文发送到 INPUT 链，否则根据报文的原始目标地址判断是将报文丢弃还是转发到 FORWARD 链。其访问流程如图 6-12 所示。

Tproxy 模式下 Inbound 场景的 iptables 规则描述如表 6-11 所示，其中 Pm7、Pm5、Om1、Pm1、Pm2、Om3、On1 表示的 iptables 规则可参照 6.2.3 节 Istio 的 iptables 规则。

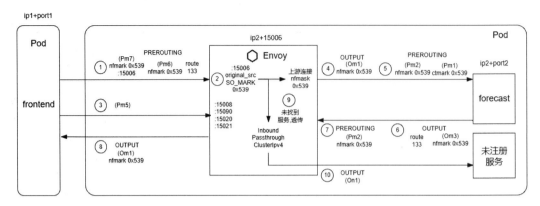

图 6-12　Tproxy 模式下 Inbound 场景的访问流程

表 6-11　Tproxy 模式下 Inbound 场景的 iptables 规则描述

序号	应用	方向	地址说明	处理链/表	匹配规则	功能描述
1	frontend	发送	src:ip1 sport:port1, dst:ip2 dport:port2	PREROUTIN G 链/Mangle 表	-A ISTIO_DIVERT -j MARK --set-xmark 0x539/0xffffffff -A ISTIO_DIVERT -j ACCEPT -A ISTIO_INBOUND -p tcp -m conntrack --ctstate RELATED,ESTABLISHE D -j ISTIO_DIVERT #Pm6 -A ISTIO_INBOUND -p tcp -j ISTIO_TPROXY -A ISTIO_TPROXY ! -d 127.0.0.1/32 -p tcp -j TPROXY --on-port 15006 --on-ip 0.0.0.0 --tproxy-mark 0x539/0xffffffff #Pm7	frontend 的 Pod 请求报文进入 forecast 所在的 Pod，由于为新连接，所以将匹配 PREROUTING 链的#Pm7 规则，在此规则内指定-j TPROXY 有以下三个作用。 （1）指定报文在 Socket 层匹配的目标监听 Socket 端口为 15006，注意此处并不修改处于连接状态的报文的源地址、源端口、目标地址和目标端口。 （2）通过 tproxy-mark 0x539 修改"nfmark"标记为"0x539"标记，用于匹配自定义路由规则 133。此路由规则可通过 ip rule list 查看。将其结果与前面的 Redirect 模式相比较，可以看出多出路由规则"32765: from all fwmark 0x539 lookup 133"，且内容为"local default dev lo scope host"，表示投递目标为 INPUT 链。 （3）在连接建立后，Socket 的状态变为 ESTABLISHED，从而匹配#Pm6 条件，因此 frontend 的 Pod 后续收到的报文将被 ISTIO_DIVERT 规则打上"nfmark=0x539"标记，可继续通过策略路由投递到 Envoy，但此时不再强制指定报文投递目标为 15006 端口的监听 Socket，而是投递到新建的下游 Socket

序号	应用	方向	地址说明	处理链/表	匹配规则	功能描述
2	Envoy	接收	无	无		从 Envoy 的角度来看，新建连接时，报文被投递到 Envoy 15006 端口监听器，并通过 original_src 监听过滤器创建上游连接用到的选项。该选项包含 IP_TRANSPARENT、SO_MARK=0x539，其中的 IP_TRANSPARENT 用于绑定（bind）原始客户端地址作为连接的源地址（但不包含源端口），SO_MARK 用于对上游连接发送的数据包添加 "nfmark=0x539" 标记。再配合下面第 5 项中在 PREROUTING 链内将 "nfmark=0x539" 标记保存到 "ctmark" 标记的操作，使得从服务端返回的报文可以正确经过策略路由被发送回 Envoy
3	Envoy	接收	dport:15090	PREROUTING 链/Mangle 表	-A ISTIO_INBOUND -p tcp -m tcp --dport 22 -j RETURN # Pm5 -A ISTIO_INBOUND -p tcp -m tcp --dport 15090 -j RETURN…	同 Redirect 模式，Envoy 也需要暴露监控获取端口给外部监控系统，用于获取 Envoy 自身的运行状态，此时不应被拦截，比如 Prometheus 通过 15090 拉取 Envoy 可观测性数据的场景
4	Envoy	发送	src:ip1 sport:port3 dst:127.0.0.1 dport: port2	OUTPUT 链/Mangle 表	-A OUTPUT -o lo -p tcp -m mark --mark 0x539 -j RETURN #Om1	Envoy 创建上游连接且目标为本 Pod 内的后端 forecast 地址时，将匹配目标为-o lo 且报文携带 "nfmark=0x539" 标记的规则 #Om1，此时直接发送报文即可到达 forecast 容器
5	forecast	接收	src:ip1 sport:port3 dst:127.0.0.1 dport:port2	PREROUTING 链/Mangle 表	-A PREROUTING -p tcp -m mark --mark 0x539 -j CONNMARK --save-mark --nfmask 0xffffffff --ctmask 0xffffffff #Pm1 -A ISTIO_INBOUND -p tcp -m mark --mark 0x539 -j RETURN #Pm2	发送到后端服务 forecast 进程的报文目标网络设备为 lo，经过二层设备发送回本协议栈 PREROUTING 链时将保留 "nfmark=0x539" 标记。此时匹配#Pm1 规则并将此 "fmark" 标记从三层复制到四层 "ctmark" 标记上，这样当后端服务 forecast 响应报文时，可以从 OUTPUT 链获取四层 "ctmark=0x539" 标记，并将 "ctmark" 标记恢复到报文 "nfmark" 标记上，因此可以使得响应报文正确进入策略路由

序号	应用	方向	地址说明	处理链/表	匹配规则	功能描述
6	Forecast	发送	src:127.0.0.1 sport:port2 dst:ip1 dport:port3	OUTPUT 链/ Mangle 表	-A OUTPUT -p tcp -m connmark --mark 0x539 -j CONNMARK --restore-mark --nfmask 0xffffffff --ctmask 0xffffffff #Om3	处理目标服务 forecast 反向响应报文的场景，由于目标地址为外部 ip1，如果使用默认路由，则将无法找到匹配路由表项，因此响应报文首先通过 "ctmark=0x539" 标记通过 #Om3 规则从四层恢复到三层 "nfmark=0x539" 标记。此时报文将携带 "nfmark=0x539" 标记，并经过 route 133 路由规则将报文投递到本 Envoy 进程内
7	Envoy	接收	src:127.0.0.1 sport:port2 dst:ip1 dport:port3	PREROUTIN G 链/Mangle 表	-A ISTIO_INBOUND -p tcp -m mark --mark 0x539 -j RETURN #Pm2	匹配规则#Pm2，携带 "nfmark=0x539" 标记的forecast 响应报文可以被 Envoy 正常接收
8	Envoy	发送	src:ip2 sport:port2 dst:ip1 dport:port1	无		从 Envoy 向 frontend 的 Pod 发送的响应报文不携带 "nfmark=0x539" 标记，因此将被默认路由处理，直接通过 eth0 发送到网络上，报文源地址为 ip2:port2
9	Envoy	路由	无	无		无法匹配目标服务 Cluster 的请求，将通过 PassthroughClusterIpv4 服务根据原始目标地址发送到 Pod 内未注册的服务内
10	Envoy	发送	src:127.0.0.6	OUTPUT 链/ Nat 表	-A ISTIO_OUTPUT -s 127.0.0.6/32 -o lo -j RETURN #On1	PassthroughClusterIpv4 配置了固定的源地址 127.0.0.6，用于与 Envoy 内可匹配到的 Cluster 后端服务访问场景#On4 进行区分，此时报文在 OUTPUT 链的处理阶段不再被拦截，可以访问本 Pod 内未注册的后端服务

4. Tproxy 模式下 Outbound+Inbound 场景的访问流程

与 Redirect 模式类似，在容器中同时存在服务访问者和提供者的情况下，在经过 Sidecar 负载均衡后又恰巧选择了本 Pod 内的服务作为目标地址时，即为 Outbound+Inbound 场景时，访问流程如图 6-13 所示。

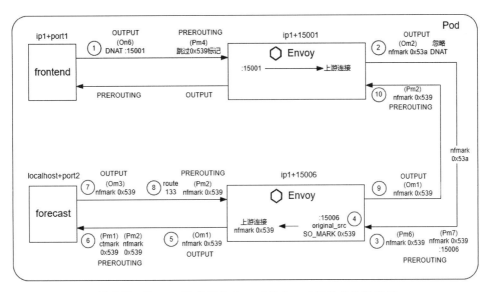

图 6-13 Tproxy 模式下 Outbound+Inbound 场景的访问流程

其 iptables 规则如表 6-12 所示，其中 On6、Om2、Pm7、Pm6、Om1、Pm2、Pm1、Om2、Om3 表示的 iptables 规则可参照 6.2.3 节 Istio 的 iptables 规则。

表 6-12 Tproxy 模式下 Outbound+Inbound 场景的 iptables 规则

序号	应用	方向	地址说明	处理链/表	匹配规则	功能描述
1	frontend	发送	src:ip1 sport:port1, dst:svc1 dport:port2	PREROUTING 链 /Mangle 表	-A ISTIO_OUTPUT -j ISTIO_REDIRECT #On6 -A ISTIO_REDIRECT -p tcp -j REDIRECT --to-ports 15001	进行 Outbound+Inbound 访问时，frontend 的 Outbound 流量拦截流程与 Outbound 流程拦截流程一致，frontend 访问目标服务 forecast，经过 DNS 解析后首先得到 forecast 的 ClusterIp 地址，然后被 iptables 规则拦截并匹配 OUTPUT 链的#On6 规则，经过 DNAT 操作，修改报文的目标地址为 Envoy ip1+15001 端口，并在报文属性内保留原始的 ClusterIp 地址及端口
2	Envoy Outbound 方向	发送	src:ip1 sport:port3 dst:ip1 dport:port2	OUTPUT 链 / Mangle 表	-A OUTPUT ! -d 127.0.0.1/32 -o lo -p tcp -m owner --uid-owner 1337 -j MARK --set-xmark 0x53a/0xffffffff # Om2	流量被拦截并进入 Envoy 后，此时为 Outbound 方向的流量，Envoy 内部在进行负载均衡规则计算后，恰好选择本 Pod 内的 forecast 作为目标服务实例。 （1）此时虽然为 Outbound 流量，但目标地址经过路由计算后，仍为本 Pod

序号	应用	方向	地址说明	处理链/表	匹配规则	功能描述
						内 lo 网络设备内的可达地址, 因此判断为 Outbound+Inbound 模式的请求。此时报文将匹配#Om2 规则, 并添加 "0x53a" 标记。此标记用于标识 Outbound+Inbound 场景中 Envoy 之间的报文。随后, 当流量经过 lo 网络设备再次进入 PREROUTING 链时, 将匹配规则#Pm4, 与普通 Inbound 场景做区分。 （2）在执行 OUTPUT 链内的 Mangle 规则#Om2 后, 将不再执行 Nat 规则 #On2 上修改报文目标端口的 DNAT 操作。而是当报文进入 PREROUTING 链时, 通过 Tproxy 的 "–on-port" 操作指定报文的目标端口, 使得在 Envoy 发送响应报文时, 源地址 src 和目标地址 dst 都保持为 ip1 不变
3	Envoy Inbound 方向	接收	同上	PREROUTING 链 /Mangle 表	-A ISTIO_INBOUND -p tcp -m conntrack --ctstate RELATED,ESTABLISHED -j ISTIO_DIVERT #Pm6 -A ISTIO_TPROXY ! -d 127.0.0.1/32 -p tcp -j TPROXY --on-port 15006 --on-ip 0.0.0.0 --tproxy-mark 0x539/0xffffffff #Pm7	当报文进入 PREROUTING 链时, 报文携带 "nfmark=0x53a" 标记, 且此时链接还未建立, conntrack 表内的连接记录未处于 ESTABLISHED 状态, 将匹配规则#Pm7, 并将 "nfmark=0x53a" 标记转换为 "nfmark=0x539" 标记, 处理流程与从外部网络设备进入的流程一致。经过策略路由 route 133, 报文被重定向到 Envoy 15006 端口, 此时不修改报文的源地址及目标地址。在连接建立成功后, Envoy 之间的报文将经过规则#Pm6 的处理, 也可被正确转发到 Envoy 的 15006 端口
4	Envoy	接收	无	无		报文通过 lo 网络设备再次进入 Inbound 端 Envoy 的处理流程与 Inbound 模式一致。此时 Envoy 作为 Inbound 监听器监听 15006 端口并设置 sockopts 连接属性 IP_TRANSPARENT, SO_MARK =0x539, 在向后端服务 forecast 建立连

续表

序号	应用	方向	地址说明	处理链/表	匹配规则	功能描述
						接时绑定 frontend 应用的地址 ip1 作为新连接的源地址，使得 forecast 可以获取四层客户端的地址
5	Envoy	发送	src:ip1 sprot:port4 dst:127.0.0.1 dport:port2	OUTPUT 链 /Mangle 表	-A OUTPUT -o lo -p tcp -m mark --mark 0x539 -j RETURN #Om1	与前面的 Tproxy Inbound 原理一致，Envoy 创建的目标为-o lo，且新连接发出的报文携带 "nfmark=0x539" 标记
6	forecast	接收	同上	PREROUTING 链 /Mangle 表	-A ISTIO_INBOUND -p tcp -m mark --mark 0x539 -j RETURN #Pm2 -A PREROUTING -p tcp -m mark --mark 0x539 -j CONNMARK --save-mark --nfmask 0xffffffff --ctmask 0xffffffff #Pm1	与 Tproxy Inbound 的原理一致，将三层报文的 "nfmark=0x539" 标记保存到四层 conntrack 表内连接的 "ctmark=0x539" 标记上，以达到 forecast 根据请求的源地址 src 判断客户端身份等的目的
7	forecast	发送	src:127.0.0.1 sport:port2 dst:ip1 dport:port4	OUTPUT 链 /Mangle 表	-A OUTPUT -p tcp -m connmark --mark 0x539 -j CONNMARK --restore-mark --nfmask 0xffffffff --ctmask 0xffffffff #Om3	与 Tproxy Inbound 的原理一致，将连接的四层 conntrack 表内连接的 "ctmark=0x539" 标记恢复到三层报文的 "nfmark=0x539" 标记上。确保不使用报文的目的地址 ip1，使用策略路由 route 133 的方式将报文返回 Envoy
8	Envoy	接收	同上	PREROUTING 链 /Mangle 表	-A ISTIO_INBOUND -p tcp -m mark --mark 0x539 -j RETURN #Pm2	与 Tproxy Inbound 的原理一致，如果判断已经携带 "nfmark=0x539" 标记，则将此标记从三层 "nfmark" 标记复制到四层报文 "ctmark" 标记上。确保 Envoy 与后端服务 forecast 间发送的报文都正确携带 "nfmark=0x539" 标记
9	Envoy	发送	src:ip1 sport:port2 dst:ip1 dport:port3	OUTPUT 链 /Mangle 表	-A OUTPUT ! -d 127.0.0.1/32 -o lo -p tcp -m owner --uid-owner 1337 -j MARK --set-xmark 0x53a/0xffffffff #Om2	根据 OUTPUT 链规则#Om2 的操作，Inbound 端的 Envoy 向上游 Outbound 端的 Envoy 返回的报文添加 "nfmark=0x53a" 标记

序号	应用	方向	地址说明	处理链/表	匹配规则	功能描述
10	Envoy	接收	src:ip1 sport:port2 dst:ip1 dport:port3	PREROUTIN G 链 /Mangle 表	-A ISTIO_INBOUND -p tcp -m conntrack --ctstate RELATED, ESTABLISHED -j ISTIO_DIVERT #Pm6	Inbound 端的 Envoy 发送的响应报文 再次回到 PREROUTING 链时，连接已 经建立成功且匹配 "#Pm6" 规则，通过 策略路由，保证响应报文被 Outbound 端的 Envoy 接收

可以看出，Tproxy 模式只有在拦截 Outbound 流量时采用 DNAT 方式，而在拦截 Inbound 流量时采用不修改报文的 Tproxy 操作，因而可以在四层上正确传递客户端 frontend 的源地址 src，而源端口 sport 由于实用意义不大，将被忽略。Tproxy 模式与 Redirect 模式相比，整个流程的复杂度有很大增加。如果在系统中只包含 RESTful 微服务，则由于其采用 HTTP 进行传输，可以在消息传递过程中在 HTTP 头部增加自定义键值对，因此建议在 HTTP 头部插入 x-forward-for 及通过请求端的源地址使用 Redirect 模式，帮助后端服务获取请求端的源地址。

6.2.4　Ingress 网关模式

Ingress 网关常常被部署为运行于用户空间的独立进程，通过统一的对外服务端口接收外部的流量请求，经过四层或七层处理后，作为客户端代理创建与服务的连接后转发客户端的请求数据，反过来将服务端的响应转发给客户端。可以看出，在这个过程中将创建新的 socket，因此会比较消耗节点的文件描述符数量，但同时增加了灵活性。此时网关节点不需要配置特殊的 iptables 规则，因为客户端需要明确连接网关监听地址，无须进行透明流量拦截。

Ingress 网关 Pod 在启动时已经默认配置了针对不同协议的路由端口及 nodeport，可以通过如下命令查看：

```
kubectl get service istio-ingressgateway -n istio-system -o
jsonpath='{.spec.ports}' # 返回值包含
[{"name":"status-port","nodePort":30148,"port":15021,"protocol":"TCP","targetPor
t":15021},{"name":"http2","nodePort":31631,"port":80,"protocol":"TCP","targetPor
t":8080},{"name":"https","nodePort":31427,"port":443,"protocol":"TCP","targetPor
t":8443},{"name":"tcp","nodePort":32100,"port":31400,"protocol":"TCP","targetPor
t":31400},{"name":"tls","nodePort":32263,"port":15443,"protocol":"TCP","targetPo
rt":15443}]
```

可以看到，在返回值中针对不同的应用协议启动了不同的监听地址。获取当前 Istio

Ingress 网关服务地址的代码如下：

```
kubectl get service istio-ingressgateway -n istio-system -o wide
# 得到服务地址为：
istio-system        istio-ingressgateway              LoadBalancer    10.99.58.16
```

Ingress 网关默认不代理任何服务，因此不启动监听。举例来说，如果配置了网关及 VirutalService，则网关的配置如下：

```
apiVersion: networking.istio.io/v1beta1
kind: Gateway
metadata:
  name: demo-gateway
spec:
  selector:
    istio: ingressgateway # use Istio default gateway implementation
  apps:
  - port:
      number: 80 # 此端口为前面约定的路由端口号，需要针对不同的协议进行选择
      name: http
      protocol: HTTP
      hosts:
    - "wistio.cc" # domain 域名，在用户请求时根据 Host 内容进行匹配
```

接下来创建 VirtualService 配置，指明路由的目标 Istio Service，并与 Ingress 网关 80 端口的 HTTP 中 hosts 域的内容相关联，这样当用户请求 Ingress 网关的 80 端口并在 HTTP 头部携带 "Host: wistio.cc" 时，请求将被实际映射到 Istio 服务：

```
apiVersion: networking.istio.io/v1beta1
kind: VirtualService
metadata:
  name: demo-http-route
spec:
  hosts:
  - "wistio.cc" # 匹配 gateway 中的 hosts 域名
  gateways:
  - demo-gateway # 匹配 gateway
  http:
  - match: # 匹配协议支持的路由规则
    - uri:
        prefix: /
    route:
    - destination:
```

```
        port:
            number: 8123
        host: forecast  # 目标服务名, 之后会根据服务的负载均衡策略来选择 Endpoint
```

VirtualService 用于通过 gateways 值匹配前面的路由项, 并提供 hosts 匹配 HTTP 请求中的头部 domain 信息, 并最终将请求转发到后端的 destination。以上两部分将自动转换为如下 Ingress 网关内的 iptables Nat 表规则及 Envoy 配置文件。可以用节点地址 localhost:nodePort 的形式访问网关代理的服务, targetPort 为 Ingress 网关 Pod 内的 Envoy 进程启动的监听地址。

节点与 Ingress 网关相关的 iptables Nat 表规则如下:

```
iptables -t nat -S|grep KUBE-SVC-G6D3V5KS3PXPUEDS
# 得到以下结果:
-A KUBE-SERVICES -d 10.99.58.16/32 -p tcp -m comment --comment
"istio-system/istio-ingressgateway:http2 cluster IP" -m tcp --dport 80 -j
KUBE-SVC-G6D3V5KS3PXPUEDS
    -A KUBE-NODEPORTS -p tcp -m comment --comment
"istio-system/istio-ingressgateway:http2" -m tcp --dport 31631 -j
KUBE-SVC-G6D3V5KS3PXPUEDS
    -A KUBE-SVC-G6D3V5KS3PXPUEDS -m comment --comment
"istio-system/istio-ingressgateway:http2" -j KUBE-SEP-X2TXEPVKEONDIKYY
    -A KUBE-SEP-X2TXEPVKEONDIKYY -p tcp -m comment --comment
"istio-system/istio-ingressgateway:http2" -m tcp -j DNAT --to-destination
10.244.145.72:8080
```

我们可以将以上规则理解为访问目标服务 istio-ingressgateway, 其地址为 10.99.58.16:80 时, 或在访问本节点地址 :31631 时, 都会跳转到 KUBE-SVC-G6D3V5KS3PXPUEDS 链。从这里看出, 80 及 31631 端口并没有进行真正监听, 而是作为 iptables 转发匹配规则。此链在经过 KUBE-SEP-X2TXEPVKEONDIKYY 链内的 DNAT 地址转换后, 将报文地址重定向到 Ingress 网关 Pod 10.244.145.72 的 8080 监听端口。

然后观察 Ingress 网关 Pod 的配置文件:

```
kubectl exec -it istio-ingressgateway-76df49f94d-xljqt -n istio-system -- curl
http://127.0.0.1:15000/config_dump
# 得到以下结果:
    "dynamic_listeners": [
        {
        "name": "0.0.0.0_8080",
        ……
            "filter_chains": [
```

```
    {
      "filters": [
        {
          "name": "envoy.filters.network.http_connection_manager",
          "typed_config": {
            "route_config_name": "http.8080"
```

从配置可以看出，Ingress 网关实际监听在动态加入的 8080 端口上，并使用名为 http.8080 的路由，路由配置如下：

```
"dynamic_route_configs": [
  {
    "name": "http.8080",
    "virtual_hosts": [
      {
        "name": "wistio.cc:80",
        "domains": [
          "wistio.cc",
          "wistio.cc:*"
        ],
        "routes": [
          {
            "match": {
              "prefix": "/",
              "case_sensitive": true
            },
            "route": {
              "cluster": "outbound|8123||forecast.default.svc.cluster.local",
```

到这里就很清楚了：http.8080 路由在处理用户请求时，如果请求匹配 HTTP 头部的 domain，则此请求将被转发到 VirtualService 定义的服务名 outbound|8123|| forecast.default.svc.cluster.local。

综上所述，Ingress 网关的原理如图 6-14 所示。

需要注意的是，如果后端服务需要根据四层源地址信息作为判断依据，那么在 Ingress 网关创建新连接时，需要设置 IP_TRANSPARENT 标志，并将客户端地址绑定为新连接的本地地址。同时，服务端也要设置默认的路由规则为连接网关的二层设备，并指定默认路由 via 为网关地址。这样做，将使后端服务在服务网格中的部署不透明，因此 Istio 不支持这种透明的 Ingress 网关模式。在实际应用中，服务端通过解析 HTTP 协议头 X-Forward-for 来获得客户端的地址。

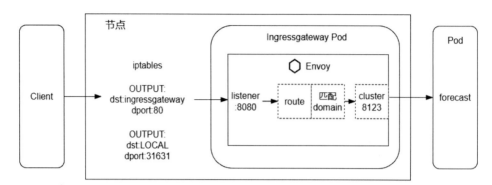

图 6-14　Ingress 网关的原理

6.3　本章小结

本章重点讲解 Sidecar 容器的注入及流量拦截的原理、实现方式。Sidecar 注入分为手动注入及自动注入两种模式，本章重点介绍了 Sidecar-injector 的自动注入模式及各种部署模式下 iptables 规则的处理原理及在服务网格内不同场景中的使用情况。

第**7**章 | 异构基础设施

对多云、混合云、虚拟机等异构基础设施的服务治理是 Istio 重点支持的场景之一。为了提高服务的可用性，避免厂商锁定，多云、混合云甚至虚拟机和容器混合部署都成为常态，因此 Istio 社区将多集群、混合服务治理作为了重点发展方向。根据 *Flexera 2022 State of the Cloud Report*，89%的组织选择了多云，随着越来越多的组织寻求使用最佳解决方案，混合云和多云有望实现持续增长，跨云的服务通信、服务治理将成为困扰开发人员的主要问题。本章从 Istio 的角度，重点解读 Istio 针对多集群服务治理提供的能力及实现原理。

7.1 多集群服务治理的原理

自 2015 年 Kubernetes 成为云原生领域应用编排的事实标准以来，传统企业及新型互联网企业都在逐步将应用容器化及云化。为了实现高并发和高可用，企业通常会选择将应用部署在多个地域的多个集群，甚至多云、混合云等多种云环境下，多集群方案逐步成为企业应用部署的最佳选择。很多云厂商都推出了自己的多云、混合云方案，虽然几乎都提供了多集群的应用管理，甚至能够提供跨集群的基本服务通信能力，但是在服务治理方面都有欠缺。

因此，越来越多的用户对跨集群的服务治理表现出浓厚的兴趣和强烈的需求。在此背景下，Istio 作为 Service Mesh 领域的事实标准，推出了多种多集群管理方案，本章后续会分别讲解这几种方案。

7.1.1 Istio 多集群相关的概念

Istio 多集群相关的概念主要如下。

◎ 集群：主要为 Kubernetes 集群，包含 Kubernetes Master 管理的节点、工作负载、

服务集合。虽然还有其他集群，比如虚拟机集群，但 Istio 社区主要支持 Kubernetes 集群。

◎ 服务网格：指属于同一可信域的工作负载集合。服务网格内的服务可以自动加密通信，可基于服务网格构建零信任网络。

◎ 网络：网络是服务隔离的基本单元，直接连通的一组服务实例都位于同一个网络内。Istio 要求同一网络至少支持四层互通，至于如何实现，并不关注。Istio 可以使用虚拟私有云（VPC）、虚拟专用网（VPN）或任意类型的 Overlay 网络。

◎ 扁平网络：指网络中的应用或者 Pod 之间能够直接互访。

以上概念没有特定的从属关系，但存在组合关系。例如，在某些云环境下，网络与集群一一对应，即每个集群都有自己独立的网络，并与其他集群的网络隔离。因此，不同的集群都可能被分配重叠的 Pod 地址及服务地址。类似地，虚拟机通常在 Kubernetes 集群外运行，可以属于同一服务网格并且在同一网络中运行，例如连接到虚拟私有云时。

7.1.2　Istio 多集群管理

Istio 从 1.0 版本开始支持多集群服务治理，它虽然在一定程度上实现了跨集群通信的功能，但对每个集群的要求都比较苛刻，它要求所有集群都共享同一个网络并且每个集群的 Pod 及服务地址范围都不能重叠。这种扁平网络拓扑对云厂商或者混合云场景都提出了挑战，因此在实际使用时要求较高。

为了使 Istio 的多集群服务治理功能更能满足生产环境的需求，Istio 社区在 1.1 版本中持续投入对多集群的支持工作，又引入了两种多集群模型，分别是集群感知的服务路由及多控制面拓扑。其中，集群感知的服务路由也是非扁平网络多集群单控制面模型，它与多集群单控制面模型的最大区别是没有扁平网络的要求。多集群多控制面模型实际上是在每个集群中都单独部署 Istio 控制面，并且要求使用相同的根 CA 证书，使每个集群看起来都是独立的服务网格。

Istio 多集群服务网格模型几经发展，在 Istio 1.8 多集群模型重命名后正式进入多集群 2.0 时代，但是其核心原理基本保持不变，在网络拓扑上分为扁平网络和非扁平网络（其区别见表 7-1），在控制面上分为单控制面和多控制面（其区别见表 7-2）。

表 7-1　扁平网络与非扁平网络的区别

分　类	优　点	缺　点
扁平网络	跨集群访问不经过东西向网关，延迟低	组网复杂，Service、Pod 网段不能重叠
		借助 VPN 等技术将所有集群的 Pod 网络都打通
		所有集群处于一张大的网络中，缺少安全边界
非扁平网络	不同集群的网络相互隔离，安全性更高	跨集群访问依赖东西向网关，时延增加
	无须打通不同集群的容器网络	东西向网关工作模式是 TLS AUTO_PASSTHROUGH，不
	不用提前规划不同集群的网段	支持 HTTP 路由策略

表 7-2　单控制面与多控制面的区别

	优　点	缺　点
单控制面	部署运维简单	可用性相对较低
多控制面	可用性高	部署、运维复杂

总的来说，目前 Istio 支持 4 种多集群模型：①Primary-Remote（扁平网络单控制面模型）；②Multi-Primary（扁平网络多控制面模型）；③Primary-Remote on different networks（非扁平网络单控制面模型）；④Multi-Primary on different networks（非扁平网络多控制面模型）。

7.2　多集群的服务网格模型

多集群的单控制面模型指多个集群共用同一套 Istio 控制面，多集群的多控制面模型指每个集群都独立使用一套 Istio 控制面。无论是单控制面模型还是多控制面模型，每套 Istio 控制面都要监听所有集群中的 Service、Endpoint 和其他 Istio 配置资源等，并控制集群内或集群间的服务访问。

根据集群间网络是否扁平，Istio 又对两种控制面模型进行了细分。

◎ 扁平网络：多集群容器网络通过 VPN 等技术打通，Pod 跨集群访问直通；
◎ 非扁平网络：每个集群的容器网络都相互隔离，跨集群的访问不能直通，必须通过东西向网关。

7.2.1　扁平网络单控制面模型

如图 7-1 所示为多集群的扁平网络单控制面模型，只需将 Istio 控制面组件部署在一个集群即 Primary 集群中，就可以通过一个 Istio 控制面管理所有集群的 Service 和 Endpoint。除此之外，VirtualService、DestionationRule、Gateway 和 ServiceEntry 等 API 对象只需被创建在 Primary 集群中，Istio 主集群的配置规则控制服务网格所有服务间的治理、安全和可观测性。

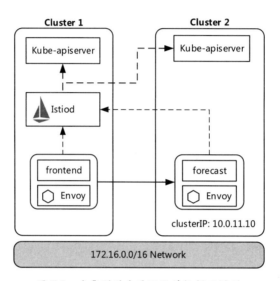

图 7-1　多集群的扁平网络单控制面模型

Istiod 负责连接所有集群的 Kube-apiserver，并且 List-Watch 获取每个集群的 Service、Endpoint、Pod 和 Node。另外，所有集群的 Sidecar 均连接到同一个中心式的控制面，由中心式的控制面负责所有 Sidecar 的 xDS 配置生成及分发。

跨集群的服务访问与集群内部的服务访问没有区别，默认不需要额外创建任何 Istio 配置规则。在 Istio 1.8 之前的版本中，单控制面模型并不提供额外的 DNS 服务器来解析 Remote 集群中的服务，所以单控制面模型要求在每个集群中都创建相同的 Sevice 对象，可以没有服务实例。这种影子 Service 作为占位符，仅供每个 Kubernetes 集群的 kube-dns 服务提供对服务网格服务的域名解析。如果不愿意将服务网格所有的服务在每个集群中都冗余创建，则必须使用其他多集群 DNS 解析方案。Istio 1.8 提供了智能的 DNS 代理，原生支持对 Remote 集群的服务解析，大大简化了多集群的使用复杂度。

例如，Cluster1 中的 frontend 在访问 Cluster2 中的 forecast 时，应用容器发起的到 forecast.weather.svc.cluster.local 的 HTTP 请求会经历以下过程。

（1）应用容器进行 DNS 域名解析，DNS 代理返回 forecast 的 ClusterIP。

（2）HTTP 请求被发送到上一步解析的 IP 地址，并且被 Sidecar 拦截。

（3）Sidecar 根据自身的 xDS 配置，依次经过 Listener、Route、Cluster 和 Endpoint 路由匹配及 Endpoint 选择，最终将 HTTP 请求转发到集群 2 的 forecast 实例 172.16.11.1。

多集群扁平网络模型与单一集群的服务网格在服务访问形态上几乎没有任何区别。但值得注意的是，多集群扁平网络模型还有一个严格的要求：不同集群的服务 IP 及 Pod 的 IP 在范围上不能重叠。多集群扁平网络模型虽然简洁，但对集群网络的规划有一定的限制，因此用户在选择此模型时，需要提前规划集群网段。

7.2.2 非扁平网络单控制面模型

为解决非扁平网络的访问限制，Istio 又提出一种更加灵活的网络方案，即非扁平网络。非扁平网络可以通过配置东西向网关来转发跨集群的访问流量。这种方案依赖 Split Horizon EDS，自动重写 Remote 集群的 Endpoint 地址为网关地址。与扁平网络的方案相同，Istio 控制面仍然需要连接所有 Kubernetes 集群的 Kube-apiserver，订阅所有集群的 Service、Endpoints 等资源。同样，所有集群的 Sidecar 均被连接到同一控制面。

如图 7-2 所示，非扁平网络单控制面模型在同一集群内部的服务访问与单集群模型一样，如果有一个目标服务实例运行在另一个集群中，则目标集群的东西向网关将作为代理来转发跨集群的服务访问。

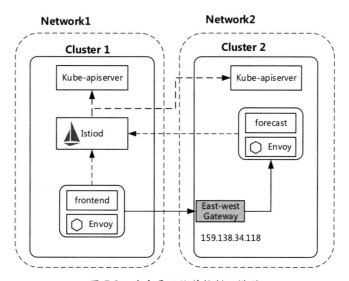

图 7-2　非扁平网络单控制面模型

东西向网关工作在 AUTO_PASSTHROUGH 模式（该模式为多集群东西向网关的工作模式）下，根据 TLS 请求的 SNI 将请求路由到同名的 Cluster，可参考 7.3.2 节。因此，在非扁平网络跨网络访问中，要求所有流量都必须经过 TLS 加密。

从图 7-2 可以看到，从集群 1（即 Cluster1，下同）的 frontend 发起对集群 2（即 Cluster2，下同）的 forecast 的请求，其路由流程如下。

（1）在 frontend 中发起对 forecast 的请求。

（2）该请求被本地 Sidecar 拦截，Envoy 先根据路由算法选择合适的后端实例，然后将请求转发出去。

（3）如果请求被转发到集群 2 的东西向网关，网关则解析 TLS 握手信息的 SNI，根据 SNI 选择同名的集群进行路由。

那么 frontend 在访问 forecast 时，其对应的 Sidecar 是如何将请求转发给东西向网关的呢？Istio 之所以能够自动识别服务网格的多网络，以及服务实例所属的网络，依赖的是非扁平网络多集群模型的另一项核心技术——Split Horizon EDS。

Split Horizon EDS 的核心功能是根据调用方所在的网络及服务实例所在的网络，自动为服务实例做地址转换。当服务实例与调用方不在同一个网络中时，Istio 会自动将服务实例的地址由 Pod IP 转换成服务实例所在的网络的东西向网关地址。在图 7-12 中，Istio 将 frontend 的 Sidecar 的 "outbound|3002||forecast.weather.svc.cluster.local" EDS 配置中的 Endpoint 地址由 172.18.11.1 转换为 159.138.34.118。

为了向 Istio 提供集群或者网络上下文，每个集群都有自己的 ClusterID（集群标签）及对应的 Network（网络标签），并且每个集群都有一个专用的入口网关。ClusterID、Network、东西向网关这三个概念是非扁平网络服务网格的基础，其关系见图 7-3。

其关系的具体描述如下。

◎ ClusterID 的获取最容易，能够直接从多集群访问的 Secret 中获取。
◎ 可以通过为工作负载打上 "topology.istio.io/network" 标签标记其 Network。
◎ 可以通过 Istio 系统命名空间的 "topology.istio.io/network" 标签获取 Network 标识。
◎ 另一种获取 Network 的方式需要结合 ClusterID 和 MeshNetwork 配置。
◎ 这里只表示了根据 Network 从 MeshNetworks 配置中获取东西向网关地址，更简单的东西向网关地址获取方式是从带有 "topology.istio.io/network" 标签的 Kubernetes 服务中获取。

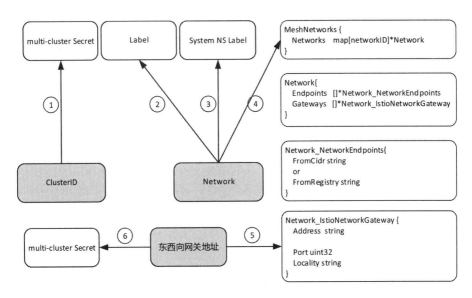

图 7-3 ClusterID、Network 和东西向网关的关系

下面分别讲解 ClusterID、Network、网关地址及 Split Horizon EDS 的知识。

1. ClusterID

在单控制面模型中，Pilot 需要连接所有集群的 Kube-apiserver。在 Istio 控制面所在的集群中，Pilot 可以通过 Pod 内置的 Token 连接所在集群的 Kube-apiserver，该集群使用固定的 ClusterID "Kubernetes"。其他 Remote 集群则通过 Secret 为 Pilot 提供访问凭据。这种特殊的 Secret，其标签为 "istio/multiCluster: "true""，包含集群的 ID 及集群访问凭据 KubeConfig：

```
apiVersion: v1
data:
  # 集群标签为"cluster2"，值为集群 2 的访问凭据
  cluster2: ……
  # 集群标签为"cluster3"，值为集群 3 的访问凭据
  cluster3: ……
kind: Secret
metadata:
  labels:
    istio/multiCluster: "true"
  name: multicluster
  namespace: istio-system
type: Opaque
```

Pilot 根据上述 Secret 提供的访问凭据与每个集群都建立连接，监听（List-Watch）集群内的所有服务及相关资源对象的变化。ClusterID 被保存在每个控制器对象中，并用于集群网络标签的获取。

2. Network

Kubernetes 集群的 Network，常规的由 MeshNetworks 配置指定，并且集群内的所有服务实例都属于同一个网络。

如图 7-4 所示，MeshNetworks 由配置文件提供，Pilot 在启动后解析 MeshNetworks 文件，随后通过 FileWatcher 动态监视 MeshNetworks 配置文件的变化，动态加载新的 MeshNetworks 配置。

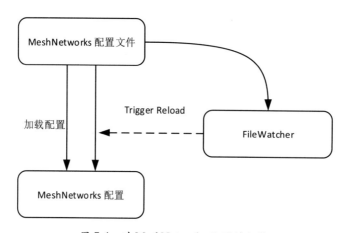

图 7-4　对 MeshNetworks 配置的加载

对 MeshNetworks 配置的加载主要包含以下两步。

（1）获取集群网络标签。由上文可知，每个集群都有一个对应的控制器对象，在控制器对象中保存了 ClusterID。如图 7-3 所示，首先从 MeshNetworks.Networks.Endpoints.FromRegistry 列表中寻找 ClusterID，如果找到了，那么集群的网络标签是 MeshNetworks.Networks 的 key 值，将其保存到控制器中；如果找不到，那么集群的网络标签为空（代表未设置）。

（2）获取 Endpoint 网络标签。这里的 Endpoint 在广义上是指 Kubernetes 集群中的 Endpoints 资源，Endpoints 资源最终被转换成 IstioEndpoint。如果集群网络标签存在，则 Endpoint 网络标签等同于其所在集群的网络标签。如果未设置集群的 Network 标识，则实际上通过匹配 Endpoint 地址所属的 MeshNetworks.Networks.Endpoints.FromCidr 地址范围，从 MeshNetworks.Networks 键值中直接获取。

3. 东西向网关地址

网关地址由 MeshNetworks.Networks.Gateways 设置，目前只支持显式 Address 声明。

自 Istio 1.8 以后，MeshNetworks 已不被推荐使用，取而代之的是新的网关地址发现机制。新的网关地址发现机制依赖 "topology.istio.io/network" 标签，Istiod 根据在 Namespace 中携带的该标签值获取当前集群所处的网络，包含 "topology.istio.io/network" 标签的 Service 即为网络的东西向网关服务，通过网关服务即可获取网关的地址。

这种方式相对于 MeshNetworks 配置，可以简化用户的配置。因此，MeshNetworks 将来可能被彻底废除。

4. Split Horizon EDS

在非扁平网络单控制面模型的服务路由中，典型的数据请求流向如图 7-5 所示。

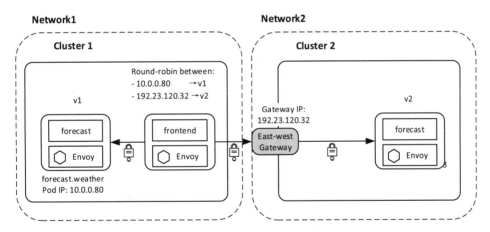

图 7-5　非扁平网络模型中的典型数据请求流向

在客户端的工作负载发起请求时，针对本集群的服务工作负载，数据流量直接被转发到其容器中；针对其他集群的服务工作负载，数据流量首先被转发到目标所在集群的入口网关，然后由网关将请求转发到工作负载容器。

Split Horizon EDS 模型的核心：在为所有 Sidecar 都生成 EDS 配置时，根据客户端代理和服务端所在的网络，自动将其他网络的 Endpoint 地址转换成其所在网络入口的东西向网关地址，具体的转换过程如下所述，如图 7-6 所示。

（1）Pilot 将服务的所有 Endpoint 都聚合起来，构建 EDS 的 LocalityLbEndpoints，将所有 Endpoint 都同等对待。

（2）进行地址转换。Pilot 对 LocalityLbEndpoints 中的所有 Endpoint 都做一次遍历，根据调用方及 Endpoint 的网络标签，决定是否进行 Endpoint 地址转换。如果 Endpoint 与调用者在同一 Network 内，则其地址保持不变。如果 Endpoint 与调用者不在同一 Network 内，则将其地址转换为所在集群的入口网关地址并且合并，调整负载均衡的权重，真实反映网关的后端实例数量。

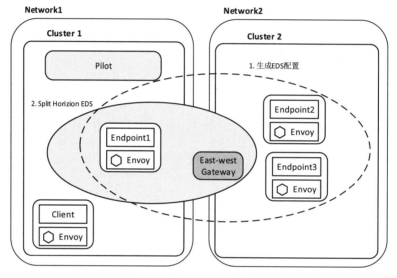

图 7-6　具体的转换过程

结合图 7-6，从客户端 Sidecar 的视角来看，在经过 Split Horizon EDS 地址转换之后，Sidecar 的 EDS 只包含两个 Endpoint：Endpoint1 和 East-west Gateway。其中 Endpoint1 的负载均衡权重是 1，而 East-west Gateway 的负载均衡权重是 2。因此，Split Horizon EDS 也是一种目的地址转换，进行转换后，也会相应调整负载均衡的权重以反映真实实例的数量。

7.2.3　扁平网络多控制面模型

Multi-Primary 即多控制面多集群模型，指每个集群都使用自己的 Istio 控制面，但是每个 Istio 控制面仍然感知所有集群中的 Service、Endpoint 等资源，并控制集群内或者跨集群的服务间访问。Istio 控制面目前只监听（List-Watch）主集群（一般为其所在集群）的 VirtualService、DestionationRule、Gateway 和 ServiceEntry 等 Istio API 对象。因此，对于多控制面模型来说，相同的 Istio 配置需要被复制下发到多个集群中，否则不同集群的 Sidecar 订阅到的 xDS 配置可能会存在严重的不一致，导致不同集群的服务访问行为不一致。

多控制面模型还有以下特点。

◎ 共享根 CA。为了支持安全的跨集群 mTLS 通信，多控制面模型要求每个集群的控制面 Istiod 都使用相同 CA 机构颁发的中间 CA 证书，供 Citadel 签发证书使用，以支持跨集群的 TLS 双向认证。

◎ Sidecar 与本集群的 Istio 控制面连接以订阅 xDS，xDS 通信的可靠性相对更高。

◎ 与单控制面模型相比，多控制面模型可以在一定程度上提高服务网格的可用性。

根据底层网络是否扁平，Istio 设计了以下两种多控制面模型。

◎ 扁平网络多控制面模型。

◎ 非扁平网络多控制面模型。

如图 7-7 所示为扁平网络多控制面模型，它同时兼顾扁平网络和多控制面的优点，适用于对控制面可用性和控制面时延要求比较高的场景。它的缺点也比较明显：运维管理多个控制面的复杂度更高；同一配置规则需要重复创建多份，存在资源冗余。所以在进行技术选型时，应该综合考虑自身的条件，不可一概而论。

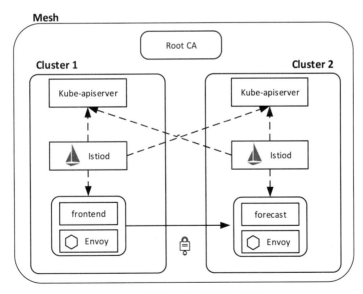

图 7-7　扁平网络多控制面模型

扁平网络多控制面的服务访问模型与扁平网络单控制面的完全一致，可参照 7.2.1 节。

7.2.4　非扁平网络多控制面模型

如图 7-8 所示，非扁平网络 Multi-Primary 与扁平网络 Multi-Primary 的模型在控制面拓扑方面完全相同，每个 Kubernetes 集群都分别部署独立的 Istio 控制面，并且每个控制面都监听所有 Kubernetes 集群的 Service、Endpoint 等资源对象。

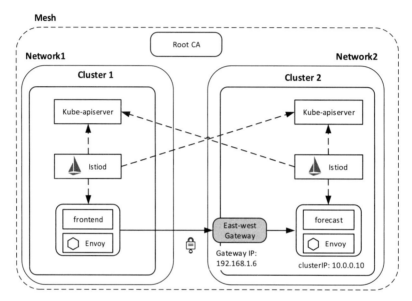

图 7-8　非扁平网络多控制面模型

非扁平网络多控制面模型还有以下特点。

◎ 不同的集群不需要在一张大网中，即容器网络不需要三层打通，跨集群的服务访问通过 Istio East-West Gateway 转发。

◎ 每个 Kubernetes 集群的 Pod 地址范围与服务地址范围在原则上没有限制，可以与其他集群重叠，不同的集群之间互不干扰。

◎ 集群的 Sidecar 仅连接到本集群的 Istio 控制面，通信效率更高。

◎ Istiod 只监听主集群的 Istio 配置，因此 VirtualService、DestinationRule、Gateway 等资源存在冗余复制问题。

在非扁平网络多集群模型中，服务间的访问可参考 7.2.2 节，基本分为以下两种。

◎ 同一集群内部的服务访问：Pod 之间直接连接，与单集群模型没有任何区别。

◎ 跨集群（跨网络）的服务访问：依赖 DNS 代理解析其他集群的服务域名，由于集群之间的网络相互隔离，所以依赖 Remote 集群的 East-west Gateway 中转流量。

在非扁平网络多控制面模型中，Istio 对底层网络的连通性及集群的网段规划没有特别的要求，跨集群的服务访问完全依赖每个集群入口的 East-west Gateway 转发，因而东西向网关的性能和可靠性特别重要，一定要提前规划东西向网关的规则和实例数量。该模型适用于这些场景：网络相对隔离并对控制面可用性要求比较高的场景；多云、多集群场景。

7.3 多集群的关键技术

多集群相对于单集群，其服务在跨集群互访时比较复杂，其中最棘手的问题有以下两个。

◎ 异构环境下的 DNS 解析：如何解析多集群的服务域名。
◎ 多网络环境下的服务跨网络访问：东西向网关如何转发跨网络的服务访问。

7.3.1 异构环境 DNS

如图 7-9 所示为多集群、虚拟机异构服务网格典型的服务访问拓扑。

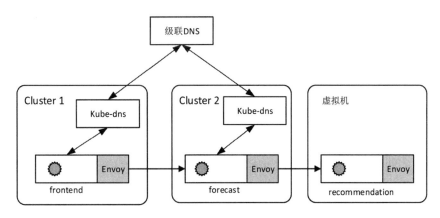

图 7-9　多集群、虚拟机异构服务网格典型的服务访问拓扑

在 Kubernetes 中，Kube-dns 只负责集群内的服务域名解析，对其他集群或者传统虚拟机服务的域名解析束手无策。为此，我们必须借助其他技术方案，通过级联 DNS 的方式向集群内的应用提供服务域名 DNS 解析的能力。级联 DNS 一般通过级联上游中心式的 DNS 服务器实现，但是如何向级联 DNS 服务器注册服务的 DNS 记录（DNS SRV）依然比较困难。

另外，Istio 依赖名为"istio-coredns"的 CoreDns 扩展插件，进行 Remote 集群服务的域名解析。这强制要求用户创建 ServiceEntry 以向 istio-coredns 注册服务，其中 ServiceEntry 中服务域名的表示形式被约定为<name>.<namespace>.global，同时需要修改 Kube-dns 的配置，使其级联到 istio-coredns。除此之外，还需要用户自己管理服务 IP 地址的分配。由此可见，在生产中使用这种方案非常困难。

为降低在多集群、虚拟机等异构环境下使用 Istio 的难度，Istio 在 1.8 版本中实现了 DNS 代理的功能。DNS 代理的用法更加简单，无须用户额外创建任何配置。因此，Istio 彻底废除了 istio-coredns 插件，不再需要为其他 Kubernetes 集群里面的服务在本地集群中创建影子服务。

DNS 代理完全是 Istio 内部实现的一个 DNS 服务器，负责解析所有应用程序发送的 DNS 解析请求。它的上游级联 DNS 默认为 Kube-dns。DNS 代理在提供服务时所需的 DNS Records 由 Istiod 通过 NDS（NameTable Discovery Service）发送，其中 NDS 完全是基于 xDS 协议实现的。Istiod 负责监听服务网格内部所有的服务（既包括 Kubernetes 服务，也包括 ServiceEntry 服务），然后根据服务的地址及域名等信息构建 DNS 记录。NDS 配置的发送采用异步通知的机制，任何服务的更新都会及时触发 NDS 配置的发送。从功能上来讲，DNS 代理完全分担了 Kube-dns 的压力，而且支持远端集群及 ServiceEntry 服务的域名解析。

总之，本地 DNS 代理有三种优势：①由于 DNS 代理是 Pilot-Agent 中的子模块，所以 Sidecar 自动包含此功能，无须单独部署；②它与应用被部署在同一 Pod 中，属于同一网络空间，因此可以大大降低应用的 DNS 解析时延；③DNS 代理属于分布式部署，可以分担中心式 Kube-dns 服务器的压力，避免因为 Kube-dns 过载而导致整个集群的可用性下降。

DNS 代理的基本工作原理如图 7-10 所示，流程如下。

（1）应用程序在访问目标服务时，首先发起 DNS 解析。Istio 通过 Iptables 规则拦截应用的 DNS 解析请求，并将其转发到本地 15053 端口，15053 端口正是 DNS 代理监听的端口。

（2）DNS 代理在接收到 DNS 解析请求后，首先检索本地的 DNS 记录，如果本地存在，则直接返回 DNS 响应，否则继续向上游级联 DNS 服务器（Kube-dns）发起解析请求。

（3）本集群的 Kube-dns 首先在本地查找 DNS 记录，如果找到，则直接返回 DNS 响应，否则会遵循标准的 DNS 配置（/etc/resolv.conf），将 DNS 请求转发到上游级联 DNS 服务器。这里的上游级联 DNS 服务器可能是公有云厂商自有的 DNS 服务器。

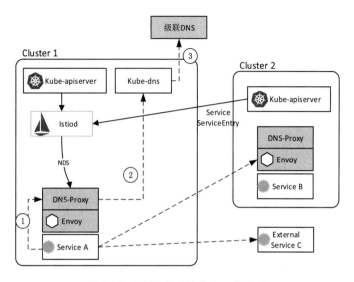

图 7-10 DNS 代理的基本工作原理

DNS 域名与 IP 地址映射表

如图 7-11 所示，Istiod 通过监听所有集群的 Kube-apiserver，获取整个服务网格中的所有 Service/ServiceEntry，并且为 ServiceEntry 自动分配 IP 地址。DNS 代理通过 NDS(Istio 扩展的 xDS 协议) 从 Istiod 中获取所有服务的 DNS 域名与 IP 地址的映射关系表，并将其缓存在本地。

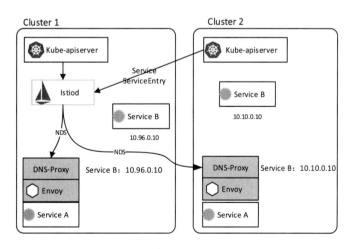

图 7-11 DNS 代理 NDS 的发现原理

对于 Kubernetes 原生的 Service 来说，DNS 解析直接使用其 ClusterIP。当然存在这么一种情况，Service B 在集群 1 和集群 2 中均存在，但是具有不同的 ClusterIP 地址，这时应该选择哪个地址作为服务的地址呢？答案是：Istiod 选择与 DNS Proxy 在同一集群服务中的 ClusterIP 作为 Service B 的 IP 地址。如果 DNS Proxy 在集群 1 中，则 Istiod 选择集群 1 的 ClusterIP 10.96.0.10 作为 Service B 的地址；如果 DNS Proxy 在集群 2 中，则 Istiod 选择集群 2 的 ClusterIP 10.10.0.10 作为 Service B 的地址。也就是说，在多集群场景中，同一个服务名在不同的集群中可能被解析成不同的 IP 地址，当然这里完全不影响服务的访问，因为 Istiod 在生成监听器及路由匹配条件时，也遵循优先选择代理所在集群的服务 ClusterIP 的原则。

ServiceEntry 一般用来表示虚拟机上或者服务网格外部的服务，DNS 或 STATIC 解析类型的 ServiceEntry 本身并没有 IP 地址，Istiod 会从保留的 E 类地址（240.0.0.1 ~ 255.255.255.254）中为其随机分配一个假的 IP 地址，并发送给 DNS 代理。当应用访问如下 ServiceEntry 指定的 mymongodb.somedomain 域名时，实际上 DNS 代理会返回一个 240.240.*x.x* 的 IP 地址。STATIC 类型的服务在 Envoy 中的 Cluster 类型为 EDS，因此 Envoy 会将请求发往 2.2.2.2 或者 3.3.3.3 中的任意一个目标实例。

```
apiVersion: networking.istio.io/v1beta1
kind: ServiceEntry
metadata:
  name: external-svc-mongocluster
spec:
  hosts:
  - mymongodb.somedomain
  ports:
  - number: 27018
    name: mongodb
    protocol: MONGO
  location: MESH_EXTERNAL
  resolution: STATIC
  endpoints:
  - address: 2.2.2.2
  - address: 3.3.3.3
```

因此，我们能够清晰地看到 DNS 代理的设计大大降低了服务网格中域名解析的难度，尤其是在多集群、虚拟机异构环境下，大大降低了用户运维部署中心式 DNS 服务器的复杂性。同时，DNS 代理能够分解集群中的 Kube-dns 压力，减小爆炸半径，同时提高应用 DNS 解析的响应速度。当然，鱼和熊掌不可兼得，DNS 代理在简化用户运维、管理的同时，不可避免地增加了一些 Sidecar 内存开销。

7.3.2 东西向网关

Istio 除了有 PASSTHROUGH 模式，还有 AUTO_PASSTHROUGH 模式。PASSTHROUGH模式指Envoy将客户端TLS握手的SNI信息作为路由匹配条件，选择TLS路由进行流量的转发。PASSTHROUGH 模式一般绑定 VirtualService，根据 SNI 匹配条件选择目标服务。AUTO_PASSTHROUGH 模式与 PASSTHROUGH 类似，区别在于AUTO_PASSTHROUGH 不需要绑定相应的 VirtualService，而是根据 SNI 信息直接选择目标服务和端口路由，这里隐含的要求是在源端发送的 SNI 信息中包含目的服务名称和端口。在ISTIO_MUTUAL模式下，SNI默认为<outbound_.<port>_.<subset name>_.<svc name>.<svc ns>.svc.cluster.local>格式，因此 AUTO_PASSTHROUGH 属于更加自动的透传模式。

进行跨网络通信时，东西向网关必须工作在 AUTO_PASSTHROUGH 模式下，并默认开启 15443 端口，所有跨网络的流量都流入网关的同一个端口，因此严重依赖AUTO_PASSTHROUGH 模式根据流量特征将其路由。

Istio 东西向网关在工作时使用基于 SNI 的路由，它根据 TLS 请求的 SNI，自动将其路由到 SNI 对应的 Cluster（Envoy 概念）。因此，非扁平网络的跨网络访问要求所有流量都必须经过 TLS 加密。AUTO_PASSTHROUGH 模式的好处是不要求在东西向网关上创建每个服务对应的 VirtualService。试想：进行跨网络服务访问时，先创建 VirtualService 对用户来讲是多么糟糕的体验！

在 AUTO_PASSTHROUGH 模式下，Istio 为东西向网关配置 "envoy.filters.network.sni_cluster" 的网络过滤器。这里特别说明一下，sni_cluster 过滤器的作用主要是根据请求中的 SNI 值，获取转发的目标 Cluster。所以，也可以说东西向网关在跨网络访问中工作在SNI-DNAT 模式下。在图 7-12 中，天气预报服务调用时，Istio 设置使用的 SNI 是"outbound_.3002_._.forecast.weather.svc.cluster.local"，东西向网关接收到此流量后，经过 sni_cluster过滤器的过滤，选择同名的 Cluster "outbound_.3002_._.forecast. weather.svc.cluster.local"转发。这种命名格式的 Cluster 比较特殊，在普通应用的 Sidecar 中不存在，Istio 只会给东西向网关这种包含 AUTO_PASSTHROUGH 模式的网关生成这种类型的 Cluster。

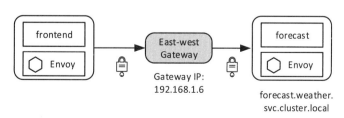

图 7-12 跨网络访问

下面是典型的基于 SNI 的路由配置 Gateway 的示例，每个集群的东西向网关都能接收并转发所有带 "*.local" 后缀的服务的请求：

```
apiVersion: networking.istio.io/v1beta1
kind: Gateway
metadata:
  name: cross-network-gateway
spec:
  selector:
    istio: eastwestgateway
  servers:
  - port:
      number: 15443
      name: tls
      protocol: TLS
    tls:
      mode: AUTO_PASSTHROUGH
    hosts:
      - "*.local"
```

7.4 异构服务治理的原理

现在，尽管 Kubernetes 和容器的使用率大幅增加，但仍有相当规模的服务使用虚拟机部署，而且用户在向 Kubernetes 迁移的过程中，可能希望采用保守的方式（渐进式迁移）提高系统的稳定性。在这种场景中，服务基本上采用 Kubernetes 和虚拟机混合部署的形式。如何保障在向 Kubernetes 迁移的过程中持续稳定地服务下游客户，是 Istio 长期以来重点研究的方向之一。

逻辑上，在 Istio 服务网格中有以下三种类型的服务。

◎ 纯 Kubernetes 服务：所有的服务实例均以 Pod 形式部署。
◎ 纯虚拟机服务：所有的服务实例均直接在虚拟机上部署。
◎ 混合服务：部分服务实例采用 Pod 部署，另一部分服务实例采用虚拟机部署。

前面介绍了很多治理纯 Kubernetes 服务的内容，下面重点介绍治理纯虚拟机服务和混合服务的内容。

7.4.1 治理纯虚拟机服务

Istio 自定义了 WorkloadEntry 类型，用来表示虚拟机类型的服务实例，类似 Kubernetes

中的 Pod 概念。Istio 还自定义了 ServiceEntry 类型，用来表示服务的抽象，类似 Kubernetes 中的 Service 概念。

Istio 自动将 ServiceEntry 与 WorkloadEntry 关联，转换成 Istio 权威的服务模型，从而进行服务发现。WorkloadEntry 既可以通过用户手动创建，也可以通过 Istio 自动注册。自动注册模式的使用方式非常友好，既可以减少用户操作，还可以在一定程度上支持应用的健康检查，根据虚拟机应用的健康状态自动删除 WorkloadEntry。

WorkloadEntry 自动注册机制依赖的是 Sidecar 与 Istiod 之间的连接，在 Sidecar 与 Istiod 第一次连接后，Istiod 根据 Sidecar 的一些 Metadata 和 WorkloadGroup 定义，自动创建 WorkloadEntry 到 Kubernetes 中。

如图 7-13 所示，Kubernetes 服务与虚拟机服务的通信，与多集群 Kubernetes 服务通信唯一大的区别，在于虚拟机服务由 ServiceEntry 创建，Kubernetes 无法提供服务的地址及 DNS 解析能力。幸好，通过 7.3.1 节我们得知，Istio 通过 DNS Proxy 提供了本地智能的 DNS 解析能力，可以完全覆盖虚拟机服务的地址解析。

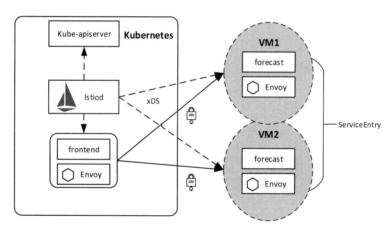

图 7-13　治理纯虚拟机服务

除此之外，虚拟机服务访问与 Kubernetes 访问完全一致，在扁平网络中，容器网络与虚拟机网络在同一个大二层网络中时，Pod 与虚拟机应用能够直连。而在非扁平网络环境下，Pod 与虚拟机连接同样必须通过东西向网关做反向代理。

在虚拟机上，Sidecar 无法自动注入，流量拦截规则也没有自动设置。目前的安装配置还是依赖手动，目前社区提供了完整的安装使用指导，用户需要手动进行 Token、证书及其他一些配置，才能使 Sidecar 与 Istio 控制面连接。从 Istio 控制面的 xDS Server 看来，虚拟机应用与 Pod 没有本质的区别，它会平等地处理两种类型的 Sidecar 的 xDS 请求。

对纯虚拟机的服务治理与对 Kubernetes 的服务治理没有本质的区别，所有服务治理策略均适用于虚拟机服务。

7.4.2　治理混合服务

治理混合服务相对来说比治理纯虚拟机服务更为复杂，因为它需要用同一个服务抽象表示不同类型的工作负载。混合服务治理也是 Istio 最新支持的一种异构场景，依赖于两种混合服务发现新特性：①Kubernetes Service 抽象，表示 Pod 和虚拟机应用；②ServiceEntry 抽象，表示 Pod 和虚拟机应用。可以这么理解，在 Kubernetes 服务中，Kubernetes 利用其 Label Selector 选择一组 Pod 作为其服务实例，在 Istio 中可以利用原生 Kubernetes 服务的 Label Selector 同时选择 Pod 和 WorkloadEntry 表示的虚拟机应用实例。另外，Istio 的服务模型 ServiceEntry 也可以利用其 Label Selector 同时选择 Pod 和 WorkloadEntry 虚拟机应用实例。

如图 7-14 所示，frontend 是纯 Kubernetes 应用，而 forecast 既有 Kubernetes Pod 服务实例，也有虚拟机服务实例。从 frontend 及 Istio 控制面的角度来看，无论是 Pod 还是虚拟机工作负载 WorkloadEntry，都是 frontend 的一个普通实例。在 Envoy 负载均衡选择目标实例时，Pod 和 WorkloadEntry 没有本质区别。因此对混合服务的访问和对纯虚拟机服务的访问流程基本相同，这里不再赘述。

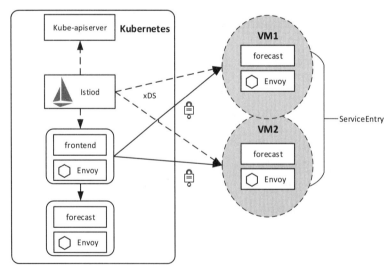

图 7-14　治理混合服务

7.5 本章小结

本章首先从网络和控制面两个维度介绍 Istio 多集群的四种方案模型，然后简单介绍虚拟机混合服务治理的基本原理。

其中扁平网络模型对环境的要求比较多：①所有集群的网络三层互通；②每个集群的网络范围（Pod 及 Service 的地址范围）不能重叠。一般来说，扁平网络单控制面的方案难以在复杂的生产环境下应用。

非扁平网络的两种模型虽然不强制要求集群之间网络互连，但是在使用时依赖东西向网关，在数据路径上增加了一跳的时延。另外，东西向网关工作在自动 TLS 透传模式下，因此对于 HTTP 路由的支持并不完善，不支持路由匹配。东西向网关在使用 SNI 路由时，只能提供 TCP 级别的指标监控，并且在调用链追踪中不会出现，不能真实反映服务调用拓扑。

非扁平网络的 Split Horizon EDS 用户体验最好，Pilot 只需根据 MeshNetworks 配置就能自动感知 Endpoint 所在的网络。另外，DNS Proxy 完美解决了多集群的服务域名解析问题。

Istio 社区一直在不断改进多集群模型方案，目前用户体验比较友好。虽然在非扁平网络下，跨网络的访问还有一些边界场景难以解决，但相信 Istio 社区会逐渐完善多网络的多集群方案。

实 践 篇

本篇[1]通过操作一个微服务架构的天气预报应用来讲解 Istio 的功能，帮助读者熟悉 Istio 的应用场景，加深对 Istio 原理的认知与理解。本篇按照应用场景分为 6 章（第 8~14 章），涉及可观测性实践、灰度发布实践、流量治理实践、服务安全实践、网关流量实践和异构基础设施实践等内容。虽然灰度发布也属于流量治理的范畴，但由于其在生产实践中非常重要，所以在此将其独立成章进行全面演示和讲解。在每个功能的实践过程中，我们会首先通过原理图描述实践的目标效果，然后详细记录实践中的每个步骤，并通过日志来查看最终效果。

---

1 本篇第 8 ~ 11 章的部分内容基于《云原生服务网格 Istio：原理、实践、架构与源码解析》的实践篇演进和构建，感谢原作者章鑫的贡献。

第 **8** 章 | 环境准备

本章以 Kubernetes 为基础，讲解如何在集群中安装 Istio（Istio 1.16，要求 Kubernetes 为 1.22 至 1.25 版本）。用户可以在本地或公有云上搭建 Istio 环境，也可以直接使用公有云平台上已经集成了 Istio 的托管服务。

8.1　在本地搭建 Istio 环境

本节讲解如何在本地搭建 Istio 环境。

8.1.1　部署 Kubernetes 集群

在本地部署 Kubernetes 集群，可以帮助开发人员高效地配置和运行 Kubernetes 集群，并在开发阶段方便地测试应用程序。目前有许多软件可用于在本地部署 Kubernetes 集群，这里推荐使用 Minikube。

Minikube 是一个在本地快速开启虚拟机并部署 Kubernetes 集群的命令行工具，适用于所有主流操作系统平台，包括 Linux、MacOS 和 Windows。用户通过执行几条简单的命令，就能完成一个单节点 Kubernetes 集群的部署。

下面以 Linux 平台为例，简要说明 Minikube 的安装步骤。

（1）下载 Minikube 二进制文件，并添加执行权限：

```
$ curl -Lo minikube
https://storage.googleapis.com/minikube/releases/latest/minikube-linux-amd64 &&
chmod +x minikube
```

（2）将 Minikube 的可执行文件放到系统 PATH 目录下：

```
$ sudo mv minikube /usr/local/bin
```

现在，我们可以通过 Minikube 启动一个本地单节点 Kubernetes 集群（CPU 数量是 4，内存大小是 8GB，Kubernetes 版本是 1.22.1）：

```
$ minikube start --memory=8192 --cpus=4 --kubernetes-version=v1.22.1
```

安装 Minikube 后，我们需要使用 kubectl 工具操作 Kubernetes 集群中的各种资源。kubectl 是在 Kubernetes 集群中部署和管理应用程序的命令行工具，安装步骤如下。

（1）下载与集群版本对应的 kubectl 文件：

```
$ curl -LO
https://storage.googleapis.com/kubernetes-release/release/v1.22.1/bin/linux/amd64/kubectl
```

（2）添加执行权限并将 kubectl 放到系统 PATH 目录下：

```
$ chmod +x kubectl && sudo mv kubectl /usr/local/bin
```

（3）kubectl 的配置文件默认位于 ~/.kube/config 目录下，执行如下命令，查看 Kubernetes 集群的信息：

```
$ kubectl cluster-info
```

其他平台的安装步骤请参考 Minikube 官方文档。

8.1.2　安装 Istio

Istio 的安装步骤如下。

（1）在 Istio 的版本发布页面（github.com/istio/istio/releases）下载 Istio 最新的安装包并解压，以 Linux 平台的 istio-1.16.0-linux.tar.gz 为例，以下两种方式任选其一即可：

```
$ tar -xzf istio-1.16.0-linux.tar.gz
$ curl -L https://istio.io/downloadIstio | ISTIO_VERSION=1.16.0 sh -
```

（2）进入 istio-1.16.0 目录，查看包含的文件：

```
$ cd istio-1.16.0
$ ls -l
total 40
drwxr-x--- 2 root root  4096 Sep  8 10:10 bin
-rw-r--r-- 1 root root 11348 Sep  8 10:10 LICENSE
drwxr-xr-x 5 root root  4096 Sep  8 10:10 manifests/
-rw-r----- 1 root root   796 Sep  8 10:10 manifest.yaml
-rw-r--r-- 1 root root  6016 Sep  8 10:10 README.md
```

```
drwxr-xr-x 23 root root  4096 Sep  8 10:10 samples/
drwxr-xr-x 3 root root  4096 Sep  8 10:10 tools/
```

（3）将 istioctl 放到系统 PATH 目录下：

```
$ export PATH=$PWD/bin:$PATH
```

表 8-1 列出了 Istio 的安装目录及其说明。

表 8-1　Istio 的安装目录及其说明

文件/文件夹	说　明
bin	包含客户端工具 istioctl，用于与 Istio APIs 交互
manifest	包含 charts、examples、profiles 等 Istio 安装脚本和文件
manifest.yaml	Istio 列表清单，包含 dashboard 配置、依赖和版本信息
README.md	Istio 项目和组件的概要
samples	在 Istio 官方文档中用到了各种应用示例，比如 bookinfo、helloworld、httpbin、sleep 和 websockets 等，这些示例可帮助读者理解 Istio 的功能，以及如何与 Istio 的各个组件交互
tools	包含用于性能测试和在本地机器上进行测试的脚本文件和工具

接下来安装 Istio，有以下几种方式：

◎ 使用 Istioctl 安装 Istio；

◎ 使用 Helm template 渲染出 Istio 的 YAML 安装文件来安装 Istio；

◎ 使用 Helm 和 Tiller 安装 Istio。

在使用 istioctl 安装 Istio 时可使用如下命令，等待几分钟，确认所有组件对应的 Pod 状态都变为 Running 或 Completed，说明 Istio 安装完成：

```
# istioctl install --set profile=demo -y
✔ Istio core installed
✔ Istiod installed
✔ Egress gateways installed
✔ Ingress gateways installed
✔ Installation complete
Making this installation the default for injection and validation.
Thank you for installing Istio 1.16.  Please take a few minutes to tell us about
your install/upgrade experience!  https://forms.gle/pzWZpAvMVBecaQ9h9

# kubectl get pods -n istio-system
NAME                                     READY   STATUS    RESTARTS   AGE
istio-egressgateway-58b84ff75f-6dscg     1/1     Running   0          4m2s
```

```
istio-ingressgateway-7749f5c9df-786qt    1/1    Running    0    4m2s
istiod-d4cd4f49-lhkb2                     1/1    Running    0    5m50s
```

在生产环境下或大规模的应用中，推荐使用 istioctl 安装 Istio，这样可以灵活控制 Istio 的所有配置项，方便管理各个组件。

Istio 1.16 默认的安装配置禁用了部分功能，为了顺利完成实践篇的任务，需要先修改 install/kubernetes/helm/istio/value.yaml 中的部分参数（见表 8-2），再进行安装。

表 8-2　建议修改的参数

参　　数	值	描　　述
grafana.enabled	true	安装 Grafana 插件
tracing.enabled	true	安装 Jaeger 插件
kiali.enabled	true	安装 Kiali 插件
global.proxy.disablePolicyChecks	false	启用策略检查功能
global.proxy.accessLogFile	"/dev/stdout"	获取 Envoy 的访问日志

另外，Pilot 默认的内存请求为 2048MiB，如果环境资源有限，且集群规模和服务数量不大，则可以通过设置--set pilot.resources.requests.memory 来适当减少 Pilot 的内存请求。

为了提高系统性能，Istio 1.16 默认将 pilot.traceSampling（跟踪取样率）设置为 1%，这样会影响调用链数据的显示，可以根据需要适当调大 pilot.traceSampling 的值。

8.2　尝鲜 Istio 命令行

Istioctl 是一个简单的客户端 CLI 工具，类似于与 Kubernetes API 交互的 kubectl 二进制工具。开发和运维人员可以使用它轻松地与 Istio 交互，对在集群中部署的服务和网络进行观察、检测和调试。本节列出了 istioctl 的常用命令，并对其用法进行简要说明。

进入 Istio 的安装目录，将 bin 文件夹下的 istioctl 客户端工具放到系统 PATH 目录下：

```
$ sudo mv bin/istioctl /usr/local/bin
```

执行 istioctl version 命令，查看客户端和控制端的详细版本信息：

```
$ istioctl version
client version: 1.16.0
control plane version: 1.16.0
data plane version: 1.16.0 (2 proxies)
```

Istioctl 常用的命令及其描述和例子如表 8-3 所示。

表 8-3　Istioctl 常用的命令及其描述和例子

常用的命令	描　述	例　子
istioctl kube-inject	将 Envoy Sidecar 注入 Kubernetes 的工作负载中	在对资源文件执行 Envoy Sidecar 注入后，将其保存为文件：istioctl kube-inject -f deployment.yaml -o deployment-injected.yaml
istioctl validate	离线校验 Istio 的策略和规则	istioctl validate -f bookinfo-gateway.yaml
istioctl version	输出 istioctl 工具的版本信息	istioctl version
istioctl authn tls-check	检查服务的认证策略、目标规则，以及 TLS 的设置是否匹配	检查某个特定服务的设置：istioctl authn tls-check foo.bar.svc.cluster.local
istioctl analyze	分析 Istio 的配置并打印校验信息	istioctl analyze
istioctl proxy-config bootstrap	获取指定 Pod 中 Envoy 实例的启动信息	istioctl proxy-config bootstrap <pod-name [.namespace]>
istioctl proxy-config cluster	获取指定 Pod 中 Envoy 实例的集群信息	istioctl proxy-config clusters <pod-name[.namespace]>
istioctl proxy-config endpoint	获取指定 Pod 中 Envoy 实例的端点信息	istioctl proxy-config endpoint <pod-name[.namespace]>
istioctl proxy-config listener	获取指定 Pod 中 Envoy 实例的监听器信息	istioctl proxy-config listeners <pod-name[.namespace]>
istioctl proxy-config route	获取指定 Pod 中 Envoy 实例的路由信息	istioctl proxy-config routes <pod-name[.namespace]>
istioctl proxy-status	获取整个服务网格中每个 Envoy 的最新 xDS 同步状态	istioctl proxy-status

若想了解在虚拟机集成中用到的服务实例注册命令 istioctl register、解除命令 istioctl deregister 及实验性命令 istioctl experimental，请参考官方文档，这里不做解释。

8.3　应用示例

本节讲解贯穿整个实践篇的天气预报应用示例，并讲解如何将应用部署到 Kubernetes 集群中，这也是之后内容的前置条件。

8.3.1　Weather Forecast 简介

Weather Forecast 是一款查询城市天气信息的应用示例，其展示的数据只是一些静态数据。Weather Forecast 一共包含 4 个微服务：frontend、advertisement、forecast 和 recommendation，这里为了方便，将这 4 个微服务都当作服务。

◎ frontend：前台服务，会调用 advertisement 和 forecast 这两个服务，展示整个应用的页面，使用 React.js 开发而成。

◎ advertisement：广告服务，返回静态的广告图片，使用 Golang 开发而成。

◎ forecast：天气预报服务，返回相应城市的天气数据，使用 Node.js 开发而成。

◎ recommendation：推荐服务，根据天气信息向用户推荐穿衣和运动等信息，使用 Java 开发而成。

frontend 有两个版本。

◎ v1 版本：界面按钮为绿色。

◎ v2 版本：界面按钮为蓝色。

forecast 有两个版本。

◎ v1 版本：直接返回天气信息。

◎ v2 版本：会请求 recommendation 获取推荐信息，并结合天气信息一起返回数据。

各服务之间的调用关系如图 8-1 所示。

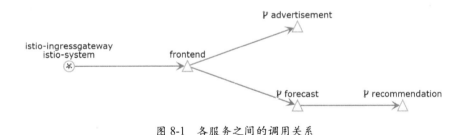

图 8-1 各服务之间的调用关系

8.3.2 部署 Weather Forecast

Weather Forecast 在 Kubernetes 集群中的部署流程如下。

（1）下载 Weather Forecast 的安装文件、配置文件和程序源码：

```
$ git clone https://github.com/cloudnativebooks/cloud-native-istio.git
```

（2）创建一个名为 weather 的命名空间，并为这个命名空间打上 "istio-injection= enabled" 标签，为该命名空间下新创建的 Pod 自动注入 Sidecar：

```
$ kubectl create ns weather
$ kubectl label namespace weather istio-injection=enabled
```

（3）进入本节目录，执行 kubectl 命令，在 weather 命名空间下创建应用：

```
$ cd 08_environment/8.3
$ kubectl apply -f weather-v1.yaml -n weather
```

weather-v1.yaml 文件只安装了 frontend、advertisement、forecast 这 3 个服务的 v1 版本，不包括它们的 v2 版本和 recommendation。

（4）确认所有服务和相应的 Pod 都已创建并成功启动：

```
$ kubectl get service -n weather
NAME            TYPE        CLUSTER-IP       EXTERNAL-IP   PORT(S)    AGE
advertisement   ClusterIP   10.104.98.219    <none>        3003/TCP   4h7m
forecast        ClusterIP   10.109.227.253   <none>        3002/TCP   4h7m
frontend        ClusterIP   10.107.170.171   <none>        3000/TCP   4h7m

$ kubectl get pods -n weather
NAME                             READY   STATUS    RESTARTS   AGE
advertisement-v1-646d667b5-mccx6 2/2     Running   0          4h7m
forecast-v1-869876d4f4-pwnvk     2/2     Running   0          4h7m
frontend-v1-85c56c9565-qmkjm     2/2     Running   0          4h7m
```

（5）配置 Gateway 和 frontend 的 VirtualService，使应用可以被外部的请求访问：

```
$ kubectl apply -f weather-gateway.yaml
```

（6）在浏览器中访问外部访问地址，打开前台页面，体验应用的功能。在本地环境下，可以直接打开网址并浏览应用的 Web 页面。

8.4　本章小结

本章是整个实践篇的基础，围绕环境、工具和示例等准备工作展开。本章首先介绍了在本地的 Kubernetes 集群中如何安装和配置 Istio，接着对 Istioctl 工具的常用命令进行了说明，最后引入一个典型的包含多个服务的天气应用，作为后面各章功能实践的例子。

第**9**章 | 可观测性实践

可观测性是自动化运维和应用管理的基础，本章讲解如何使用 Jaeger、Prometheus、Grafana、Kiali 等配合 Istio 的开源项目监控应用的运行指标、拓扑和调用链等，为后续灰度发布、流量治理和服务安全等 Istio 的高级功能提供可视化分析的方法。

9.1　预先准备

在使用 Istio 的可观测性功能之前，我们需要在集群中安装 Prometheus、Grafana、Kiali 和 Jaeger 等插件。如果在部署 Istio 时未启用这些插件，则可以按照如下步骤进行操作。

（1）进入本节目录，部署相应的插件：

```
$ cd 09_telemetry/9.1
$ kubectl apply -f prometheus.yaml
$ kubectl apply -f grafana.yaml
$ kubectl apply -f kiali.yaml
$ kubectl apply -f jaeger.yaml
```

（2）使用如下命令，查看部署进度：

```
$ kubectl get pods -n istio-system
NAME                                    READY   STATUS    RESTARTS   AGE
grafana-56d978ff77-h5qb5                1/1     Running   0          10m
istio-egressgateway-58b84ff75f-6dscg    1/1     Running   0          22h
istio-ingressgateway-7749f5c9df-786qt   1/1     Running   0          22h
istiod-d4cd4f49-lhkb2                   1/1     Running   0          22h
jaeger-5c7c5c8d87-69sps                 1/1     Running   0          10m
kiali-5bb9c9cf49-mfk8w                  1/1     Running   0          10m
prometheus-8958b965-4tc46               2/2     Running   0          12m
```

另外，在登录 Kiali 时需要输入用户名和密码，执行如下命令，创建 Kiali 的 Secret：

```
$ kubectl apply -f kiali-secret.yaml
```

kiali-secret.yaml 保存了经过 Base64 编码的用户名和密码信息,初始的用户名是 admin,密码也是 admin。用户可以在 Secret 中按需修改这部分信息。在创建 Secret 后需要重启 Kiali 负载才能使修改的信息生效。

在所有插件都安装成功后,为了在集群外通过浏览器打开界面,需要配置每个插件的对外访问方式。下面提供一种使用 Gateway 配置 HTTP 访问插件的方式:

```
$ kubectl apply -f access-addons.yaml
```

在 Gateway 网络资源创建完成后,在浏览器中输入对应插件的地址进行访问。

◎ Kiali:http://<IP ADDRESS OF CLUSTER INGRESS>:15029/kiali。
◎ Prometheus:http://<IP ADDRESS OF CLUSTER INGRESS>:15030/。
◎ Grafana:http://<IP ADDRESS OF CLUSTER INGRESS>:15031/。
◎ Tracing:http://<IP ADDRESS OF CLUSTER INGRESS>:15032/。

如果 Istio 所在的部署环境无法访问 UI,则可以通过端口转发实现在远端访问相应服务的 UI 界面。以 Prometheus 服务为例,只需指定 Ingress-gateway 的 Pod 名和端口号即可实现端口转发,使用 http://<当前环境的 IP>:15030 即可访问 Prometheus 服务的 UI 界面:

```
$ kubectl port-forward --address 0.0.0.0 istio-ingressgateway-7749f5c9df-786qt
-n istio-system 15030:15030
Forwarding from 0.0.0.0:15030 -> 15030
Handling connection for 15030
```

9.2　调用链跟踪

调用链跟踪通过记录和关联一次分布式调用中每个阶段的细节,帮助运维人员快速查明故障发生的位置或导致系统性能下降的原因。Istio 使用 Jaeger 作为调用链的引擎。Jaeger 是一个来自 Uber 的开源的分布式调用链跟踪系统,包含用于存储、可视化和跟踪的组件。

Istio 默认不启动 Jaeger,请参照 9.1 节启用 Jaeger 并配置其对外访问方式,然后在 Web 浏览器中输入 "http://<IP ADDRESS OF CLUSTER INGRESS>:15032/" 来打开 Jaeger。在 Web 浏览器中访问前台页面查询天气信息,在这个过程中会产生调用链信息,从界面左边面板的 Service 下拉列表中选择 frontend.weather,并单击左下角的 "Find Traces" 按钮检索调用链,右侧会显示调用链记录列表。跟踪仪表盘界面如图 9-1 所示。

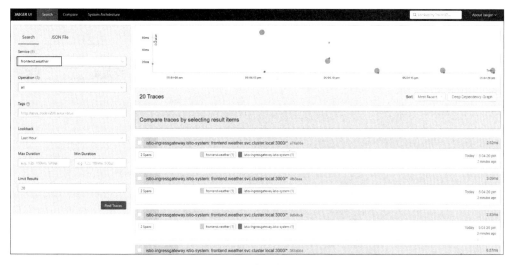

图 9-1　跟踪仪表盘界面

Istio 1.16 默认设置采样率为 1%，可根据实际情况调整跟踪采样率。

进入本节目录，配置 IstioOperator 资源，执行 istioctl install 命令，使其生效：

```
$ cd 09_telemetry/9.2
$ istioctl install -f tracing-sampling.yaml
```

执行 kubectl 命令，查看配置。Istio 的跟踪取样率可通过配置 IstioOperator 中 traceSampling 字段的值进行修改，取值范围为 0.0 ~ 100.0，精度为 0.01：

```
$ kubectl get iop installed-state-tracing-sampling -n istio-system -o yaml
spec:
  values:
    pilot:
      traceSampling: 1
```

单击某次跟踪记录，可以查看其包含的所有 Span 和每个 Span 的消耗时间。在如图 9-2 所示的例子中，跟踪信息有 4 个 Span，涉及 3 个服务，总计耗时 6.57ms。

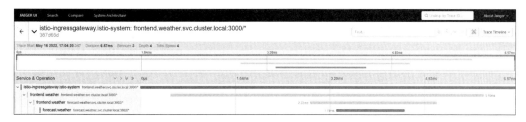

图 9-2　跟踪详情页面

在跟踪详情页面可以单击单个 Span 来查看其详细信息，包括被调用的 URL、HTTP 方法、响应状态和其他 HTTP 头域的信息，如图 9-3 所示。

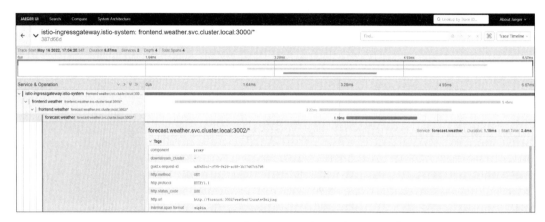

图 9-3 某个 Span 的详细信息

Jaeger 还提供了 Compare 功能（用来对比不同的 Trace 信息）和 System Architecture 视图（用来展现各个服务的互相调用方式）。单击"System Architecture"选项的 DAG 标签页，可以查看服务的拓扑关系，如图 9-4 所示。和 Kiali 的服务拓扑图相比，Jaeger 的视图在界面和功能上还有很大的差距，只能作为最简单的关系依赖图使用，没有额外的信息。

图 9-4 DAG 服务访问拓扑图

9.3 指标监控

Metrics 是服务的监控指标，可以帮助运维人员了解应用程序和系统服务的执行情况。Istio 内置了几种常见的度量标准类型，用户也可以创建自定义指标。查询监控指标常用的组件有 Prometheus 和 Grafana。

9.3.1 指标配置

1. Istio 的内置指标

Istio 可生成遥测数据，用于服务网格的监控可视化。在默认情况下，Istio 分别为 HTTP 流量、gRPC 流量和 TCP 流量定义和生成一组标准指标。

在 Istio 指标采集配置开启后，可通过浏览器访问若干次天气预报页面。可通过执行如下命令，查看 advertisement 的 Istio 内置指标，下面以 istio_requests_total 指标为例进行展示：

```
$ kubectl exec -it advertisement-v1-6f69c464b8-5xqjv -c istio-proxy -n weather
-- pilot-agent request GET /stats/prometheus > stats.txt
$ vim stats.txt
# TYPE istio_requests_total counter
istio_requests_total{response_code="200",reporter="destination",source_workl
oad="forecast-v1",source_workload_namespace="weather",source_principal="spiffe:/
/cluster.local/ns/weather/sa/default",source_app="forecast",source_version="v1",
source_cluster="Kubernetes",destination_workload="advertisement-v1",destination_
workload_namespace="weather",destination_principal="spiffe://cluster.local/ns/we
ather/sa/default",destination_app="advertisement",destination_version="v1",desti
nation_service="advertisement.weather.svc.cluster.local",destination_service_nam
e="advertisement",destination_service_namespace="weather",destination_cluster="K
ubernetes",request_protocol="http",response_flags="-",grpc_response_status="",co
nnection_security_policy="mutual_tls",source_canonical_service="forecast",destin
ation_canonical_service="advertisement",source_canonical_revision="v1",destinati
on_canonical_revision="v1"} 4
```

2. 扩展指标维度

除了支持上报默认的指标，Istio 还支持自定义标签，以扩展特定指标的维度。

进入本节目录，配置 IstioOperator 资源，添加扩展 istio_ 指标的维度的配置，执行 istioctl install 命令，使其生效：

```
$ cd 09_telemetry/9.3
$ istioctl install -f custom-metrics.yaml
```

执行 kubectl 命令，查看配置，对 Sidecar 入方向、Sidecar 出方向和 Gateway 的指标添加 request_host 和 request_method 维度，用于输出请求的 Host 和方法。在获取扩展标签的值后，需要将其提取到 Prometheus 的时序数据中。由于扩展的 request_host 标签在 Istio

默认的标签列表中，而 request_method 不在 Istio 默认的标签列表中，所以要在 IstioOperator 资源中添加 extraStatTags 字段进行扩展，使自定义的 request_method 维度以正确的格式打印到指标内：

```
$ kubectl get iop -n istio-system installed-state-custom-metrics -o yaml
spec:
  values:
    telemetry:
      v2:
        enabled: true
        prometheus:
          configOverride:
            gateway:
              metrics:
              - dimensions:
                  request_host: request.host
                  request_method: request.method
            inboundSidecar:
              metrics:
              - dimensions:
                  request_host: request.host
                  request_method: request.method
            outboundSidecar:
              metrics:
              - dimensions:
                  request_host: request.host
                  request_method: request.method
  meshConfig:
    defaultConfig:
      extraStatTags:
        - request_method
```

配置完成后，重启 advertisement 实例，并通过浏览器访问若干次天气预报页面。执行如下命令，查看 advertisement 的 Istio 相关指标，以 istio_requests_total 指标为例，可以看到添加的 request_host 为 advertisement:3003，request_method 为 GET：

```
$ kubectl exec -it advertisement-v1-646d667b5-j89sb -c istio-proxy -n weather
-- pilot-agent request GET /stats/prometheus > stats.txt
$ vim stats.txt
istio_requests_total{response_code="200",reporter="destination",source_workl
oad="frontend-v1",source_workload_namespace="weather",source_principal="spiffe:/
/cluster.local/ns/weather/sa/default",source_app="frontend",source_version="v1",
```

```
source_cluster="Kubernetes",destination_workload="advertisement-v1",destination_
workload_namespace="weather",destination_principal="spiffe://cluster.local/ns/we
ather/sa/default",destination_app="advertisement",destination_version="v1",desti
nation_service="advertisement.weather.svc.cluster.local",destination_service_nam
e="advertisement",destination_service_namespace="weather",destination_cluster="K
ubernetes",request_protocol="http",request_host="advertisement:3003",response_fl
ags="-",grpc_response_status="",connection_security_policy="mutual_tls",source_c
anonical_service="frontend",destination_canonical_service="advertisement",source
_canonical_revision="v1",destination_canonical_revision="v1",request_method="GET
"} 8
```

3. 添加自定义的指标

除了支持扩展现有的指标维度，Istio 还支持添加自定义的指标。与扩展指标维度的配置类似，如果要添加自定义的指标，则只需先在 IstioOperator 资源的 definitions 字段添加对新指标的定义，包括新指标的名称、类型和维度数量，然后在 metrics 字段对新指标的维度进行详细配置。

配置 IstioOperator 资源，执行 istioctl install 命令，使其生效：

```
$ istioctl install -f metrics-definition.yaml
```

执行 kubectl 命令，查看配置，使用 definitions 字段在流量的出方向添加自定义的指标 custom，包含 1 个指标维度，类型为 COUNTER，并配置指标的维度标签 reporter 为 proxy：

```
$ kubectl get iop -n istio-system installed-state-metrics-definition -o yaml
spec:
  values:
    telemetry:
      v2:
        enabled: true
        prometheus:
          configOverride:
            outboundSidecar:
              definitions:
                - name: my_custom_metric
                  type: COUNTER
                  value: '1'
              metrics:
                - name: my_custom_metric
                  dimensions:
                    reporter: "'proxy'"
```

在配置完成后,通过浏览器访问 5 次天气预报页面,执行如下命令,查看 advertisement 的 Istio 相关的自定义指标 my_custom_metric,统计次数与访问次数相同:

```
$ kubectl exec -it advertisement-v1-646d667b5-j89sb -c istio-proxy -n weather
-- pilot-agent request GET /stats/prometheus > stats.txt
$ vim stats.txt
# TYPE istio_my_custom_metric counter
istio_my_custom_metric{reporter="proxy"} 5
```

9.3.2　指标采集:Prometheus

Prometheus 是一款开源的系统监控告警框架,采用 Pull 方式搜集被监控对象的 Metrics 数据,然后将这些数据保存在时序数据库中,以便后续按照时间进行检索。Istio 默认启动了预置的 Prometheus 组件,配置文件被定义在 istio-system 命名空间下的名称为 Prometheus 的 ConfigMap 中,并挂载到 Prometheus 的 Pod 内。Prometheus 容器内的配置文件 "/etc/prometheus/prometheus.yaml" 如下:

```
global:
  scrape_interval: 15s
scrape_configs:
- job_name: 'istio-mesh'
 kubernetes_sd_configs:
 - role: endpoints
  namespaces:
    names:
    - istio-system
 relabel_configs:
 - source_labels: [__meta_kubernetes_service_name,
__meta_kubernetes_endpoint_port_name]
   action: keep
   regex: istio-telemetry;Prometheus
......
```

在以上配置中定义了 Prometheus 需要抓取的目标数据的参数,例如监控集群中的哪些 Pod,获取 Metrics 的接口路径等。下面通过 Prometheus 查看 Metrics,在 Web 浏览器中输入 "http://<IP ADDRESS OF CLUSTER INGRESS>:15030/" 打开 Prometheus。在网页顶部的 Expression 输入框中输入 "istio",Prometheus 会自动补齐并显示从 Envoy 中收集的所有相关指标。选择或输入 "istio_request_total",然后单击 Execute 按钮,可以检索到关于 Istio 请求总数的 Metrics。Metrics 的检索结果如图 9-5 所示,单击 Graph 标签页,可以查看指标数值随时间变化的关系图，如图 9-6 所示。

图 9-5 Metrics 的检索结果

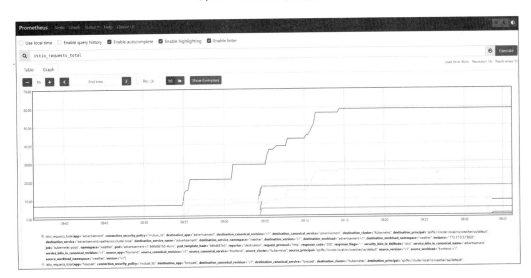

图 9-6 Metrics 的 Graph 标签页界面

如果没有数据返回，则需要访问前台页面产生 Metrics，并重新检索指标数据。Prometheus 也支持组合查询表达式，例如想查询过去 5 分钟内对 frontend 的请求成功率，则可输入下面的表达式查询指标：

```
sum(rate(istio_requests_total{
    reporter="destination",
    destination_service_namespace="weather",
    destination_service_name="frontend",
    response_code!~"5.*"
  }[5m]
))/sum(rate(istio_requests_total{
```

```
    reporter="destination",
    destination_service_namespace="weather",
    destination_service_name="frontend",
  }[5m]
)) * 100
```

如图 9-7 所示，frontend 的请求成功率为 100%。

图 9-7 表达式检索的结果

Prometheus 能够从 Istio 中收集相关的指标数据并提供查询，但它更多地专注于指标汇总，并提供表达式检索的能力，在图形化展示方面却有些薄弱。我们通常希望从仪表盘直观地看到数据的实时变化趋势，而 Grafana 能将 Istio 的指标可视化，帮助我们更好地了解服务网格中服务的状态。

9.3.3 指标管理：Grafana

Grafana 是一款优秀的可视化和监控开源软件，支持多种后端，例如 Prometheus、Graphite、InfluxDB 和 Elasticsearch 等。它提供了一种全局的系统运行时的数据展示，运维人员可以通过查看 Grafana 仪表盘随时了解服务的性能和健康状况。

Grafana 需要配置的两个主要组件如下。

（1）数据源（Datasource）：Grafana 从配置的后端数据源获取指标。Istio 集成的 Grafana 使用 Prometheus 数据源显示默认的指标。

（2）仪表盘（Dashboard）：显示数据源中的各项指标。Grafana 支持多种视觉元素，例如 Graph、Singlestat 和 Heatmap 等，并且支持扩展插件来构建自己的视觉元素。

Istio 的安装包携带了预置的 Grafana 组件，但默认不安装。请参照 9.1 节启用 Grafana 并配置对外访问方式，然后在浏览器中输入 "http://<IP ADDRESS OF CLUSTER

INGRESS>:15031/" 打开 Grafana，可以看到 Istio 定制的 Grafana 集成了包括服务网格、服务、工作负载、性能和 Istio 控制平面在内的多个仪表盘，如图 9-8 所示。

图 9-8　Grafana 的仪表盘

1. Istio Mesh Dashboard

Istio Mesh Dashboard 提供了服务网格的全局摘要视图，在多次访问应用产生流量后，可以在其上实时看到全局的数据请求量、成功率，以及服务和工作负载的列表等信息，如图 9-9 所示。

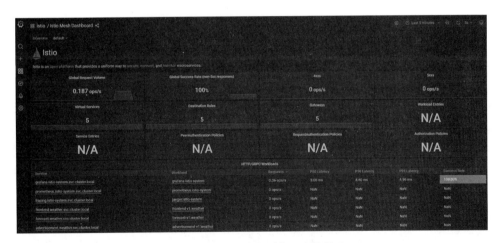

图 9-9　Istio Mesh Dashboard 的界面

2. Istio Service Dashboard

Istio Service Dashboard 提供了每个服务的 HTTP、gRPC 和 TCP 的请求和响应的度量指标，以及有关此服务的客户端和服务端工作负载的指标。在其界面左上角单击 Home 菜单并选择 Istio Service Dashboard，然后选择 frontend.weather 服务，如图 9-10 所示。

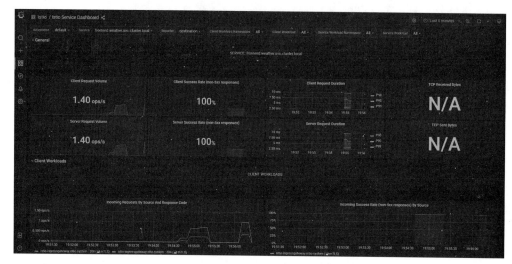

图 9-10　Istio Service Dashboard 的界面

3. Istio Workload Dashboard

Istio Workload Dashboard 提供了关于每个工作负载请求流量的动态数据，以及入站和出站的相关指标。单击 Home 菜单并选择 Istio Workload Dashboard，然后选择命名空间为 weather，工作负载为 frontend-v1，如图 9-11 所示。

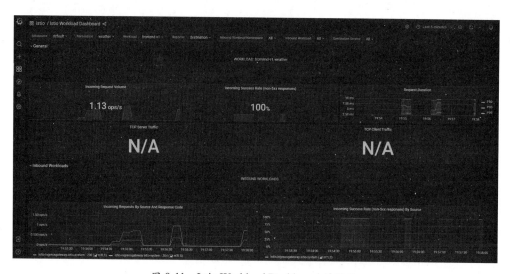

图 9-11　Istio Workload Dashboard 的界面

4. Istio Performance Dashboard

Istio Performance Dashboard 用于监控 istio-proxy 和 istio-ingressgateway 的 CPU、内存和每秒传输字节数等关键指标，以测量和评估 Istio 的整体性能表现，如图 9-12 所示。

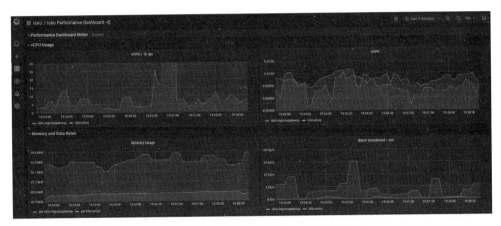

图 9-12　Istio Performance Dashboard 的界面

5. Istio Control Plane Dashboard

Istio Control Plane Dashboard 提供了 Istio 控制平面相关的监控指标，包括 CPU、内存、硬盘等资源使用情况、Pilot 推送相关指标（比如配置推送时间、推送速率等）及 Envoy 相关信息（比如 XDS 连接数、XDS 请求大小等），如图 9-13 所示。

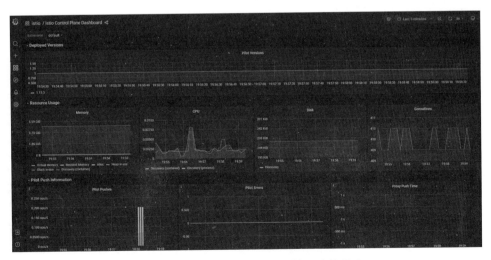

图 9-13　Istio Control Plane Dashboard 的界面

6. 自定义的仪表盘

Istio 默认集成的仪表盘缺少对 Kubernetes Pod 资源使用情况的展示，用户需要创建自定义的仪表盘来监控 Pod 的相关指标。在本书的示例代码中提供了一个 USE Dashboard 以供参考，位于本节目录 09_telemetry/9.3/Istio-USE-dashboard.json 下。

打开 Import Dashboard 的导入界面，如图 9-14 所示。

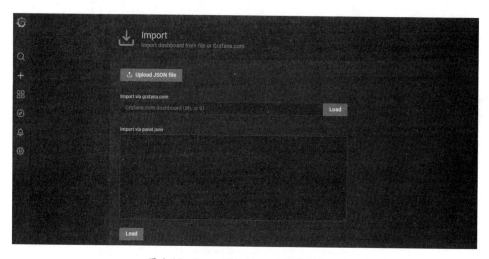

图 9-14　Import Dashboard 的导入界面

单击 Upload 按钮，上传 Istio-USE-dashboard.json 配置文件，在导入此文件后会立刻显示 USE Dashboard，如图 9-15 所示。

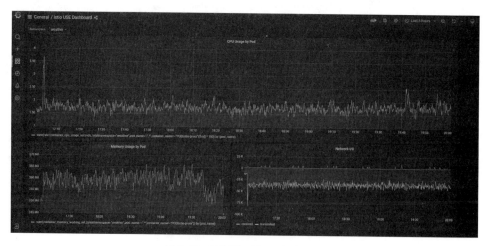

图 9-15　USE Dashboard 的界面

可以看到，该界面显示了指定命名空间下所有 Pod 的 CPU、内存和网络 I/O 的使用情况。

另外，用户可以在 Grafana 官网查找其他组织或开发人员公开发布的配置文件进行使用。例如，Grafana 官网中序号为 1471 的配置文件展示了指定命名空间下容器的关键 Metrics：request rate、error rate、response times、pod count、cpu 和 memory usage，导入 Kubernetes App Metrics Dashboard 后如图 9-16 所示。

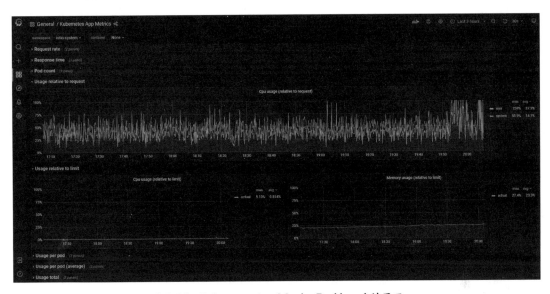

图 9-16　Kubernetes App Metrics Dashboard 的界面

这些 Pod 的相关指标以可视化形式展示出来，对我们的日常运维工作有很大帮助。

9.4　服务网格应用拓扑

Kiali 是一个为 Istio 提供图形化界面和丰富观测功能的 Dashboard 的开源项目，用于监测服务网格内部服务的实时工作状态，管理 Istio 的网络配置，快速识别网络问题。

Istio 默认不安装 Kiali 组件，请参照 9.1 节启用 Kiali 并配置对外访问方式，然后在浏览器中输入"http://<IP ADDRESS OF CLUSTER INGRESS>:15029/kiali"打开 Kiali 的登录页面，输入用户名 admin 和密码 admin。登录成功后，Kiali 的总览视图如图 9-17 所示。

Kiali 的总览视图展示了集群中所有命名空间的全局视图，以及各个命名空间下应用的数量、健康状态和其他功能视图的链接图标。单击界面左侧的 Graph 菜单项，可以查看服务拓扑关系，深入了解服务之间的通信方式，如图 9-18 所示。

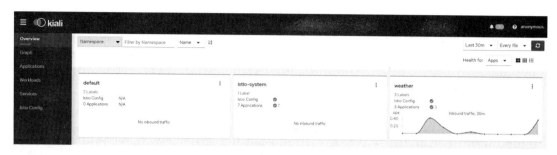

图 9-17　Kiali 的总览视图

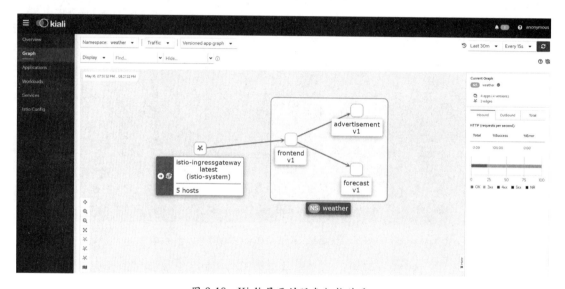

图 9-18　Kiali 展示的服务拓扑关系

我们可以从中获得实时的动态流量数据，包括 HTTP/TCP 的每秒请求数、流量比例、成功率及不同返回码的占比等。

在 Kiali 中，应用指具有相同标签的服务和工作负载的集合，是一个虚拟概念。单击界面左侧的 Applications 菜单项，可以根据命名空间查看应用列表。单击应用的名称进入应用详情页，可以看到与应用关联的服务和工作负载、健康状况、入站和出站流量的请求和响应指标等信息，如图 9-19 所示。

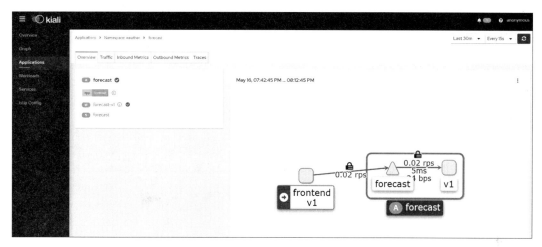

图 9-19 应用详情页

工作负载详情页包含了负载的标签、创建时间、健康状态、关联的 Pod 信息、Service 信息、日志、Istio 资源对象和 Metrics 等，如图 9-20 所示。

图 9-20 工作负载详情页

同样，服务详情页展示了服务的标签、端口信息、工作负载、健康状态、服务拓扑图、Istio 资源对象和 Metrics 等，如图 9-21 所示。

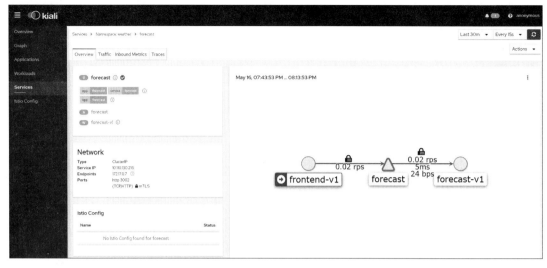

图 9-21　服务详情页

用户通过上面的信息可以检查 Pod 和服务是否满足 Istio 规范，例如，Service 是否定义了包含协议的端口名称、Deployment 是否带有正确的 app 和 version 标签等。

Istio Config 菜单页显示了服务网格中所有的 Istio 资源和规则，用户可以对单个配置进行查看、修改和删除操作，如图 9-22 所示。

图 9-22　Istio Config 菜单页

同时，Kiali 会对服务网格内的 Istio 规则进行在线的语法校验。如果出现服务网格范围内的配置冲突，Kiali 就会按照严重程度（Warning 或 Error）高亮显示这些冲突来提示用户，例如：VirtualService 绑定的 Gateway 不存在；Subset 没有定义；同一个主机存在定义了不同 Subsets 的多个 DestinationRule 等。

另外，Istio 1.16.0 默认安装包里的 Kiali 是 1.60.1 版本。用户可以使用 Kiali Operator 升级 Kiali 到最新版本。Kiali Operator 是部署在 kiali-operator 命名空间下的组件，用于对 Kiali 进行安装、升级、卸载和配置管理。

9.5 访问日志

Istio 提供了访问日志来记录服务间的访问行为及具体信息。访问日志可通过配置实现打印输出到日志或指定文件。开启访问日志的配置方法如下：

```
spec:
  meshConfig:
    accessLogFile: /dev/stdout
```

在通常情况下，通过全局服务网格配置可设置 3 个访问日志相关的参数：accessLogFile、accessLogEncoding 和 accessLogFormat。

◎ accessLogFile：如果配置为"/dev/stdout"，则会打印日志到标准输出，可通过 kubectl logs 命令进行查看；如果配置为文件路径，则会打印到指定文件内。

◎ accessLogEncoding：为访问日志的编码格式，有 JSON 和 TEXT 两种格式可选，默认是 TEXT 格式。

◎ accessLogFormat：可配置访问日志的格式。访问日志可提供服务间调用请求的详细信息，包括调用开始时间、请求方法、请求协议、返回码、处理时间、请求 ID 等信息。

例如，在天气预报的示例应用中可访问应用的 UI 界面，并单击"查看天气"按钮调用 forecast。然后，在后台执行命令，查看 forecast 实例对应输出的访问日志，示例如下：

```
# kubectl logs forecast-v1-869876d4f4-pwnvk -c istio-proxy
[2022-12-11T08:40:47.809Z] "GET /weather?locate=Hangzhou HTTP/1.1" 200 - "-" 0
698 766 766 "-" "Mozilla/5.0 (Windows NT 10.0; Win64; x64) AppleWebKit/537.36 (KHTML,
like Gecko) Chrome/90.0.4430.93 Safari/537.36"
"42b367da-f5f3-47b8-961d-c5aaf16014ed" "forecast:3002" "127.0.0.1:3002"
inbound|3002|| 127.0.0.1:49514 172.16.1.201:3002 172.16.0.236:37028 - default
[2022-12-11T08:43:52.068Z] "GET /activity?temp=31&weather=Clear HTTP/1.1" 200
- "-" 0 52 5 4 "-" "axios/0.18.1" "c8908824-17f7-4531-934e-af12c98a9897"
"recommendation:3005" "172.16.0.237:3005"
```

```
outbound|3005|v1|recommendation.default.svc.cluster.local 172.16.1.201:43978
10.247.234.179:3005 172.16.1.201:56026 - -
```

9.6　本章小结

在微服务场景中需要良好的可视化工具进行服务运维。本章展示了如何利用 Jaeger 查看调用链的信息，如何借助 Prometheus 和 Grafana 监控服务的关键指标，如何结合 Kiali 的功能来观察服务拓扑、Metrics、动态流量和 Istio 策略，以及如何查看访问日志来获取和分析服务间详细的调用信息。

第 **10** 章 | 灰度发布实践

Istio 提供的流量路由功能，可帮助我们很方便地构建一个流量分配系统来做灰度发布和 AB 测试，以非侵入方式动态分配流量，提高发布效率，降低变更风险。

10.1　预先准备

在开始本章的实践前，先将 frontend、advertisement 和 forecast 的 v1 版本部署到集群中，命名空间是 weather，进入本节目录，执行如下命令，确认 Pod 启动成功：

```
$ cd 10_canary-release/10.1
$ kubectl get pods -n weather
NAME                              READY   STATUS    RESTARTS   AGE
advertisement-v1-6f69c464b8-5xqjv 2/2     Running   0          1m
forecast-v1-65599b68c7-sw6tx      2/2     Running   0          1m
frontend-v1-67595b66b8-jxnzv      2/2     Running   0          1m
```

对每个服务都创建各自的 VirtualService 和 DestinationRule 资源，将访问请求路由到所有服务的 v1 版本：

```
$ kubectl apply -f destination-rule-v1.yaml -n weather
$ kubectl apply -f virtual-service-v1.yaml -n weather
```

查看配置的路由规则，以 forecast 为例：

```
$ kubectl get vs -n weather forecast-route -o yaml
spec:
  hosts:
  - forecast
  http:
  - route:
    - destination:
        host: forecast
        subset: v1
```

在浏览器中多次加载前台页面，并查询城市的天气信息，确认显示正常。各个服务之间的调用关系如图 10-1 所示。

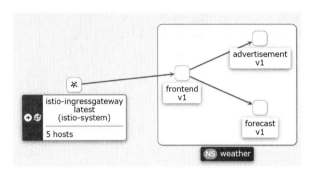

图 10-1　各个服务之间的调用关系

10.2　基于流量比例的路由

Istio 能够提供基于百分数比例的流量控制，精确地将不同比例的流量分发给指定的版本，这种基于流量比例的路由策略适用于典型的灰度发布场景。

1. 实战目标

用户需要软件根据不同的天气状况推荐合适的穿衣和运动信息，于是开发人员增加了 recommendation 这个新服务，并升级 forecast 到 v2 版本来调用 recommendation，如图 10-2 所示。在 forecast 的新特性上线时，运维人员首先部署 forecast 的 v2 版本和 recommendation，并对 forecast 的 v2 版本进行灰度发布，通过 Istio 的分流策略切分部分流量到 v2 版本。

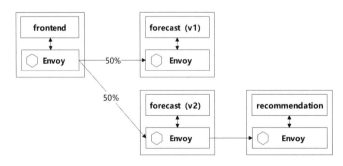

图 10-2　基于流量比例的路由

2. 实战演练

（1）进入本节目录，部署 recommendation 和 forecast 的 v2 版本：

```
$ cd 10_canary-release/10.2
$ kubectl apply -f recommendation-all.yaml -n weather
$ kubectl apply -f forecast-v2-deployment.yaml -n weather
```

执行如下命令，确认部署成功：

```
$ kubectl get pod -n weather
NAME                                  READY   STATUS    RESTARTS   AGE
advertisement-v1-6f69c464b8-5xqjv     2/2     Running   0          33m
forecast-v1-65599b68c7-sw6tx          2/2     Running   0          33m
forecast-v2-5475655ff9-zq68g          2/2     Running   0          11s
frontend-v1-67595b66b8-jxnzv          2/2     Running   0          33m
recommendation-v1-86f5448b7d-xdc72    2/2     Running   0          23s
```

（2）执行如下命令，更新 forecast 的 DestinationRule：

```
$ kubectl apply -f forecast-v2-destination.yaml -n weather
```

查看下发成功的配置，可以看到增加了 v2 版本 subset 的定义：

```
$ kubectl get dr forecast-dr -o yaml -n weather
spec:
  host: forecast
  subsets:
  - labels:
      version: v1
    name: v1
  - labels:
      version: v2
    name: v2
```

这时在浏览器中查询天气，不会出现推荐信息，因为所有流量依然都被路由到 forecast 的 v1 版本，不会调用 recommendation。

（3）执行如下命令，配置 forecast 的路由规则：

```
$ kubectl apply -f vs-forecast-weight-based-50.yaml -n weather
```

查看 forecast 的 VirtualService 配置，其中的 weight 字段显示了相应服务的流量占比：

```
$ kubectl get vs forecast-route -oyaml -n weather
spec:
```

```
hosts:
- forecast
http:
- route:
  - destination:
      host: forecast
      subset: v1
    weight: 50
  - destination:
      host: forecast
      subset: v2
    weight: 50
```

在浏览器中查看配置后的效果：多次刷新页面查询天气，可以发现在大约 50% 的情况下不显示推荐服务，表示调用了 forecast 的 v1 版本；在另外 50% 的情况下显示推荐服务，表示调用了 forecast 的 v2 版本。我们也可以通过可视化工具进一步确认流量数据，如图 10-3 所示。

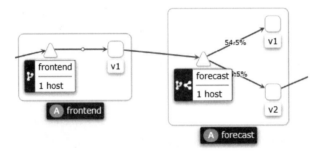

图 10-3　通过可视化工具确认流量数据

（4）逐步增加 forecast 的 v2 版本的流量比例，直到流量全部被路由到 v2 版本：

```
$ kubectl apply -f vs-forecast-weight-based-v2.yaml -n weather
```

查看 forecast 的 VirtualService 配置，可以看到 v2 版本的 weight 字段被配置为 100，表示 v2 版本的流量比例为 100%：

```
$ kubectl get vs forecast-route -oyaml -n weather
spec:
  hosts:
  - forecast
  http:
  - route:
    - destination:
```

```
      host: forecast
      subset: v1
    weight: 0
  - destination:
      host: forecast
      subset: v2
    weight: 100
```

在浏览器中查看配置后的效果：多次刷新页面查询天气，每次都会出现推荐信息，说明访问请求都被路由到了 forecast 的 v2 版本。可通过可视化工具进一步确认准确的流量数据，如图 10-4 所示，有 100%的流量被切分到 forecast 的 v2 版本。

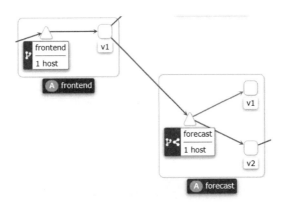

图 10-4　通过可视化工具确认调整后的流量数据

（5）保留 forecast 的老版本 v1 一段时间，在确认 v2 版本的各性能指标稳定后，删除老版本 v1 的所有资源，完成灰度发布。

10.3　基于请求内容的路由

Istio 可以基于不同的请求内容将流量路由到不同的版本，还可以配合基于流量比例的规则，在较复杂的灰度发布场景中应用，例如组合条件路由。

1．实战目标

在生产环境下同时上线了 forecast 的 v1 和 v2 版本，运维人员期望让不同的终端用户访问不同的版本。如图 10-5 所示，其效果是让使用 Chrome 浏览器的用户看到推荐信息，让使用其他浏览器的用户看不到推荐信息。

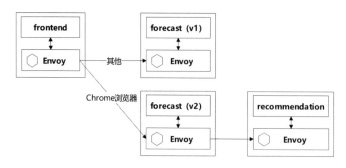

图 10-5　基于请求内容的路由

2. 实战演练

参照 10.2 节在集群中部署 recommendation 和 forecast 的 v2 版本，并更新 forecast 的 DestinationRule。

进入本节目录，执行如下命令，配置 forecast 的路由规则：

```
$ cd 10_canary-release/10.3
$ kubectl apply -f vs-forecast-header-based.yaml -n weather
```

执行 kubectl 命令，查看 forecast 的路由配置：

```
$ kubectl get vs forecast-route -oyaml -n weather
......
  hosts:
  - forecast
  http:
  - match:
    - headers:
        User-Agent:
          regex: .*(Chrome/([\d.]+)).*
    route:
    - destination:
        host: forecast
        subset: v2
  - route:
    - destination:
        host: forecast
        subset: v1
```

在上面的路由规则中，match 条件使来自 Chrome 浏览器的请求被路由到 forecast 的 v2 版本，使来自其他浏览器的请求被路由到 forecast 的 v1 版本。

在浏览器中查看配置后的效果：用 Chrome 浏览器多次查询天气信息，发现始终显示推荐信息，说明访问到 forecast 的 v2 版本；用 IE 或 Firefox 浏览器多次查询天气信息，发现始终不显示推荐信息，说明访问到 forecast 的 v1 版本。

10.4　组合条件路由

在一些复杂的灰度发布场景中需要使用上面两种路由规则的组合形式，下面会进行详细讲解。

1. 实战目标

在生产环境下同时上线了 frontend 的 v1 和 v2 版本，v1 版本的按钮是绿色的，v2 版本的按钮是蓝色的。如图 10-6 所示，运维人员期望 50%的 Android 用户看到的是 v1 版本，另外 50%的 Android 用户看到的是 v2 版本，非 Android 用户看到的总是 v1 版本。

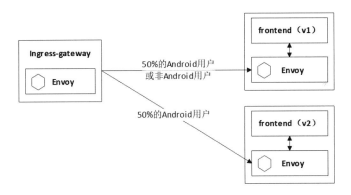

图 10-6　组合条件路由

2. 实战演练

（1）进入本节目录，部署 frontend 的 v2 版本：

```
$ cd 10_canary-release/10.4
$ kubectl apply -f frontend-v2-deployment.yaml -n weather
```

执行如下命令，确认部署成功：

```
$ kubectl get pod -n weather
NAME                              READY    STATUS     RESTARTS    AGE
advertisement-v1-6f69c464b8-5xqjv 2/2      Running    0           12h
```

```
forecast-v1-65599b68c7-sw6tx         2/2      Running     0       12h
forecast-v2-5475655ff9-zq68g         2/2      Running     0       12h
frontend-v1-67595b66b8-jxnzv         2/2      Running     0       12h
frontend-v2-646f976f5d-rtt9v         2/2      Running     0       19s
recommendation-v1-86f5448b7d-xdc72   2/2      Running     0       12h
```

（2）执行如下命令，更新 frontend 的 DestinationRule：

```
$ kubectl apply -f frontend-v2-destination.yaml -n weather
```

查看下发的 DestinationRule，发现增加了 v2 版本 subset 的定义：

```
$ kubectl get dr frontend-dr -o yaml -n weather
spec:
  host: frontend
  subsets:
  - labels:
      version: v1
    name: v1
  - labels:
      version: v2
    name: v2
```

（3）执行如下命令，配置 frontend 的路由策略：

```
$ kubectl apply -f vs-frontend-combined-condition.yaml -n weather
```

查看 frontend 的路由配置：

```
$ kubectl get vs frontend-route -o yaml -n weather
spec:
  http:
  - match:
    - headers:
        User-Agent:
          regex: .*((Android)).*
    route:
    - destination:
        host: frontend
        subset: v1
      weight: 50
    - destination:
        host: frontend
        subset: v2
      weight: 50
```

```
    - route:
      - destination:
          host: frontend
          subset: v1
```

在上面的路由规则中，通过 match 条件将 50%的 Android 用户的请求路由到 frontend 的 v1 版本，将另外 50%的 Android 用户的请求路由到 frontend 的 v2 版本；将非 Android 用户的请求都路由到 frontend 的 v1 版本。

查看配置后的效果：用 Android 操作系统多次查询前台页面，有 50%的概率显示绿色按钮，有 50%的概率显示蓝色按钮；用 Windows 操作系统多次查询前台页面，始终显示绿色按钮。

10.5　多服务灰度发布

在一些系统中往往需要对同一应用下的多个组件同时进行灰度发布，这时需要将这些服务串联起来。例如，只有测试账号才能访问这些服务的新版本并进行功能测试；其他用户只能访问老版本，不能使用新功能。

1.　实战目标

运维人员对 frontend 和 forecast 两个服务同时进行灰度发布，frontend 新增了 v2 版本，界面的按钮变为蓝色，forecast 新增了 v2 版本，增加了推荐信息。如图 10-7 所示，测试人员在用 tester 账号访问天气应用时，会看到这两个服务的 v2 版本，其他用户只能看到这两个服务的 v1 版本，不会出现服务版本交叉调用的情况。

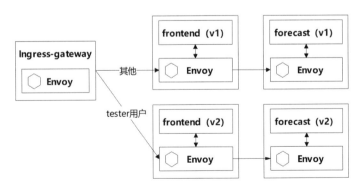

图 10-7　多服务灰度发布

2．实战演练

参照 10.2 节在集群中部署 recommendation 和 forecast 的 v2 版本，并更新 forecast 的 DestinationRule，在 DestinationRule 中增加对 v2 版本 subset 的定义。

按照 10.4 节的前两个步骤在集群中部署 frontend 的 v2 版本，并更新 frontend 的 DestinationRule，增加对 v2 版本 subset 的定义。

进入本节目录，对非入口服务 forecast 使用 match 的 sourceLabels 创建 VirtualService：

```
$ cd 10_canary-release/10.5
$ kubectl apply -f vs-forecast-multiservice-release.yaml -n weather
```

对入口服务 frontend 设置基于访问内容的规则：

```
$ kubectl apply -f vs-frontend-multiservice-release.yaml -n weather
```

查看 forecast 的路由配置：

```
$ kubectl get vs forecast-route -o yaml -n weather
spec:
  hosts:
  - forecast
  http:
  - match:
    - sourceLabels:
        version: v2
    route:
    - destination:
        host: forecast
        subset: v2
  - route:
    - destination:
        host: forecast
        subset: v1
```

上面的配置使得来自带 "version: v2" 标签的 Pod 实例的流量被发送至 forecast 的 v2 版本，其余流量被发送至 forecast 的 v1 版本。

查看 frontend 的路由配置：

```
$ kubectl get vs frontend-route -o yaml -n weather
spec:
  http:
  - match:
```

```
    - headers:
        cookie:
          regex: ^(.*?;)?(user=tester)(;.*)?$
    route:
    - destination:
        host: frontend
        subset: v2
  - route:
    - destination:
        host: frontend
        subset: v1
```

上面的配置使得 Istio 将来自 Cookie 带有 "user=tester" 信息的测试账号的请求导入 frontend 的 v2 版本的 Pod 实例。根据 forecast 的路由规则，这些流量在访问 forecast 时会被路由到 forecast 的 v2 版本的 Pod 实例。而 Istio 会将其他用户的请求导入 frontend 的 v1 版本的 Pod 实例，这些流量在访问 forecast 时会被路由到 forecast 的 v1 版本的 Pod 实例。

综上所述，整个服务链路上的一次访问流量，要么都被路由到两个服务的 v1 版本的 Pod 实例，要么都被路由到两个服务的 v2 版本的 Pod 实例。

配置后的效果如下。

（1）用 tester 账号登录并访问前台页面，界面的按钮是蓝色的，表示访问到 frontend 的 v2 版本；在查询天气时显示推荐信息，表示访问到 forecast 的 v2 版本；

（2）不登录或者以其他账号登录后访问前台页面，看到的按钮是绿色的，表示访问到 frontend 的 v1 版本；在查询天气时看不到推荐信息，表示访问到 forecast 的 v1 版本。

10.6　本章小结

灰度发布利用了 Istio 的流量路由功能，方便地实现了服务多版本间的流量治理，对服务的迭代演进有着非常重要的作用，在实际生产环境下也得到了广泛应用。本章介绍了多种类型的灰度发布，比如基于流量比例的灰度发布、基于请求内容的灰度发布和多服务灰度发布，并提供了详细的实践操作指导。了解了这些机制和典型用法，读者便可以根据实际场景组合出更灵活的分流规则来满足业务需求。

第**11**章 | 流量治理实践

流量治理是服务网格的核心能力，包括：丰富的负载均衡策略、会话保持能力；用于系统鲁棒性测试的故障注入能力；可提高服务容错能力的重试能力；动态 HTTP 重定向能力、重写能力；可提高系统韧性的熔断限流能力，等等。第 3 章介绍了流量治理机制，本章会引导读者进行以上能力的实践。

11.1 ROUND_ROBIN 负载均衡

1. 实战目标

如图 11-1 所示，为 advertisement 配置 ROUND_ROBIN 负载均衡策略，使对 advertisement 的请求依次被分发到 advertisement 的多个后端实例。

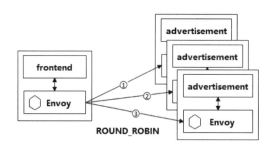

图 11-1 ROUND_ROBIN 负载均衡

2. 实战演练

将 advertisement 扩展到两个实例，执行 kubectl 命令，查看并确认实例启动成功：

```
$ kubectl get pods -l app=advertisement -n weather
NAME                              READY   STATUS    RESTARTS    AGE
```

```
advertisement-v1-646d667b5-wsjm7   2/2   Running   0   5m30s
advertisement-v1-646d667b5-zxlfw   2/2   Running   0   11s
```

进入本节目录，为 advertisement 设置 ROUND_ROBIN 算法的负载均衡：

```
$ cd 11_traffic-management/11.1
$ kubectl apply -f dr-advertisement-round-robin.yaml -n weather
```
查看 advertisement 的 DestinationRule 配置：

```
$ kubectl get dr advertisement-dr -o yaml -n weather
spec:
  host: advertisement
  subsets:
  - labels:
      version: v1
    name: v1
  trafficPolicy:
    loadBalancer:
      simple: ROUND_ROBIN
```

进入 frontend 容器，对 advertisement 发起 100 个请求：

```
$ kubectl -n weather exec -it frontend-v1-85c56c9565-bg9g8 -- bash
$ for i in `seq 1 100`; do curl http://advertisement.weather:3003/ad --silent
-w "Status: %{http_code}\n" -o /dev/null;done
```

统计在源服务 frontend 上收集的出流量访问日志，可以看到请求被平均地转发到
advertisement 的两个实例。对 Proxy 日志进行统计，可以发现两个实例各被转发了 50 个
请求：

```
$ kubectl logs frontend-v1-85c56c9565-bg9g8 -c istio-proxy | grep advertisement
| awk -F ' ' '{print $16}' | awk -F ':' '{mydict[$0]+=1}END{for(i in mydict){print
i, "count:", mydict[i]}}'
    "172.16.0.93:3003" count: 50
    "172.16.0.94:3003" count: 50
```

11.2 RANDOM 负载均衡

1. 实战目标

如图 11-2 所示，为 advertisement 配置 RANDOM 负载均衡策略，使对 advertisement
的请求被随机分配到 advertisement 的后端实例。

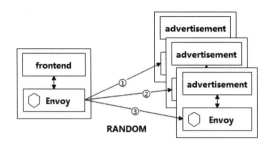

图 11-2　RANDOM 负载均衡

2.　实战演练

将 advertisement 扩展到两个实例，执行 kubectl 命令，查看并确认实例启动成功：

```
$ kubectl get pods -l app=advertisement -n weather
NAME                                READY   STATUS    RESTARTS   AGE
advertisement-v1-646d667b5-wsjm7    2/2     Running   0          15h
advertisement-v1-646d667b5-zxlfw    2/2     Running   0          15h
```

进入本节目录，为 advertisement 设置 RANDOM 负载均衡策略：

```
$ cd 11_traffic-management/11.2
$ kubectl apply -f dr-advertisement-random.yaml -n weather
```

执行 kubectl 命令，查看下发的配置：

```
$ kubectl get dr advertisement-dr -o yaml -n weather
spec:
  host: advertisement
  subsets:
  - labels:
      version: v1
    name: v1
  trafficPolicy:
    loadBalancer:
      simple: RANDOM
```

进入 frontend 容器，对 advertisement 发起 100 个请求：

```
$ kubectl -n weather exec -it frontend-v1-74fb7bf65b-9sd57 -- bash
$ for i in `seq 1 100`; do curl http://advertisement.weather:3003/ad --silent
-w "Status: %{http_code}\n" -o /dev/null;done
```

统计在源服务 frontend 上收集的出流量访问日志，可以看到请求被随机转发到 advertisement 的两个实例，其中一个实例收到 47 个请求，另一个实例收到 53 个请求，请求分配呈现随机均衡态势：

```
$ kubectl logs frontend-v1-74fb7bf65b-9sd57 -c istio-proxy | grep advertisement
| awk -F ' ' '{print $16}' | awk -F ':' '{mydict[$0]+=1}END{for(i in mydict){print
i, "count:",mydict[i]}}'
    "172.16.0.93:3003" count: 47
    "172.16.0.94:3003" count: 53
```

11.3 地域负载均衡

本节将分别介绍地域负载均衡中基于权重的地域负载均衡和用于故障转移的地域负载均衡的用法。

11.3.1 基于权重的地域负载均衡

1. 实战目标

如图 11-3 所示，region: cn-north-7 地区包含两个区域：zone: cn-north-7b 和 zone: cn-north-7c。zone: cn-north-7b 区域包含一个子区域 subzone: nanjing，其中部署了 frontend 和 advertisement。zone: cn-north-7c 区域包含两个子区域：subzone: hangzhou 和 subzone: ningbo，均部署了 advertisement。frontend 作为客户端，调用 advertisement，通过查看对应的访问日志可以判断请求是否被正确路由到指定的地域。

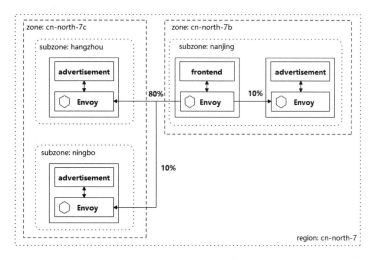

图 11-3　基于权重的地域负载均衡

在为 advertisement 配置基于权重的地域负载均衡算法后，来自 cn-north-7/cn-north-7b/nanjing 的请求将有 10%被发往 cn-north-7/cn-north-7b/nanjing 中的 advertisement 后端去处理，有 80%被发往 cn-north-7/cn-north-7c/hangzhou 的 advertisement 后端去处理，有 10%被发往 cn-north-7/cn-north-7c/ningbo 的 advertisement 后端去处理。

2. 实战演练

（1）查看节点的标签，确认是否包含 region、zone、subzone 等信息。执行如下命令，查看节点的区域标签：

```
$ kubectl get nodes --show-labels
NAME            LABELS
 10.27.0.223     topology.kubernetes.io/region=cn-north-7,
topology.kubernetes.io/zone=cn-north-7b
 192.168.0.10    topology.kubernetes.io/region=cn-north-7,
topology.kubernetes.io/zone=cn-north-7c
 192.168.0.216   topology.kubernetes.io/region=cn-north-7,
topology.kubernetes.io/zone=cn-north-7c
```

根据每个节点的所在区域，为节点添加 subzone 标签：

```
$ kubectl label node 10.27.0.223 --overwrite topology.istio.io/subzone=nanjing
$ kubectl label node 192.168.0.10 --overwrite
topology.istio.io/subzone=hangzhou
$ kubectl label node 192.168.0.216 --overwrite topology.istio.io/subzone=ningbo
```

（2）在重启 Istiod 和工作负载后，查看 advertisement 各实例所在的节点，根据 Pod IP 和 NODE 进一步确认该实例的所在区域：

```
$ kubectl get pods -n weather -o wide
NAME                              READY  STATUS   IP           NODE
advertisement-v1-666598f6f-rdffz  2/2    Running  10.4.0.81    10.27.0.223
advertisement-v1-568f559967-r554k 2/2    Running  10.56.0.142  192.168.0.10
advertisement-v1-568f559967-wp9hg 2/2    Running  10.56.0.13   192.168.0.216
```

（3）查看在 frontend 中存储的 cluster 信息，可以看到包含了区域信息：

```
$ kubectl exec -it frontend-v1-85c56c9565-bg9g8 -c istio-proxy -n weather -- curl
localhost:15000/clusters | grep advertisement
  outbound|3003||advertisement.weather.svc.cluster.local::10.4.0.81:3003::regi
on::cn-north-7
  outbound|3003||advertisement.weather.svc.cluster.local::10.4.0.81:3003::zone
::cn-north-7b
  outbound|3003||advertisement.weather.svc.cluster.local::10.4.0.81:3003::sub_
```

```
zone::nanjing

    outbound|3003||advertisement.weather.svc.cluster.local::10.56.0.142:3003::re
gion::cn-north-7
    outbound|3003||advertisement.weather.svc.cluster.local::10.56.0.142:3003::zo
ne::cn-north-7c
    outbound|3003||advertisement.weather.svc.cluster.local::10.56.0.142:3003::su
b_zone::hangzhou

    outbound|3003||advertisement.weather.svc.cluster.local::10.56.0.13:3003::reg
ion::cn-north-7
    outbound|3003||advertisement.weather.svc.cluster.local::10.56.0.13:3003::zon
e::cn-north-7c
    outbound|3003||advertisement.weather.svc.cluster.local::10.56.0.13:3003::sub
_zone::ningbo
```

（4）进入本节目录，为 advertisement 部署 DestinationRule：

```
$ cd 11_traffic-management/11.3
$ kubectl apply -f dr-locality-distribution.yaml -n weather
```

执行 kubectl 命令，查看并确认配置：

```
$ kubectl get dr advertisement-distribution -o yaml -n weather
spec:
  host: advertisement.weather.svc.cluster.local
  trafficPolicy:
    loadBalancer:
      localityLbSetting:
        distribute:
        - from: cn-north-7/cn-north-7b/*
          to:
            cn-north-7/cn-north-7b/nanjing: 10
            cn-north-7/cn-north-7c/hangzhou: 80
            cn-north-7/cn-north-7c/ningbo: 10
        enabled: true
```

（5）通过位于 cn-north-7/cn-north-7b/nanjing 中的 frontend，对 advertisement 发起 10 个访问请求：

```
$ kubectl exec -it frontend-v1-85c56c9565-bg9g8 -c frontend -n weather -- /bin/sh
-c 'for i in `seq 1 10`;do curl http://advertisement.weather:3003/ad --silent -w
"Status: %{http_code}\n"; done '
```

（6）查看位于 cn-north-7/cn-north-7b/nanjing 中的 advertisement 实例的 Proxy 日志，可

以看到 1 条访问日志：

```
$ kubectl logs advertisement-v1-666598f6f-rdffz -c istio-proxy -n weather
[2022-12-15T06:17:34.927Z] "GET /ad HTTP/1.1" 200 - "-" 0 26 0 0 "-" ……
```

查看位于 cn-north-7/cn-north-7c/hangzhou 中的 advertisement 实例的 Proxy 日志，可以看到 8 条访问日志：

```
$ kubectl logs advertisement-v1-568f559967-r554k -c istio-proxy -n weather
[2022-12-15T06:17:34.718Z] "GET /ad HTTP/1.1" 200 - "-" 0 26 0 0 "-" ……
[2022-12-15T06:17:34.732Z] "GET /ad HTTP/1.1" 200 - "-" 0 26 0 0 "-" ……
[2022-12-15T06:17:34.745Z] "GET /ad HTTP/1.1" 200 - "-" 0 26 0 0 "-" ……
[2022-12-15T06:17:34.758Z] "GET /ad HTTP/1.1" 200 - "-" 0 26 0 0 "-" ……
[2022-12-15T06:17:34.825Z] "GET /ad HTTP/1.1" 200 - "-" 0 26 0 0 "-" ……
[2022-12-15T06:17:34.838Z] "GET /ad HTTP/1.1" 200 - "-" 0 26 0 0 "-" ……
[2022-12-15T06:17:34.850Z] "GET /ad HTTP/1.1" 200 - "-" 0 26 0 0 "-" ……
[2022-12-15T06:17:34.863Z] "GET /ad HTTP/1.1" 200 - "-" 0 26 0 0 "-" ……
```

查看位于 cn-north-7/cn-north-7c/ningbo 中的 advertisement 实例的 Proxy 日志，可以看到 1 条访问日志：

```
$ kubectl logs advertisement-v1-568f559967-wp9hg -c istio-proxy -n weather
[2022-12-15T06:17:34.943Z] "GET /ad HTTP/1.1" 200 - "-" 0 26 0 0 "-" ……
```

从以上结果可以看到，三个区域的 advertisement 实例接收的请求比例为 1:8:1。

11.3.2　用于故障转移的地域负载均衡

1. 实战目标

如图 11-4 所示，region: cn-north-7 地区包含两个区域：zone: cn-north-7b 和 zone: cn-north-7c。zone: cn-north-7b 区域包含一个子区域 subzone: nanjing，其中部署了 forecast 的 v2 版本和 recommendation。zone: cn-north-7c 区域包含两个子区域：subzone: hangzhou 和 subzone: ningbo，均部署了 recommendation。forecast 作为客户端，会调用 recommendation。通过查看 forecast 访问日志的 "%UPSTREAM_HOST%" 字段，可以判断请求是否被正确路由到指定地域的服务实例。

在为 recommendation 配置用于故障转移的地域负载均衡算法后，当 zone: cn-north-7b 区域的 recommendation 实例不可用时，发往 recommendation 的请求将被路由到 zone: cn-north-7c 区域的 recommendation 实例。

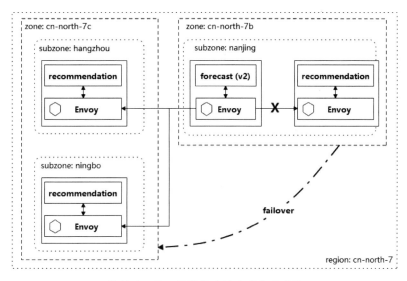

图 11-4　用于故障转移的地域负载均衡

2. 实战演练

（1）查看节点的标签，确认是否包含地区（region）、区域（zone）、子区域（subzone）等信息。执行如下命令，查看节点的位置标签：

```
$ kubectl get nodes --show-labels
NAME            LABELS
10.27.0.223       topology.kubernetes.io/region=cn-north-7,
topology.kubernetes.io/zone=cn-north-7b
  172.24.0.141     topology.kubernetes.io/region=cn-north-7,
topology.kubernetes.io/zone=cn-north-7c
  172.24.0.32      topology.kubernetes.io/region=cn-north-7,
topology.kubernetes.io/zone=cn-north-7c
```

根据每个节点的所在区域，为节点添加 subzone 标签：

```
$ kubectl label node 10.27.0.223 --overwrite topology.istio.io/subzone=nanjing
$ kubectl label node 172.24.0.141 --overwrite
topology.istio.io/subzone=hangzhou
$ kubectl label node 172.24.0.32 --overwrite topology.istio.io/subzone=ningbo
```

（2）在重启 Istiod 和工作负载后，查看 forecast 和 recommendation 各实例所在的节点，根据 Pod IP 和 NODE 进一步确认该实例的位置信息：

```
$ kubectl get pods -n weather -o wide
NAME                      READY STATUS    IP          NODE
```

```
forecast-v2-79647547cc-j7tbs              2/2   Running   10.4.0.86     10.27.0.223
recommendation-v1-5849b5c99-4tnw6         2/2   Running   10.4.0.85     10.27.0.223
recommendation-v1-5474bd4895-n8x9p        2/2   Running   10.135.0.22   172.24.0.141
recommendation-v1-5474bd4895-x5hlq        2/2   Running   10.135.0.149  172.24.0.32
```

（3）查看在 forecast 中存储的 cluster 信息，其中包含了实例的 Pod IP 和位置信息：

```
$ kubectl exec -it forecast-v2-79647547cc-j7tbs -c istio-proxy -n weather -- curl
localhost:15000/clusters | grep recommendation
    outbound|3005||recommendation.weather.svc.cluster.local::10.4.0.85:3005::reg
ion::cn-north-7
    outbound|3005||recommendation.weather.svc.cluster.local::10.4.0.85:3005::zon
e::cn-north-7b
    outbound|3005||recommendation.weather.svc.cluster.local::10.4.0.85:3005::sub
_zone::nanjing

    outbound|3005||recommendation.weather.svc.cluster.local::10.135.0.22:3005::r
egion::cn-north-7
    outbound|3005||recommendation.weather.svc.cluster.local::10.135.0.22:3005::z
one::cn-north-7c
    outbound|3005||recommendation.weather.svc.cluster.local::10.135.0.22:3005::s
ub_zone::hangzhou

    outbound|3005||recommendation.weather.svc.cluster.local::10.135.0.149:3005::
region::cn-north-7
    outbound|3005||recommendation.weather.svc.cluster.local::10.135.0.149:3005::
zone::cn-north-7c
    outbound|3005||recommendation.weather.svc.cluster.local::10.135.0.149:3005::
sub_zone::ningbo
```

（4）进入本节目录，为 recommendation 部署 DestinationRule：

```
$ cd 11_traffic-management/11.3
$ kubectl apply -f dr-locality-failover.yaml -n weather
```

执行 kubectl 命令，查看配置。其中，故障转移配置启用，表示在当前区域的服务后端发生故障时，请求会以轮询的方式被路由到本区域的其他服务后端，当本区域的所有服务后端都不可用时，流量会被自动转移到其他区域的服务后端：

```
$ kubectl get dr advertisement-failover -o yaml -n weather
spec:
  host: advertisement.weather.svc.cluster.local
  trafficPolicy:
    connectionPool:
      http:
```

```
          maxRequestsPerConnection: 1
        loadBalancer:
          simple: ROUND_ROBIN
          localityLbSetting:
            enabled: true
        outlierDetection:
          consecutive5xxErrors: 1
          interval: 1s
          baseEjectionTime: 2m
```

（5）通过位于 cn-north-7/cn-north-7b/nanjing 的 forecast 多次访问 recommendation 实例，均访问成功，返回"200"状态码：

```
$ kubectl exec -it forecast-v2-79647547cc-j7tbs -c forecast -n weather -- curl
'http://recommendation.weather:3005/activity?weather=Rain&temp=29' --silent -w
"\nStatus: %{http_code}\n"
dress: Make sure you wear your jacket;sport: Do some indoor activities
Status: 200
```

查看 forecast 实例的 Proxy 日志，通过访问日志中的"%UPSTREAM_HOST%"字段（加粗的 IP:Port），可以看到 4 个请求均被发送到相同子区域的 recommendation 实例（Pod IP 为 10.4.0.85）：

```
$ kubectl logs forecast-v2-79647547cc-j7tbs -c istio-proxy -n weather | grep
recommendation
    [2022-12-25T01:46:35.752Z] "GET /activity?weather=Rain&temp=29 HTTP/1.1" 200 -
"-" 0 70 5 4 "-" "curl/7.52.1" "53bf6a43-5167-467a-be0d-d4486da52c9c"
"recommendation.weather:3005" "10.4.0.85:3005" ……
    [2022-12-25T01:46:38.178Z] "GET /activity?weather=Rain&temp=29 HTTP/1.1" 200 -
"-" 0 70 2 1 "-" "curl/7.52.1" "e38b07b2-94e7-40a3-948d-8c005c31c53c"
"recommendation.weather:3005" "10.4.0.85:3005" ……
    [2022-12-25T01:46:43.419Z] "GET /activity?weather=Rain&temp=29 HTTP/1.1" 200 -
"-" 0 70 2 1 "-" "curl/7.52.1" "9e4a86c5-d339-4344-b820-cc9fc2634ca0"
"recommendation.weather:3005" "10.4.0.85:3005" ……
    [2022-12-25T01:46:47.233Z] "GET /activity?weather=Rain&temp=29 HTTP/1.1" 200 -
"-" 0 70 2 1 "-" "curl/7.52.1" "ea0793be-a0e9-468d-8004-2092f72cc447"
"recommendation.weather:3005" "10.4.0.85:3005" ……
```

（6）通过位于 cn-north-7/cn-north-7b/nanjing 的 forecast 对位于相同子区域的 recommendation 实例（Pod IP 为 10.4.0.85）发送请求，使其对接收的请求返回"500"状态码，以模拟该实例发生故障的场景：

```
$ kubectl exec -it forecast-v2-79647547cc-j7tbs -c forecast -n weather -- curl
--header "error: 500" 'http://10.4.0.85:3005/activity?weather=Rain&temp=29'
```

（7）再次通过位于 cn-north-7/cn-north-7b/nanjing 的 forecast 多次访问 recommendation 实例，第一次访问失败，返回"500"状态码，其余访问均成功，返回"200"状态码：

```
$ kubectl exec -it forecast-v2-79647547cc-j7tbs -c forecast -n weather -- curl
'http://recommendation.weather:3005/activity?weather=Rain&temp=29' --silent -w
"\nStatus: %{http_code}\n"
  Status: 500
  $ kubectl exec -it forecast-v2-79647547cc-j7tbs -c forecast -n weather -- curl
'http://recommendation.weather:3005/activity?weather=Rain&temp=29' --silent -w
"\nStatus: %{http_code}\n"
  dress: Make sure you wear your jacket;sport: Do some indoor activities
  Status: 200
```

（8）查看位于 cn-north-7/cn-north-7b/nanjing 的 forecast 实例的 Proxy 日志，通过访问日志中的"%UPSTREAM_HOST%"字段（加粗的 IP:Port），可以看到 1 个请求被发往位于 cn-north-7/cn-north-7b/nanjing 的 recommendation 实例（Pod IP 为 10.4.0.85），返回"500"状态码，其余 4 个请求被以轮询的方式发往位于 cn-north-7/cn-north-7c/hangzhou 和 cn-north-7/cn-north-7c/ningbo 的 recommendation 实例（Pod IP 为 10.135.0.22 和 10.135.0.149），返回"200"状态码：

```
$ kubectl logs forecast-v2-79647547cc-j7tbs -c istio-proxy -n weather | grep
recommendation
  [2022-12-25T02:05:47.390Z] "GET /activity?weather=Rain&temp=29 HTTP/1.1" 500 -
"-" 0 0 2 2 "-" "curl/7.52.1" "242eabc3-84ae-41ec-a2dd-aabf9a34ce6c"
"recommendation.weather:3005" "10.4.0.85:3005" ......
  [2022-12-25T02:05:51.566Z] "GET /activity?weather=Rain&temp=29 HTTP/1.1" 200 -
"-" 0 70 461 460 "-" "curl/7.52.1" "3f9617f0-f3ba-49fa-af5a-22d61ca842dd"
"recommendation.weather:3005" "10.135.0.22:3005" ......
  [2022-12-25T02:05:55.040Z] "GET /activity?weather=Rain&temp=29 HTTP/1.1" 200 -
"-" 0 70 461 460 "-" "curl/7.52.1" "d3396b35-fd2f-4e65-bbf3-7a294f51af1e"
"recommendation.weather:3005" "10.135.0.149:3005" ......
  [2022-12-25T02:05:57.691Z] "GET /activity?weather=Rain&temp=29 HTTP/1.1" 200 -
"-" 0 70 16 15 "-" "curl/7.52.1" "0a4ce250-100f-4af0-a054-e27e5357b3cb"
"recommendation.weather:3005" "10.135.0.22:3005" ......
  [2022-12-25T02:06:00.589Z] "GET /activity?weather=Rain&temp=29 HTTP/1.1" 200 -
"-" 0 70 16 15 "-" "curl/7.52.1" "18dd9c6b-8ca9-4e6d-a1a9-329e057cd2a7"
"recommendation.weather:3005" "10.135.0.149:3005" ......
```

以上结果说明，在一个区域的服务实例发生故障后，可根据配置，将请求路由到其他区域的服务实例进行处理，增强服务的可靠性。在实践中可通过 From、To 配置地区信息，控制在不同地区的实例上进行故障转移。

11.4　会话保持

1. 实战目标

如图 11-5 所示，为 advertisement 配置会话保持策略，则包含特定内容的发往 advertisement 的所有请求都将被转发到同一个后端实例。

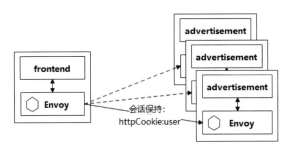

图 11-5　会话保持

2. 实战演练

将 advertisement 扩展到两个实例，执行 kubectl 命令，查看并确认实例启动成功：

```
$ kubectl get pods -l app=advertisement -n weather
NAME                                    READY    STATUS     RESTARTS    AGE
advertisement-v1-646d667b5-wsjm7        2/2      Running    0           15h
advertisement-v1-646d667b5-zxlfw        2/2      Running    0           15h
```

进入本节目录，为 advertisement 设置会话保持模式的负载均衡，根据 Cookie 中的 user 数据得到所使用的哈希值：

```
$ cd 11_traffic-management/11.4
$ kubectl apply -f dr-advertisement-consistenthash.yaml -n weather
```

执行 kubectl 命令，查看下发的配置：

```
$ kubectl get dr advertisement-dr -o yaml -n weather
spec:
  host: advertisement
  subsets:
  - labels:
      version: v1
    name: v1
```

```
    trafficPolicy:
      loadBalancer:
        consistentHash:
          httpCookie:
            name: user
            ttl: 60s
```

进入 frontend 容器，对 advertisement 发起在 Cookie 中携带 user 信息的 6 个请求：

```
$ kubectl -n weather exec -it frontend-v1-85c56c9565-bg9g8 -- bash
$ for i in `seq 1 6`; do curl http://advertisement.weather:3003/ad --cookie
"user=tester" --silent -w "Status: %{http_code}\n" -o /dev/null;done
```

分别查看 advertisement 两个实例的 Proxy 日志，可以看到只有一个实例收到这 6 个请求，说明会话保持策略生效：

```
$ kubectl -n weather logs advertisement-v1-646d667b5-wsjm7 -c istio-proxy
$ kubectl -n weather logs advertisement-v1-646d667b5-zxlfw -c istio-proxy
    [2022-12-17T07:53:03.769Z] "GET /ad HTTP/1.1" 200 - via_upstream - "-" 0 36 0
0 "-" "curl/7.52.1" "533e48ee-41cd-9ca8-8721-5b4e615176c9"
"advertisement.weather:3003" "172.17.0.15:3003" inbound|3003|| 127.0.0.6:52427
172.17.0.15:3003 172.17.0.8:44074
outbound_.3003_.v1_.advertisement.weather.svc.cluster.local default
    [2022-12-17T07:53:03.784Z] "GET /ad HTTP/1.1" 200 - via_upstream - "-" 0 36 0
0 "-" "curl/7.52.1" "ab5d5527-1115-9072-8739-55368fb67ded"
"advertisement.weather:3003" "172.17.0.15:3003" inbound|3003|| 127.0.0.6:35885
172.17.0.15:3003 172.17.0.8:44088
outbound_.3003_.v1_.advertisement.weather.svc.cluster.local default
    [2022-12-17T07:53:03.799Z] "GET /ad HTTP/1.1" 200 - via_upstream - "-" 0 36 0
0 "-" "curl/7.52.1" "d37e55ab-b645-9f82-8048-ad267510ed2b"
"advertisement.weather:3003" "172.17.0.15:3003" inbound|3003|| 127.0.0.6:52427
172.17.0.15:3003 172.17.0.8:44074
outbound_.3003_.v1_.advertisement.weather.svc.cluster.local default
    [2022-12-17T07:53:03.817Z] "GET /ad HTTP/1.1" 200 - via_upstream - "-" 0 36 0
0 "-" "curl/7.52.1" "6585d5b8-b7b5-9617-9c2f-09e36b6a1291"
"advertisement.weather:3003" "172.17.0.15:3003" inbound|3003|| 127.0.0.6:52427
172.17.0.15:3003 172.17.0.8:44074
outbound_.3003_.v1_.advertisement.weather.svc.cluster.local default
    [2022-12-17T07:53:03.832Z] "GET /ad HTTP/1.1" 200 - via_upstream - "-" 0 36 0
0 "-" "curl/7.52.1" "31dcb17d-3050-98e0-9874-fae5c296d055"
"advertisement.weather:3003" "172.17.0.15:3003" inbound|3003|| 127.0.0.6:35885
172.17.0.15:3003 172.17.0.8:44088
outbound_.3003_.v1_.advertisement.weather.svc.cluster.local default
    [2022-12-17T07:53:03.846Z] "GET /ad HTTP/1.1" 200 - via_upstream - "-" 0 36 0
```

```
0 "-" "curl/7.52.1" "9f379727-09bf-972b-ba30-a550e1e1de6c"
"advertisement.weather:3003" "172.17.0.15:3003" inbound|3003|| 127.0.0.6:35885
172.17.0.15:3003 172.17.0.8:44088
outbound_.3003_.v1_.advertisement.weather.svc.cluster.local default
```

11.5　故障注入

为应用注入延迟故障和中断故障可测试应用的健壮性。本节分别介绍延迟注入和终端注入的用法。

11.5.1　延迟注入

1. 实战目标

如图 11-6 所示，为 advertisement 注入 3 秒的延迟，则访问 advertisement 的所有请求的返回时间都是 3 秒。

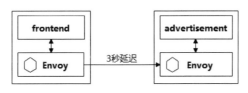

图 11-6　延迟注入

2. 实战演练

在正常情况下，进入 frontend 容器访问 advertisement，可以看到返回时间远远少于 3 秒：

```
$ kubectl -n weather exec -it frontend-v1-85c56c9565-bg9g8 -- bash
# time curl http://advertisement.weather:3003/ad
real    0m0.017s
user    0m0.012s
sys     0m0.000s
```

进入本节目录，为 advertisement 注入 3 秒的延迟调用：

```
$ cd 11_traffic-management/11.5
$ kubectl apply -f vs-advertisement-fault-delay.yaml -n weather
```

执行 kubectl 命令，查看配置：

```
$ kubectl get vs advertisement-route -o yaml -n weather
spec:
  hosts:
  - advertisement
  http:
  - fault:
      delay:
        fixedDelay: 3s
        percentage:
          value: 100
```

进入 frontend 容器访问 advertisement，查询到返回时间是 3 秒，延迟注入生效：

```
$ kubectl -n weather exec -it frontend-v1-85c56c9565-bg9g8 -- bash
# time curl http://advertisement.weather:3003/ad
……
real    0m3.033s
user    0m0.009s
sys     0m0.000s
```

11.5.2　中断注入

1. 实战目标

如图 11-7 所示，为 advertisement 注入 HTTP 500 错误，则访问 advertisement 的所有请求都返回"500"状态码。

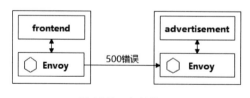

图 11-7　中断注入

2. 实战演练

进入本节目录，为 advertisement 的调用注入 HTTP 500 错误：

```
$ cd 11_traffic-management/11.5
$ kubectl apply -f vs-advertisement-fault-abort.yaml -n weather
```

执行 kubectl 命令，查看配置：

```
$ kubectl get vs advertisement-route -o yaml -n weather
......
spec:
  hosts:
  - advertisement
  http:
  - fault:
      abort:
        httpStatus: 500
        percentage:
          value: 100
......
```

进入 frontend 容器访问 advertisement，返回"500"状态码，说明故障注入生效：

```
$ kubectl -n weather exec -it frontend-v1-85c56c9565-bg9g8 -- bash
# curl http://advertisement.weather:3003/ad --silent -w
"Status: %{http_code}\n"
fault filter abortStatus: 500
```

11.6　超时

1. 实战目标

如图 11-8 所示，给 forecast 设置 1 秒的超时策略，frontend 实例作为请求发起方访问 forecast 时，若响应时间超过 1 秒，则判定超时，直接访问失败，避免长时间等待。这里为了构造访问超时场景，给 forecast 的上游服务 recommendation 注入 4 秒的延迟，将导致 forecast 的请求返回时间超过 1 秒。

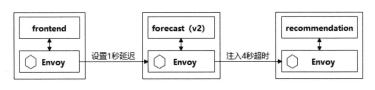

图 11-8　超时

2．实战演练

参考 10.2 节部署 forecast 的 v2 版本和 DestinationRule，以及 recommendation 的 v1 版本及其对应的 Service、VirtualService 和 DestinationRule。在浏览器中查询天气信息，始终可以看到推荐的信息。服务间的调用关系如图 11-8 所示。

进入本节目录，为 forecast 设置 1 秒的超时：

```
$ cd 11_traffic-management/11.6
$ kubectl apply -f vs-forecast-timeout.yaml -n weather
```

执行 kubectl 命令，查看配置：

```
$ kubectl get vs forecast-route -o yaml -n weather
spec:
  http:
  - route:
    - destination:
        host: forecast
        subset: v2
    timeout: 1s
```

进入 frontend 容器访问 forecast，访问成功，返回码为 "200"，这是因为 forecast 和 recommendation 处理得很快，远远少于 1 秒：

```
$ kubectl -n weather exec -it frontend-v1-85c56c9565-bg9g8 -- bash
$ curl http://forecast.weather:3002/weather?locate=hangzhou --silent -w
"Status: %{http_code}\n"
……Status: 200
```

为了使 forecast 的返回时间多于 1 秒触发超时，给 recommendation 注入一段 4 秒的延迟，使 forecast 在 1 秒内收不到 recommendation 的响应，不能向 frontend 及时返回信息，从而导致超时报错。

下面为 recommendation 注入 4 秒的延迟：

```
$ kubectl apply -f vs-recommendation-fault-delay.yaml -n weather
```

执行 kubectl 命令，查看配置：

```
$ kubectl get vs recommendation-route -o yaml -n weather
spec:
  http:
  - fault:
      delay:
```

```
        fixedDelay: 4s
        percentage:
          value: 100
    route:
    - destination:
        host: recommendation
        subset: v1
```

进入 frontend 容器访问 forecast，返回"504"超时错误：

```
$ kubectl -n weather exec -it frontend-v1-85c56c9565-bg9g8 -- bash
$ curl http://forecast.weather:3002/weather?locate=hangzhou --silent -w
"Status: %{http_code}\n"
upstream request timeoutStatus: 504
```

11.7　重试

1. 实战目标

如图 11-9 所示，给 forecast 配置 5 次重试的策略，当访问 forecast 请求失败且返回码为"500"时，作为请求发起端的 frontend 实例最多自动重试 5 次。

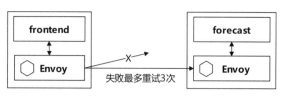

图 11-9　HTTP 重试

2. 实战演练

参考 10.2 节部署 forecast 的 v2 版本及其对应的 VirtualService，使 frontend 的流量访问 forecast 的 v2 版本。

进入本节目录，为 recommendation 注入中断故障：

```
$ cd 11_traffic-management/11.7
$ kubectl apply -f vs-recommendation-fault-abort.yaml -n weather
```

进入 frontend 容器访问一次 forecast，由于 recommendation 被注入中断故障，所以

forecast 返回"503"状态码：

```
$ kubectl -n weather exec -it frontend-v1-85c56c9565-bg9g8 -- bash
# curl http://forecast.weather:3002/weather?locate=hangzhou --silent -w
"Status: %{http_code}\n" -o /dev/null
Status: 503
```

对 forecast 设置重试机制：

```
$ kubectl apply -f vs-forecast-retry.yaml -n weather
```

执行 kubectl 命令，查看配置：

```
$ kubectl get vs forecast-route -o yaml -n weather
spec:
  http:
  - retries:
      attempts: 5
      perTryTimeout: 1s
      retryOn: 5xx
    route:
    - destination:
        host: forecast
        subset: v2
```

这里的 retries 表示：如果服务在 1 秒内没有得到正确的返回值，就认为该次请求失败，然后最多重试 5 次，重试条件：返回码为"5xx"。

进入 frontend 容器再次访问 forecast：

```
$ kubectl -n weather exec -it frontend-v1-85c56c9565-bg9g8 -- bash
# curl http://forecast.weather:3002/weather?locate=hangzhou --silent -w
"Status: %{http_code}\n" -o /dev/null
Status: 503
```

查看 forecast 的 Proxy 日志，发现在同一时刻有 6 个请求记录（有 5 个是重试的请求）：

```
$ kubectl -nweather logs forecast-v2-5ccb9c7c84-7dflp -c istio-proxy|grep "GET
/weather"

......
[2022-12-17T08:52:15.028Z] "GET /weather?locate=hangzhou HTTP/1.1" 503 ......
[2022-12-17T08:52:15.056Z] "GET /weather?locate=hangzhou HTTP/1.1" 503 ......
[2022-12-17T08:52:15.092Z] "GET /weather?locate=hangzhou HTTP/1.1" 503 ......
[2022-12-17T08:52:15.108Z] "GET /weather?locate=hangzhou HTTP/1.1" 503 ......
[2022-12-17T08:52:15.236Z] "GET /weather?locate=hangzhou HTTP/1.1" 503 ......
[2022-12-17T08:52:15.256Z] "GET /weather?locate=hangzhou HTTP/1.1" 503 ......
```

11.8 HTTP 重定向

1. 实战目标

如图 11-10 所示，配置 HTTP 重定向的规则，将 frontend 对 advertisement 发起的"/ad"路径的请求重定向到 http://advertisement.weather. svc.cluster.local/maintenanced。

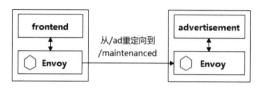

图 11-10 HTTP 重定向

2. 实战演练

进入本节目录，执行如下命令，设置 HTTP 重定向的规则：

```
$ cd 11_traffic-management/11.8
$ kubectl apply -f redirect.yaml -n weather
```

执行 kubectl 命令，查看配置：

```
$ kubectl get vs advertisement-route -o yaml -n weather
spec:
  http:
  - match:
    - uri:
        prefix: /ad
    redirect:
      authority: advertisement.weather.svc.cluster.local
      uri: /maintenanced
```

HTTP 重定向用于向下游服务发送"301"转向响应，并且能够用特定的值来替换响应中的主机及 URI 部分。上面的规则会将向 advertisement 的 "/ad"路径发送的请求重定向到 http://advertisement.weather.svc.cluster.local/maintenanced。

进入 frontend 容器，对 advertisement 发起请求，返回"301"状态码：

```
$ kubectl -n weather exec -it frontend-v1-85c56c9565-bg9g8 -- bash
# curl http://advertisement.weather:3003/ad -v
*   Trying 10.106.54.51……
```

415

```
* TCP_NODELAY set
* Connected to advertisement.weather (10.106.54.51) port 3003 (#0)
> GET /ad HTTP/1.1
> Host: advertisement.weather:3003
> User-Agent: curl/7.52.1
> Accept: */*
>
< HTTP/1.1 301 Moved Permanently
< location: http://advertisement.weather.svc.cluster.local/maintenanced
< date: Mon, 12 December 2022 09:00:49 GMT
< server: envoy
< content-length: 0
<
* Curl_http_done: called premature == 0
* Connection #0 to host advertisement.weather left intact
```

11.9　HTTP 重写

1. 实战目标

如图 11-11 所示，配置 HTTP 重写的规则，在访问 advertisement 时，将发往 "/demo" 路径的访问请求自动重写成对 advertisement 路径 "/" 的请求。

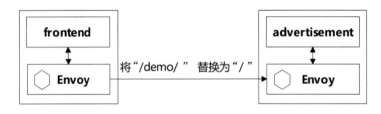

图 11-11　HTTP 重写

2. 实战演练

进入本节目录，执行如下命令，设置重写的规则：

```
$ cd 11_traffic-management/11.9
$ kubectl apply -f rewrite.yaml -n weather
```

执行 kubectl 命令，查看配置：

```
$ kubectl get vs advertisement-route -o yaml -n weather
spec:
  http:
  - match:
    - uri:
        prefix: /demo/
    rewrite:
      uri: /
    route:
    - destination:
        host: advertisement
        subset: v1
```

在对 advertisement 的 API 进行调用之前，Istio 会将 URL 前缀"/demo/"替换为"/"。

进入 frontend 容器，对 advertisement 发起请求，如果请求路径不带"/demo"，则返回 "404"响应码：

```
$ kubectl -n weather exec -it frontend-v1-85c56c9565-bg9g8 -- bash
# curl http://advertisement.weather:3003/ad --silent -w
"Status: %{http_code}\n" -o /dev/null
  Status: 404
```

再次对 advertisement 发起请求，请求路径带"/demo"，返回成功：

```
# curl http://advertisement.weather:3003/demo/ad --silent -w
"Status: %{http_code}\n" -o /dev/null
  Status: 200
```

11.10 熔断与连接池

1. 实战目标

在对 forecast 发起多个并发请求的情况下，为了保护系统整体的可用性，Istio 会根据连接池的熔断配置对一部分请求直接返回"503"状态码，表示服务处于不可接收请求状态。如图 11-12 所示，forecast 的连接池配置限制 forecast 最多可接收 3 个并发连接，如果超过 3 个连接数，并且存在 5 个及以上的待处理请求，则将触发熔断。

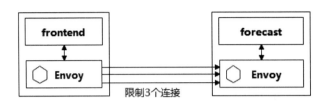

图 11-12　熔断与连接池

2. 实战演练

进入本节目录，需要部署用于对 forecast 进行负载测试的客户端 fortio，这个程序可以控制连接数、并发数及 HTTP 请求的延迟。执行如下命令，部署 fortio：

```
$ cd 11_traffic-management/11.10
$ kubectl apply -f fortio-deploy.yaml -n weather
```

确认 fortio 客户端运行正常：

```
$ kubectl get pod -l app=fortio -n weather
NAME                              READY   STATUS    RESTARTS   AGE
fortio-deploy-75d9467fcc-xlddr    2/2     Running   0          3m
```

为了有更好的演示效果，建议将 forecast 的实例扩展到 5 个，然后执行 kubectl 命令，查看效果：

```
$ kubectl -n weather get pod -l app=forecast
NAME                          READY   STATUS    RESTARTS   AGE
forecast-v2-5ccb9c7c84-6ddsm  2/2     Running   0          18s
forecast-v2-5ccb9c7c84-7dflp  2/2     Running   0          91m
forecast-v2-5ccb9c7c84-mwv87  2/2     Running   0          18s
forecast-v2-5ccb9c7c84-tmpl5  2/2     Running   0          18s
forecast-v2-5ccb9c7c84-wzh7z  2/2     Running   0          18s
```

为 forecast 配置连接池熔断策略：

```
$ kubectl apply -f circuit-breaking.yaml -n weather
```

执行如下命令，查看连接池熔断配置：

```
$ kubectl -n weather get dr forecast-dr -o yaml
spec:
  trafficPolicy:
    connectionPool:
      http:
        http1MaxPendingRequests: 5
```

```
    maxRequestsPerConnection: 1
  tcp:
    maxConnections: 3
outlierDetection:
  baseEjectionTime: 2m
  consecutive5xxErrors: 2
  interval: 10s
  maxEjectionPercent: 40
```

其中，connectionPool 表示如果对 forecast 发起超过 3 个连接，并且存在 5 个及以上的待处理请求，就会触发熔断机制。

进入 fortio 容器，执行如下命令，使用 10 个并发连接进行 100 次调用。该设置是为了通过高并发调用触发服务的熔断机制，当熔断触发时，请求会被标记为"upstream_rq_pending_overflow"：

```
$ kubectl -n weather exec -it fortio-deploy-576dbdfbc4-z5gcg -c fortio --
/usr/bin/fortio  load -c 10 -qps 0 -n 100 -loglevel Warning
http://forecast.weather:3002/weather?locate=hangzhou
```

在输出中可以看到以下部分：

```
Code 200 : 92 (92.0 %)
Code 503 : 8 (8.0 %)
```

上面的结果表示有 92%的请求成功，其余部分则被熔断（"503 Service Unavailable"表示服务处于不可接收请求状态，由 Proxy 直接返回此状态码）。

为了进一步验证测试结果，在 fortio 客户端的 Proxy 中查看统计信息：

```
$ kubectl -n weather exec -it fortio-deploy-576dbdfbc4-z5gcg -c istio-proxy --
curl localhost:15000/stats | grep forecast | grep pending
```

其输出包含如下信息：

```
    cluster.outbound|3002|v2|forecast.weather.svc.cluster.local.circuit_breakers
.default.remaining_pending: 5
    cluster.outbound|3002|v2|forecast.weather.svc.cluster.local.circuit_breakers
.default.rq_pending_open: 0
    cluster.outbound|3002|v2|forecast.weather.svc.cluster.local.circuit_breakers
.high.rq_pending_open: 0
    cluster.outbound|3002|v2|forecast.weather.svc.cluster.local.upstream_rq_pend
ing_active: 0
    cluster.outbound|3002|v2|forecast.weather.svc.cluster.local.upstream_rq_pend
ing_failure_eject: 0
```

```
    cluster.outbound|3002|v2|forecast.weather.svc.cluster.local.upstream_rq_pend
ing_overflow: 8
    cluster.outbound|3002|v2|forecast.weather.svc.cluster.local.upstream_rq_pend
ing_total: 92
```

其中，upstream_rq_pending_overflow 表明有 8 次调用被标志为熔断。

11.11　熔断异常点检测

1. 实战目标

如图 11-13 所示，配置熔断异常点检测策略，在 recommendation 实例被检测到 10 秒内 "5xx" 连续错误次数超过两次后，50%的异常实例将被隔离两分钟，这些异常的后端实例在一段时间后如果恢复正常，则可重新接收流量。

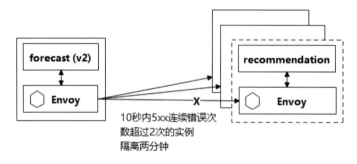

图 11-13　熔断异常点检测

2. 实战演练

（1）进入本节目录，部署 forecast 的 v2 版本和 recommendation，并为 recommendation 配置熔断策略：

```
$ cd 11_traffic-management/11.11
$ kubectl apply -f recommendation-all.yaml -n weather
$ kubectl apply -f forecast-v2-deployment.yaml -n weather
$ kubectl apply -f circuit-breaking.yaml -n weather
```

查看 recommendation 的 DestinationRule 配置：

```
$ kubectl -n weather get dr recommendation-dr -o yaml
  spec:
```

```
outlierDetection:
  baseEjectionTime: 2m
  consecutive5xxErrors: 2
  interval: 10s
  maxEjectionPercent: 50
```

"outlierDetection interval=10s"表示每10秒扫描一次recommendation的后端实例,在连续返回两次"5xx"错误的实例中有50%被移出连接池两分钟。

（2）查看forecast实例和recommendation实例,成功运行:

```
$ kubectl get pods -n weather -o wide
NAME                              READY   STATUS    IP          NODE
forecast-v2-79647547cc-j7tbs      2/2     Running   10.4.0.86   10.27.0.223
recommendation-59477776bf-47n4w   2/2     Running   10.4.0.94   10.27.0.223
recommendation-59477776bf-6h4kx   2/2     Running   10.4.0.97   10.27.0.223
recommendation-59477776bf-975xt   2/2     Running   10.4.0.93   10.27.0.223
recommendation-59477776bf-tv6pj   2/2     Running   10.4.0.95   10.27.0.223
recommendation-59477776bf-vbmfh   2/2     Running   10.4.0.98   10.27.0.223
```

（3）多次通过forecast访问recommendation,每个recommendation实例均处理请求并返回"200"状态码（如图11-14中子图①所示）:

```
$ kubectl exec -it forecast-v2-79647547cc-j7tbs -c forecast -n weather -- curl
'http://recommendation.weather:3005/activity?weather=Rain&temp=29' --silent -w
"\nStatus: %{http_code}\n"
```

（4）通过forecast对两个recommendation实例发送请求,使其对后续接收到的请求返回"500"状态码,以模拟这两个实例发生故障的场景:

```
$ kubectl exec -it forecast-v2-79647547cc-j7tbs -c forecast -n weather -- curl
--header "error: 500" 'http://10.4.0.93:3005/activity?weather=Rain&temp=29'

$ kubectl exec -it forecast-v2-79647547cc-j7tbs -c forecast -n weather -- curl
--header "error: 500" 'http://10.4.0.94:3005/activity?weather=Rain&temp=29'
```

（5）通过forecast持续访问recommendation,有两个实例返回"500"状态码,被判定为异常（如图11-14中子图②所示）。按照熔断配置,刚刚被配置返回"500"状态码的两个实例将陆续被移除连接池两分钟（如图11-14中子图③和子图④所示）,从而实现了对异常实例的自动隔离:

```
$ kubectl exec -it forecast-v2-79647547cc-j7tbs -c forecast -n weather -- curl
'http://recommendation.weather:3005/activity?weather=Rain&temp=29' --silent -w
"\nStatus: %{http_code}\n"
```

（6）修改两个异常实例的状态，让其接收后续请求后返回"200"状态码，即模拟其工作正常：

```
$ kubectl exec -it forecast-v2-79647547cc-j7tbs -c forecast -n weather -- curl
--header "error: 200" 'http://10.4.0.93:3005/activity?weather=Rain&temp=29'

$ kubectl exec -it forecast-v2-79647547cc-j7tbs -c forecast -n weather -- curl
--header "error: 200" 'http://10.4.0.94:3005/activity?weather=Rain&temp=29'
```

（7）第 1 个实例在被移除两分钟后，被加回连接池并正常处理请求（如图 11-14 中子图⑤所示）。第 2 个实例在被移除两分钟后，被加回连接池并正常处理请求（如图 11-14 中子图⑥所示）。这样就实现了异常实例的自动故障恢复。

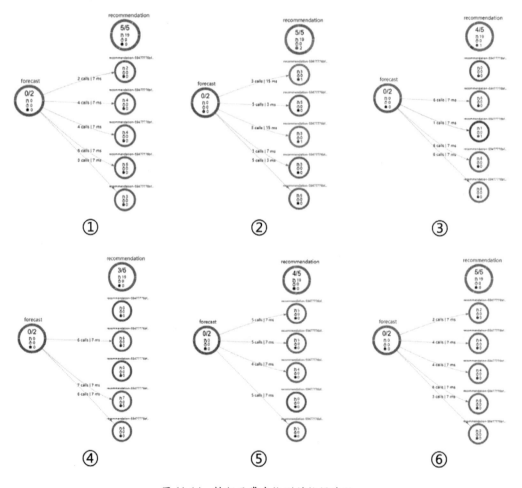

图 11-14　熔断异常点检测的访问过程

11.12　限流

本节将分别介绍全局限流和本地限流的用法。

11.12.1　全局限流

1.　实战目标

如图 11-15 所示，为 advertisement 部署一个全局限流策略，限制 advertisement 的所有实例在 1 分钟内最多可处理 3 个来自 frontend 的请求。

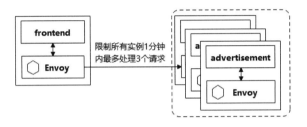

图 11-15　全局限流

2.　实战演练

将 advertisement 实例伸缩为 3 个，并确认实例启动成功：

```
$ kubectl get pods -n weather -l app=advertisement
NAME                                READY   STATUS    RESTARTS   AGE
advertisement-v1-646d667b5-9hvws    2/2     Running   0          38h
advertisement-v1-646d667b5-dvrfk    2/2     Running   0          118s
advertisement-v1-646d667b5-xg7k8    2/2     Running   0          118s
```

进入本节目录，部署如下 configmap 配置限流参数：

```
$ cd 11_traffic-management/11.12
$ kubectl apply -f ratelimit_global.yaml -n weather
```

执行 kubectl 命令，查看 configmap 的内容：

```
$ kubectl get cm ratelimit-config -n weather -o yaml
data:
  config.yaml: |
    domain: advertisement-ratelimit
    descriptors:
```

```
      - key: PATH
        value: "/ad"
        rate_limit:
          unit: minute
          requests_per_unit: 3
      - key: PATH
        rate_limit:
          unit: minute
          requests_per_unit: 100
```

创建和部署全局限流服务，并为 advertisement 插入 envoyfilter 来启用全局限流：

```
$ kubectl apply -f rate-limit-service.yaml -n weather
$ kubectl apply -f ratelimit_global_envoyfilter.yaml -n weather
```

查看 envoyfilter 的配置：

```
$ kubectl get envoyfilter global-ratelimit -n weather -o yaml
spec:
  configPatches:
  - applyTo: HTTP_FILTER
    match:
      context: SIDECAR_INBOUND
      listener:
        filterChain:
          filter:
            name: envoy.filters.network.http_connection_manager
            subFilter:
              name: envoy.filters.http.router
    patch:
      operation: INSERT_BEFORE
      value:
        name: envoy.filters.http.ratelimit
        typed_config:
          '@type':
type.googleapis.com/envoy.extensions.filters.http.ratelimit.v3.RateLimit
          domain: advertisement-ratelimit
          failure_mode_deny: true
          rate_limit_service:
            grpc_service:
              envoy_grpc:
                cluster_name: rate_limit_cluster
              timeout: 10s
            transport_api_version: V3
  - applyTo: CLUSTER
```

```
    match:
      cluster:
        service: ratelimit.weather.svc.cluster.local
    patch:
      operation: ADD
      value:
        connect_timeout: 10s
        http2_protocol_options: {}
        lb_policy: ROUND_ROBIN
        load_assignment:
          cluster_name: rate_limit_cluster
          endpoints:
          - lb_endpoints:
            - endpoint:
                address:
                  socket_address:
                    address: ratelimit.weather.svc.cluster.local
                    port_value: 8081
        name: rate_limit_cluster
        type: STRICT_DNS
  workloadSelector:
    labels:
      app: advertisement
```

为 advertisement 插入 envoyfilter 来定义路由配置：

```
$ kubectl apply -f ratelimit_global_envoyfilter_port.yaml -n weather
```

查看 envoyfilter 的配置：

```
$ kubectl get envoyfilter global-ratelimit-svc -n weather -o yaml
spec:
  configPatches:
  - applyTo: VIRTUAL_HOST
    match:
      context: SIDECAR_INBOUND
      routeConfiguration:
        vhost:
          name: ""
          route:
            action: ANY
    patch:
      operation: MERGE
      value:
        rate_limits:
        - actions:
```

```
        - request_headers:
            descriptor_key: PATH
            header_name: :path
  workloadSelector:
    labels:
      app: advertisement
```

通过浏览器验证效果，在 5 秒内刷新前台页面 5 次，可以看到有两次显示 advertisement 不可用；或者进入 frontend 容器，在 Bash 中执行如下命令，对 advertisement 在 5 秒内发起 5 个请求：

```
$ kubectl exec -it frontend-v1-85c56c9565-bg9g8 -n weather -- bash
$ for i in `seq 1 5`; do curl http://advertisement.weather:3003/ad --silent -w
"Status: %{http_code}\n" -o /dev/null ;sleep 1;done
Status: 200
Status: 200
Status: 200
Status: 429
Status: 429
```

可以看到，advertisement 在 5 秒内成功返回 3 个请求，多余的两个请求被限制，返回 "429" 状态码。

11.12.2　本地限流

1. 实战目标

如图 11-16 所示，为 advertisement 的每个实例都部署本地限流，限制 advertisement 的每个实例 1 分钟内最多处理 3 个请求。

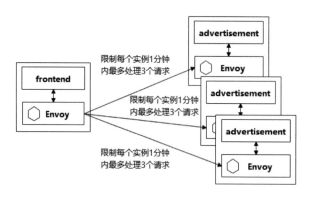

图 11-16　全局限流

2. 实战演练

将 advertisement 实例伸缩为 3 个，并确认实例启动成功：

```
$ kubectl get pods -n weather -l app=advertisement

NAME                              READY   STATUS    RESTARTS   AGE
advertisement-v1-646d667b5-9hvws  2/2     Running   0          38h
advertisement-v1-646d667b5-dvrfk  2/2     Running   0          118s
advertisement-v1-646d667b5-xg7k8  2/2     Running   0          118s
```

进入本节目录，为 advertisement 插入 envoyfilter 来启用本地限流：

```
$ cd 11_traffic-management/11.12
$ kubectl apply -f ratelimit_local_envoyfilter.yaml -n weather
```

查看 envoyfilter 的配置：

```
$ kubectl get envoyfilter local-ratelimit-svc -n weather -o yaml
spec:
  configPatches:
  - applyTo: HTTP_FILTER
    match:
      context: SIDECAR_INBOUND
      listener:
        filterChain:
          filter:
            name: envoy.filters.network.http_connection_manager
    patch:
      operation: INSERT_BEFORE
      value:
        name: envoy.filters.http.local_ratelimit
        typed_config:
          '@type': type.googleapis.com/udpa.type.v1.TypedStruct
          type_url: type.googleapis.com/envoy.extensions.filters.http.local_
ratelimit.v3.LocalRateLimit
          value:
            filter_enabled:
              default_value:
                denominator: HUNDRED
                numerator: 100
              runtime_key: local_rate_limit_enabled
            filter_enforced:
              default_value:
                denominator: HUNDRED
```

```
                numerator: 100
              runtime_key: local_rate_limit_enforced
          response_headers_to_add:
          - append: false
            header:
              key: x-local-rate-limit
              value: "true"
          stat_prefix: http_local_rate_limiter
          token_bucket:
            fill_interval: 60s
            max_tokens: 3
            tokens_per_fill: 3
  workloadSelector:
    labels:
      app: advertisement
```

进入 frontend 容器，在 Bash 中执行如下命令，对 advertisement 在 15 秒内发起 15 个请求：

```
$ kubectl exec -it frontend-v1-85c56c9565-bg9g8 -n weather -- bash
$ for i in `seq 1 15`; do curl http://advertisement.weather:3003/ad --silent -w
"Status: %{http_code}\n" -o /dev/null ;sleep 1;done
Status: 200
Status: 200
Status: 200
Status: 200
Status: 200
Status: 200
Status: 200
Status: 200
Status: 429
Status: 200
Status: 429
Status: 429
Status: 429
Status: 429
Status: 429
```

可以看到，advertisement 在 15 秒内成功返回 9 个请求（3 个实例分别处理 3 个请求），多余的 6 个请求被限制，返回 "429" 响应码。

11.13　服务隔离

1. 实战目标

如图 11-17 所示，配置 frontend 的 Sidecar 资源，使其只能访问 advertisement 而不能访问 forecast。

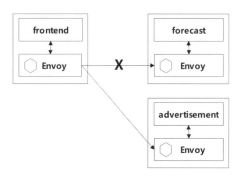

图 11-17　服务隔离

2. 实战演练

执行 istioctl 命令，查看 frontend 实例所存储的服务网格内其他服务的 listener、route、cluster、endpoint 等配置信息，可以看到 forecast、advertisement 和 recommendation 的配置信息。以 cluster 配置为例进行展示：

```
$ istioctl pc cluster frontend-v1-85c56c9565-2vh75 -n weather -c istio-proxy |
grep weather
```

```
root@kepasm00005:cloud-native-istio# istioctl pc cluster frontend-v1-85c56c9565-2vh75 -n weather -c istio-proxy | grep weather
advertisement.weather.svc.cluster.local          3003    -      outbound    EDS    advertisement-dr.weather
advertisement.weather.svc.cluster.local          3003    v1     outbound    EDS    advertisement-dr.weather
forecast.weather.svc.cluster.local               3002    -      outbound    EDS    forecast-dr.weather
forecast.weather.svc.cluster.local               3002    v1     outbound    EDS    forecast-dr.weather
forecast.weather.svc.cluster.local               3002    v2     outbound    EDS    forecast-dr.weather
fortio.weather.svc.cluster.local                 8080    -      outbound    EDS
frontend.weather.svc.cluster.local               3000    -      outbound    EDS    frontend-dr.weather
frontend.weather.svc.cluster.local               3000    v1     outbound    EDS    frontend-dr.weather
recommendation.weather.svc.cluster.local         3005    -      outbound    EDS    recommendation-dr.weather
recommendation.weather.svc.cluster.local         3005    v1     outbound    EDS    recommendation-dr.weather
```

在 frontend 的容器中分别访问 advertisement 和 forecast，请求均成功：

```
$ kubectl exec -it frontend-v1-85c56c9565-2vh75 -n weather -- bash
# curl http://advertisement.weather:3003/ad -s -o /dev/null -w "%{http_code}\n"
200
# curl http://forecast.weather:3002/weather?locate=hangzhou -s -o /dev/null -w
"%{http_code}\n"
```

```
200
```

进入本节目录，为 frontend 配置 Sidecar 资源对象：

```
$ cd 11_traffic-management/11.13
$ kubectl apply -f sidecar-frontend.yaml -n weather
```

执行 kubectl 命令，查看 Sidecar 资源对象：

```
$ kubectl get sidecars sidecar-frontend -o yaml -n weather
spec:
  egress:
  - hosts:
    - weather/advertisement.weather.svc.cluster.local
    - istio-system/*
  workloadSelector:
    labels:
      app: frontend
```

其规则表示 frontend 实例对外只能访问 weather 命名空间下的 advertisement 和 istio-system 命名空间下的服务。

再次执行 istioctl 命令，查看 frontend 实例所存储的服务网格内其他服务的配置信息，只能看到 advertisement 的配置信息，forecast 的配置信息不见了。以 cluster 信息为例：

```
$ istioctl pc cluster frontend-v1-85c56c9565-2vh75 -n weather -c istio-proxy | grep weather
```

```
root@kwepasmQ0005:cloud-native-istio# istioctl pc cluster frontend-v1-85c56c9565-2vh75 -n weather -c istio-proxy | grep weather
advertisement.weather.svc.cluster.local          3003          outbound     EDS          advertisement-dr.weather
advertisement.weather.svc.cluster.local          3003     v1   outbound     EDS          advertisement-dr.weather
```

再次在 frontend 的容器中访问 advertisement 和 forecast，两个服务均能正常响应。但由于 Istio 默认的流量处理模式是 ALLOW_ANY，对于未知流量将交由 PassthroughCluster 处理转发。因此，查看 frontend 的 Proxy 日志，可以看到发往 advertisement 的请求直接由 advertisement cluster 转发到后端实例，而发往 forecast 的请求被 PassthroughCluster 转发，说明服务隔离配置生效：

```
$ kubectl exec -it frontend-v1-85c56c9565-2vh75 -n weather -- bash
# curl http://advertisement.weather:3003/ad -s -o /dev/null -w "%{http_code}\n"
200
# curl http://forecast.weather:3002/weather?locate=hangzhou -s -o /dev/null -w "%{http_code}\n"
200
$ kubectl logs frontend-v1-85c56c9565-2vh75 -n weather -c istio-proxy --tail=3
[2022-12-18T04:02:19.184Z] "GET /ad HTTP/1.1" 200 - via_upstream - "-" 0 36 2
```

```
2 "-" "curl/7.52.1" "20e20a87-a6a3-951c-b044-3e7301d4e5a9"
"advertisement.weather:3003" "172.17.0.13:3003"
outbound|3003|v1|advertisement.weather.svc.cluster.local 172.17.0.8:40424
10.106.54.51:3003 172.17.0.8:49044 - -
    [2022-12-18T04:02:21.035Z] "- - -" 0 - - - "-" 108 275 2 - "-" "-" "-" "-"
"10.110.130.216:3002" PassthroughCluster 172.17.0.8:47698 10.110.130.216:3002
172.17.0.8:47696 - -
```

11.14　流量镜像

1.　实战目标

如图 11-18 所示，配置 Mirror 规则，将 frontend 发往 forecast 的 v1 版本的流量复制一份给 forecast 的 v2 版本。

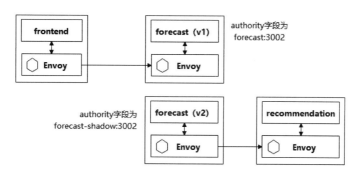

图 11-18　流量镜像示意图

2.　实战演练

部署 forecast 的 v1 和 v2 版本，设置策略，使访问 forecast 的流量都被路由到 forecast 的 v1 版本。

在浏览器中查询天气信息，看不到推荐信息。这时查询 frontend 实例的 Proxy 日志，发现只有发往 forecast 的 v1 版本的请求：

```
$ kubectl -n weather logs frontend-v1-85c56c9565-n624b -c istio-proxy
  [2022-12-18T06:24:02.687Z] "GET /weather?locate=Hangzhou HTTP/1.1" 200 -
via_upstream - "-" 0 513 2 1 "172.17.0.3" "Mozilla/5.0 (Windows NT 10.0; Win64; x64)
AppleWebKit/537.36 (KHTML, like Gecko) Chrome/101.0.4951.54 Safari/537.36"
"ec2ccfa2-a2b5-9506-bf56-b630df4d3f5b" "forecast:3002" "172.17.0.7:3002"
```

```
outbound|3002|v1|forecast.weather.svc.cluster.local 172.17.0.15:46468
10.110.130.216:3002 172.17.0.3:0 - -
```

再分别查看 forecast 的 v1 版本和 v2 版本的 Proxy 日志，可以看到只有 forecast 的 v1 版本的实例收到了请求，在 forecast 的 v2 版本的实例上没有任何流量：

```
$ kubectl -n weather logs forecast-v1-869876d4f4-g2blb -c istio-proxy
[2022-12-18T06:24:02.687Z] "GET /weather?locate=Hangzhou HTTP/1.1" 200 -
via_upstream - "-" 0 513 1 0 "172.17.0.3" "Mozilla/5.0 (Windows NT 10.0; Win64; x64)
AppleWebKit/537.36 (KHTML, like Gecko) Chrome/101.0.4951.54 Safari/537.36"
"ec2ccfa2-a2b5-9506-bf56-b630df4d3f5b" "forecast:3002" "172.17.0.7:3002"
inbound|3002|| 127.0.0.6:35981 172.17.0.7:3002 172.17.0.3:0
outbound_.3002_.v1_.forecast.weather.svc.cluster.local default

$ kubectl -n weather logs forecast-v2-5ccb9c7c84-7dflp -c istio-proxy
```

进入本节目录，执行如下命令，设置影子策略，复制 v1 版本的流量给 v2 版本：

```
$ cd 11_traffic-management/11.14
$ kubectl apply -f vs-forecast-mirroring.yaml -n weather
```

执行 kubectl 命令，查看路由配置：

```
$ kubectl get vs -n weather forecast-route -o yaml
spec:
  hosts:
  - forecast
  http:
  - mirror:
      host: forecast
      subset: v2
    route:
    - destination:
        host: forecast
        subset: v1
      weight: 100
```

上面配置的策略将全部流量都发送到 forecast 的 v1 版本，其中的 mirror 字段指定将流量复制到 forecast 的 v2 版本。流量被复制时，在请求的 HOST 或 Authority 头中会添加"-shadow"后缀（例如 forecast-shadow），并将请求发送到 forecast 的 v2 版本，以示它是影子流量。这些被复制的请求引发的响应会被丢弃，不会影响终端客户。

在浏览器中查询天气信息，没有看到推荐信息，说明 forecast 的 v2 版本没有将结果返回给 frontend，那么 forecast 的 v2 版本有没有收到流量呢？

查看 frontend 实例的 Proxy 日志，发现 frontend 只向 forecast 的 v1 版本的实例发送了请求：

```
$ kubectl -n weather logs frontend-v1-85c56c9565-n624b -c istio-proxy
    [2022-12-18T06:33:28.775Z] "GET /weather?locate=Hangzhou HTTP/1.1" 200 -
via_upstream - "-" 0 513 2 1 "172.17.0.3" "Mozilla/5.0 (Windows NT 10.0; Win64; x64)
AppleWebKit/537.36 (KHTML, like Gecko) Chrome/101.0.4951.54 Safari/537.36"
"80d9868d-6d9d-9be6-b795-8bb54ee948e9" "forecast:3002" "172.17.0.7:3002"
outbound|3002|v1|forecast.weather.svc.cluster.local 172.17.0.15:46506
10.110.130.216:3002 172.17.0.3:0 - -
```

再分别查看 forecast 的 v1 版本和 v2 版本的 Proxy 日志，可以看到两个实例同时收到了请求，且 forecast 的 v2 版本的 Proxy 日志中的 authority 字段为"forecast-shadow:3002"，说明 forecast 的 v1 版本的流量被 Proxy 复制了一份发送到 v2 版本的实例：

```
$ kubectl -n weather logs forecast-v1-869876d4f4-g2blb -c istio-proxy
    [2022-12-18T06:33:28.776Z] "GET /weather?locate=Hangzhou HTTP/1.1" 200 -
via_upstream - "-" 0 513 1 0 "172.17.0.3" "Mozilla/5.0 (Windows NT 10.0; Win64; x64)
AppleWebKit/537.36 (KHTML, like Gecko) Chrome/101.0.4951.54 Safari/537.36"
"80d9868d-6d9d-9be6-b795-8bb54ee948e9" "forecast:3002" "172.17.0.7:3002"
inbound|3002|| 127.0.0.6:41473 172.17.0.7:3002 172.17.0.3:0
outbound_.3002_.v1_.forecast.weather.svc.cluster.local default

$ kubectl -n weather logs forecast-v2-5ccb9c7c84-7dflp -c istio-proxy
    [2022-12-18T06:33:28.776Z] "GET /weather?locate=Hangzhou HTTP/1.1" 200 -
via_upstream - "-" 0 665 5 5 "172.17.0.3,172.17.0.15" "Mozilla/5.0 (Windows NT 10.0;
Win64; x64) AppleWebKit/537.36 (KHTML, like Gecko) Chrome/101.0.4951.54
Safari/537.36" "80d9868d-6d9d-9be6-b795-8bb54ee948e9" "forecast-shadow:3002"
"172.17.0.14:3002" inbound|3002|| 127.0.0.6:38435 172.17.0.14:3002 172.17.0.15:0
outbound_.3002_.v2_.forecast.weather.svc.cluster.local default
```

11.15　本章小结

本章的实践用例覆盖了 Istio 在流量治理场景中的大部分功能，包括负载均衡、会话保持、故障注入、超时重试、重定向、重写、连接池与熔断、限流、服务隔离和流量镜像等。其中的用例都是微服务场景中的最佳实践，在生产中十分有用，读者可以参考用例，根据自身的业务场景规划具体的实施方案。

第12章 | 服务安全实践

在提供丰富的流量治理能力的同时，Istio 也构建了完善的安全体系，提供了强大的安全功能。Istio 通过双向 TLS 方式提供了从服务到服务的传输认证，基于 JWT 令牌的请求身份认证和细粒度规则实现了丰富的访问授权。

12.1 双向认证

1. 实战目标

如图 12-1 所示，为 advertisement 设置认证策略，使得在 STRICT 模式下只有服务网格内部注入了 Sidecar 且使用 TLS 的加密请求的服务才能访问 advertisement；在 PERMISSIVE 模式下可接收未经 TLS 加密的请求。

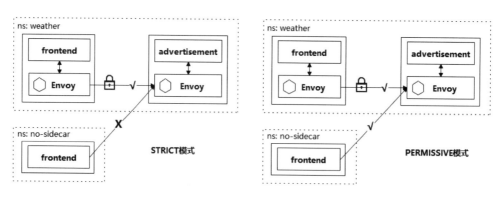

图 12-1　双向认证

2. 实战演练

进入本节目录，创建一个新的命名空间 no-sidecar，不开启 Sidecar 自动注入，并部署

frontend：

```
$ kubectl create ns no-sidecar
$ cd 12_security/12.1
$ kubectl apply -f frontend-v1.yaml -n no-sidecar
```

执行 kubectl 命令，查看到 frontend 负载启动成功，且容器数量为 1：

```
$ kubectl get pods -n no-sidecar
NAME                          READY   STATUS    RESTARTS   AGE
frontend-v1-85c56c9565-fblsj  1/1     Running   0          13s
```

在 no-sidecar 命名空间下的 frontend 容器中访问 weather 命名空间下的 advertisement。由于未设置任何认证策略，所以请求访问成功，返回"200"状态码：

```
$ kubectl exec -it frontend-v1-85c56c9565-fblsj -n no-sidecar -- curl
http://advertisement.weather:3003/ad -v
< HTTP/1.1 200 OK
```

以 STRICT 模式对 advertisement 启用认证策略，并部署相应的 DestinationRule：

```
$ kubectl apply -f peerauthentication-advertisement.yaml
$ kubectl apply -f dr-advertisement-tls.yaml
```

执行 kubectl 命令，查看认证策略：

```
$ kubectl -n weather get peerauthentication advertisement-policy -o yaml
spec:
  selector:
    matchLabels:
      app: advertisement
  mtls:
    mode: STRICT


$ kubectl -n weather get dr advertisement-dr -o yaml
spec:
  host: advertisement
  subsets:
  - labels:
      version: v1
    name: v1
  trafficPolicy:
    tls:
      mode: ISTIO_MUTUAL
```

此时 advertisement 的工作负载仅接收使用 TLS 的加密请求。通过 no-sidecar 命名空间的 frontend 容器再次直接对 advertisement 发起请求，由于请求没有加密，所以访问失败：

```
$ kubectl exec -it frontend-v1-85c56c9565-fblsj -n no-sidecar -- curl
http://advertisement.weather:3003/ad -v
 * Recv failure: Connection reset by peer
 * Curl_http_done: called premature == 1
 * stopped the pause stream!
 * Closing connection 0
curl: (56) Recv failure: Connection reset by peer
command terminated with exit code 56
```

进入 weather 命名空间的 frontend 容器中，对 advertisement 发起请求，由于 frontend 的 Proxy 会对请求加密后发出，所以访问成功，返回 "200" 状态码：

```
$ kubectl exec -it frontend-v1-85c56c9565-n624b -n weather -- curl
http://advertisement.weather:3003/ad -v
 < HTTP/1.1 200 OK
```

将 TLS 的模式由 STRICT 改为 PERMISSIVE，并执行 kubectl 命令，查看配置：

```
$ kubectl apply -f peerauthentication-advertisement-permissive.yaml
$ kubectl -n weather get peerauthentication advertisement-policy -o yaml
spec:
  selector:
    matchLabels:
      app: advertisement
  mtls:
    mode: PERMISSIVE
```

再次通过 no-sidecar 命名空间下的 frontend 容器访问 advertisement，由于 PERMISSIVE 模式可接收未经 TLS 加密的请求，因此返回成功：

```
$ kubectl exec -it frontend-v1-85c56c9565-fblsj -n no-sidecar -- curl
http://advertisement.weather:3003/ad -v
 < HTTP/1.1 200 OK
```

如图 12-2 所示，从 Kiali 的实时流量监控图中进一步确认，有流量从 weather 命名空间的 frontend 发往 advertisement，小锁图标表示流量经过加密。从 no-sidecar 命名空间的 frontend（图中的 unknown）发往 advertisement 的请求并没有小锁图标，表示流量没有加密。

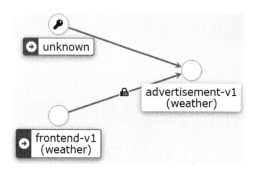

图 12-2 Kiali 的实时流量监控图

12.2 JWT 认证

1. 实战目标

首先，配置 RequestAuthentication，为 Ingress-gateway 开启 JWT 认证。然后，配置授权策略，使不包含 RequestPrincipal 的请求都被拒绝。最后，配置 frontend 的 VirtualService，使其根据 JWT 认证转发请求。如图 12-3 所示，当请求中不携带 JWT 时，访问失败，返回"403"错误；当请求中携带不合法的 JWT 时，访问失败，返回"401"错误，提示 invalid_token 错误；当请求中携带合法且包含正确声明的 JWT 时，访问成功，返回"200"状态码；当请求中携带合法但未包含正确声明的 JWT 时，访问失败，返回"401"错误。

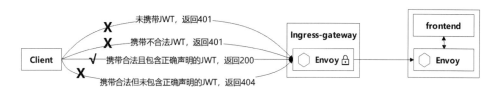

图 12-3 JWT 认证

2. 实战演练

进入本节目录，配置 RequestAuthentication，为 Ingress-gateway 开启 JWT 认证：

```
$ cd 12_security/12.2
$ kubectl apply -f JWT-enable.yaml
```

执行 kubectl 命令，查看 RequestAuthentication 的配置：

```
$ kubectl get RequestAuthentication jwt-example -n istio-system -o yaml
spec:
  jwtRules:
  - issuer: weather@cloud-native.istio
    jwks: "{ \"keys\":[ {\"e\":\"AQAB\",\"kid\":\
"3eRrNVtCwycr9WoM7r7BWunFspsezOv_if42ui0lNMg\",\"kty\":\"RSA\",\"n\":\"37yLU6gIQ
24dFAUZUBxFwZe21mMgcVUI7_JlXNhcz7a-ZqcLS2DeqOka3O7QJcf7Wgy8b1tIL-uxbIKtCjnZN7erG
HW-BUcWpXCZb62t9Zx7kad9dEftVc1mX7XFWg-J4BIy7Y-HO7RdzJDgHBLg4t5G586f5GAcR5-faaJr5
IRmYoyg8uvnJQ1NQwCA9lMY2SiU0tb-4m7QKGwammmEToL7BLbXUCjECJJWDc_xgDl1frZ-VbXN0au8n
v_TjZOy4wsFB_AwXdkVJnYGyqr6q9sR63FQgQrP2C1kwkrnIt-YdJFQ0L0mxbgNY6eQjNDkyXEneQXEW
3IhyTxjZRjXHQ\"}]}"
    selector:
      matchLabels:
        istio: ingressgateway
```

由于 RequestAuthentication 只有在请求中包含 JWT 时才进行检查验证，所以为了确保只接收包含 JWT 的请求，需要先配置授权策略，使不包含 RequestPrincipal 的请求都被拒绝：

```
$ kubectl apply -f JWT-principal.yaml
```

执行 kubectl 命令，查看授权策略：

```
$ kubectl get AuthorizationPolicy weather-ingress -n istio-system -o yaml
spec:
  action: DENY
  rules:
  - from:
    - source:
        notRequestPrincipals:
        - '*'
  selector:
    matchLabels:
      istio: ingressgateway
```

配置 frontend 的 VirtualService，使其根据 JWT 认证转发请求：

```
$ kubectl apply -f vs-frontend.yaml
```

执行 kubectl 命令，查看 VirtualService 的配置：

```
$ kubectl get vs -n weather frontend-route -o yaml
spec:
  gateways:
  - istio-system/weather-gateway
```

```
    hosts:
    - '*'
    http:
    - match:
      - headers:
          '@request.auth.claims.groups':
            exact: security
        port: 80
      route:
      - destination:
          host: frontend
          port:
            number: 3000
          subset: v1
```

按如下配置获取 INGRESS_HOST 和 INGRESS_PORT：

```
$ export INGRESS_HOST=$(minikube ip)  # 如果使用minikube，则执行此命令
$ export INGRESS_HOST=$(kubectl -n istio-system get service istio-ingressgateway
-o jsonpath='{.status.loadBalancer.ingress[0].ip}')  # 如果配置了LoadBalancer，则执行
此命令
$ export INGRESS_PORT=$(kubectl -n istio-system get service istio-ingressgateway
-o jsonpath='{.spec.ports[?(@.name=="http2")].nodePort}')
```

当请求中不携带 JWT 时，访问失败，返回"403"错误：

```
$ curl -s -I "http://$INGRESS_HOST:$INGRESS_PORT/"
HTTP/1.1 403 Forbidden
```

当请求中携带不合法的 JWT 时，访问失败，返回"401"错误，提示 invalid_token 错误：

```
$ curl -s -I "http://$INGRESS_HOST:$INGRESS_PORT/" -H "Authorization: Bearer
other.token"
HTTP/1.1 401 Unauthorized
www-authenticate: Bearer realm="http://10.244.xx.xx:31602/",
error="invalid_token"
```

获取合法且包含正确声明的 JWT，将其存储到环境变量 TOKEN_WITH_GROUP 中。然后，在请求中携带此 JWT，即 claim 包含 groups 且精确匹配到 security，访问成功，返回"200"状态码：

```
$ TOKEN_WITH_GROUP=$(cat with-group.jwt) && echo "$TOKEN_WITH_GROUP" | cut -d
'.' -f2 - | base64 --decode -
{"exp":4807761687,"groups":"security","iat":1654161687,"iss":"weather@cloud-
```

```
native.istio","sub":"weather@cloud-native.istio"}
    $ curl -s -I "http://$INGRESS_HOST:$INGRESS_PORT/" -H "Authorization: Bearer
$TOKEN_WITH_GROUP"
    HTTP/1.1 200 OK
```

获取合法但未包含正确声明的 JWT，将其存储到环境变量 TOKEN_WO_GROUP 中。然后，在请求中携带此 JWT，即 claim 未精确匹配到 security，访问失败，返回 "404" 错误：

```
    $ TOKEN_WO_GROUP=$(cat without-group.jwt) && echo "$TOKEN_WO_GROUP" | cut -d '.'
-f2 - | base64 --decode -
    {"exp":4807761547,"iat":1654161547,"iss":"weather@cloud-native.istio","sub":
"weather@cloud-native.istio"}
    $ curl -s -I "http://$INGRESS_HOST:$INGRESS_PORT/" -H "Authorization: Bearer
$TOKEN_WO_GROUP"
    HTTP/1.1 404 Not Found
```

12.3　特定命名空间的访问授权

1. 实战目标

如图 12-4 所示，配置授权策略，让 weather 命名空间下的所有服务都不能访问 new-weather 命名空间下的 advertisement。因为没有访问控制策略的限制，所以 weather 命名空间下的所有服务都可以访问 new-weather 命名空间下的 forecast。

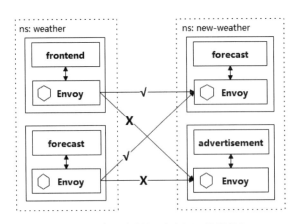

图 12-4　命名空间级别的访问控制授权

2. 实战演练

进入本节目录，创建一个新的命名空间 new-weather，开启 Sidecar 自动注入，并部署 frontend、advertisement 和 forecast：

```
$ kubectl create ns new-weather
$ kubectl label namespace new-weather istio-injection=enabled

$ cd 12_security/12.3
$ kubectl apply -f weather-v1.yaml -n new-weather
```

为 weather 命名空间配置访问控制授权策略，使 weather 命名空间下的所有服务都不能访问 no-sidecar 命名空间下的 advertisement，即不能发送 GET 请求：

```
$ kubectl apply -f authorizationpolicy-weather.yaml
```

执行 kubectl 命令，查看 AuthorizationPolicy 的配置：

```
$ kubectl get authorizationpolicy deny-advertisement -n new-weather -o yaml
spec:
  action: DENY
  rules:
  - from:
    - source:
        namespaces:
        - weather
    - to:
    - operation:
        hosts:
        - '*.advertisement.new-weather'
        methods:
        - GET
```

在 weather 命名空间下的 frontend 容器和 forecast 容器中分别访问 new-weather 命名空间下的 advertisement，由于访问控制策略的限制，访问均失败，返回"RBAC: access denied"：

```
$ kubectl exec -it frontend-v1-85c56c9565-n624b -n weather -- curl
http://advertisement.new-weather:3003/ad -v
< HTTP/1.1 403 Forbidden
* Curl_http_done: called premature == 0
* Connection #0 to host advertisement.new-weather left intact
RBAC: access denied

$ kubectl exec -it forecast-v1-869876d4f4-lpzj7 -n weather -- curl
```

```
http://advertisement.new-weather:3003/ad -v
    < HTTP/1.1 403 Forbidden
    * Curl_http_done: called premature == 0
    * Connection #0 to host advertisement.new-weather left intact
    RBAC: access denied
```

在 weather 命名空间下的 frontend 容器和 forecast 容器中分别访问 new-weather 命名空间下的 forecast，由于没有访问控制策略的限制，访问均成功：

```
$ kubectl exec -it frontend-v1-85c56c9565-n624b -n weather -- curl
http://forecast.weather:3002/weather?locate=hangzhou -v
    < HTTP/1.1 200 OK

$ kubectl exec -it forecast-v1-869876d4f4-lpzj7 -n weather -- curl
http://forecast.weather:3002/weather?locate=hangzhou -v
    < HTTP/1.1 200 OK
```

12.4　特定源地址的授权

1. 实战目标

如图 12-5 所示，配置授权策略，让 weather 命名空间下的 advertisement 都不能被 IP 地址为 "172.17.0.15" 的容器即 frontend 访问，但可以被其他 IP 地址的服务如 forecast 访问。

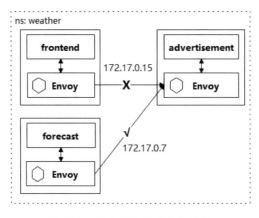

图 12-5　特定源地址的授权控制

2. 实战演练

查找 weather 命名空间下 frontend 容器和 forecast 容器的 IP 地址：

```
$ kubectl get pods -n weather -o wide
NAME                          READY   STATUS    RESTARTS   AGE   IP
frontend-v1-85c56c9565-n624b  2/2     Running   0          14d   172.17.0.15
forecast-v1-869876d4f4-lpzj7  2/2     Running   0          16d   172.17.0.7
```

进入本节目录，为 weather 命名空间下的 advertisement 配置访问控制授权策略，使其不能被 IP 地址为 "172.17.0.15" 的容器即 frontend 访问，但可以被其他服务如 forecast 访问：

```
$ cd 12_security/12.4
$ kubectl apply -f authorizationpolicy-advertisement.yaml
```

执行 kubectl 命令，查看 AuthorizationPolicy 的配置：

```
$ kubectl get authorizationpolicy advertisement -n weather -o yaml
spec:
  action: DENY
  rules:
  - from:
    - source:
        ipBlocks:
        - 172.17.0.15
    to:
    - operation:
        methods:
        - GET
  selector:
    matchLabels:
      app: advertisement
```

在 weather 命名空间下的 frontend 容器中访问 advertisement，由于访问控制策略的限制，不允许访问，所以访问失败，返回 "RBAC: access denied"。但 frontend 容器在访问其他服务如 forecast 时，由于没有访问控制策略的限制，因此访问成功：

```
$ kubectl exec -it frontend-v1-85c56c9565-n624b -n weather -- curl
http://advertisement.weather:3003/ad -v
< HTTP/1.1 403 Forbidden
* Curl_http_done: called premature == 0
* Connection #0 to host advertisement.new-weather left intact
RBAC: access denied
```

```
$ kubectl exec -it frontend-v1-85c56c9565-n624b -n weather -- curl
http://forecast.weather:3002/weather?locate=hangzhou -v
 < HTTP/1.1 200 OK
```

在 weather 命名空间下的 forecast 容器中访问 advertisement，由于访问控制策略为允许访问，所以访问成功。本实战环节只演示基于源 IP 地址的授权控制，实际上对于服务网格内部服务的访问，一般更推荐基于认证的身份进行授权管理；对于来自服务网格外部的访问，或者不能提供认证身份的客户端，可以基于源 IP 地址进行授权管理：

```
$ kubectl exec -it forecast-v1-869876d4f4-lpzj7 -n weather -- curl
http://advertisement.weather:3003/ad -v
 < HTTP/1.1 200 OK
```

12.5　本章小结

安全技术在生产实践中扮演着越来越重要的角色。通过本章的实践，我们看到 Istio 可以对服务进行端到端的认证，实现服务间的安全访问。同时，Istio 通过丰富的授权策略，实现了服务间的访问控制。Istio 帮我们解决了在生产环节中实施安全方案的难题，以最小的代价获得了稳定、可靠的保护功能。

第13章 网关流量实践

网关是微服务架构中一个非常关键的组件，为应用提供了统一的外部访问入口。用户可以在网关上方便地进行安全认证、流量控制、性能分析等功能，让业务功能与非业务功能进行有效解耦，给予系统架构更大的灵活性。

13.1 入口网关

1. 实战目标

如图 13-1 所示，使用 Istio Ingress-gateway 将 frontend 暴露到服务网格外部，然后使用命令行或浏览器通过 Ingress-gateway 访问 frontend。

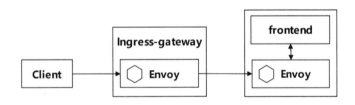

图 13-1　通过入口网关访问服务网格内部服务

2. 实战演练

确认已将天气预报应用部署在服务网格中。进入本节目录，执行如下命令，为 frontend 添加入口网关。该文件将部署 Gateway、VirtualService 和 DestinationRule：

```
$ cd 13_gateway/13.1
$ kubectl apply -f weather-gateway.yaml
```

在部署完成后，查看已配置的 Gateway 和 VirtualService：

```
$ kubectl get gw -n istio-system weather-gateway -o yaml
spec:
  selector:
    istio: ingressgateway
  servers:
  - hosts:
    - '*'
    port:
      name: http
      number: 80
      protocol: HTTP

$ kubectl get vs -n weather frontend-route -o yaml
spec:
  gateways:
  - istio-system/weather-gateway
  hosts:
  - '*'
  http:
  - match:
    - port: 80
    route:
    - destination:
        host: frontend
        port:
          number: 3000
        subset: v1
```

按如下配置获取 INGRESS_HOST 和 INGRESS_PORT：

```
$ export INGRESS_HOST=$(minikube ip)  # 如果使用 minikube，则执行此命令
$ export INGRESS_HOST=$(kubectl -n istio-system get service istio-ingressgateway
-o jsonpath='{.status.loadBalancer.ingress[0].ip}')
  # 如果配置了 LoadBalancer，则执行此命令
$ export INGRESS_PORT=$(kubectl -n istio-system get service istio-ingressgateway
-o jsonpath='{.spec.ports[?(@.name=="http2")].nodePort}')
```

通过 curl 或浏览器访问 frontend，返回为 "200" 状态码，说明配置成功：

```
$ curl http://$INGRESS_HOST:$INGRESS_PORT -s -o /dev/null -w "%{http_code}\n"
200
```

13.2 单向 TLS 网关

1. 实战目标

一般的 Web 应用都采用单向认证，即仅客户端验证服务端的证书，无须在通信层做用户身份验证，而是在应用逻辑层保证用户的合法登录。如图 13-2 所示，对 Ingress-gateway 进行配置，为服务启用单向 TLS 保护，以 HTTPS 的形式为服务网格外部提供服务。

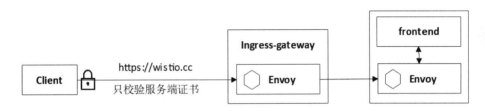

图 13-2 通过单向 TLS 网关访问服务网格内部服务

2. 实战演练

使用工具生成客户端与服务器的证书和密钥，输入自定义的密码，根据提示输入 6 次 y 即可：

```
$ git clone https://github.com/nicholasjackson/mtls-go-example
$ cd mtls-go-example
$ ./generate.sh wistio.cc <password>
$ mkdir ~/wistio.cc && mv 1_root 2_intermediate 3_application 4_client
~/wistio.cc
```

创建一个 Kubernetes Secret 对象，用于保存服务器的证书和密钥：

```
$ cd ~/wistio.cc
$ kubectl create -n istio-system secret tls istio-ingressgateway-certs --key
3_application/private/wistio.cc.key.pem --cert
3_application/certs/wistio.cc.cert.pem
```

进入本节目录，执行 kubectl 命令，创建 Gateway 资源：

```
$ cd 13_gateway/13.2
$ kubectl apply -f gateway-tls-simple.yaml
```

查看 Gateway 资源对象，添加包含了 443 端口的 HTTPS 的 Server 部分，tls 中的 mode 字段的值为 SIMPLE，credentialName 字段的值为 Secret 的名称：

```
$ kubectl get gateway weather-gateway -n istio-system -o yaml
spec:
  selector:
    istio: ingressgateway
  servers:
  - hosts:
    - '*'
    port:
      name: https
      number: 443
      protocol: HTTPS
    tls:
      mode: SIMPLE
      credentialName: istio-ingressgateway-certs
```

执行如下命令，创建 frontend 的 VirtualService 资源：

```
$ kubectl apply -f vs-frontend-tls.yaml -n weather
```

查看配置，可以看到这个 VirtualService 绑定了 weather-gateway 网关，在 hosts 中添加了域名信息。服务网格外部访问 wistio.cc 的流量被通过 Gateway 路由到 frontend 的 v1 版本的实例：

```
$ kubectl get vs frontend-route -o yaml -n weather
spec:
  gateways:
  - istio-system/weather-gateway
  hosts:
  - wistio.cc
  http:
  - route:
    - destination:
        host: frontend
        subset: v1
```

执行 curl 命令，向 wistio.cc 发送 HTTPS 请求，访问成功：

```
$ export INGRESS_HOST=$(minikube ip)  # 如果使用 minikube，则执行此命令
$ export INGRESS_HOST=$(kubectl -n istio-system get service istio-ingressgateway
-o jsonpath='{.status.loadBalancer.ingress[0].ip}')  # 如果配置了 Loadbalancer，则执行
此命令
```

```
$ curl -v --resolve wistio.cc:443:$INGRESS_HOST --cacert
~/wistio.cc/2_intermediate/certs/ca-chain.cert.pem https://wistio.cc -o /dev/null
......
> CONNECT wistio.cc:443 HTTP/1.1
> Host: wistio.cc:443
> Proxy-Authorization: Basic bDAwNTg4NjQ4Omx5bnNleTQ1ODE5OTI3MTZfXw==
> User-Agent: curl/7.58.0
> Proxy-Connection: Keep-Alive
>
< HTTP/1.1 200 OK
```

更新证书和密钥：

```
$ kubectl -n istio-system delete secret istio-ingressgateway-certs
$ cd ~/mtls-go-example
$ ./generate.sh wistio.cc <password>
$ mkdir ~/new.wistio.cc && mv 1_root 2_intermediate 3_application 4_client
~/new.wistio.cc
$ cd ~/new.wistio.cc
$ kubectl create -n istio-system secret generic istio-ingressgateway-certs --key
3_application/private/wistio.cc.key.pem --cert
3_application/certs/wistio.cc.cert.pem
```

如果继续使用旧的 CA 证书发送 HTTPS 请求，则访问失败：

```
$ curl -v --resolve wistio.cc:443:$INGRESS_HOST --cacert
~/wistio.cc/2_intermediate/certs/ca-chain.cert.pem https://wistio.cc -o /dev/null
......
* NSS error -8179 (SEC_ERROR_UNKNOWN_ISSUER)
* Peer's Certificate issuer is not recognized.
```

如果使用新的 CA 证书发送 HTTPS 请求，则访问成功：

```
$ curl -v --resolve wistio.cc:443:$INGRESS_HOST --cacert ~/new.wistio.cc
/2_intermediate/certs/ca-chain.cert.pem https://wistio.cc -o /dev/null
......
> CONNECT wistio.cc:443 HTTP/1.1
> Host: wistio.cc:443
> Proxy-Authorization: Basic bDAwNTg4NjQ4Omx5bnNleTQ1ODE5OTI3MTZfXw==
> User-Agent: curl/7.58.0
> Proxy-Connection: Keep-Alive
>
< HTTP/1.1 200 OK
```

13.3　双向 TLS 网关

1. 实战目标

双向 TLS 除了需要客户端认证服务端，还需要服务端认证客户端。如图 13-3 所示，对 Ingress-gateway 进行配置，为服务启用双向 TLS 保护，以 HTTPS 的形式为服务网格外部提供服务。在通过 HTTPS 访问 frontend 时，对服务端和客户端同时进行校验。

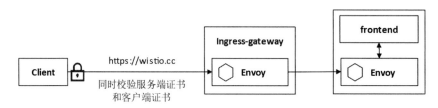

图 13-3　通过双向 TLS 网关访问服务网格内部服务

2. 实战演练

使用工具生成客户端与服务器的证书和密钥，输入自定义的密码，根据提示输入 6 次 y 即可：

```
$ git clone https://github.com/nicholasjackson/mtls-go-example
$ cd mtls-go-example
$ ./generate.sh wistio.cc <password>
$ mkdir ~/wistio.cc && mv 1_root 2_intermediate 3_application 4_client
~/wistio.cc
```

创建一个 Kubernetes Secret，用于存储 CA 证书等，服务端会使用这一证书对客户端进行校验：

```
$ cd ~/wistio.cc
$ kubectl create -n istio-system secret generic istio-ingressgateway-ca-certs
--from-file=2_intermediate/certs/ca-chain.cert.pem
```

进入本节目录，执行 kubectl 命令，创建 Gateway 资源：

```
$ cd 13_gateway/13.3
$ kubectl apply -f gateway-tls-mutual.yaml
```

查看 Gateway，其中添加包含了 443 端口的 HTTPS 的 Server 部分，tls 中的 mode 字段的值为 MUTUAL，credentialName 字段的值为 Secret 的名称：

```
$ kubectl get gateway weather-gateway -n istio-system -o yaml
kind: Gateway
spec:
  selector:
    istio: ingresgateway
  servers:
  - hosts:
    - '*'
    port:
      name: https
      number: 443
      protocol: HTTPS
    tls:
      mode: MUTUAL
      credentialName: istio-ingressgateway-ca-certs
```

执行如下命令，创建 frontend 的 VirtualService 资源：

```
$ kubectl apply -f vs-frontend-tls.yaml -n weather
```

查看 VirtualService，可以看到在 hosts 中添加了域名信息：

```
$ kubectl get vs frontend-route -o yaml -n weather
spec:
  gateways:
  - istio-system/weather-gateway
  hosts:
  - wistio.cc
  http:
  - route:
    - destination:
        host: frontend
        subset: v1
```

使用客户端证书（--cert）及密钥（--key）发送 HTTPS 请求，校验通过，访问成功：

```
$ export INGRESS_HOST=$(minikube ip)  # 如果使用minikube，则执行此命令

$ export INGRESS_HOST=$(kubectl -n istio-system get service istio-ingressgateway
-o jsonpath='{.status.loadBalancer.ingress[0].ip}') # 如果配置了LoadBalancer，则执行
此命令
$ cd ~/wistio.cc
```

```
$ curl -v --resolve wistio.cc:443:$INGRESS_HOST --cacert
2_intermediate/certs/ca-chain.cert.pem --cert 4_client/certs/wistio.cc.cert.pem
--key 4_client/private/wistio.cc.key.pem https://wistio.cc -o /dev/null
……
> CONNECT wistio.cc:443 HTTP/1.1
> Host: wistio.cc:443
> Proxy-Authorization: Basic bDAwNTg4NjQ0Omx5bNleTQ1ODE5OTI3MTZfXw==
> User-Agent: curl/7.58.0
> Proxy-Connection: Keep-Alive
>
< HTTP/1.1 200 OK
```

13.4　访问服务网格外部服务

1. 实战目标

如图 13-4 所示，为服务网格外部服务配置 ServiceEntry，并通过 ServiceEntry 访问服务网格外部服务，可实现对出流量的访问控制和服务治理。

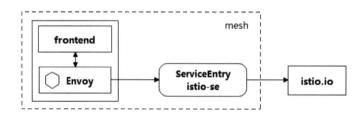

图 13-4　通过 ServiceEntry 访问服务网格外部服务

2. 实战演练

默认的出流量管理策略为 ALLOW_ANY。进入本节目录，执行如下命令，将出流量管理策略修改为 REGISTRY_ONLY：

```
$ cd 13_gateway/13.4
$ istioctl install -f outboundmode-registtryonly.yaml
$ kubectl get iop installed-state-registryonly-mode -n istio-system -o yaml
spec:
  meshConfig:
    outboundTrafficPolicy:
      mode: REGISTRY_ONLY
```

为服务网格外部服务部署如下 ServiceEntry:

```
$ kubectl apply -f serviceentry-istio.yaml -n weather
```

执行 kubectl 命令, 查看配置, 端口为 443, 协议为 HTTPS:

```
$ kubectl get serviceentry istio-se -o yaml -n weather
spec:
  hosts:
  - istio.io
  ports:
  - number: 443
    name: https
    protocol: HTTPS
  resolution: DNS
  location: MESH_EXTERNAL
```

通过 frontend 容器访问服务网格外部的 HTTP 服务, 访问成功:

```
$ kubectl exec -it frontend-v1-85c56c9565-bg9g8 -n weather -- bash
$ time curl -o /dev/null -sS -w "%{http_code}\n" https://istio.io
200
real    0m0.433s
user    0m0.013s
sys     0m0.006s
```

在为服务网格外部服务配置 ServiceEntry 后, 即可对服务网格外部服务进行治理。比如配置故障注入策略, 注入 3 秒的延迟:

```
$ kubectl apply -f vs-fault-delay.yaml -n weather
```

执行 kubectl 命令, 查看配置:

```
$ kubectl get vs istio-fault-delay -o yaml -n weather
spec:
  hosts:
    - istio.io
  http:
  - fault:
      delay:
        fixedDelay: 3s
        percentage:
          value: 100
    route:
      - destination:
```

```
host: istio.io
```

再次访问服务网格外部服务，在 3 秒后才得到其返回结果：

```
$ kubectl exec -it frontend-v1-85c56c9565-bg9g8 -n weather -- bash
$ time curl -o /dev/null -sS -w "%{http_code}\n" https://istio.io
200
real    0m3.538s
user    0m0.018s
sys     0m0.005s
```

可使用如下配置将出流量管理策略更改为 ALLOW_ANY：

```
$ istioctl install -f outboundmode-allowany.yaml
```

13.5　出口网关

1. 实战目标

如图 13-5 所示，通过为服务网格外部服务 idouba.cc 配置 ServiceEntry，并创建出口网关和 DestinationRule、配置 Virtual Service，将来自服务网格内部服务的流量路由到出口网关，并将来自出口网关的流量路由到 idouba.cc。

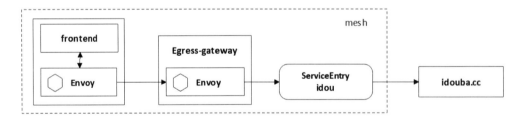

图 13-5　通过出口网关访问服务网格外部服务

2. 实战演练

首先，进入本节目录，为 idouba.cc 配置 ServiceEntry，并执行 kubectl 命令，查看配置：

```
$ cd 13_gateway/13.5
$ kubectl apply -f serviceentry-http-idou.yaml
$ kubectl get serviceentry idou -o yaml
```

```
spec:
  hosts:
  - idouba.cc
  ports:
  - number: 80
    name: http
    protocol: HTTP
  resolution: DNS
```

然后创建出口网关，并为路由到出口网关的流量配置 DestinationRule：

```
$ kubectl apply -f egressgateway-http-idou.yaml
$ kubectl apply -f destinationrule-idou.yaml
```

执行 kubectl 命令，查看配置：

```
$ kubectl get gw istio-egressgateway -o yaml -n istio-system
spec:
  selector:
    istio: egressgateway
  servers:
  - port:
      number: 80
      name: http
      protocol: HTTP
    hosts:
    - idouba.cc

$ kubectl get dr egressgw-idou -o yaml
spec:
  host: istio-egressgateway.istio-system.svc.cluster.local
  subsets:
  - name: idou
```

配置 VirtualService，用于将来自内部服务的流量路由到出口网关，并将来自出口网关的流量路由到服务网格外部服务 idouba.cc：

```
$ kubectl apply -f virtualservice-http-idou.yaml
```

执行 kubectl 命令，查看配置：

```
$ kubectl get vs vs-http-idou -o yaml
spec:
  hosts:
  - idouba.cc
  gateways:
```

```
    - istio-egressgateway
    - mesh
    http:
    - match:
      - gateways:
        - mesh
        port: 80
      route:
      - destination:
          host: istio-egressgateway.istio-system.svc.cluster.local
          subset: idou
          port:
            number: 80
        weight: 100
    - match:
      - gateways:
        - istio-egressgateway
        port: 80
      route:
      - destination:
          host: idouba.cc
          port:
            number: 80
        weight: 100
```

通过 frontend 容器向 idouba.cc 发送 HTTP 请求，访问成功：

```
   $ kubectl exec -it frontend-v1-85c56c9565-bg9g8 -n weather -- curl -sSL -o
/dev/null -D - http://idouba.cc
   HTTP/1.1 200 OK
```

13.6　本章小结

入口网关和出口网关作为 Istio 的边界组件，控制着服务网格的所有进出流量。在入口网关和出口网关做适当的身份认证、访问鉴权及数据加解密，是保护服务网格流量安全的重要手段。本章的实战用例着重介绍了入口网关、单向 TLS 网关、双向 TLS 网关、出口网关，以及访问外部服务的方法。

第**14**章 | 异构基础设施实践

在多个集群中部署和管理应用带来了更好的故障隔离性和扩展性。Istio 还支持异构基础设施并存，即通过配置将虚拟机应用纳入服务网格中进行流量治理，也可使流量在虚拟机实例和容器实例间无差别转移。Istio 所提供的流量治理功能在多集群环境和异构基础设施中均可生效。多形态的基础设施管理为 Istio 带来了更广阔的应用场景。

14.1 多集群灰度发布

1. 实战目标

参考官网的多集群搭建步骤准备一个包含两个集群的多集群环境。在 cluster-1 集群中部署天气预报应用的 frontend、advertisement、forecast 的 v1 版本，在 cluster-2 集群中部署 recommendation 和 forecast 的 v2 版本。如图 14-1 所示，配置基于流量比例的灰度发布策略，使 frontend 发往 forecast 的请求有 50%发往 cluster-1 集群的 v1 版本，有 50%发往 cluster-2 集群的 v2 版本。

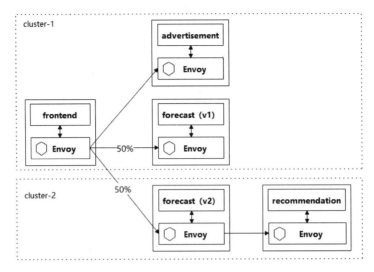

图 14-1　多集群灰度发布

2. 实战演练

进入本节目录，参考 8.3.2 节在 cluster-1 集群中部署天气预报应用的 frontend、advertisement、forecast 的 v1 版本：

```
$ cd 14_multi-cluster/14.1
$ kubectl create ns weather
$ kubectl label namespace weather istio-injection=enabled
$ kubectl apply -f weather-v1.yaml -n weather
$ kubectl apply -f weather-gateway.yaml
```

参照 10.2 节在 cluster-2 集群中部署 recommendation 和 forecast 的 v2 版本：

```
$ kubectl create ns weather
$ kubectl label namespace weather istio-injection=enabled
$ kubectl apply -f recommendation-all.yaml -n weather
$ kubectl apply -f forecast-v2-deployment.yaml -n weather
```

参考官方文档配置多集群环境，使各集群中的服务实现访问互通。

配置 forecast 的 DestinationRule：

```
$ kubectl apply -f forecast-v2-destination.yaml -n weather
```

查看下发成功的配置，可以看到对 v1 和 v2 两个版本的 subset 进行了定义：

```
$ kubectl get dr forecast-dr -o yaml -n weather
spec:
```

```
    host: forecast
    subsets:
    - labels:
        version: v1
      name: v1
    - labels:
        version: v2
      name: v2
```

配置 forecast 的路由规则：

```
$ kubectl apply -f vs-forecast-weight-based-50.yaml -n weather
```

查看 forecast 的 VirtualService 配置，其中的 weight 字段显示了相应服务的流量占比：

```
$ kubectl get vs forecast-route -oyaml -n weather
spec:
  hosts:
  - forecast
  http:
  - route:
    - destination:
        host: forecast
        subset: v1
      weight: 50
    - destination:
        host: forecast
        subset: v2
      weight: 50
```

在浏览器中查看配置后的效果：在页面上单击 10 次"查询天气"按钮，可以发现在大约 50%的情况下不显示推荐服务，表示调用了 forecast 的 v1 版本；在另外 50%的情况下显示推荐服务，表示调用了 forecast 的 v2 版本。

进入 cluster-1 集群查看 frontend 的访问日志，发现有 5 个请求访问了 forecast 的 v1 版本，有 5 个请求访问了 v2 版本：

```
$ kubectl logs frontend-v1-67595b66b8-jxnzv -n weather -c istio-proxy | grep
forecast
  [2022-12-14T03:33:16.649Z] "GET /weather?locate=Hangzhou HTTP/1.1" 200 - "-" 0
513 2 1 …… outbound|3002|v1|forecast.weather.svc.cluster.local 10.4.0.62:37826
10.234.71.9:3002 10.4.0.1:0 - -
  [2022-12-14T03:33:19.450Z] "GET /weather?locate=Hangzhou HTTP/1.1" 200 - "-" 0
698 7 6 …… outbound|3002|v2|forecast.weather.svc.cluster.local 10.4.0.62:50778
```

```
10.234.71.9:3002 10.4.0.1:0 - -
    [2022-12-14T03:33:21.557Z] "GET /weather?locate=Hangzhou HTTP/1.1" 200 - "-" 0
513 1 1 …… outbound|3002|v1|forecast.weather.svc.cluster.local 10.4.0.62:37826
10.234.71.9:3002 10.4.0.1:0 - -
    [2022-12-14T03:33:24.090Z] "GET /weather?locate=Hangzhou HTTP/1.1" 200 - "-" 0
698 6 6 …… outbound|3002|v2|forecast.weather.svc.cluster.local 10.4.0.62:50778
10.234.71.9:3002 10.4.0.1:0 - -
    [2022-12-14T03:33:26.392Z] "GET /weather?locate=Hangzhou HTTP/1.1" 200 - "-" 0
698 7 6 …… outbound|3002|v2|forecast.weather.svc.cluster.local 10.4.0.62:50778
10.234.71.9:3002 10.4.0.1:0 - -
    [2022-12-14T03:33:28.760Z] "GET /weather?locate=Hangzhou HTTP/1.1" 200 - "-" 0
698 6 6 …… outbound|3002|v2|forecast.weather.svc.cluster.local 10.4.0.62:50778
10.234.71.9:3002 10.4.0.1:0 - -
    [2022-12-14T03:33:31.046Z] "GET /weather?locate=Hangzhou HTTP/1.1" 200 - "-" 0
698 7 6 …… outbound|3002|v2|forecast.weather.svc.cluster.local 10.4.0.62:50778
10.234.71.9:3002 10.4.0.1:0 - -
    [2022-12-14T03:33:33.691Z] "GET /weather?locate=Hangzhou HTTP/1.1" 200 - "-" 0
513 2 1 …… outbound|3002|v1|forecast.weather.svc.cluster.local 10.4.0.62:37826
10.234.71.9:3002 10.4.0.1:0 - -
    [2022-12-14T03:33:35.763Z] "GET /weather?locate=Hangzhou HTTP/1.1" 200 - "-" 0
513 1 1 …… outbound|3002|v1|forecast.weather.svc.cluster.local 10.4.0.62:37826
10.234.71.9:3002 10.4.0.1:0 - -
    [2022-12-14T03:33:37.667Z] "GET /weather?locate=Hangzhou HTTP/1.1" 200 - "-" 0
513 1 1 …… outbound|3002|v1|forecast.weather.svc.cluster.local 10.4.0.62:37826
10.234.71.9:3002 10.4.0.1:0 - -
```

再查看 forecast 的 v1 版本的访问日志，刚好有 5 个请求的访问记录，且时间戳可以与 frontend 中的记录对应上：

```
$ kubectl logs forecast-v1-65599b68c7-sw6tx -n weather -c istio-proxy | grep
forecast
    [2022-12-14T03:33:16.649Z] "GET /weather?locate=Hangzhou HTTP/1.1" 200 - "-" 0
513 1 0 …… inbound|3002|| 127.0.0.1:55132 10.4.0.60:3002 10.4.0.1:0
outbound_.3002_.v1_.forecast.weather.svc.cluster.local default
    [2022-12-14T03:33:21.558Z] "GET /weather?locate=Hangzhou HTTP/1.1" 200 - "-" 0
513 1 0 …… inbound|3002|| 127.0.0.1:55132 10.4.0.60:3002 10.4.0.1:0
outbound_.3002_.v1_.forecast.weather.svc.cluster.local default
    [2022-12-14T03:33:33.691Z] "GET /weather?locate=Hangzhou HTTP/1.1" 200 - "-" 0
513 1 0 …… inbound|3002|| 127.0.0.1:55610 10.4.0.60:3002 10.4.0.1:0
outbound_.3002_.v1_.forecast.weather.svc.cluster.local default
    [2022-12-14T03:33:35.763Z] "GET /weather?locate=Hangzhou HTTP/1.1" 200 - "-" 0
513 1 0 …… inbound|3002|| 127.0.0.1:55610 10.4.0.60:3002 10.4.0.1:0
outbound_.3002_.v1_.forecast.weather.svc.cluster.local default
```

```
   [2022-12-14T03:33:37.668Z] "GET /weather?locate=Hangzhou HTTP/1.1" 200 - "-" 0
513 1 0  …… inbound|3002|| 127.0.0.1:55610 10.4.0.60:3002 10.4.0.1:0
outbound_.3002_.v1_.forecast.weather.svc.cluster.local default
```

进入 cluster-2 集群查看 forecast 的 v2 版本的访问日志，刚好有 5 个请求的访问记录，且时间戳可以与 frontend 中的记录对应上：

```
$ kubectl logs forecast-v2-588679b9d-dzftp -n weather -c istio-proxy | grep
forecast
   [2022-12-14T03:33:19.451Z] "GET /weather?locate=Hangzhou HTTP/1.1" 200 - "-" 0
698 5 5  …… inbound|3002|| 127.0.0.1:36912 10.56.0.10:3002 10.4.0.1:0
outbound_.3002_.v2_.forecast.weather.svc.cluster.local default
   [2022-12-14T03:33:24.090Z] "GET /weather?locate=Hangzhou HTTP/1.1" 200 - "-" 0
698 5 5  …… inbound|3002|| 127.0.0.1:36912 10.56.0.10:3002 10.4.0.1:0
outbound_.3002_.v2_.forecast.weather.svc.cluster.local default
   [2022-12-14T03:33:26.392Z] "GET /weather?locate=Hangzhou HTTP/1.1" 200 - "-" 0
698 6 5  …… inbound|3002|| 127.0.0.1:36912 10.56.0.10:3002 10.4.0.1:0
outbound_.3002_.v2_.forecast.weather.svc.cluster.local default
   [2022-12-14T03:33:28.760Z] "GET /weather?locate=Hangzhou HTTP/1.1" 200 - "-" 0
698 5 5  …… inbound|3002|| 127.0.0.1:36912 10.56.0.10:3002 10.4.0.1:0
outbound_.3002_.v2_.forecast.weather.svc.cluster.local default
   [2022-12-14T03:33:31.046Z] "GET /weather?locate=Hangzhou HTTP/1.1" 200 - "-" 0
698 6 5  …… inbound|3002|| 127.0.0.1:36912 10.56.0.10:3002 10.4.0.1:0
outbound_.3002_.v2_.forecast.weather.svc.cluster.local default
```

14.2　多集群非扁平网络负载均衡

1. 实战目标

如图 14-2 所示，cluster-1 集群与主集群组成扁平网络，cluster-2 集群与主集群组成非扁平网络。在 cluster-1 集群中部署了 frontend 和 advertisement，在 cluster-2 集群中部署了 advertisement。在为 advertisement 配置 ROUND_ROBIN 负载均衡策略后，frontend 访问 advertisement 的请求将被以轮询的方式发送到两个集群中的 advertisement 实例，且在访问 cluster-2 集群中的 advertisement 实例时，请求由东西向网关转发。

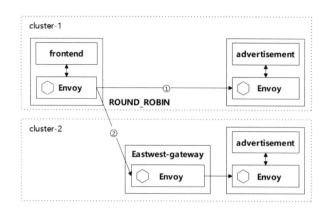

图 14-2　多集群非扁平网络负载均衡

2. 实战演练

进入本节目录，参考 8.3.2 节在 cluster-1 集群中部署天气预报应用的 frontend、advertisement 的 v1 版本，配置服务访问路由规则：

```
$ cd 14_multi-cluster/14.2
$ kubectl create ns weather
$ kubectl label namespace weather istio-injection=enabled
$ kubectl apply -f weather-v1.yaml -n weather
$ kubectl apply -f weather-gateway.yaml
$ kubectl apply -f vs-advertisement.yaml
```

查看确认 cluster-1 集群中的服务实例运行成功，并查看 advertisement 的 Pod IP：

```
$ kubectl get pods -n weather -o wide
NAME                              READY   STATUS    AGE     IP
advertisement-v1-cffdc56f8-m4bs8  2/2     Running   4h44m   10.135.0.137
frontend-v1-c6b5dccfc-k587g       2/2     Running   4h44m   10.135.0.11
```

在 cluster-2 集群中部署 advertisement 负载：

```
$ kubectl create ns weather
$ kubectl label namespace weather istio-injection=enabled
$ kubectl apply -f advertisement-all.yaml -n weather
```

因为 cluster-2 集群是非扁平网络，所以其中会部署一个东西向网关 Eastwest-gateway，用于接收访问请求并将其转发到本集群的目标服务后端。在 cluster-2 集群中查看东西向网关服务的 EXTERNAL-IP 和 PORT：

```
$ kubectl get svc -n istio-system
```

```
NAME                           TYPE          CLUSTER-IP       EXTERNAL-IP    PORT(S)
cross-network-gateway LoadBalancer   10.211.151.101   192.168.0.75   16000:31593/TCP
```

在 cluster-1 集群中使用 istioctl 命令，查看在 frontend 实例中加载的 endpoint 配置，一个为 cluster-1 集群中 advertisement 实例的 Pod IP，一个为 cluster-2 集群中东西向网关服务的 EXTERNAL-IP：

```
$ istioctl pc ep frontend-v1-c6b5dccfc-k587g -c istio-proxy -n weather | grep
advertisement
  10.135.0.137:3003  outbound|3003|v1|advertisement.weather.svc.cluster.local
  10.135.0.137:3003  outbound|3003||advertisement.weather.svc.cluster.local
  192.168.0.75:16000 outbound|3003|v1|advertisement.weather.svc.cluster.local
  192.168.0.75:16000 outbound|3003||advertisement.weather.svc.cluster.local
```

为 advertisement 设置 ROUND_ROBIN 算法的负载均衡：

```
$ kubectl apply -f dr-advertisement-round-robin.yaml -n weather
```

查看 advertisement 的 DestinationRule 配置：

```
$ kubectl get dr advertisement-dr -o yaml -n weather
spec:
  host: advertisement
  subsets:
  - labels:
      version: v1
    name: v1
  trafficPolicy:
    loadBalancer:
      simple: ROUND_ROBIN
```

进入 frontend 容器，对 advertisement 发起 6 个请求：

```
$ kubectl exec -it frontend-v1-c6b5dccfc-k587g -c frontend -n weather -- /bin/sh
-c 'for i in `seq 1 6`;do curl http://advertisement.weather:3003/ad --silent -w
"Status: %{http_code}\n"; done'
```

查看 frontend 实例的 Proxy 日志，通过访问日志中的"%UPSTREAM_HOST%"字段（加粗的 IP:Port），可以看到请求被以轮询的方式发送到两个集群的 advertisement 实例：

```
$ kubectl logs frontend-v1-c6b5dccfc-k587g -c istio-proxy -n weather
  [2022-12-22T07:39:28.903Z] "GET /ad HTTP/1.1" 200 - "-" 0 26 24 24 "-"
"curl/7.52.1" "c33bdfce-9040-452e-8f58-8ce7f51de271" "advertisement.weather:3003"
"192.168.0.75:16000" outbound|3003|v1|advertisement.weather.svc.cluster.local ……
  [2022-12-22T07:39:28.965Z] "GET /ad HTTP/1.1" 200 - "-" 0 26 25 25 "-"
```

```
"curl/7.52.1" "26a3476d-c59e-492c-ab44-335133297216" "advertisement.weather:3003"
"10.135.0.137:3003" outbound|3003|v1|advertisement.weather.svc.cluster.local ……
    [2022-12-22T07:39:29.024Z]" "GET /ad HTTP/1.1" 200 - "-" 0 26 2 1 "-" "curl/7.52.1"
"4958c39c-889a-4da2-8f70-35ebf10eb67b" "advertisement.weather:3003"
"192.168.0.75:16000" outbound|3003|v1|advertisement.weather.svc.cluster.local ……
    [2022-12-22T07:39:29.037Z]" "GET /ad HTTP/1.1" 200 - "-" 0 26 1 1 "-" "curl/7.52.1"
"3cd24fb2-06cb-4335-9bad-397f086c820d" "advertisement.weather:3003"
"10.135.0.137:3003" outbound|3003|v1|advertisement.weather.svc.cluster.local ……
    [2022-12-22T07:39:29.048Z]" "GET /ad HTTP/1.1" 200 - "-" 0 26 1 1 "-" "curl/7.52.1"
"311073d1-cfe0-42d2-a476-f19ab14fb354" "advertisement.weather:3003"
"192.168.0.75:16000" outbound|3003|v1|advertisement.weather.svc.cluster.local ……
    [2022-12-22T07:39:29.096Z]" "GET /ad HTTP/1.1" 200 - "-" 0 26 1 1 "-" "curl/7.52.1"
"956a76b5-14c3-4078-b396-833a02b8abe8" "advertisement.weather:3003"
"10.135.0.137:3003" outbound|3003|v1|advertisement.weather.svc.cluster.local ……
```

再分别查看 advertisement 在 cluster-1 集群和 cluster-2 集群中两个实例的 Proxy 日志，可以看到它们各收到 3 个请求，根据时间戳对比，可以确认其与 frontend 中的访问日志记录对应：

```
$ kubectl logs advertisement-v1-cffdc56f8-m4bs8 -c istio-proxy -n weather
    [2022-12-22T07:39:28.965Z]" "GET /ad HTTP/1.1" 200 - "-" 0 26 0 0 "-" ……
inbound|3003|| ……
    [2022-12-22T07:39:29.037Z]" "GET /ad HTTP/1.1" 200 - "-" 0 26 0 0 "-" ……
inbound|3003|| ……
    [2022-12-22T07:39:29.096Z]" "GET /ad HTTP/1.1" 200 - "-" 0 26 0 0 "-" ……
inbound|3003|| ……

$ kubectl logs advertisement-v1-8689f44b7-2kwzq -c istio-proxy -n weather
    [2022-12-22T07:39:28.903Z]" "GET /ad HTTP/1.1" 200 - "-" 0 26 0 0 "-" ……
inbound|3003|| ……
    [2022-12-22T07:39:29.024Z]" "GET /ad HTTP/1.1" 200 - "-" 0 26 0 0 "-" ……
inbound|3003|| ……
    [2022-12-22T07:39:29.048Z]" "GET /ad HTTP/1.1" 200 - "-" 0 26 0 0 "-" ……
inbound|3003|| ……
```

14.3　多集群非扁平网络故障转移

1．实战目标

如图 14-3 所示，cluster-1 集群和 cluster-2 集群均位于相同的地区（region: cn-north-7）

和相同的区域（zone: cn-north-7c）。扁平网络的 cluster-1 集群位于 network:book1-network 网络，部署了 forecast 的 v2 版本和 recommendation 的 v1 版本，非扁平网络的 cluster-2 集群位于 network: book2-network 网络，部署了 recommendation 的 v1 版本。

在为 recommendation 配置基于网络拓扑的优先级负载均衡算法后，当 network: book1-network 网络中的 recommendation 实例不可用时，发往 recommendation 的请求将被路由到 network: book2-network 网络的 recommendation 实例。

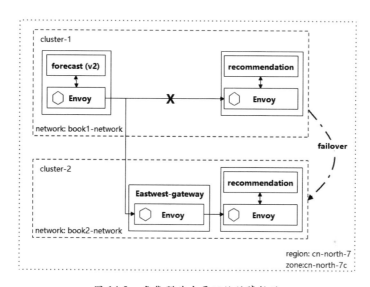

图 14-3　多集群非扁平网络故障转移

2. 实战演练

（1）进入本节目录，部署 recommendation 和 forecast 的 v2 版本：

```
$ cd 14_multi-cluster/14.3
$ kubectl create ns weather
$ kubectl label namespace weather istio-injection=enabled
$ kubectl apply -f recommendation-all.yaml -n weather
$ kubectl apply -f forecast-v2-deployment.yaml -n weather
```

查看并确认 cluster-1 集群中的服务实例运行成功：

```
$ kubectl get pods -n weather -o wide
NAME                             READY  STATUS    AGE    IP
forecast-v2-7d85df69dd-vx65b     2/2    Running   4h44m  10.135.0.142
recommendation-5474bd4895-vhfnz  2/2    Running   4h44m  10.135.0.15
```

（2）在 cluster-2 集群中部署 recommendation 负载，并确认其运行成功：

```
$ kubectl create ns weather
$ kubectl label namespace weather istio-injection=enabled
$ kubectl apply -f recommendation-all.yaml -n weather

$ kubectl get pods -n weather -o wide
NAME                           READY  STATUS    AGE    IP
recommendation-5474bd4895-psdld 2/2   Running   4h33m  10.56.0.153
```

因为 cluster-2 集群是非扁平网络，所以其中会部署一个东西向网关 Eastwest-gateway，用于接收访问请求并将其转发到本集群的目标服务后端。在 cluster-2 集群中查看东西向网关服务的 EXTERNAL-IP 和 PORT：

```
$ kubectl get svc -n istio-system
NAME                  TYPE         CLUSTER-IP      EXTERNAL-IP    PORT(S)
cross-network-gateway LoadBalancer 10.211.151.101  192.168.0.75   16000:31593/TCP
```

（3）查看 cluster-1 集群中 forecast 实例和 recommendation 实例的环境变量，确认其所在的网络：

```
$ kubectl get pods forecast-v2-7d85df69dd-vx65b -n weather -o yaml
spec:
  containers:
  - env:
   - name: ISTIO_META_NETWORK
     value: book1-network

$ kubectl get pods recommendation-5474bd4895-vhfnz -n weather -o yaml
spec:
  containers:
  - env:
   - name: ISTIO_META_NETWORK
      value: book1-network
```

查看 cluster-2 集群中 recommendation 实例的环境变量，确认其所在的网络：

```
$ kubectl get pods recommendation-5474bd4895-psdld -n weather -o yaml
spec:
  containers:
  - env:
   - name: ISTIO_META_NETWORK
     value: book2-network
```

（4）为 recommendation 部署基于网络拓扑的优先级负载均衡策略：

```
$ kubectl apply -f dr-locality-failover.yaml -n weather
```

执行 kubectl 命令，查看配置，该配置表示如果在同网络中没有可用的实例，则将选用其他网络下的实例处理请求：

```
$ kubectl get dr recommendation-failover -o yaml -n weather
spec:
  host: recommendation.weather.svc.cluster.local
  subsets:
  - name: v1
    labels:
      version: v1
  trafficPolicy:
    connectionPool:
      http:
        maxRequestsPerConnection: 1
    loadBalancer:
      localityLbSetting:
        enabled: true
        failoverPriority:
        - "topology.istio.io/network"
    outlierDetection:
      consecutive5xxErrors: 1
      interval: 1s
      baseEjectionTime: 2m
```

（5）通过位于 cluster-1 集群的 forecast 多次访问 recommendation 实例，均访问成功，返回"200"状态码：

```
$ kubectl exec -it forecast-v2-7d85df69dd-vx65b -c forecast -n weather -- curl
'http://recommendation.weather:3005/activity?weather=Rain&temp=29' --silent -w
"\nStatus: %{http_code}\n"
dress: Make sure you wear your jacket;sport: Do some indoor activities
Status: 200
```

查看位于 cluster-1 集群的 forecast 实例的 Proxy 日志，通过访问日志中的"%UPSTREAM_HOST%"字段（加粗的 IP:Port），可以看到 4 个请求均被发往 cluster-1 集群的 recommendation 实例（Pod IP 为 10.135.0.15），并返回"200"状态码：

```
$ kubectl logs forecast-v2-7d85df69dd-vx65b -c istio-proxy -n weather | grep
recommendation
  [2022-12-24T09:03:23.458Z] "GET /activity?weather=Rain&temp=29 HTTP/1.1" 200 -
"-" 0 70 4 3 "-" "curl/7.52.1" "b96dc25b-ce03-489a-947e-1f3018cbe1a3"
"recommendation.weather:3005" "10.135.0.15:3005" ……
```

```
    [2022-12-24T09:03:25.689Z] "GET /activity?weather=Rain&temp=29 HTTP/1.1" 200 -
"-" 0 70 4 4 "-" "curl/7.52.1" "0d0ddb54-c42b-4638-afd6-520f65d68dfe"
"recommendation.weather:3005" "10.135.0.15:3005" ……
    [2022-12-24T09:03:28.025Z] "GET /activity?weather=Rain&temp=29 HTTP/1.1" 200 -
"-" 0 70 4 3 "-" "curl/7.52.1" "2d2c3ede-e703-4b11-809d-6d9e87fa68b2"
"recommendation.weather:3005" "10.135.0.15:3005" ……
    [2022-12-24T09:03:30.547Z] "GET /activity?weather=Rain&temp=29 HTTP/1.1" 200 -
"-" 0 70 3 3 "-" "curl/7.52.1" "30ea00d0-7af0-41e9-ab13-2ceed3a8292a"
"recommendation.weather:3005" "10.135.0.15:3005" ……
```

（6）通过位于 cluster-1 集群的 forecast 对本集群的 recommendation 实例（Pod IP 为
10.135.0.15）发送请求，使其对接收的请求返回"500"状态码，以模拟该实例的故障场
景：

```
$ kubectl exec -it forecast-v2-7d85df69dd-vx65b -c forecast -n weather -- curl
--header "error: 500" 'http://10.135.0.15:3005/activity?weather=Rain&temp=29'
```

（7）再次通过位于 cluster-1 集群的 forecast 多次访问 recommendation 实例，第一次访
问失败，返回"500"状态码，其余访问均成功，返回"200"状态码：

```
$ kubectl exec -it forecast-v2-7d85df69dd-vx65b -c forecast -n weather -- curl
'http://recommendation.weather:3005/activity?weather=Rain&temp=29' --silent -w
"\nStatus: %{http_code}\n"
Status: 500
$ kubectl exec -it forecast-v2-7d85df69dd-vx65b -c forecast -n weather -- curl
'http://recommendation.weather:3005/activity?weather=Rain&temp=29' --silent -w
"\nStatus: %{http_code}\n"
dress: Make sure you wear your jacket;sport: Do some indoor activities
Status: 200
```

（8）查看位于 cluster-1 集群的 forecast 实例的 Proxy 日志，通过访问日志中的
"%UPSTREAM_HOST%"字段（加粗的 IP:Port），可以看到 1 个发往 cluster-1 集群中的
recommendation 实例（Pod IP 为 10.135.0.15）的请求返回"500"状态码，其余 3 个请求
均被发送到 cluster-2 集群的 recommendation 实例（东西向网关的 EXTERNAL-IP 为
192.168.0.75），并返回"200"状态码：

```
$ kubectl logs forecast-v2-7d85df69dd-vx65b -c istio-proxy -n weather | grep
recommendation
    [2022-12-24T09:12:50.531Z] "GET /activity?weather=Rain&temp=29 HTTP/1.1" 500 -
"-" 0 0 4 4 "-" "curl/7.52.1" "33314fed-7786-44c3-980b-ae57c2386ef0"
"recommendation.weather:3005" "10.135.0.15:3005" ……
    [2022-12-24T09:12:52.549Z] "GET /activity?weather=Rain&temp=29 HTTP/1.1" 200 -
"-" 0 70 7 6 "-" "curl/7.52.1" "1ddc6247-27d7-46a4-873a-913f88c71349"
```

```
"recommendation.weather:3005" "192.168.0.75:16000" ......
    [2022-12-24T09:12:54.567Z] "GET /activity?weather=Rain&temp=29 HTTP/1.1" 200 -
"-" 0 70 4 3 "-" "curl/7.52.1" "a3904ff0-ebd9-48af-8715-71e499d171f5"
"recommendation.weather:3005" "192.168.0.75:16000" ......
    [2022-12-24T09:12:56.583Z] "GET /activity?weather=Rain&temp=29 HTTP/1.1" 200 -
"-" 0 70 3 3 "-" "curl/7.52.1" "4fa04b1f-1286-4c4f-8a6f-77950f756d7b"
"recommendation.weather:3005" "192.168.0.75:16000" ......
```

以上结果说明，在配置了故障转移策略后，当一个网络的服务实例发生故障时，服务网格会自动将流量切换到其他网络的实例，增强了系统的韧性。

14.4 管理虚拟机应用

1. 实战目标

如图 14-4 所示，forecast 的 v2 版本为容器实例，recommendation 分别有容器实例和虚拟机实例。forecast 的 v2 版本将调用 recommendation，且请求将被以轮询的方式路由到容器实例和虚拟机实例。

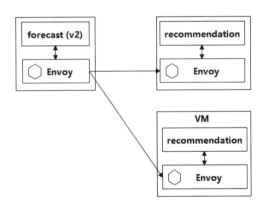

图 14-4　管理虚拟机应用

2. 实战演练

（1）参考官方文档部署和配置虚拟机环境，并在虚拟机中部署带有 Sidecar 的 recommendation，Sidecar 在收到流量之后，将其转发到本地相同端口的 recommendation 实例去处理。

（2）进入本节目录，在集群中部署与虚拟机应用具有相同标签的 recommendation 的容器应用，并确认实例运行成功，查看 Pod IP：

```
$ cd 14_multi-cluster/14.4
$ kubectl apply -f recommendation-all.yaml -n weather
$ kubectl get pods -n weather -o wide
NAME                                READY   STATUS    IP
recommendation-5474bd4895-vhfnz     2/2     Running   10.135.0.15
```

（3）在集群中部署与虚拟机应用对应的 WorkloadEntry 资源，分别配置访问地址、标签和实例标识：

```
$ kubectl apply -f workloadentry-recommendation-vm.yaml -n weather
```

执行 kubectl 命令，查看部署的 WorkloadEntry 的内容：

```
$ kubectl get workloadentry recommendation-vm -n weather -o yaml
spec:
  serviceAccount: recommendation
  address: 10.66.6.20
  labels:
    app: recommendation
    version: v1
```

（4）创建 ServiceEntry 资源，该资源用于访问 recommendation，请求通过 workloadSelector 被路由到具有相同标签的实例去处理，包括虚拟机实例和容器实例：

```
$ kubectl apply -f servicedentry-recommendation.yaml -n weather
```

执行 kubectl 命令，查看部署的 ServiceEntry 的内容：

```
$ kubectl get serviceentry recommendation -n weather -o yaml
spec:
  hosts:
  - recommendation.weather.svc.cluster.local
  location: MESH_INTERNAL
  ports:
  - number: 3005
    name: http
    protocol: HTTP
  resolution: STATIC
  workloadSelector:
    labels:
      app: recommendation
      version: v1
```

（5）为 recommendation 配置路由规则，并将负载均衡策略设置为轮询访问，并执行 kubectl 命令，查看配置的内容：

```
$ kubectl apply -f recommendation-vs-dr.yaml -n weather
$ kubectl get vs recommendation-route -o yaml -n weather
spec:
  hosts:
  - recommendation
  http:
  - route:
    - destination:
        host: recommendation
        subset: v1
$ kubectl get dr recommendation-dr -o yaml -n weather
spec:
  host: recommendation
  subsets:
  - labels:
      version: v1
    name: v1
  trafficPolicy:
    loadBalancer:
      simple: ROUND_ROBIN
```

（6）在集群中部署 forecast 的 v2 版本，作为客户端发起访问请求：

```
$ kubectl apply -f forecast-v2-deployment.yaml -n weather
```

（7）在 forecast 容器中多次访问 recommendation，查看访问日志中的"%UPSTREAM_HOST%"字段，即可观察到请求在虚拟机实例和容器实例间被以轮询的方式访问：

```
$ kubectl exec -it forecast-v2-5484749864-4blzt -c forecast -n weather -- curl
'http://recommendation.weather:3005/activity?weather=Rain&temp=29' --silent -w
"\nStatus: %{http_code}\n"
$ kubectl logs forecast-v2-5484749864-4blzt -c istio-proxy -n weather
[2022-12-25T11:32:12.832Z] "GET /activity?weather=Rain&temp=29 HTTP/1.1" 200 -
"-" 0 70 4 3 "-" "curl/7.52.1" "ea921e47-a0f5-4023-b835-c457cedd8518"
"recommendation.weather:3005" "10.135.0.15:3005" ……
[2022-12-25T11:32:14.547Z] "GET /activity?weather=Rain&temp=29 HTTP/1.1" 200 -
"-" 0 70 7 4 "-" "curl/7.52.1" "22f9e79d-6035-4da7-950e-98c3822b1003"
"recommendation.weather:3005" "10.66.6.20:3005" ……
[2022-12-25T11:32:16.658Z] "GET /activity?weather=Rain&temp=29 HTTP/1.1" 200 -
"-" 0 70 4 3 "-" "curl/7.52.1" "c9e20890-8533-4b63-8b63-59eb98f12543"
```

"recommendation.weather:3005" "**10.135.0.15:3005**" ......
    [2022-12-25T11:32:18.876Z] "GET /activity?weather=Rain&temp=29 HTTP/1.1" **2**00 -
"-" 0 70 8 3 "-" "curl/7.52.1" "c8c9637e-e53a-404b-9803-65a00c89f00e"
"recommendation.weather:3005" "**10.66.6.20:3005**" ......

14.5　本章小结

　　本章介绍了 Istio 在异构基础设施下进行流量治理的典型应用场景，无论是在扁平网络多集群环境下还是在非扁平网络多集群环境下，Istio 都可以很好地提供对应用的服务治理功能，包括灰度发布、负载均衡和故障转移等。同时，Istio 支持将虚拟机应用纳入服务网格中进行管理，从而为其提供丰富的服务治理能力。Istio 对异构基础设施管理的支持，也扩大了 Istio 的应用场景，对 Istio 的发展和应用有很大的意义。

附录 **A** | Istio 访问日志的应答标记案例

4.4 节详细介绍了 Istio 以非侵入方式输出的业务访问日志，该日志记录了每一次访问的详细信息，帮助运维人员在业务发生故障时挖掘故障细节，进而进行故障的定界和定位。

在基于访问日志分析业务故障细节的过程中，一个重要的字段是应答标记（Response Flag）。数据面代理 Envoy 提供应答标记的目的是在 HTTP 状态码之外向用户提供更多的辅助信息。但初学者甚至一些资深用户很难理解这些响应标记的含义，遇到"5xx"等状态码时更是手足无措。

Envoy 的应答标记比较多，出现的场景也不单一。这里对常见的一些应答标记构造典型案例，结合案例解读应答标记的含义，以期作为参照，帮助读者解决工作中的类似问题。

注意：在本附录中，frontend 是源服务，forecast 是目标服务。

A.1　DC（下游连接中断）

DC（DOWNSTREAM_CONNECTION_TERMINATION）表示下游连接中断。若服务请求方因为各种原因在收到应答前中断连接，则在访问日志中一般会记录本次请求的结果为 DC，大部分时候应答体的大小是 0。

以下示例构造了一个 10 秒以上才能返回应答的目标服务，并在服务端返回应答前在源服务端终止请求。具体操作：在注入了网格代理的 frontend 中执行 curl 命令访问 forecast，5 秒后通过 Ctrl + C 快捷键终止请求。在源服务端会得到类似如下的信息：

```
curl 192.168.99.99:9999 -v --header "Host: forecast.weather"
* Rebuilt URL to: 192.168.99.99:9999/
* Hostname was NOT found in DNS cache
*   Trying 192.168.99.99...
```

```
* Connected to 192.168.99.99 (192.168.99.99) port 9999 (#0)
> GET / HTTP/1.1
> User-Agent: curl/7.38.0
> Accept: */*
> Host: forecast.weather
>
# 5 秒后断开连接
^C
```

同时观察 Istio 的访问日志，在 frontend 的出流量的访问日志中会显示"0 DC"的访问记录：

```
[2022-03-26T09:04:03.736Z] "GET / HTTP/1.1" 0 DC "-" 0 0 2952 - "-" "curl/7.38.0"
"437e1fb2-0e61-4df8-8063-499c67d75a28" " forecast.weather" "100.93.0.17:9999"
outbound|9999|| forecast.weather 10.0.0.13:37986 192.168.99.99:9999
10.0.0.13:56390 - default
```

A.2　UF（上游连接失败）

UF（UPSTREAM_CONNECTION_FAILURE）表示上游连接失败，例如访问的上游服务启动失败或处于不可用状态。

构造 UF 比较简单：在访问上游一个不存在的端口时，会认为该服务端口不可用。在注入了网格代理的 frontend 中执行 curl 命令访问 forecast 时，故意将原有端口 9999 改为不存在的端口 80，就会得到如下信息：

```
# curl -v forecast.weather
* Rebuilt URL to: forecast.weather/
* Hostname was NOT found in DNS cache
*   Trying 10.247.37.126...
* Connected to forecast.weather (10.247.37.126) port 80 (#0)
> GET / HTTP/1.1
> User-Agent: curl/7.38.0
> Host: forecast.weather
> Accept: */*
>
< HTTP/1.1 503 Service Unavailable
< content-length: 91
< content-type: text/plain
< date: Mon, 06 Feb 2023 12:55:03 GMT
* Server envoy is not blacklisted
```

```
< server: envoy
<
* Connection #0 to host forecast.weather left intact
upstream connect error or disconnect/reset before headers. reset reason:
connection failure
```

同时观察 Istio 的访问日志，在 frontend 的出流量的访问日志中会显示 "503 UF" 的访问记录：

```
[2023-02-06T12:54:53.661Z] "GET / HTTP/1.1" 503 UF
upstream_reset_before_response_started{connection_failure} - "-" 0 91 10000 - "-"
"curl/7.38.0" "061dd77e-080a-4a0e-94b7-e4f450dbc5fe" "forecast.weather"
"10.247.37.126:80" PassthroughCluster - 10.247.37.126:80 10.0.0.76:36042 - allow_any
```

frontend 的访问结果是没有找到匹配的上游 Cluster，流量被通过 PassthroughCluster 直接透传，但因为端口不正确，出现上游连接错误。一般的应用场景是流量被分发到了正确的目标服务，但目标服务不可用，导致发生 "503 UF" 错误。

A.3　LR（连接本地重置）

LR（LOCAL_RESET）表示连接本地重置。若在源服务的代理中存在目标服务的定义，但是目标服务的后端不可达，则会导致 LR 类型的访问失败。

构造场景：forecast 的服务端口是 9999，目标端口是 9990，表示服务被通过 9999 端口访问，服务的后端在 9990 端口上监听并接收请求。修改 forecast 的定义，服务端口保持正确的 9999 不变，但是修改目标端口为 9998。在注入了网格代理的 frontend 中执行 curl 命令访问 forecast 时，会得到如下结果：

```
# curl -v 192.168.99.99:9999 --header "Host: forecast.weather"
* Rebuilt URL to: 192.168.99.99:9999/
* Hostname was NOT found in DNS cache
*   Trying 192.168.99.99...
* Connected to 192.168.99.99 (192.168.99.99) port 9999 (#0)
> GET / HTTP/1.1
> User-Agent: curl/7.38.0
> Accept: */*
> Host: forecast.weather
>
< HTTP/1.1 503 Service Unavailable
< content-length: 84
```

```
< content-type: text/plain
< date: Sat, 26 Mar 2022 08:59:35 GMT
* Server envoy is not blacklisted
< server: envoy
<
* Connection #0 to host 192.168.99.99 left intact
upstream connect error or disconnect/reset before headers. reset reason: local
reset#
```

同时观察 Istio 的访问日志，在 frontend 的出流量的访问日志中会显示"503 LR"的访问记录：

```
[2022-03-26T08:58:38.492Z] "GET / HTTP/1.1" 503 LR "-" 0 84 10000 - "-"
"curl/7.38.0" "04b123a5-6c3f-4150-843e-c4375c013262" "forecast.weather"
"100.93.0.17:9998" outbound|9999|| forecast.weather - 192.168.99.99:9999
10.0.0.13:51564 - default
```

在这种情况下，在源服务的代理中存在 9999 端口的监听器，并通过关联的路由将流量分发到正确的上游 Cluster "outbound|9999|| forecast.weather"。但代理将请求转发给后端的实例端口是 9998，不是 9990，导致发生"local reset"转发错误。

A.4　DI（延时故障注入）

DI（DELAY_INJECTED）表示延时故障注入。在配置了延时故障注入时，会发生服务请求延时，在访问日志中会记录 DI 的应答标记：

```
- fault:
   delay:
     fixedDelay: 5s
     percentage:
       value: 100
```

通过配置 VirtualService 向 forecast 注入 5 秒的延时。在注入了网格代理的 frontend 中执行 curl 命令访问 forecast 时，会返回"200"的正常应答，从请求发出到返回应答存在 5 秒的延时：

```
# curl 192.168.99.99:9999 -v --header "Host: forecast.weather"
* Rebuilt URL to: 192.168.99.99:9999/
* Hostname was NOT found in DNS cache
*   Trying 192.168.99.99...
* Connected to 192.168.99.99 (192.168.99.99) port 9999 (#0)
```

```
> GET / HTTP/1.1
> User-Agent: curl/7.38.0
> Accept: */*
> Host: forecast.weather
>
# 请求发出，延迟 5 秒收到应答
< HTTP/1.1 200 OK
< content-type: text/html; charset=utf-8
< content-length: 1683
* Server envoy is not blacklisted
< server: envoy
< date: Mon, 28 Mar 2022 01:25:33 GMT
< x-envoy-upstream-service-time: 3038
```

同时观察 Istio 的访问日志，在 frontend 的出流量的访问日志中会显示"200 DI"的访问记录：

```
[2022-03-28T01:25:30.257Z] "GET / HTTP/1.1" 200 DI "-" 0 1683 3004 3 "10.4.0.1"
"curl/7.38.0" "51200664-65cb-4134-8139-0a35d69d732b" "forecast.weather"
"100.93.0.17:9999" outbound|9999||forecast.weather 10.0.1.13:48654
192.168.99.99:9999 10.0.1.13:39926 - default
```

A.5　UT（上游请求超时）

UT（UPSTREAM_REQUEST_TIMEOUT）表示上游请求超时，一般伴随返回"504"的 HTTP 状态码。

构造一个场景：forecast 正常需要 10 秒钟返回应答，在 VirtualService 中对 forecast 配置 5 秒的请求超时，当服务超过 5 秒没有响应时，Istio 会自动超时结束请求。代码如下：

```
spec:
  hosts:
  - forecast.weather
  http:
  - timeout: 5s
    route:
    - destination:
        host: forecast.weather
```

在注入了网格代理的 frontend 中执行 curl 命令访问 forecast 时，输出如下：

```
curl 192.168.99.99:9999 -v --header "Host: forecast.weather"
```

```
* Rebuilt URL to: 192.168.99.99:9999/
* Hostname was NOT found in DNS cache
*   Trying 192.168.99.99...
* Connected to 192.168.99.99 (192.168.99.99) port 9999 (#0)
> GET / HTTP/1.1
> User-Agent: curl/7.38.0
> Accept: */*
> Host: forecast.weather
>
# 5S 自动超时
< HTTP/1.1 504 Gateway Timeout
< content-length: 24
< content-type: text/plain
< date: Sat, 26 Mar 2022 09:07:20 GMT
* Server envoy is not blacklisted
< server: envoy
<
* Connection #0 to host 192.168.99.99 left intact
upstream request timeout#
```

同时观察 Istio 的访问日志，在 frontend 的出流量的访问日志中会显示 "504 UT" 的访问记录：

```
[2022-03-26T09:07:15.921Z] "GET / HTTP/1.1" 504 UT "-" 0 24 4999 - "-"
"curl/7.38.0" "d31135d7-f640-456c-a389-b12e15a03e90" "forecast.weather"
"100.93.0.17:9999" outbound|9999||forecast.weather 10.0.0.13:40848
192.168.99.99:9999 10.0.0.13:59252 - -
```

A.6　UC（上游连接中断）

UC（UPSTREAM_CONNECTION_TERMINATION）表示上游连接中断，常见的一种现象是上游连接在返回应答前已经关闭。

构造一个 UC 场景：将一个代理了后端服务的 Nginx 部署在网格中，网格外部采用一段 Python 程序经过 Ingress-gateway 访问 Nginx 代理的后端服务。在 Python 程序中以 POST 方式向 Nginx 发送请求，请求包括头域 "Content-Length: 300"，说明将发送 300 大小的请求体，但实际发送的请求体大小是 0：

```
connect(ip, port)
send_data = f'{method} {path} HTTP/1.1\r\nHost: {host}\r\nContent-Length:
300\r\n\r\n'.encode('utf-8')
```

```
sock.send(send_data)
sock.send(''.encode('utf-8'))
```

这样服务端 Nginx 会一直等待接收完整的请求，直至默认的 60 秒后超时。这时 Nginx 自动关闭上游连接导致访问日志显示"503 UC"的访问记录。在 Python 程序中打印的响应码和头域如下：

```
# python client.py
503
--------------------
{'content-length': '221', 'content-type': 'text/plain', 'date': 'Thu, 09 Mar 2023
03:15:55 GMT', 'server': 'istio-envoy', 'connection': 'close'}
```

这时在 Nginx 容器的 Inbound 日志中会显示"503 UC"的访问记录，表示从 Sidecar 到 Nginx 的上游连接中断了：

```
[2023-03-09T03:14:55.584Z] "POST /forecast/ HTTP/1.1" 503 UC
upstream_reset_before_response_started{connection_termination} - "-" 0 221 60060 -
"172.16.0.33" "-" "aa04a3fe-c3ea-4c03-bbb2-5a785d8de796" "100.85.126.25:80"
"172.16.0.44:80" inbound|80|| 127.0.0.6:58159 172.16.0.44:80 172.16.0.33:0
outbound_.80_.v1_.nginx.default.svc.cluster.local default
```

如果去掉在 Nginx 中注入的 Sidecar，重复以上访问，则 Ingress-gateway 的访问日志会显示"503 UC"的访问记录，表示从 Ingress-gateway 到 Nginx 的上游连接中断了。

```
[2023-03-09T04:49:17.256Z] "POST /forecast/ HTTP/1.1" 503 UC
upstream_reset_before_response_started{connection_termination} - "-" 0 229 60061 -
"172.16.0.33" "-" "67154fc6-b3fc-4c92-94ca-360132fbb5dc" "100.85.126.25:80"
"172.16.0.22:80" outbound|80|v1|nginx.default.svc.cluster.local 172.16.0.39:51742
172.16.0.39:1025 172.16.0.33:42596 - nginx.default.svc.cluster.local
```

这里模拟了一种产生 UC 的场景。在实际应用过程中，Envoy 的连接池处理机制会产生一种竞态场景：上游连接已经关闭，但 Envoy 认为连接可用，它会将新请求绑定到可能已经关闭的连接上，导致发生 UC 问题。一种可有效解决 UC 问题的方式是配置有限次数的重试：

```
spec:
  hosts:
  - forecast.weather.cluster.local
  http:
  - route:
    - destination:
        host: forecast.weather.cluster.local
```

```
retries:
  attempts: 3
  perTryTimeout: 2s
```

A.7　RL（触发服务限流）

RL（RATE_LIMITED）表示触发服务限流。一般会伴随返回"429"的 HTTP 状态码。

对 forecast 配置限流策略，若在单位时间内请求数超过配置的阈值，则触发限流。在注入了网格代理的 frontend 中执行 curl 命令访问 forecast 时，会输出"429"状态码：

```
curl 192.168.99.99:9999 -v --header "Host: forecast.weather"
*   Trying 10.247.25.12...
* TCP_NODELAY set
* Connected to 192.168.99.99 (192.168.99.99) port 9999 (#0)
> HEAD /ip HTTP/1.1
> Host: forecast.weather
> User-Agent: curl/7.58.0
> Accept: */*
>
< HTTP/1.1 429 Too Many Requests
< x-local-rate-limit: true
< content-length: 84
< content-type: text/plain
< date: Thu, 15 Dec 2022 08:39:46 GMT
< server: envoy
<
* Connection #0 to host 192.168.99.99 left intact
```

同时观察 Istio 的访问日志，在 frontend 的出流量的访问日志中会显示"429 RL"的访问记录：

```
 [2022-12-15T08:02:13.168Z] "GET / HTTP/1.1" 429 RL "-" 0 24 4999 - "-"
"curl/7.38.0" "36cci64c-9e60-49ee-b1ec-e64af9bce626" "forecast.weather"
"100.93.0.17:9999" outbound|9999||forecast.weather 10.0.0.13:58510
192.168.99.99:9999 10.0.0.13:48662 - -
```

A.8　UPE（上游协议错误）

UPE（UPSTREAM_PROTOCOL_ERROR）表示上游协议错误，当访问的协议不正确时，会返回"UPE"的错误应答。

在服务的定义中将 forecast 的协议配置为 gRPC，在注入了网格代理的 frontend 中执行 curl 命令使用 HTTP 访问 forecast 时，会输出"502"状态码：

```
curl -v http://forecast.weather:9999/
*   Trying 192.168.99.99...
* TCP_NODELAY set
* Connected to forecast.weather (192.168.99.99) port 8000 (#0)
> GET / HTTP/1.1
> Host: forecast.weather:9999
> User-Agent: curl/7.52.1
> Accept: */*
>
< HTTP/1.1 502 Bad Gateway
< content-length: 87
< content-type: text/plain
< date: Fri, 13 Jan 2023 09:28:37 GMT
< server: envoy
< x-envoy-upstream-service-time: 20
<
* Curl_http_done: called premature == 0
* Connection #0 to host forecast.weather left intact
upstream connect error or disconnect/reset before headers. reset reason: protocol
error
```

同时观察 Istio 的访问日志，在 forecast 的入流量的访问日志中会显示"502 UPE"的访问记录：

```
    [2023-01-13T09:28:37.807Z] "GET / HTTP/2" 502 UPE
upstream_reset_before_response_started{protocol_error} - "-" 0 87 6 - "-"
"curl/7.52.1" "4cc7b662-082c-42ad-847d-fb2821950d3a" "forecast.weather:9999"
"10.11.0.159:9999" inbound|9999|| 127.0.0.6:45657 10.11.0.159:9999
10.11.0.21:33408 outbound_.9999_.v1_.forecast.weather.cluster.local default
```

这时，在 frontend 的出流量的访问日志中会显示"502"的访问记录：

```
    [2023-01-13T09:28:37.802Z] "GET / HTTP/1.1" 502 - via_upstream - "-" 0 87 21 20
"-" "curl/7.52.1" "4cc7b662-082c-42ad-847d-fb2821950d3a" "forecast.weather:9999"
"10.11.0.159:9999" outbound|9999|v1|forecast.weather.svc.cluster.local
10.11.0.21:33408 192.168.99.99:9999 10.11.0.21:39278 - -
```

A.9　NC（没有上游集群）

NR（NO_CLUSTER_FOUND）表示没有上游集群，即在网格流量路由中定义的目标服务后端不存在。

下面基于一个典型的灰度分流构造 NC 场景。创建 DestinationRule，定义 forecast 的两个子集 v1 和 v2：

```
spec:
  host: forecast
  subsets:
  - labels:
      version: v1
    name: v1
  - labels:
      version: v2
    name: v2
```

通过 VirtualService 定义分流策略，将请求的 URL 中包含请求参数 "q=v2" 的流量分发到 forecast 的 v2 子集，将其他流量分发到 forecast 的 v1 子集：

```
spec:
  hosts:
    - forecast
  http:
    - match:
        - queryParams:
            q:
              regex: v2
      route:
        - destination:
            host: forecast
            subset: v2
    - route:
        - destination:
            host: forecast
            subset: v1
```

在 frontend 中执行 curl 命令访问 forecast，则将 URL 中包含 "q=v2" 参数的流量分发到 v2 子集，将不包含条件的流量分发到 v1 子集：

```
# curl -v forecast.weather:9999?q=v2
```

```
* Rebuilt URL to: forecast.weather:9999/?q=v2
*   Trying 10.111.150.208...
* TCP_NODELAY set
* Connected to forecast.weather (10.111.150.208) port 9999 (#0)
> GET /?q=v2 HTTP/1.1
> Host: forecast.weather:9999
> User-Agent: curl/7.52.1
> Accept: */*
>
< HTTP/1.1 200 OK
< server: envoy
< date: Mon, 16 Jan 2023 11:43:30 GMT
< content-type: text/html; charset=utf-8
< content-length: 11602
< access-control-allow-origin: *
< access-control-allow-credentials: true
< x-envoy-upstream-service-time: 4
<
<!DOCTYPE html>
<html>
内容
</html>


* Curl_http_done: called premature == 0
* Connection #0 to host forecast.weather left intact
```

观察 Istio 的访问日志，frontend 的日志中的两条记录分别对应带参数和不带参数的请求，可以看到带"q=v2"参数的请求被分发到 Cluster "outbound|9999|v2|forecast. weather.svc.cluster.local"上：

```
   [2023-01-16T11:20:07.796Z] "GET / HTTP/1.1" 200 - via_upstream - "-" 0 11602 4
4 "-" "curl/7.52.1" "87990f0e-5232-44c8-86dc-d6b5e05d8c7b" "forecast.weather:9999"
"10.11.0.160:9999" outbound|9999|v1|forecast.weather.svc.cluster.local
10.11.0.21:39830 10.111.150.208:9999 10.11.0.21:33488 - -
   [2023-01-16T11:23:46.036Z] "GET /?q=v2 HTTP/1.1" 200 - via_upstream - "-" 0 11602
5 5 "-" "curl/7.52.1" "e3cd828f-09a5-499c-9dfa-56ae6c4a1fa1"
"forecast.weather:9999" "10.11.0.25:9999"
outbound|9999|v2|forecast.weather.svc.cluster.local 10.11.0.21:42116
10.111.150.208:9999 10.11.0.21:33490 - -
```

修改以上灰度分流的 VirtualService，把原来的 v2 子集修改为一个不存在的 v3 子集：

```
spec:
  hosts:
    - forecast
  http:
    - match:
        - queryParams:
            q:
              regex: v2
      route:
        - destination:
            host: forecast
            subset: v3
    - route:
        - destination:
            host: forecast
            subset: v1
```

再以同样的方式从 frontend 访问 forecast，会返回"503"的错误应答：

```
# curl -v forecast.weather:9999?q=v2
* Rebuilt URL to: forecast.weather:9999/?q=v2
*   Trying 10.111.150.208...
* TCP_NODELAY set
* Connected to forecast.weather (10.111.150.208) port 9999 (#0)
> GET /?q=v2 HTTP/1.1
> Host: forecast.weather:9999
> User-Agent: curl/7.52.1
> Accept: */*
>
< HTTP/1.1 503 Service Unavailable
< date: Mon, 16 Jan 2023 11:52:09 GMT
< server: envoy
< content-length: 0
<
* Curl_http_done: called premature == 0
* Connection #0 to host forecast.weather left intact
```

同时观察 Istio 的访问日志，在 frontend 的出流量的访问日志中会显示"503 NC"的
访问记录，提示管理员没有匹配的 Cluster：

```
    [2023-01-16T11:24:52.392Z] "GET /?q=v2 HTTP/1.1" 503 NC cluster_not_found - "-"
0 0 0 - "-" "curl/7.52.1" "46d8a073-506a-4cc2-a663-c29351135921" "forecast:8000" "-"
- - 10.111.150.208:8000 10.11.0.21:33498 - -
```

修改 NC 错误的方式是正确定义流量路由中用到的 Cluster。把 VirtualService 中的 v3 子集改回 v2 子集，或者把 DestinationRule 中原有的 v2 子集改为 v3 子集，都能使请求成功：

```
spec:
  host: forecast
  subsets:
    - labels:
        version: v1
      name: v1
    - labels:
        version: v2
      name: v3
```

修改后对应的访问日志如下，可以看到，流量被发送到了 Cluster "outbound|9999|v3| forecast.weather.svc.cluster.local"：

```
  [2023-01-16T12:03:33.290Z] "GET /?q=v2 HTTP/1.1" 200 - via_upstream - "-" 0 11602
8 7 "-" "curl/7.52.1" "35bb330b-4945-4e25-9b25-38301b0905ee"
"forecast.weather:9999" "10.11.0.25:9999"
outbound|9999|v3|forecast.weather.svc.cluster.local 10.11.0.21:42118
10.111.150.208:9999 10.11.0.21:33522 - -
```

A.10　NR（没有匹配路由）

NR（NO_ROUTE_FOUND）表示没有匹配的路由，一般伴随 "404" 状态码。

如同前一个 NC 场景，我们基于如下 VirtualService 定义分流策略，将请求的 URL 中包含请求参数 "q=v2" 的流量分发到 forecast 的 v2 子集，将其他流量分发到 forecast 的 v1 子集：

```
spec:
  hosts:
    - forecast
  http:
    - match:
        - queryParams:
            q:
              regex: v2
      route:
        - destination:
```

```
        host: forecast
        subset: v2
  - route:
    - destination:
        host: forecast
        subset: v1
```

在 frontend 中执行 curl 命令访问 URL "forecast.weather:9999?q=v3"，网格数据面代理
会把 "q=v3" 的流量基于默认路由分发到 v1 的后端实例。访问日志如下：

```
    [2023-01-17T01:54:10.295Z] "GET /?q=v3 HTTP/1.1" 200 - via_upstream - "-" 0 11602
4 4 "-" "curl/7.52.1" "6c655c8b-d429-4bca-8ee8-30a8f7ef4fb6"
"forecast.weather:9999" "10.11.0.160:9999"
outbound|9999|v1|forecast.weather.svc.cluster.local 10.11.0.21:39832
10.111.150.208:9999 10.11.0.21:33530 - -
```

修改以上 VirtualService，删除下面 v1 子集的路由：

```
spec:
  hosts:
    - forecast
  http:
    - match:
        - queryParams:
            q:
              regex: v2
      route:
        - destination:
            host: forecast.weather.svc.cluster.local
            subset: v2
```

这时，再重复访问 URL "forecast.weather:9999?q=v3"，因为删除了 VirtualService 中
处理 "其他" 流量的路由，所以导致没有匹配的路由，产生 "404" 状态码：

```
# curl -v forecast.weather:9999?q=v3
* Rebuilt URL to: forecast.weather:9999/?q=v3
*   Trying 10.111.150.208...
* TCP_NODELAY set
* Connected to forecast.weather (10.111.150.208) port 9999 (#0)
> GET /?q=v3 HTTP/1.1
> Host: forecast.weather:9999
> User-Agent: curl/7.52.1
> Accept: */*
>
```

```
< HTTP/1.1 404 Not Found
< date: Tue, 17 Jan 2023 01:54:46 GMT
< server: envoy
< content-length: 0
<
* Curl_http_done: called premature == 0
* Connection #0 to host forecast.weather left intact
```

同时观察 Istio 的访问日志，在 frontend 的出流量的访问日志中会显示“404 NR”的访问记录：

```
[2023-01-17T01:54:46.455Z] "GET /?q=v3 HTTP/1.1" 404 NR route_not_found - "-"
0 0 0 - "-" "curl/7.52.1" "734afe9e-4cea-49ad-9c6e-c405c63e7c1f"
"forecast.weather:9999" "-" - - 10.111.150.208:9999 10.11.0.21:33532 - -
```

有个困扰初学者的问题：按照对 HTTP 语义的理解，若没有后端资源的 NC，类似 HTTP 的“No page found”，则应该返回“404”状态码，但为什么在上面 NC 的例子里返回了“503”状态码，在 NR 中却返回了“404”状态码？

我们把 VirtualService 这个虚拟服务想象成一个实际的 Web 服务端资源提供者，将满足条件的请求通过其上定义的路由分发到后端服务。若在服务端有匹配的路由可以处理流量，就访问到了虚拟服务定义的网络资源。比如在本例的 NR 场景中，若没有匹配的路由，则返回“404”状态码；而在上一个 NC 场景中，若有匹配的路由，但是没有处理路由的后端，则属于 HTTP 服务端资源提供者内部的错误，所以返回“503”状态码。

A.11　FI（故障注入错误）

FI（FAULT_INJECTED）表示故障注入错误。

以如下方式通过 VirtualService 为 forecast 注入一个返回“503”状态码的 HTTP 故障：

```
spec:
  hosts:
  - forecast
  http:
  - fault:
      abort:
        httpStatus: 503
        percentage:
          value: 100
    route:
```

```
      - destination:
          host: forecast
          subset: v1
```

在注入了网格代理的 frontend 中执行 curl 命令访问 forecast 时，会输出指定的 "503"
状态码：

```
# curl forecast.weather:9999
fault filter abort# curl -v forecast.weather:9999
* Rebuilt URL to: forecast.weather:9999/
*   Trying 10.111.150.208...
* TCP_NODELAY set
* Connected to forecast.weather (10.111.150.208) port 9999 (#0)
> GET / HTTP/1.1
> Host: forecast.weather:9999
> User-Agent: curl/7.52.1
> Accept: */*
>
< HTTP/1.1 503 Unknown
< content-length: 18
< content-type: text/plain
< date: Thu, 19 Jan 2023 09:49:21 GMT
< server: envoy
<
* Curl_http_done: called premature == 0
* Connection #0 to host forecast.weather left intact
fault filter abort
```

同时观察 Istio 的访问日志，在 frontend 的出流量的访问日志中会显示 "503 FI" 的访
问记录：

```
  [2023-01-19T09:49:21.628Z] "GET / HTTP/1.1" 503 FI fault_filter_abort - "-" 0
18 0 - "-" "curl/7.52.1" "c2256221-44a5-445a-9db4-bbab141e3e4c"
"forecast.weather:9999" "-" outbound|9999|v1|forecast.weather.svc.cluster.local -
10.111.150.208:9999 10.11.0.26:42098 - -
```

A.12　UH（没有健康后端）

UH（NO_HEALTHY_UPSTREAM）表示上游服务没有健康的后端实例。在注入了网
格代理的 frontend 中执行 curl 命令访问 forecast 时，会返回 "200" 的正常应答。frontend
的代理记录的访问日志如下：

```
  [2023-02-02T12:55:39.614Z] "GET / HTTP/1.1" 200 - via_upstream - "-" 0 612 16
15 "-" "curl/7.38.0" "396f425c-47c5-4504-89999d-1a7cc99fb241"
"forecast.weather:9999" "10.0.0.210:9999"
outbound|9999||forecast.weather.svc.cluster.local 10.0.0.73:45576
10.247.117.70:9999 10.0.0.73:41000 - -
```

这时，修改 forecast 服务的实例数为 0。再重复以上访问，从 frontend 访问 forecast，会返回"503"的状态码，表示"no healthy upstream"（没有健康的上游服务实例）：

```
# curl -v forecast.weather:9999
* Rebuilt URL to: forecast.weather:9999/
* Hostname was NOT found in DNS cache
*   Trying 10.247.117.70...
* Connected to forecast.weather (10.247.117.70) port 9999 (#0)
> GET / HTTP/1.1
> User-Agent: curl/7.38.0
> Host: forecast.weather:9999
> Accept: */*
>
< HTTP/1.1 503 Service Unavailable
< content-length: 19
< content-type: text/plain
< date: Thu, 02 Feb 2023 12:57:23 GMT
* Server envoy is not blacklisted
< server: envoy
<
* Connection #0 to host forecast.weather left intact
no healthy upstream
```

同时观察 Istio 的访问日志，在 frontend 的出流量的访问日志中会显示"503 UH"的访问记录：

```
  [2023-02-02T12:57:24.163Z] "GET / HTTP/1.1" 503 UH no_healthy_upstream - "-" 0
19 0 - "-" "curl/7.38.0" "ae5c9559-1277-4c9c-974d-786fbcb49774"
"forecast.weather:9999" "-" outbound|9999||forecast.weather.svc.cluster.local -
10.247.117.70:9999 10.0.0.73:41002 - -
```

A.13　URX（超过重试次数）

URX（UPSTREAM_RETRY_LIMIT_EXCEEDED）表示超过了 HTTP 的请求重试阈值或者 TCP 的重连阈值的访问被拒绝。

　　若为 forecast 配置了 5 次重试，而且在注入了网格代理的 frontend 中执行 curl 命令访问 forecast，则会返回"200"的正常应答。frontend 的代理记录的访问日志如下：

```
    [2023-02-06T12:48:14.438Z] "GET / HTTP/1.1" 200 - via_upstream - "-" 0 612 16
15 "-" "curl/7.38.0" "17aa9b67-29f8-4d12-8484-57fb1a9a2ade"
"forecast.weather:9999" "10.0.0.213:9999"
outbound|9999||forecast.weather.svc.cluster.local 10.0.0.76:49550
10.247.117.70:9999 10.0.0.76:35344 - -
```

　　访问 forecast 时，故意将原有端口 9999 改为 8888。再重复以上访问，在 frontend 中访问 forecast，会得到如下访问结果：

```
curl -v forecast.weather:8888
* Rebuilt URL to: forecast.weather:8888/
* Hostname was NOT found in DNS cache
*   Trying 10.247.117.70...
* Connected to forecast.weather (10.247.117.70) port 8888 (#0)
> GET / HTTP/1.1
> User-Agent: curl/7.38.0
> Host: forecast.weather:8888
> Accept: */*
>
* Recv failure: Connection reset by peer
* Closing connection 0
curl: (56) Recv failure: Connection reset by peer
```

　　同时观察 Istio 的访问日志，在 frontend 的出流量的访问日志中会显示"0 UF,URX"的访问记录。可以看到，没有找到匹配的上游 Cluster，流量被通过 PassthroughCluster 直接透传到后端服务，但因为端口不正确，访问出错。"URX"表示自动重试后重试次数超过阈值：

```
    [2023-02-06T12:48:50.505Z] "- - -" 0 UF,URX - - "-" 0 0 10000 - "-" "-" "-" "-"
"10.247.117.70:8888" PassthroughCluster - 10.247.117.70:8888 10.0.0.76:36244 - -
```

结　语

感谢各位读者阅读本书的全部内容！希望书中的内容能给您和您的日常工作带来帮助。下面谈谈笔者对服务网格技术的一些观点，以与各位读者共勉。

随着多年的发展，服务网格技术在用户场景中的应用及技术本身都进入了比较务实的阶段。以 Istio 为代表的服务网格项目通过自身的迭代和对用户应用场景的打磨变得逐渐稳定、成熟和易用。Istio 已加入 CNCF，这进一步增加了技术圈对服务网格技术的信心。通过这几年的发展，服务网格技术逐渐成熟，形态也逐步被用户接受，并越来越多地在生产环境下大规模应用。

在这个过程中，服务网格技术不断应对用户的实际应用问题，也与周边技术加速融合，更聚焦于解决用户的具体问题，在多个方面都呈现积极的变化。

除了 Istio 得到人们的广泛关注和大规模应用，其他多个服务网格项目也得到关注并实现了快速发展。除了开源的服务网格项目，多个云厂商也推出了自研的服务网格控制面，提供面向应用的全局的应用基础设施抽象，统一管理云上多种形态的服务（包括容器、虚拟机和多云混合云等），并与自有的监控、安全等服务结合，向最终用户提供完整的应用网络功能，解决服务流量、韧性、安全和可观测性等问题。

一个较大的潜在变化发生在网格 API 方面，Kubernetes Gateway API 获得了长足的发展。原本设计用于升级 Ingress 管理入口流量的一组 API 在服务网格领域获得了意想不到的积极认可。除了一些厂商使用 Kubernetes Gateway API 配置入口流量，也有服务网格使用其来配置管理内部流量。社区专门设立了 GAMMA（Gateway API for Mesh Management and Administration）来推动 Kubernetes Gateway API 在服务网格领域的应用。

较之控制面的设计和变化大多受厂商和生态等因素的影响，服务网格数据面的变化则更多来自最终用户的实际使用需求。在大规模的落地场景中，资源、性能、运维等挑战推动了服务网格数据面相应的变革尝试。

首先，服务网格数据面呈现多种形态，除了常规的 Sidecar 模式，Istio 社区在 2022 年下半年推出了 Ambient Mesh，在节点代理 Ztunnel 上处理四层流量，在拉远的集中式代理

Waypoint 上处理七层流量。Cilium 项目基于 eBPF 和 Envoy 实现了高性能的网格数据面，四层流量由 eBPF 快路径处理，七层流量通过每节点部署的 Envoy 代理处理。华为云应用服务网格 ASM 上线节点级的网格代理 Terrace，处理本节点上所有应用的流量，简化 Sidecar 维护并降低了总的资源开销。同时，华为云 ASM 推出完全基于内核处理四层和七层流量的数据面 Kmesh，进一步降低了网格数据面代理带来的延迟和资源开销。

然后，在云厂商的网络产品中，七层的应用流量管理能力和底层网络融合的趋势越来越显著。即网络在解决传统的底层连通性的同时，开始提供以服务为中心的语义模型，并在面向服务的连通性基础上，提供了越来越丰富的应用层的流量管理能力，包括流量、安全和可观测性等方面。虽然当前提供的功能比一般意义上服务网格规划的功能要少，颗粒度要粗，但其模型、能力甚至场景与服务网格正逐步趋近。

其次，除了向基础设施进一步融合，网格数据面也出现了基于开发框架构建 Proxyless 模式的尝试。这种模式作为标准代理模式的补充，在厂商产品和用户解决方案中均获得了一定的认可，gRPC、Dubbo 3.0 等开发框架均支持这种 Proxyless 模式。开发框架内置了服务网格数据面的能力，同时通过标准数据面协议 xDS 和控制面交互，进行服务发现、获取流量策略并执行相应的动作。这种模式比代理模式性能损耗少，也会相应地节省一部分代理的资源开销，但也存在开发框架固有的耦合性、语言绑定等问题。

再次，Proxyless 模式从诞生时期开始就引发了较大的争论。一种观点认为其是服务网格的正常演进，是代理模式的有益补充；也有一种观点认为其是向开发框架模式的妥协，更有甚者批评其是技术倒车。笔者若干年前做过微服务框架的设计开发工作（项目后来开源并从 Apache 毕业），近些年一直聚焦于服务网格相关技术和产品，认为没必要太纠结技术形态细节。在为用户提供产品和解决方案的过程中，近距离深入了解各类用户的实际业务需求和痛点，我们认为几乎所有技术呈现的变化都是适应用户实际业务的自我调整。具体到网格数据面的这些变化，说明服务网格技术正进入了快速发展时期。在这个过程中，希望我们这些有幸参与其中的技术人员能够以更开放的心态接纳和参与这些变化，深刻洞察用户碰到的问题，并以更开阔的技术视野解决用户问题，避免各种无休止的技术形态空洞之争。我们认为技术唯一的价值就是解决用户问题，产生有用性。正是不断涌现的用户业务需求，推动了技术的进步和发展，也提供给我们参与其中的机会和发挥作用的空间。

最后，再次感谢各位读者阅读本书，也很期待将来有机会就其中的内容和您进行技术交流。假如您需要更深入地学习服务网格及云原生相关技术，欢迎关注我们的"容器魔方"公众号，一起学习并讨论服务网格及云原生领域内的最新技术进展。

张超盟